中国科学院科学出版基金资助出版

国家自然科学基金委员会资助出版

现代数学基础丛书·典藏版 46

对称性分岔理论基础

唐 云 著

科学出版社
北 京

内 容 简 介

近十多年来迅速发展起来的对称性分岔理论方法因其深刻的数学基础，以及在固体力学、流体力学、物理学、化学、生物学及一些工程领域中的重要应用，已受到许多数学及应用科学工作者的日益关注，特别地，近年来关于对称混沌吸引子的一些结果已成为等变动力系统理论中一个值得注意的方向. 本书系统地阐述与对称性有关的分岔和混沌吸引子的理论、方法及其应用. 本书论证严谨、深入浅出，能使读者在较短的时间内掌握对称性分岔与混沌吸引子的理论基础，并较快地深入到与此相关的各种问题的研究中去. 每章末附有习题，以便于读者深入理解本书内容.

读者对象为理工科大学数学系、应用数学系和其他相关专业的大学生、研究生、教师及有关的科学工作者.

图书在版编目(CIP)数据

对称性分岔理论基础/唐 云著. 一北京：科学出版社，1998
(现代数学基础丛书·典藏版；46)
ISBN 978-7-03-006139-3
Ⅰ. 对… Ⅱ. 唐… Ⅲ. 对称分岔 Ⅳ. O175
中国版本图书馆CIP数据核字（97）第13623号

责任编辑：吕 虹／责任校对：钟 洋
责任印制：徐晓晨／封面设计：王 浩

科学出版社出版
北京东黄城根北街16号
邮政编码：100717
http://www.sciencep.com
北京厚诚则铭印刷科技有限公司印刷
科学出版社发行 各地新华书店经销
*
1998年3月第一版 开本：B5(720×1000)
2015年7月印刷 印张：20 1/2
字数：259 000
定价：148.00元

前　言

对称性是指在某个群的作用下不变的性质，具有对称性的分岔问题在参数通过分岔值时，其解的个数，稳定性及对称性都可能发生变化. 由于这种变化所揭示的现象带有普遍性，对称性分岔理论在固体力学、流体力学、物理学、化学、生物学及一些工程领域中都有着重要应用，并已成为许多数学及应用科学工作者关注的课题.

对称性分岔理论用到的数学工具除微分方程、泛函分析等分岔理论通常采用的方法外，还以奇点理论和群论方法作为其理论基础. 奇点理论最初在 1970 年前后由 R. Thom 以突变理论的形式提出，并由 J. Mather[Mat 1-3]给出了严格的数学论证，V. I. Arnold 还在向量场的局部分岔应用方面作了发展. 自本世纪 70 年代末以来，M. Golubitsky 等人[GSc1,2]将奇点理论同群论方法结合起来，系统地用于分岔问题的研究，以后又将群论工具用于离散系统吸引子的对称结构研究. 他们的工作大大丰富和发展了这方面的理论，并在一系列应用问题方面取得了举世瞩目的成效.

奇点概念描述了系统连续变化过程中出现的间断结构，引进群的对称性之后，进一步丰富了它的研究对象. 运用奇点理论和群论方法来研究分岔理论大致能比较满意地处理以下几方面的问题：

(1) 将映射的分岔问题化为比较简单的正规形（识别问题），并通过分岔问题级数展式的前有限项来确定其多重解的性态（有限确定性）.

(2) 研究分岔问题在一般扰动下的解的结构（普适开折）及其不变性质（持续性），并对所涉及的分岔问题按余维数进行分类（分类问题）.

(3) 通过运用群表示论和不变量理论工具将分岔理论的研究

范围拓广到具有对称形式的解的结构变化并使计算过程简化.

(4) 对于 Hopf 分岔及与周期解、拟周期解有关的分岔问题作出统一的处理，并给出可行的计算公式.

(5) 运用群论方法对于分岔问题的对称破缺和增加过程，及分岔解的稳定性质作出较为有效的处理.

(6) 群论工具还可用来研究等变离散系统的吸引子，特别是混沌吸引子的对称性结构，增减和转迁过程.

在分岔理论的奇点和群论方法方面，M. Golubitsky 等人分两卷编著的"Singularities and Groups in Bifurcation Theory"([GSc5, GSS]) 无疑是很好的著作，它系统地论述了该理论的方法，并给出不少很有价值的应用范例. 但因其篇幅较大 (约百万字)，而对所用到的群论和奇点理论基础方面的论述又过于简略，难以为广大读者在短期内理解和掌握. 另一方面，Golubitsky 等人自 1988 年以来对于对称性混沌吸引子的引人注目的工作也未包括在这两卷书中. 为了使我国从事分岔理论应用方面的科研工作者能在不太长的时间内了解并掌握奇点和群论方法这一有用的工具，同时为使从事数学理论和应用研究的工作者能较快地深入这个方面并找到研究的途径，作者编写了这本书. 本书除汇集了 M. Golubitsky 等人上述两卷书的基本内容外，还介绍了近几年来国内外这方面的一些重要研究成果，特别是介绍了在对称的混沌吸引子方面的一些重要结果. 作者希望本书在面向科技工作者的同时，还能成为适合于研究生和大学高年级学生阅读的教材.

全书共分七章. 第一章是引论，先介绍对称性分岔问题，从中可了解到全书要讲的大致内容和方法. 再介绍本书在研究分岔问题时要用到的非线性分析方法，特别是 Liapunov-Schmidt 简约，它常常能将一个高维或无穷维的分岔问题约化成有穷维问题来研究. 然后引进以后要用到的奇点理论基本知识，其中包括中山 (Nakayama) 引理和 Malgrange 预备定理.

第二章介绍单变量分岔理论，分无对称和 $\mathbf{Z}_2$ 对称两种情形，从中可了解到用奇点理论和群论方法研究分岔问题的基本要点.

第三章比较系统地介绍群论方法，分紧 Lie 群的表示论和不变量理论两个方面. 考虑到从事分岔理论和应用研究的读者可能对这方面的内容不太熟悉，我们对一些重要的基本结论给出证明.

第四章是在上一章群论方法基础上讲述关于非线性映射的对称性分岔理论，其主要内容是将第二章提到的识别问题和普适开折理论系统化、一般化，建立一些基本定理；同时还对一些常用的对称性分岔问题作出计算，并对一些基本定理给出证明.

第五章是关于向量场的局部分岔理论. 先论述关于简单分岔和 Hopf 分岔的一般结论，经过简约，它们可分别化为第二章中单状态变量的无对称和 $\mathbf{Z}_2$ 对称情形. 为研究向量场的简约和解的稳定性，这一章还介绍 Birkhoff 正规形和 Floquet 理论方法. 最后并就定态和 Hopf 这两种模态的相互作用问题进行讨论.

第六章是关于等变向量场中定态和 Hopf 分岔的对称破缺理论，重点是 $\mathbf{O}(2)$ 等变的 Hopf 分岔理论. 这一章还在 $\mathbf{O}(2)$ 对称情形下介绍定态与 Hopf 的模态相互作用.

第七章介绍由等变映射生成的离散系统中（混沌）吸引子的对称性问题，特别对有限群作用下吸引子的容许和强容许子群的结构作出讨论.

本书为便于读者查阅及自身前后引用方便，除定义按章节独立排序外，例题、命题、引理、定理、注等均按章节统一排序.

本书要求读者有数学基础方面的知识. 每章末附有习题，以便于读者更好地掌握本书所涉的理论和方法.

本书得到中国科学院科学出版基金和国家自然科学出版基金的资助，谨于此致谢. 作者曾就本书的基本内容在北京大学、天津大学、南开数学所、西安交大和清华大学等地进行讲授，在此谨向上述单位的有关专家和同志的热情支持表示感谢. 作者特别感谢王晓峰同志在本书编写中所作的整理工作和提出的有益的建议.
但书中一定还有许多不足之处，作者诚恳地希望读者批评指正.

作　者

于清华园

目　　录

第一章　引　　论

作为引论，本章介绍与对称性分岔问题有关的概念、方法及以后几章要用到的一些预备知识. 我们先在§1.1中通过一些例子说明对称性分岔问题的有关概念和方法，接着，在§1.2中介绍微分理论和隐函数定理，并在§1.3中引进Liapunov-Schmidt简约，从而把一个(可能是)无穷维空间中的分岔问题简约成有限维的问题来研究. 然后，在§1.4中引进奇点理论方法的基本知识，并在最后§1.5中还就奇点理论中的Malgrange预备定理给出证明.

§1.1　对称性分岔问题和方法

本节先介绍对称性及分岔问题的一般提法，并通过一些例子介绍方程的解在分岔点附近的稳定性和对称性的变化，然后介绍具有对称性的离散系统中的分岔问题. 在本节最后介绍处理对称性分岔问题的一般途径，从中可以了解到本书的基本内容.

1.1.1　分岔问题

设$\mathscr{X}$和$\mathscr{Y}$为Banach空间，Λ为某Banach空间中的开集，$F:\mathscr{X}\times\Lambda\to\mathscr{Y}$为可微映射. 我们下面给出局部分岔的概念.

定义 1.1.1　设$(x_0,\lambda_0)\in\mathscr{X}\times\Lambda$满足方程

$$F(x,\lambda)=0, \tag{1.1}$$

$F(x_0,\lambda_0)=0$. 如果在$(x_0,\lambda_0)\in\mathscr{X}\times\Lambda$的任意邻域U内，(1.1)(至少)有两个不同的解$(x_1,\lambda)$，$(x_2,\lambda)\in$U，即

$$F(x_1,\lambda)=0=F(x_2,\lambda)\text{ 且 }x_1\neq x_2,$$

则称(x_0,λ_0)为F的**分岔点**，λ_0称为**分岔值**. 在**分岔问题**$F(x,\lambda)$

中，称 x 为状态变量，称 λ 为分岔参数，并且我们把 (x_0,λ_0) 附近满足(1.1)的点 $(x,\lambda)\in\mathscr{X}\times\Lambda$ 的集合称为 F 的分岔图.

例 1.1.1 设 $f(x,\lambda)=\lambda x-x^3$，$x,\lambda\in\mathbb{R}$. 则 $\lambda=0$ 为 f 的分岔值，这是树枝(pitchfork)分岔.

分岔问题还可定义在无穷维空间上.

例 1.1.2 长为 π 的压杆的屈曲问题可归结为下面的 Euler 方程

$$\begin{cases}\dfrac{d^2u}{ds^2}+\lambda\sin u=0,\\ u'(0)=u'(\pi)=0\end{cases}\tag{1.2}$$

的非零解. 设 $C^k[0,\pi]$ 为由区间 $[0,\pi]$ 上有直至 k 阶连续导数的实函数全体组成的 Banach 空间，$v\in C^k[0,\pi]$ 的范数为

$$\|v\|_k=\max_{0\leqslant j\leqslant k}\sup_{s\in[0,\pi]}|v^{(j)}(s)|.\tag{1.3}$$

取 $\mathscr{X}=\{v\in C^2([0,\pi])\,|\,v'(0)=v'(\pi)=0\}$，$\mathscr{Y}=C[0,\pi]$，并设 $F:\mathscr{X}\times\mathbb{R}\to\mathscr{Y}$ 由下式给出

$$F(u,\lambda)=\frac{d^2u}{ds^2}+\lambda\sin u,\tag{1.4}$$

则本问题归结为确定方程 $F(u,\lambda)=0$ 的分岔解.

定义 1.1.2 设 $(x,\lambda)\in\mathbb{R}\times\mathbb{R}$. 考虑两个分岔问题 $f,\ g:\mathbb{R}\times\mathbb{R}\to\mathbb{R}$. f 与 g 在原点附近强等价是指在 $\mathbb{R}\times\mathbb{R}$ 的原点附近存在形如

$$(x,\lambda)\mapsto(X(x,\lambda),\lambda)$$

的 C^∞ 变换及 C^∞ 函数 $S(x,\lambda)$，使

$$S(x,\lambda)g(X(x,\lambda),\lambda)=f(x,\lambda),\tag{1.5}$$

其中 $X(0,0)=0$，$\dfrac{\partial}{\partial x}X(0,0)>0$ 且 $S(0,0)>0$.

可以验证(参见注 2.1.1)，强等价保持分岔特性不变，即对于原点附近的同一个 λ，f 与 g 的零点数相同.

下面我们引进一个将在第二章给出证明的命题，根据它，我们将会在例 1.3.4 中看到，例 1.1.2 中的 F 在 $\lambda=1$ 处与例 1.1.1 的树枝分岔有着类似的定性特性.

命题 1.1.3 设 $g:\mathbb{R}\times\mathbb{R}\to\mathbb{R}$ 在原点附近为 C^∞ 函数. 则 g 与树枝分岔 $f(x,\lambda)=\lambda x-x^3$ 强等价的充要条件是，在 $(x,\lambda)=(0,0)$ 处 g 满足

$$g = g_x = g_{xx} = g_\lambda = 0,\ g_{x\lambda} > 0,\ g_{xxx} < 0. \qquad (1.6)$$

证明 参见例 2.1.2(a). □

需要说明的是，上面我们定义的只是静态分岔概念. 如果把分岔问题 $F(x,\lambda)$ 同微分方程

$$\frac{dx}{dt} = F(x,\lambda) \qquad (1.7)$$

的解的定性结构变化联系起来，则可得到动态分岔的概念. 对于这类分岔问题下面我们还要结合 Hopf 分岔作进一步讨论.

1.1.2 对称性

对称性的概念可通过变换群来描述. 为简单起见，我们先省略参数. 考虑映射

$$f:\mathbb{R}^n \to \mathbb{R}^n. \qquad (1.8)$$

定义 1.1.3 设 γ 为可逆 $n\times n$ 矩阵. 称 γ 为(1.8)的**对称**，若它与 f 交换，即

$$f(\gamma x) = \gamma f(x), \qquad \forall\ x \in \mathbb{R}^n. \qquad (1.9)$$

容易看出，若 γ_1 和 γ_2 为(1.8)的对称，则 $\gamma_1\gamma_2$ 和 γ_1^{-1} 也是(1.8)的对称，即(1.8)的对称组成一个群，称为(1.8)的**对称群**.

一般说来，设 Γ 是一个群，$\mathbf{GL}(V)$ 是 Banach 间 V 到自身的可逆线性变换集.

定义 1.1.4 Γ 在空间 V 上的一个**作用**是指 Γ 到 $\mathbf{GL}(V)$ 中的一个同态 ρ，即对每个 $\gamma\in\Gamma$ 对应有 $\rho(\gamma)\in\mathbf{GL}(V)$ 满足

$$\rho(\gamma_1)\rho(\gamma_2) = \rho(\gamma_1\gamma_2), \quad \forall\ \gamma_1,\gamma_2 \in \Gamma. \qquad (1.10)$$

有时把作用简单记为 $(\gamma,x)\mapsto\gamma x:\ \Gamma\times V\to V$.

设群 Γ 同时作用于空间 V 和 W. 映射 $F:\ V\to W$ 的对称性就体现为与群 Γ **交换**，或 Γ **等变**，即

$$F(\gamma x) = \gamma F(x), \quad \forall\ x \in V, \quad \forall\ \gamma \in \Gamma. \qquad (1.11)$$

称 $\mathbf{GL}(n)\equiv\mathbf{GL}(\mathbb{R}^n)$为一般线性群，其子群

$$\mathbf{O}(n)=\{\gamma\in\mathbf{GL}(n)\,|\,\gamma^T\gamma=I_n\}$$

为正交群，这里 γ^T 是矩阵 γ 的转置，I_n 是 $n\times n$ 单位矩阵. 我们常把对称群 Γ 看作 $\mathbf{O}(n)$中的一个闭子群，亦称紧 Lie 群，此时，Γ 作为 $n\times n$ 矩阵群对空间$\mathbb{R}^n$ 有标准作用 $(\gamma,x)\mapsto\gamma x:\ \Gamma\times\mathbb{R}^n\to\mathbb{R}^n$. 在第三章将会看到，这样的作法是有普遍意义的.

例 1.1.4 常用的紧 Lie 群 Γ 除 $\mathbf{O}(n)$外，还有其子群：

(a) 特殊正交群

$$\mathbf{SO}(n)=\{\gamma\in\mathbf{O}(n)\,|\det\gamma>0\}.$$

特别，$\mathbf{SO}(2)$中元可表成平面旋转

$$R_\theta=\begin{pmatrix}\cos\theta & -\sin\theta\\ \sin\theta & \cos\theta\end{pmatrix}\tag{1.12}$$

的形式. 故通过对应 $R_\theta\mapsto\theta$, $\mathbf{SO}(2)$可同构于圆周群 $\mathbf{S}^1$. 记

$$\kappa=\begin{pmatrix}1 & 0\\ 0 & -1\end{pmatrix},\tag{1.13}$$

称为平面翻转(flip). 则 $\mathbf{O}(2)$可由 $\mathbf{SO}(2)$及 κ 生成.

(b) m 阶循环群 $\mathbf{Z}_m$，它同构于 $\mathbf{SO}(2)$的子群(仍记)

$$\mathbf{Z}_m=\{R_{2k\pi/m}\,|\,k=0,1,\cdots,m-1\}.\tag{1.14}$$

(回忆有限群 Γ 的阶，记作$|\Gamma|$，是指它所含的元素的个数.)

(c) $2m$ 阶两面体群 $\mathbf{D}_m$，它由形如(1.14)的 $\mathbf{Z}_m$ 及翻转 κ 生成.

例 1.1.5 我们来看 $\mathbf{O}(2)$ 及其子群对空间 $\mathbb{R}^2$的作用. 把 $\mathbb{R}^2$ 等同于复平面 $\mathbb{C}$. 对整数 k,由

$$\theta\cdot z=e^{ik\theta}z\tag{1.15}$$

给出圆周群 $\Gamma=\mathbf{S}^1$ 在$\mathbb{C}$ 上的作用. 易见，当 $k=1$ 时这种作用与 $\mathbf{SO}(2)\cong\mathbf{S}^1$ 在 $\mathbb{R}^2$ 上的标准作用是等同的. 通过翻转

$$\kappa\cdot z=\bar{z}\tag{1.16}$$

可以把这种作用扩张为 $\mathbf{O}(2)$在$\mathbb{C}$ 上的作用. 特别，例 1.1.4(b)和(c)中的 $\mathbf{Z}_m$ 和 $\mathbf{D}_m$ 标准作用在$\mathbb{R}^2\cong\mathbb{C}$ 上时，可分别看作由角度$2\pi/m$的旋转生成的旋转群和保持正 m 边形不变的对称群.

需要指出的是，同一个群也可以作用于不同空间. 比如，例1.1.5中的群 $\mathbf{Z}_2$ 又记成 $\{1,-1\}$，它可以乘法作用于空间 $\mathbb{R}$.

现在我们对上述系统引进参数，考虑由于参数变化而引起的分岔现象.

设 V，W 和 Λ 均为 Banach 空间，且有紧 Lie 群 Γ 同时作用于 V 和 W 上，$(x,\lambda)\in V\times\Lambda$. 与上面类似，称分岔问题 F: $V\times\Lambda\to W$ 为 Γ 等变的，若

$$F(\gamma x,\lambda)=\gamma F(x,\lambda),\quad \forall\ (x,\lambda)\in V\times\Lambda,\gamma\in\Gamma. \tag{1.17}$$

在描述某个分岔问题的对称性时，相应的群 Γ 可根据映射的自身性质，方程所刻划的模型的特点，或方程解的特性来寻求. 比如，例 1.1.1 中 $f(-x,\lambda)=-f(x,\lambda)$，例 1.1.2 中，$F(-u,\lambda)=-F(u,\lambda)$，它们都为 $\mathbf{Z}_2$ 等变.

例 1.1.6 设 f: $\mathbb{R}^n\times\mathbb{R}\to\mathbb{R}^n$ 光滑. 考虑方程

$$\dot{x}\equiv\frac{dx}{dt}=f(x,\lambda)$$

的 2π 周期解. 记 $\mathscr{Y}=C_{2\pi}$ 为 $\mathbb{R}$ 到 $\mathbb{R}^n$ 中的连续的 2π 周期函数空间，$\mathscr{X}=C_{2\pi}^1$ 为 $\mathscr{Y}$ 中的可微函数子空间. 定义 F: $\mathscr{X}\times\mathbb{R}\to\mathscr{Y}$ 为

$$F(x,\lambda)=-\frac{dx}{dt}+f(x,\lambda). \tag{1.18}$$

取 Γ 为圆周群 $\mathbf{S}^1$，作用在空间 $\mathscr{X}$ 和 $\mathscr{Y}$ 上为移相

$$(\theta\cdot y)(t)=y(t+\theta),\quad \forall\ y\in\mathscr{Y},\quad \theta\in\mathbf{S}^1. \tag{1.19}$$

则 F 为 $\mathbf{S}^1$ 等变.

例 1.1.7 无对称的分岔问题 $F(x,\lambda)$ 可看成 Γ 等变分岔问题的特例，只要取 $\Gamma=\mathbb{1}$ 为由恒等元组成的平凡群.

1.1.3 稳定性和对称性的变化

我们指出，如果把 f 在分岔点 (x_0,λ_0) 附近的零点看成微分方程

$$\frac{dx}{dt}=f(x,\lambda) \tag{1.20}$$

的平衡解，则分岔现象常同方程(1.20)的稳定性质密切相关，这

正是动态分岔理论要研究的一个基本内容. 这里平衡解 x_0 的稳定性是指在 Liapunov 意义下的稳定,即给初值一个小扰动 x, 其解 $\varphi(t,x)$, $t\geqslant 0$, 也总保持在一个很小的范围内;如果再加上当 $t\to\infty$ 时 $\varphi(t,x)\to x_0$ 的条件,则 x_0 为渐近稳定;否则就是不稳定或不渐近稳定. 方程(1.20)在平衡解处的稳定性常可通过以下的稳定性原理来确定.

定理 1.1.8 (线性稳定性原理) 对于方程(1.20)的平衡解 $x_0=x_0(\lambda)$, 记 f 对 x 的导数 $A=D_xF(x_0(\lambda);\lambda)$. 则当 A 的所有本征值(谱)有严格负实部(即存在 $\delta>0$ 使 A 的谱 $\sigma(A)$ 点的实部都 $\leqslant-\delta$) 时, x_0 是渐近稳定的; 当 A 有一个有正实部的本征值时, x_0 是不稳定的.

证明 参见一般微分方程的书, 如[Ha]. 对于无穷维空间, 如可参看[MH]. □

由此可见, 使稳定性发生变化的分岔点只可能发生在线性部分 A 的本征值出现零实部情形. 不难判别下面向量场在分岔点附近的稳定性.

例 1.1.9 (a) $\dot{x}=\lambda x-x^3$(树枝分岔).

(b) $\dot{x}=\lambda-x^2$(极限点).

(c) $\dot{x}=x(\lambda-x)$ (跨临界点).

这些向量场在平衡解处的分岔情形如图 1.1.1, 其中实线表示稳定, 虚线表示不稳定(下同).

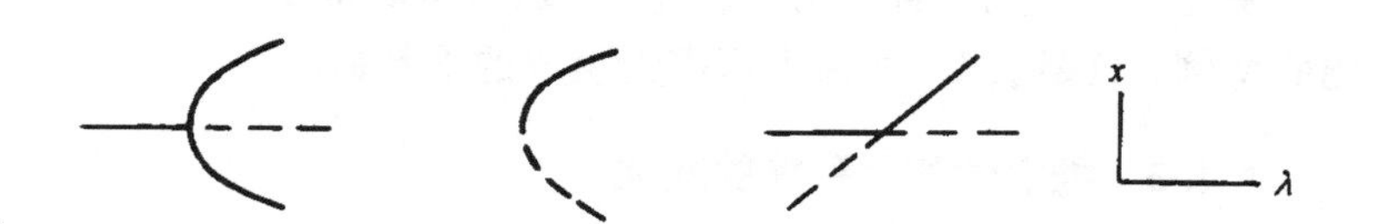

(a) 树叉分岔 (b) 极限点 (c) 跨临界点

图 1.1.1 例 1.1.9 中的分岔图与稳定性

现在设群 Γ 作用在空间 $V=\mathbb{R}^n$ 上, 且光滑映射 $f: V\times\mathbb{R}\to V$ 为 Γ 等变, 考虑方程(1.20)解的对称性的变化. 固定 λ, 设 $x(t)$ 为

(1.20)的解，则易验证，对每个$\gamma\in\Gamma$，$\gamma x(t)$也是(1.20)的解. 特别，若$x(t)\equiv x_0$为(1.20)的平衡解，则γx_0也是其平衡解. 但若解x_0与λ有关，则它们的对称性可能发生变化(见下面的例1.1.10).

定义 1.1.5 设群Γ作用在空间V上，$x_0\in V$. 称满足$\gamma x_0=x_0$的γ为x_0的对称，其全体

$$\Sigma_{x_0}=\{\gamma\in\Gamma|\gamma x_0=x_0\} \tag{1.21}$$

是Γ的子群，称为x_0的迷向子群.

迷向子群反映了解x_0的对称程度. 当λ通过分岔值时，若分岔出的解的迷向子群缩小，则为对称破缺；反之，为对称增加. 对称性改变常与稳定性的变化有关.

例 1.1.10 在例1.1.9(a)中$f(x,\lambda)=x(\lambda-x^2)$为$\mathbf{Z}_2$等变. 其零解$x=0$处$\Sigma_0=\mathbf{Z}_2$，当$\lambda<0$时稳定；$\lambda>0$时不稳定，同时分岔出非零解，比如$x=\sqrt{\lambda}$，有$\Sigma_x=\{1\}\subsetneq\mathbf{Z}_2$，出现对称破缺.

1.1.4 Hopf 分岔

上面考虑的是在方程(1.20)的平衡点附近的情况，属于定态分岔的内容. 但有时在参数变化的方程的解还会出现闭轨或其他极限集. 我们将着重考虑出现闭轨的情况，即Hopf分岔. 一个简单的例子是

例 1.1.11 (Hopf 分岔) 设

$$\begin{cases}\dot{x}_1=\lambda x_1-x_2-x_1(x_1^2+x_2^2),\\ \dot{x}_2=x_1+\lambda x_2-x_2(x_1^2+x_2^2).\end{cases} \tag{1.22}$$

用极坐标$x_1=r\cos\theta$，$x_2=r\sin\theta$，方程(1.22)为

$$\begin{cases}\dot{r}=r(\lambda-r^2),\\ \dot{\theta}=1.\end{cases}$$

这是Hopf分岔. 当$\lambda\leqslant0$时原点0为稳定的平衡解；当$\lambda>0$时原点变为不稳定，同时会冒出一个稳定的极限圈. 它们在相平面上的稳定性如图1.1.2，$\lambda=0$处为超临界(supercrtical)点. (1.22)右

边在原点处线性部分的本征值为 $\lambda\pm i$，当 $\lambda=0$ 时有一对纯虚本征值 $\pm i$.

出现 Hopf 分岔的特点是向量场的线性化矩阵有一对纯虚本征值. 我们也可把一般的 Hopf 分岔问题象例 1.1.6 中所作的那样化成一个具有 S^1 对称性的分岔问题来讨论(见第五章).

(a) $\lambda<0$ 的稳定

(b) $\lambda=0$ 时稳定

(c) $\lambda>0$ 时不稳定,但有稳定的极限圈

图 1.1.2 Hopf 分岔

1.1.5 离散系统的对称性分岔问题

具有对称性的方程经离散化，在保持原有的对称性的同时常常会出现更丰富更有趣的特性. 离散系统的分岔问题中吸引子的对称性的变化也是近年来引人注目的一个课题.

设群 Γ 作用在空间 $V=\mathbb{R}^N$ 上，f: $V\times\mathbb{R}\to V$ 为 Γ 等变. 对于 $x_0\in V$，考虑由 $x_{n+1}=f(x_n,\lambda)(n=0,1,\cdots)$ 定义的迭代系统. 序列$\{x_n\}$的极限点集构成 x_0 的极限集 $\omega(x_0)$. 极限集如果能把周围的点都“吸引”过来，则成为吸引子. 吸引子 A 的对称通常也可通过它的对称子群

$$\Sigma_A=\{\gamma\in\Gamma|\gamma A=A\} \tag{1.23}$$

来描述. 当参数通过分岔值时，对称子群会缩小或增大，从而引起对称破缺或增加. 我们通过一个简单例子来说明吸引子对称性的这种变化.

例 1.1.12 由 $f(x,\lambda)=\lambda x-x^3$，$(\lambda>0)$定义的树枝 f:$\mathbb{R}\times\mathbb{R}\to\mathbb{R}$ 为 $\mathbf{Z}_2$ 等变. 当 $\lambda<1$ 时吸引子为 $\mathbf{Z}_2$ 对称的不动点 $x=0$. $\lambda>1$ 时，此点失稳，同时分岔出两个共轭的(非零)不动点吸引子，它们都是$\mathbb{1}$ 对称的，即出现对称破缺. 以后经倍周期分岔序列出现两组“混沌”吸引子. 至 $\lambda_1=3\sqrt{3}/2=2.598$ 处两组吸引子又融

合成一个具有 Z_2 对称的吸引子，即出现对称增加. 图 1.1.3 表示上半部分吸引子的变化.

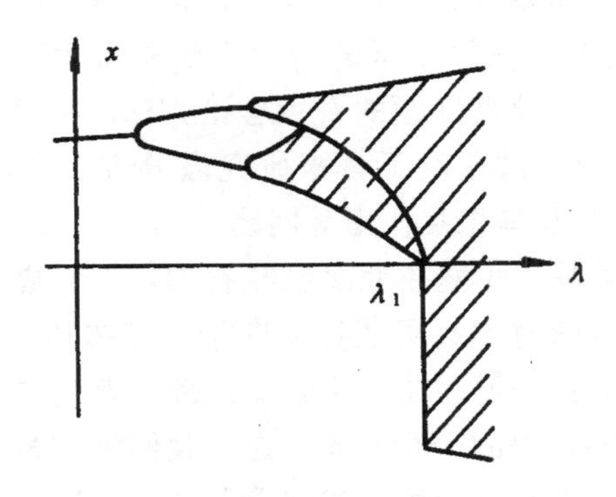

图 1.1.3　吸引子对称性的变化

1.1.6　对称性分岔问题的处理方式

具有对称性的分岔问题依据问题的提法不同而有着不同的处理途径，对此这里予以介绍，从中也可了解到本书要讲的基本内容.

(1) 化简到有限维分岔问题. 上面我们看到，许多描述对称性分岔问题的等变映射是定义在无穷维空间上的，为了能用奇点理论和群论方法来研究，可以通过 Liapunov-Schmidt 简约把它们化成有限维空间上的等变分岔问题. 我们先在 § 1.3 介绍无对称情形的 Liapunov-Schmidt 简约，然后在第三章引进群论方法，特别是 Haar 积分工具后，再在第四章指出，经简约后的等变分岔问题得能继承原有的对称性. 在第五章指出，还能用中心流形方法来简约.

(2) 等变分岔理论. 对于有限维等变分岔问题，我们可以在它所属的映射空间中引进(强)等价关系，并用奇点理论方法研究它们的识别问题，普适开折，持久性和分类问题. 为了计算上的方便，需要把等变分岔问题及其切空间、限制切空间写成更加规范的形式，而根据第三章要介绍的 Hilbert 基定理的一些推论，这是可以办到的，即它们可以通过有限个“生成元”来表示. 我们将先在第二章中介绍单变量分岔问题的讨论，以了解奇点理论方法的基本要点；然后，在第三章的群论方法基础上，再在第四章系统地介绍处理等变分岔问题的奇点理论方法. 在第五章我们将看到如何利用等变分岔理论工具来研究微分方程中的简单分岔和 Hopf 分岔的模态及其相互作用等问题.

(3) 对称破缺. 我们在上面已经看到，一个微分方程的等变分岔问题，其解的对称性可通过迷向子群来描述. 反之，给定一个迷向子群，是否一定存在一个解支以此为其对称，这是自发性对称破缺理论要解决的一个基本问题. 我们将在第六章中的通过论述等变分支引理来部分地回答这个问题，并进一步讨论等变情形的 Hopf 分岔和模态相互作用中的对称破缺问题.

(4) 离散的等变系统. 这是近年来比较受人注意的课题. 我们将着重讨论等变离散系统中吸引子的对称性结构及其变化. 这里需要在通常的拓扑动力学的基础上引进群论方法，我们将在第七章专门论述这些问题.

§1.2 泛函分析工具

非线性泛函分析是研究分岔问题的一个基本工具，本节我们介绍这方面的一些初步知识，包括 Banach 空间中的微分，Taylor 公式，链法则，及重要的反函数与隐函数定理. 作为隐函数定理的应用，我们给出(定态)分岔存在的必要条件. 最后还围绕 Fredholm 算子介绍一些常用的函数空间和算子.

1.2.1 Banach 空间中的微分运算

这一小节我们列举 Banach 空间中微分运算的一些基本结果，详细论述，例如，可参看 Dieudonné 的书[Di].

设 $\mathscr{X}$ 和 $\mathscr{Y}$ 是 Banach 空间，$\mathscr{L}(\mathscr{X},\mathscr{Y})$表示 $\mathscr{X}$ 到 $\mathscr{Y}$ 的连

续线性映射空间，其范数都记为 $\|\cdot\|$. 特别，记 $\mathscr{L}(\mathscr{X})=\mathscr{L}(\mathscr{X},\mathscr{X})$.

定义 1.2.1 设 U 为 $\mathscr{X}$ 中开集，对于映射 f: U→$\mathscr{Y}$，称 f 在 $x\in$ U 处可微，若存在线性映射 $A\in\mathscr{L}(\mathscr{X},\mathscr{Y})$，使得

$$f(x+h)-f(x)=Ah+o(\|h\|), \qquad (2.1)$$

其中 $o(\|h\|)$ 为 $\mathscr{Y}$ 空间中关于 $\|h\|$ 的高阶无穷小量，即当 $\|h\|\to 0$ 时 $o(\|h\|)/\|h\|\to 0$. 并且我们把算子 A 称为 f 在 x 处的导数，记作 $Df(x)$，或 $f'(x)$，或 f_x.

不难验证，若 f 在 x 处可微，则(2.1)式中的 A 可唯一确定，且 f 在 x 处的导数可由公式

$$Df(x)h=\lim_{t\to 0}\frac{f(x+th)-f(x)}{t} \qquad (2.2)$$

求出. 特别，在有限维情形，设 $\mathscr{X}=\mathbb{R}^n$，$\mathscr{Y}=\mathbb{R}^m$，则 $Df(x)$ 可看作相应的 Jacobi 矩阵

$$Df(x)=(\partial f_i(x)/\partial x_j)_{n\times m}. \qquad (2.3)$$

而若 f 为 $\mathbb{R}^n$ 上的函数，$m=1$，则 D 成为梯度算子

$$\nabla f=(\partial f/\partial x_1,\cdots,\partial f/\partial x_n).$$

导数的概念可推广到高阶情形. 若 f 在 U 上处处可微，且导映射 Df: U→$\mathscr{L}(\mathscr{X},\mathscr{Y})$ 在 $x\in$ U 处可微，则其导数 $D^2f(x)\equiv D(Df(x))\in\mathscr{L}(\mathscr{X},\mathscr{L}(\mathscr{X},\mathscr{Y}))$ 称为 f 在 x 处的二阶导数. 注意，空间 $\mathscr{L}(\mathscr{X},\mathscr{L}(\mathscr{X},\mathscr{Y}))$ 可与“二重线性算子空间” $\mathscr{L}^2(\mathscr{X};\mathscr{Y})$ 线性同构.

例如，对于 $\mathbb{R}^n$ 上的函数 f，其二阶导数可表示为 Hesse 矩阵

$$D^2f(x)=(\partial^2 f(x)/\partial x_i\partial x_j)_{n\times n},$$

作为二重线性算子，它对于向量 $h=(h_1,\cdots,h_n)^T\in\mathbb{R}^n$ 的作用可为

$$D^2f(x)(h,h)=h^TD^2f(x)h. \qquad (2.4)$$

一般地，Banach 空间 $\mathscr{X}_1,\cdots,\mathscr{X}_k$ 的积空间到 $\mathscr{Y}$ 的映射 A: $\mathscr{X}_1\times\cdots\times\mathscr{X}_k\to\mathscr{Y}$ 称为 k 重线性算子是指 $A(x_1,\cdots,x_k)$ 对每个分量 x_j 为连续线性. 这样的映射集组成 k 重线性算子空间，记作

$$\mathscr{L}(\mathscr{X}_1, \cdots, \mathscr{X}_k; \mathscr{Y}), \tag{2.5}$$

这是个 Banach 空间，其中元 A 的范数为

$$\|A\| = \sup\{\|A(x_1, \cdots, x_k)\|; \|x_j\| \leq 1, \forall j\}.$$

特别，当 $\mathscr{X}_1 = \mathscr{X}_2 = \cdots = \mathscr{X}_k = \mathscr{X}$ 时，空间(2.5)记成 $\mathscr{L}^k(\mathscr{X};\mathscr{Y})$. 则在线性同构意义下 $\mathscr{L}^k(\mathscr{X};\mathscr{Y})$ 可与空间

$$\mathscr{L}(\underbrace{\mathscr{X}, \mathscr{L}(\mathscr{X}, \cdots, \mathscr{L}(\mathscr{X}}_{k\text{重}}, \mathscr{Y}\cdots))$$

视为同一.

把 $U \subset \mathscr{X}$ 到 $\mathscr{Y}$ 的连续映射集记为 $C(U,\mathscr{Y})$. f 为 C^0 类，若 $f \in C(U,\mathscr{Y})$. 归纳地，若 $D^k f$ 在 U 中处处可微，且 $D^{k+1}f = D(D^k f) \in C(U, \mathscr{L}^k(\mathscr{X}, \mathscr{Y}))$，则称 f 为 C^{k+1} 类，记作 $f \in C^{k+1}(U,\mathscr{Y})$. 进而，若对每个 $k=0, 1, 2, \cdots$, f 为 C^k 类，则称 f 为 C^∞ 类，记作 $f \in C^\infty(U,\mathscr{Y})$. 又记 $C^k(U) = C^k(U, \mathbb{R})$.

用 $\mathscr{L}_s^k(\mathscr{X};\mathscr{Y})$ 表示 $\mathscr{L}^k(\mathscr{X};\mathscr{Y})$ 中对称 k 重线性算子空间，即其元 $A(x_1, \cdots, x_k)$ 中任意两个分量可交换，

$$A(\cdots, x_i, \cdots, x_j, \cdots) = A(\cdots, x_j, \cdots, x_i, \cdots).$$

命题 1.2.1 若 $f \in C^k(U, \mathscr{Y})$，则 $D^k f(x) \in \mathscr{L}_s^k(\mathscr{X}, \mathscr{Y})$，$\forall x \in U$. □

一般地，k 阶导数 $D^k f(x)$ 若存在，则其计算公式可为

$$D^k f(x)(h_1, \cdots, h_k) = \frac{\partial}{\partial t_1}\cdots\frac{\partial}{\partial t_k} f(x + \sum_{i=1}^k t_i h_i)|_{t=0}, \tag{2.6}$$

这里 $t = (t_1, \cdots, t_k)$.

命题 1.2.2(Taylor 公式) 设 $f \in C^k(U, \mathscr{Y})$，且 $x + th \in U$，$\forall t \in [0, 1]$. 则

$$f(x+h) = f(x) + Df(x)h + \frac{1}{2!}D^2 f(x)h^2 + \cdots + \frac{1}{k!}D^k f(x)h^k + o(\|h\|^k), \tag{2.7}$$

这里 $h^j = (h, \cdots, h)$ 为 j 重. □

设 $\mathscr{X} = \mathscr{X}_1 \times \mathscr{X}_2$，$x = (x_1, x_2) \in \mathscr{X}_1 \times \mathscr{X}_2$. 则可类似

定义 f 关于 x_j 的偏导数 $D_{x_j}f$，或 f_{x_j}，$j=1, 2$.

命题 1.2.3 设 $\mathrm{U}=\mathrm{U}_1\times\mathrm{U}_2\subset\mathscr{X}_1\times\mathscr{X}_2$ 及 $f\in C(\mathrm{U},\mathscr{Y})$. 则 $f\in C^1(\mathrm{U},\mathscr{Y})$ 当且仅当 $D_{x_j}f\in C(\mathrm{U},\mathscr{Y})$，$j=1, 2$. 且有

$$Df(x_1, x_2)(h_1, h_2) = D_{x_1}f(x_1, x_2)h_1 + D_{x_2}f(x_1, x_2)h_2. \quad \square$$

这当然可推广到任意有限个直积的情况.

关于复合映射的求导，有下面的链法则.

命题 1.2.4(链法则) 设 $\mathscr{X}$, $\mathscr{Y}$ 和 $\mathscr{Z}$ 为 Banach 空间，$\mathrm{U}\subset\mathscr{X}$, $\mathrm{V}\subset\mathscr{Y}$ 为开集，映射 $g:\mathrm{U}\to\mathrm{V}$ 和 $f:\mathrm{V}\to\mathscr{Z}$ 均为 C^r 类($r\geqslant1$). 则 $f\circ g:\mathrm{V}\to\mathscr{Z}$ 亦为 C^r 类，且

$$D(f\circ g)(x) = Df(g(x))\circ Dg(x). \tag{2.8}$$

$\square$

对于复合映射的高阶导数，也可像数学分析中那样类似求得. 注意到(2.8)式可写成

$$D(f\circ g) = (Df\circ g)Dg,$$

进而

$$D^2(f\circ g) = (D^2f\circ g)(Dg, Dg) + (Df\circ g)D^2g.$$

一般来讲，$D^k(f\circ g)$可表成

$$D^k(f\circ g)=\sum_{\substack{1\leqslant j\leqslant k\\ |m|=k}}\sigma(k,j,m)(D^jf\circ g)(D^{m_1}g, \cdots, D^{m_j}g), \tag{2.9}$$

其中 $m=(m_1, \cdots, m_j)$和$\{\sigma(k, j, m)\}$为非负整数组，$|m|=m_1+\cdots+m_j$. 利用等式

$$\begin{aligned}&D[(D^jf\circ g)(D^{m_1}g, \cdots, D^{m_j}g)]\\ &=(D^{j+1}f\circ g)(Dg, D^{m_1}g, \cdots, D^{m_j}g)\\ &\quad+\sum_{i=1}^{j}(D^jf\circ g)(D^{m_1}g, \cdots, D^{m_i+1}g, \cdots, D^{m_j}g)\end{aligned} \tag{2.10}$$

可得到$\{\sigma(k,j,m)\}$的递推关系.

1.2.2 反函数和隐函数定理

先考虑反函数定理，设 $\mathrm{U}\subset\mathscr{X}$，$\mathrm{V}\subset\mathscr{Y}$ 为开. 映射 $f:\mathrm{U}\to\mathrm{V}$ 称为 C^r 微分同胚，若 f 是 C^r 类，双射(即 U 到 V 上的既单又满

的映射)，且其逆 f^{-1} 也是 C^r 类.

定理 1.2.5(反函数定理) 设 f: $U\subset\mathscr{X}\to\mathscr{Y}$ 为 C^r 类，$r\geq 1$，$x_0\in U$，且设 $Df(x_0)$ 为线性同构. 则 f 是 x_0 的一邻域 $U_0\subset U$ 到 $f(x_0)$ 的一邻域 $V_0\subset\mathscr{Y}$ 上的 C^r 微分同胚，且

$$Df^{-1}(y)=[Df(f^{-1}(y))]^{-1},\quad \forall\, y\in V_0. \tag{2.11}$$

证明 参见[AMR]. □

下面的隐函数定理是本节的中心.

定理 1.2.6(隐函数定理) 设 $U\subset\mathscr{X}$，$V\subset\mathscr{Y}$ 为开，且 f: $U\times V\to\mathscr{Z}$ 为 C^r，$r\geq 1$. 设在 $(x_0, y_0)\in U\times V$ 处 $f(x_0, y_0)=0$ 且 $D_yf(x_0, y_0)$: $\mathscr{Y}\to\mathscr{Z}$ 为同构. 则存在 x_0 的邻域 $U_0\subset U$，及唯一的 C^r 映射 g: $U_0\to V$，使得 $g(x_0)=y_0$，且对所有的 $x\in U_0$，

$$f(x, g(x))=0. \tag{2.12}$$

证明 考虑由 $\Phi(x, y)=(x, f(x, y))$ 定义的映射 Φ: $U\times V\to\mathscr{X}\times\mathscr{Z}$. 则

$$D\Phi(x_0, y_0)(x_1, y_1)=\begin{pmatrix} I & 0 \\ D_xf(x_0, y_0) & D_yf(x_0, y_0)\end{pmatrix}\begin{pmatrix}x_1\\ y_1\end{pmatrix}$$

是 $\mathscr{X}\times\mathscr{Y}$ 到 $\mathscr{X}\times\mathscr{Z}$ 上的同构. 由定理 1.2.5 知在 $\Phi(x_0, y_0)=(x_0, 0)\in\mathscr{X}\times\mathscr{Z}$ 的一邻域 $U_0\times W_0$ 上有 Φ 的唯一的 C^r 逆映射 Φ^{-1}: $U_0\times W_0\to U\times V$，使 $\Phi^{-1}(x, w)=(x, \tilde{g}(x, w))$. 记 $g(x)=\tilde{g}(x, 0)$，则不难验证 g 满足本定理要求. □

对(2.12)式用链法则可得到 g 的导数计算公式

$$Dg(x)=-[D_yf(x, g(x))]^{-1}D_xf(x, g(x)), \tag{2.13}$$

还可得到 g 的高阶求导公式.

1.2.3 静态分岔存在的必要条件

现在来考虑分岔问题. 设 F: $U\times\Lambda\to\mathscr{Y}$ 为 C^r 映射，$r\geq 1$，其中 $U\subset\mathscr{X}$ 为开. 设 $(x_0, \lambda_0)\in U\times\Lambda$ 使 $F(x_0, \lambda_0)=0$. 我们常把 $F(x, y)$ 关于状态变量 x 的导数记作 $(dF)_{x,\lambda}\equiv D_xF(x, \lambda)$. 记 $A=(dF)_{x_0,\lambda_0}$.

定义 1.2.2 $A\in\mathscr{L}(\mathscr{X},\mathscr{Y})$的零空间 $\mathscr{N}(A)$和值空间 $\mathscr{R}(A)$分别为

$$\mathscr{N}(A)=\{x\in\mathscr{X}\mid Ax=0\},$$
$$\mathscr{R}(A)=\{Ax\mid x\in\mathscr{X}\}.$$

我们来证明，当(x_0,λ_0)为 F 的分岔点时，零空间的维数为正，$\dim\mathscr{N}(A)>0$. 为此，假定 $\mathscr{R}(A)\subset\mathscr{Y}$ 为闭子空间. 这种假定是合理的，因为许多数学物理问题(比如下面要讲到的 Fredholm 算子)都满足这个条件.

定理 1.2.7 设$(dF)_{x_0,\lambda_0}$为 C^r 映射 $F:U\times\Lambda\to\mathscr{Y}$ 的分岔点，$A=(dF)_{x_0,\lambda_0}$，$\mathscr{R}(A)\subset\mathscr{Y}$ 为闭. 则 $\dim\mathscr{N}(A)>0$.

证明 若不然，设 $\mathscr{N}(A)=\{0\}$，则 $A=F_x(x_0,\lambda_0)$为 $\mathscr{X}$ 到 Banach 空间 $\mathscr{R}(A)$上的线性同构. 据隐函数定理(定理 1.2.6)，存在唯一的映射 g，它把 $\lambda_0\in\Lambda$ 的一个邻域映到 $\mathscr{X}$ 中使 $g(\lambda_0)=x_0$ 及 $F(g(\lambda),\lambda)\equiv0$，即$(x_0,\lambda_0)$不是分岔点，矛盾. □

例 1.2.8 对例 1.1.2 中的屈曲问题，F 由(1.4)式给出. 按公式(2.2)，F 在零解 $u=0$ 处的线性化算子为

$$A(\lambda)v\equiv D_uF(0,\lambda)v=\frac{dv}{ds}+\lambda v. \tag{2.14}$$

由定理 1.2.7，在分岔值 λ 处方程 $A(\lambda)v=0$ 应有非零解. 注意到例 1.1.2 中空间 $\mathscr{X}$ 所含的条件

$$v'(0)=v'(\pi)=0, \tag{2.15}$$

分岔值和相应零空间 $\mathscr{N}(A(\lambda))$的解归结为求满足(2.15)的边值问题 $A(\lambda)v=0$ 的本征值和本征函数. 由常微中熟知的两点边值算子理论，对应于 $k=1, 2,\cdots$，的本征值和本征函数空间为

$$\lambda_k=k^2,\ \mathscr{N}(A(\lambda_k))=\{\alpha\cos ks\mid\alpha\in\mathbb{R}\}.$$

1.2.4 Fredholm 算子

定义 1.2.3 称线性算子 $A\in\mathscr{L}(\mathscr{X},\mathscr{Y})$为 Fredholm 算子，若它的零空间的维数 $n=\dim\mathscr{N}(A)$和值空间的余维数 $m=\operatorname{codim}\mathscr{R}(A)\equiv\dim(\mathscr{Y}/\mathscr{R}(A))$均为有限，此时，$\operatorname{ind}(A)=n-m$ 称

为 A 的指标.

Fredholm 算子，特别是具有零指标的 Fredholm 算子，是在数学物理问题中常遇到的一类算子，这里介绍几种重要类型.

首先一种是同紧算子有关. 回忆 $A\in\mathscr{L}(\mathscr{X},\mathscr{Y})$为紧算子，若 $\mathscr{X}$ 中闭球 $B=\{x\in\mathscr{X}\mid\|x\|\leqslant 1\}$的象的闭包$\overline{A(B)}\subset\mathscr{Y}$ 为紧集.

命题 1.2.9 设 A 为 Banach 空间 $\mathscr{X}$ 到自身的紧算子，$\lambda\neq 0$. 则 $A_\lambda=\lambda I-A$ 为具有零指标的 Fredholm 算子.

证明 证明略，可参看[ZL]. □

例 1.2.10 设 $\Omega\subset\mathbb{R}^n$ 为紧集，且 $h:\Omega\times\Omega\to\mathbb{R}$ 连续. 则由

$$A\varphi(x)=\int_\Omega h(x,y)\varphi(y)dy \tag{2.16}$$

给出 $A:C(\Omega)\to C(\Omega)$为紧算子(见[ZL]). 因而对于 $\lambda\neq 0$，由

$$(A_\lambda\varphi)(x)=\varphi(x)-\lambda\int_\Omega h(x,y)\varphi(y)dy \tag{2.17}$$

给出的积分算子 A_λ 为具有零指标的 Fredholm 算子.

回忆，对于 Hilbert 空间 $\mathscr{X}$ 到自身的线性算子 $A\in\mathscr{L}(\mathscr{X})$，存在唯一的伴随算子，即其内积$\langle,\rangle$满足

$$\langle Ax,y\rangle=\langle x,A^*y\rangle,\quad\forall\, x,y\in\mathscr{X} \tag{2.18}$$

的算子 $A^*\in\mathscr{L}(\mathscr{X})$. 下面的结论是有用的.

定理 1.2.11(Hilbert-Schmidt) 设 A 为 Hilbert 空间 $\mathscr{X}$ 到自身的紧算子. 若 A 为自伴的，即 $A^*=A$，则 A 有至多可数个非零的，只可能以 0 为聚点的实本征值$\{\lambda_i\}$，并且它们对应一组正交规范基$\{e_j\}$，使

$$x=\sum\langle x,e_j\rangle e_j, \tag{2.19}$$

$$Ax=\sum\lambda_j\langle x,e_j\rangle e_j. \tag{2.20}$$

证明 证明略，可参看[ZL]. □

第二种是常微分方程两点边值问题，例 1.2.8 是其特例.

例 1.2.12 记 $H^k[a,b]$为 $L^2[a,b]$中由满足 $x\in C^{k-1}[a,b]$，$x^{(k-1)}$在$[a,b]$上绝对连续，且 $x^{(k)}\in L^2[a,b]$的函数 x 组成的空

间. 考虑常微分算子

$$A=\sum_{j=1}^{n}a_j(t)\frac{d^j}{dt^j},$$

其中 $a_j\in H^j[a,b]$，$j=1,\cdots,n$，且 $a_n(t)\neq 0$ 对所有 $t\in[a,b]$. 记 $\mathscr{Y}=H^n[a,b]$. 引进边值

$$B_k(x)=\sum_{j=0}^{n-1}(\alpha_j^k x^{(j)}(a)+\beta_j^k x^{(j)}(b)),$$

其中$\{\alpha_j^k,\beta_j^k\}$为一组实数，使$\{B_k,k=1,\cdots,n\}$为 $H^n[a,b]$上的一组线性无关的线性泛函. 记

$$\mathscr{X}=\{x\in H^n[a,b];B_kx=0,k=1,\cdots,n\}.$$

则 $A:\mathscr{X}\to\mathscr{Y}$ 为具有零指标的 Fredholm 算子(参见[Lo]).

最后一种是椭圆算子.

例 1.2.13 设 $\Omega\subset\mathbb{R}^N$ 为有界区域，边界 $\partial\Omega$ 光滑. 记

$$A(u)=\sum_{i,j=1}^{n}a_{ij}(x)u_{x_ix_j}+\sum_{i=1}^{n}a_i(x)u_{x_i}+c(x)u,$$

其中 $a_{ij}\in C^\infty(\Omega)$使 $\sum a_{ij}(x)\xi_i\xi_j>0$，对所有 $x\in\Omega$ 及 $\xi=(\xi_1,\cdots,\xi_n)\neq 0$. 则 A 为**椭圆算子**. 特别，若

$$Au=\triangle u+\sum_{j=0}^{N}a_j(x)u_{x_j}+c(x)u,$$

其中$\triangle=\partial^2/\partial x_1^2+\cdots+\partial^2/\partial x_N^2$，则在内积

$$\langle u,v\rangle=\int_\Omega uvdx,\quad u,v\in C^\infty(\Omega)\tag{2.21}$$

下，

$$A^*v=\triangle v-\sum_{j=1}^{N}(a_j(x)v)_{x_j}+c(x)v,$$

且 A 是具有零指标的 Fredholm 算子(参见[GT]).

§1.3 Liapunov-Schmidt 简约

分岔问题通常是定义在高维，甚至无穷维空间上的，为了把它们化成本书所要求的低维空间中的问题，可以采用 Liapunov-

Schmidt 简约的方法. 本节先介绍 Liapunov-Schmidt 简约的一般步骤和所得分岔方程中前几项系数的计算公式，再就常见的 Fredholm 算子和内积空间情形给出处理办法，最后结合单变量分岔的应用例子来说明本节所介绍的方法.

1.3.1 Liapunov-Schmidt 简约的基本步骤

Liapunov-Schmidt 简约的基本方法是将一个(可能是)无穷维空间中的方程

$$F(u,\lambda) = 0 \tag{3.1}$$

化为等价的两个方程，其中一个通常是有穷维空间中的方程，另一个可以用隐函数定理求解，将求得的解代入第一个方程后所得到的方程保持原方程(3.1)的分岔情形不变.

设 $\mathscr{X}$，$\mathscr{Y}$ 和 Λ 均为 Banach 空间，$(u,\lambda)\in\mathscr{X}\times\Lambda$. 为简单起见，我们把分岔点取在原点，故设 $\mathrm{U}\subset\mathscr{X}$ 为含原点的开集，且设 $F\in C^r(\mathrm{U}\times\Lambda,\ \mathscr{Y})$，$r\geqslant 1$，满足 $F(0,\ 0)=0$. 考虑方程(3.1)在原点附近的分岔情况. 据定理 1.2.7，须假定算子 $A=(dF)_{0,0}\in\mathscr{L}(\mathscr{X},\mathscr{Y})$有非零的零空间，$\mathscr{N}(A)\neq\{0\}$，这里 dF 仍表示关于 u 的导数.

回忆空间 $\mathscr{X}$ 的闭子空间 $\mathscr{X}_1$ 有闭补空间 $\mathscr{X}_2$，是指 $\mathscr{X}$ 可分解成 $\mathscr{X}_1$ 和 $\mathscr{X}_2$ 的直和，$\mathscr{X}=\mathscr{X}_1\oplus\mathscr{X}_2$，即 $\mathscr{X}_1\cap\mathscr{X}_2=\{0\}$且 $\mathscr{X}_1+\mathscr{X}_2=\mathscr{X}$. 这又等价于存在 $\mathscr{X}$ 到 $\mathscr{X}_1$ 上的投射 P，即满足 $P^2=P$ 和 $\mathscr{R}(P)=\mathscr{X}_1$ 的算子 $P\in\mathscr{L}(\mathscr{X})$，此时 $\mathscr{X}_1$ 的闭补空间为 $\mathscr{N}(P)$.

我们假定 $A\in\mathscr{L}(\mathscr{X},\mathscr{Y})$的零空间 $\mathscr{N}(A)$和值空间 $\mathscr{R}(A)$均为闭，且有闭补空间 M 和 N，

$$\mathscr{X} = \mathscr{N}(A)\oplus \mathrm{M},$$

$$\mathscr{Y} = \mathscr{R}(A)\oplus \mathrm{N}.$$

下面的 Liapunov-Schmidt 简约表明，能把空间 $\mathscr{X}\times\Lambda$ 上的分岔问题 F 约化为空间 $\mathscr{N}(A)\times\Lambda$ 上的分岔问题

$$\Phi:\mathscr{N}(A)\times\Lambda\to\mathrm{N}.$$

先把 $u\in\mathscr{X}$（唯一地）写成 $u=x+y$，使 $x\in\mathscr{N}(A)$，$y\in\mathrm{M}$，且记 $\mathscr{Y}$ 到 N 上的投射为 $P\in\mathscr{L}(\mathscr{Y})$，使 $\mathscr{N}(P)=\mathscr{R}(A)$. 则方程(3.1)等价于

$$PF(x+y,\lambda)=0, \tag{3.2}$$

$$(I-P)F(x+y,\lambda)=0, \tag{3.3}$$

这里 I 表示 $\mathscr{Y}$ 到自身的恒等算子. 对于(3.3)，因

$$D_y(I-P)F(x+y,\lambda)|_{(0,0)}=(I-P)D_uF(0,0)|\mathrm{M}$$
$$=(I-P)A|\mathrm{M}$$

为 M 到值空间 $\mathscr{R}(A)$上的线性双射. 由开映射定理（例如，参见[ZL]），知 $D_y(I-P)F(0,0)$为 M 到 $\mathscr{R}(A)$上的线性同构. 利用隐函数定理（定理 1.2.6），在$(0,0)\in\mathscr{N}(A)\times\Lambda$ 的一个邻域 $\mathrm{V}\times\Lambda_0$上存在唯一的 C^r 映射 $W:\mathrm{V}\times\Lambda_0\to\mathrm{M}$，满足(3.3)式，

$$(I-P)F(x+W(x,\lambda),\lambda)=0 \tag{3.4}$$

且

$$W(0,0)=0,\qquad W_x(0,0)=0\,. \tag{3.5}$$

把 W 代入(3.2)式，得到

$$\Phi(x,\lambda)\equiv PF(x+W(x,\lambda),\lambda)=0, \tag{3.6}$$

其中 $\Phi:\mathrm{V}\times\Lambda_0\to\mathrm{N}$ 为 C^r 映射，且满足

$$\Phi(0,0)=0,\qquad \Phi_x(0,0)=0. \tag{3.7}$$

方程(3.6)称为**分岔方程**. 从构造过程看出，它在原点附近的解与原方程(3.1)的解一一对应.

我们把上述过程归纳成下面的定理.

定理 1.3.1（Liapunov-Schmidt 简约） 设 $F\in C^r(\mathrm{U}\times\Lambda,\mathscr{Y})$，$r\geqslant1$，其中 $\mathrm{U}\subset\mathscr{X}$ 为含原点的开集. 且设原点为 F 的奇点，即 $F(0,0)=0$ 且 $A=(dF)_{0,0}\in\mathscr{L}(\mathscr{X},\mathscr{Y})$具有非零零空间. 设 A 的零空间 $\mathscr{N}(A)\subset\mathscr{X}$ 和值空间 $\mathscr{R}(A)\subset\mathscr{Y}$ 均为闭，且有闭补空间. 则方程(3.1)在原点附近的解数等于分岔方程(3.6)的相应解数，其中 W 由方程(3.4)据隐函数定理唯一确定. □

注 1.3.2 Liapunov-Schmidt 简约的实质在于由方程(3.3)，$(I-P)F(u,\lambda)=0$确定空间 $\mathscr{X}\times\Lambda$ 中的一个与空间 $\mathscr{N}(A)\times\Lambda$

相切的子流形 Σ，而分岔方程(3.6)恰为 $F|\Sigma=0$.

1.3.2 系数计算公式

上述通过 Liapunov-Schmidt 简约得到的分岔方程(3.6)通常没有显式表示，因为该方程中的映射 W 要由方程(3.4)用隐函数定理来确定. 但我们可以通过隐函数定理求得 W 的各阶导数，由此可得到分岔方程中映射 Φ 的前有限项 Taylor 展式. 本书要讲的奇点理论告诉我们，一个分岔问题，通常由其展式的前有限项就可完全确定它的局部分岔情况. 因此，这一小节来介绍分岔方程中映射 Φ 在分岔点处的前几阶系数的计算公式.

注意，我们可以把映射 $F(u,\lambda)$ 写成

$$F(u,\lambda)=Au+h(u,\lambda), \tag{3.8}$$

其中

$$h(0,0)=0, \qquad (dh)_{0,0}=0, \tag{3.9}$$

dh 为 h 对 u 的导数. 命 $Q=I-P$，并记(在上)同构

$$L=QA|\mathrm{M}\in\mathscr{L}(\mathrm{M},\mathscr{R}(A)). \tag{3.10}$$

则(3.6)中的 Φ 和(3.4)式分别为

$$\Phi(x,\lambda)=Ph(x+W(x,\lambda),\lambda), \tag{3.11}$$

$$W(x,\lambda)+L^{-1}Qh(x+W(x,\lambda),\lambda)=0. \tag{3.12}$$

从(3.12)中解出 W 代入(3.11)中，即可得到 Φ 的表式.

为简单起见，考虑单参数情形，即设 $\Lambda=\mathbb{R}$，记

$$\tilde{h}(x,\lambda)=h(x+W(x,\lambda),\lambda).$$

利用(3.5)和(3.9)式，及复合函数求导公式，可求得 $\tilde{h}$ 在 $(x,\lambda)=(0,0)$ 处对每个 $v\in\mathscr{N}(A)$ 有

$$\tilde{h}_x v=0, \tag{3.13a}$$

$$\tilde{h}_{xx}(v,v)=d^2h(v,v), \tag{3.13b}$$

$$\tilde{h}_{xxx}(v,v,v)=3d^2h(v,W_{xx}(v,v))+d^3h(v,v,v), \tag{3.13c}$$

$$\tilde{h}_\lambda=h_\lambda, \tag{3.13d}$$

$$\tilde{h}_{\lambda x}v=d^2h(v,W_\lambda)+dh_\lambda v, \tag{3.13e}$$

$$\tilde{h}_{\lambda\lambda} = h_{\lambda\lambda} + 2dh_\lambda W_\lambda + d^2h(W_\lambda, W_\lambda). \tag{3.13f}$$

上述映射要求计算 W_{xx}和 W_λ 在原点处的值，这只要对(3.12)式求相应的导数,并将(3.13b)和(3.13d)式代入即可求得

$$W_{xx}(v,v) = -L^{-1}Qd^2h(v,v), \tag{3.14a}$$

$$W_\lambda = -L^{-1}Qh_\lambda. \tag{3.14b}$$

于是，将(3.13)和(3.14)代入(3.11)，即可求得 Φ 在原点处的一些导数计算公式

$$\Phi_x v = 0, \tag{3.15a}$$

$$\Phi_{xx}(v,v) = Pd^2h(v,v), \tag{3.15b}$$

$$\Phi_{xxx}(v,v,v) = P[-3d^2h(v, L^{-1}Qd^2h(v,v)) + d^3h(v,v,v)], \tag{3.15c}$$

$$\Phi_\lambda = Ph_\lambda, \tag{3.15d}$$

$$\Phi_{\lambda x}(v) = P[-d^2h(v, L^{-1}Qh_\lambda) + dh_\lambda(v)], \tag{3.15e}$$

$$\Phi_{\lambda\lambda} = P[h_{\lambda\lambda} - 2dh_\lambda L^{-1}Qh_\lambda + d^2h(L^{-1}Qh_\lambda, L^{-1}Qh_\lambda)]. \tag{3.15f}$$

(3.15)就是分岔方程中映射 Φ 在原点(分岔点)处的前几阶导数计算公式，由此可得到 Φ 在分岔点附近 Taylor 展式的前几项系数.

需要说明的是,我们这里仅考虑单参数,对于多参数情形也有类似于(3.15)的公式.

1.3.3 Fredholm 算子情形

设 $A\in\mathscr{L}(\mathscr{X},\mathscr{Y})$为 Fredholm 算子. 取零空间 $\mathscr{N}(A)$的一组基$\{\varphi_1, \cdots, \varphi_n\}$，设 $\|\varphi_i\|=1$，$i=1, \cdots, n$. 对每一 φ_i，由 Hahn-Banach 定理的推论，有 $\mathscr{X}$ 上的连续线性泛函 φ^i，使 $\langle\varphi_j,\varphi^i\rangle\equiv\varphi^i(\varphi_j)=\delta_{ij}$，这里 δ_{ij}为 Kronecker 记号，

$$\delta_{ij} = \begin{cases} 1, & i = j, \\ 0, & i \neq j. \end{cases}$$

则可命 $u=x+y$，其中

$$x = \sum_{i=1}^{n} \langle u, \varphi^i \rangle \varphi_i \in \mathscr{N}(A),$$
$$y = u - \sum_{i=1}^{n} \langle u, \varphi^i \rangle \varphi_i \in \mathrm{M}. \tag{3.16}$$

另一方面，取商空间 $\mathscr{Y}/\mathscr{R}(A)$的一组基 $\tilde{\varphi}_j + \mathscr{R}(A)$，$j=1, \cdots, m$. 则易验证$\{\tilde{\varphi}_1, \cdots \tilde{\varphi}_m\} \subset \mathscr{Y}$ 线性无关，它们张成的 m 维子空间 $\mathrm{N} \subset \mathscr{Y}$ 为 $\mathscr{R}(A) \subset \mathscr{Y}$ 的闭补空间. 不妨设 $\|\tilde{\varphi}_j\| = 1$，$j=1, \cdots, m$. 取 $\mathscr{Y}$ 上的连续线性泛函 $\tilde{\varphi}^1, \cdots, \tilde{\varphi}^m$,使$\langle \tilde{\varphi}_j, \tilde{\varphi}^i \rangle = \delta_{ij}$. 命

$$P(v) = \sum_{j=1}^{m} \langle v, \tilde{e}^j \rangle \tilde{e}_j, \tag{3.17}$$

则 P 为 $\mathscr{Y}$ 到 N 上的投射. 于是，若命

$$\langle u, \varphi^i \rangle = x_i, \quad \langle h, \tilde{\varphi}^j \rangle = f_j, \quad i = 1, \cdots, n; \quad j = 1, \cdots, m,$$

就可以把分岔方程(3.6)写成函数方程组的形式

$$f_j(x_1, \cdots, x_n, \lambda) = 0, \quad j = 1, \cdots, m. \tag{3.18}$$

在许多实际问题中可以假定 $\mathscr{X}$ 是 $\mathscr{Y}$ 的子空间，$\mathscr{X} \subset \mathscr{Y}$，且 $\mathscr{Y}$ 为内积空间. 比如，在 A 为微分算子情形，$\mathscr{Y}$ 是有界开集 $\Omega \subset \mathbb{R}^N$ 上的函数空间，则其内积常可取为如(2.21)式.

对于内积空间 $\mathscr{Y}$，且 $\mathscr{X} \subset \mathscr{Y}$，取 $\mathscr{N}(A) \subset \mathscr{X}$ 的一组正交规范基$\{\varphi_1, \cdots, \varphi_n\}$，$\langle \varphi_i, \varphi_j \rangle = \delta_{ij}$. 则 $\mathscr{X}$ 在 $\mathscr{N}(A)$上的投射 P 可写成

$$P(u) = \sum_{i=1}^{m} \langle u, \varphi_i \rangle \varphi_i, \quad \forall\, u \in \mathscr{X}. \tag{3.19}$$

剩下的问题是如何找出空间 $\mathscr{R}(A)$在 $\mathscr{Y}$ 中的补空间 N,$\mathscr{Y} = \mathscr{R}(A) \oplus \mathrm{N}$. 设算子 $A \in \mathscr{L}(\mathscr{X}, \mathscr{Y})$有伴随算子 $A^* \in \mathscr{L}(\mathscr{Y}, \mathscr{X})$. 对子空间 $\mathscr{W} \subset \mathscr{Y}$，记

$$\mathscr{W}^{\perp} = \{\mathrm{y} \in \mathscr{Y} \mid \langle y, w \rangle = 0, \quad \forall\, w \in \mathscr{W}\}. \tag{3.20}$$

易见,$\mathscr{W} \cap \mathscr{W}^{\perp} = \{0\}$，特别,$\mathscr{N}(A^*) = (\mathscr{R}(A))^{\perp}$. 可见只要验证

$$\mathscr{N}(A^*) + \mathscr{R}(A) = \mathscr{Y}, \tag{3.21}$$

$\mathscr{N}(A^*)$就是 $\mathscr{R}(A)$的补空间

$$\mathscr{Y} = \mathscr{R}(A) \oplus \mathscr{N}(A^*). \tag{3.22}$$

我们指出,如果在所给的内积下 $\mathscr{X}$ 和 $\mathscr{Y}$ 都是 Hilbert 空间,则(3.22)成立,即有

定理 1.3.3(Fredholm 择一律) 设 $\mathscr{X}$ 和 $\mathscr{Y}$ 为 Hilbert 空间,$A \in \mathscr{L}(\mathscr{X}, \mathscr{Y})$为 Fredholm 算子. 则 A 有(唯一的)伴随算子 A^*,且(3.22)成立. □

定理 1.3.3 的证明在一般泛函分析书中都可找到,例如[ZL].

在满足定理 1.3.3 条件情形,仍可取 $\mathscr{N}(A^*)$的一组正交规范基$\{\tilde{e}_1, \cdots, \tilde{e}_m\}$,$\langle \tilde{e}_i, \tilde{e}_j \rangle = \delta_{ij}$,而$\mathscr{Y}$ 到 $\mathscr{N}(A^*) = (\mathscr{R}(A))^{\perp}$上的投射则为

$$\widetilde{P}(v) = \sum_{j=1}^{m} \langle v, \tilde{e}_j \rangle \tilde{e}_j. \tag{3.23}$$

1.3.4 应用

作为 Liapunov-Schmidt 简约的一个应用,我们考虑在例1.1.2中提出的 Euler 压杆的屈曲问题.

例 1.3.4 设 $F: \mathscr{X} \times \mathbb{R} \to \mathscr{Y}$ 由(1.4)式给出. 按例 1.2.8,我们考虑在本征值 $\lambda = 1$ 附近的分岔情况. 记 $Av = dv/ds + v$. 由(2.16)式,A 的零空间为 $\mathscr{N}(A) = \mathbb{R}\{\cos\}$. 引进内积

$$\frac{2}{\pi}\int_0^{\pi} \varphi(t)\psi(t)dt, \ \forall \ \varphi, \psi \in \mathscr{Y}.$$

注意到 A 的自伴性,有分解

$$\mathscr{X} = \mathscr{N}(A) \oplus \mathrm{M},$$
$$\mathscr{Y} = \mathscr{R}(A) \oplus \mathrm{N},$$

其中

$$\mathrm{M} = \{u \in \mathscr{X} \ ; \int_0^{\pi} u(s)\cos s ds = 0\},$$

$$\mathrm{N} = \mathscr{N}(A^*) = \mathscr{N}(A) = \mathbb{R}\{\cos\}.$$

按(3.17),$\mathscr{Y}$ 到 N 的投射为

$$Pv(s) = \left(\frac{2}{\pi}\int_0^{\pi} v(t)\cos t dt \right) \cos s.$$

为方便起见，对由(1.4)式给出的 F，我们把 λ 移到原点附近，即设

$$F(u,\lambda) = \frac{d^2u}{ds^2} + (\lambda+1)\sin u$$
$$= \frac{d^2u}{ds^2} + u + h(u,\lambda), \tag{3.24}$$

其中

$$h(u,\lambda) = (\lambda+1)\sin u - u,$$
$$u = x\cos s + W(x\cos s,\lambda).$$

则在 $(u,\lambda)=(0,0)$ 处

$$\begin{aligned} d^2h &= -(\lambda+1)\sin u|_{0,0} = 0, \\ d^3h &= -(\lambda+1)\cos u|_{0,0} = -1, \\ h_\lambda &= \sin u|_{0,0} = 0, \\ dh_\lambda &= \cos u|_{0,0} = 1. \end{aligned} \tag{3.25}$$

设 $f(x,\lambda)=\langle h(x\cos t+W(x\cos t,\lambda),\lambda),\cos t\rangle$. 则 $\Phi(x\cos t,\lambda)=f(x,\lambda)\cos s$. 利用(3.15)和(3.25)式可求得在 $(x,\lambda)=(0,0)$ 处

$$f = f_x = f_{xx} = f_\lambda = 0,$$
$$f_{xxx} = -\frac{2}{\pi}\int_0^{\pi}\cos^2 t dt = -1 < 0,$$
$$f_{x\lambda} = \frac{2}{\pi}\int_0^{\pi}\cos^2 t dt = 1 > 0.$$

根据命题 1.1.3，由(3.24)给出的分岔问题 F 在 $(x,\lambda)=(0,0)$ 附近与树枝分岔 $\lambda x - x^3$ 强等价.

例 1.3.5(简单分岔) 考虑方程

$$du/dt = F(u,\lambda), \tag{3.26}$$

其中 $F:\mathbb{R}^n\times\mathbb{R}\to\mathbb{R}^n$ 为 C^k，$k\geqslant 1$，且满足 $F(0,\lambda)\equiv 0$. 设矩阵 $A=(dF)_{0,0}$ 的本征值集中有一个为 0，其余实部为负. 且设 A 和 A^T 的 0 本征值对应的本征向量 e 和 e^* 满足 $\langle e,e^*\rangle>0$. 记投射

$$Pv = \langle v,e^*\rangle e^*, v\in\mathbb{R}^n.$$

则按 Liapunov-Schmidt 简约，方程 $F(u,\lambda)=0$ 在 $\lambda=0$ 附近相应的

分岔方程为

$$g(x,\lambda) \equiv \langle F(xe + W(x,\lambda),\lambda), e^* \rangle = 0,$$

其中 $W:\mathbb{R}\times\mathbb{R}\to\mathscr{R}(A^T)$满足

$$(I - P)F(xe + W(x,\lambda),\lambda) = 0.$$

这建立起方程(3.26)在 λ 处的平衡解 u 与单变量分岔问题 $g:\mathbb{R}\times\mathbb{R}\to\mathbb{R}$ 的零点(x,λ)，$g(x,\lambda)=0$，之间的对应关系. 利用(3.15)式还可以得到 g 的一些导数计算的公式. 在§5.1 中将进一步证明，平衡解 x 当 $g_x(x,\lambda)<0$ 时稳定，$g_x(x,\lambda)>0$ 时不稳定.

§1.4 奇点理论初步

本节我们介绍奇点理论的基本概念和定理，它们是我们用奇点理论方法研究分岔问题所必需的. 奇点理论所考虑的对象是称为“芽”的数学概念，这里着重讨论“芽空间”(芽的全体)的代数结构. 我们从一般的交换代数讲起，并将证明重要的中山(Nakayama)引理及其推论. 我们还将在本节介绍 Malgrange 预备定理，它的证明较长，我们把它放在下一节. 这两节中的一些材料可以在，例如[Fe]，[Mar]或[GGui]中找到.

1.4.1 有关的代数知识

我们首先回顾一下交换代数中的一些相关概念(交换环、理想、局部环和环上的模)，然后证明模上的中山引理及其推论，熟悉这些内容的读者可直接进入下一小节.

设 $\mathscr{R}$ 是一个具有单位元的交换环，即 $\mathscr{R}$ 上存在两个二元运算，分别称为加法和乘法，$\mathscr{R}$ 关于加法为交换群，关于乘法为有单位元的交换半群，且加法和乘法满足分配律. 称环 $\mathscr{R}$ 的子集 $\mathscr{I}$ 是 $\mathscr{R}$ 的子环，指 $\mathscr{I}$ 是加法子群，且对乘法封闭.

定义 1.4.1 称子环 $\mathscr{I}\subset\mathscr{R}$ 是一个理想，指对任意 $r\in\mathscr{I}$，$s\in\mathscr{R}$，有 $rs\in\mathscr{I}$. 称理想 $\mathscr{I}$ 可由子集 $\mathscr{A}\subset\mathscr{I}$ 生成，指 $\mathscr{I}$ 是含 $\mathscr{A}$ 的最小理想，这时称 $\mathscr{A}$ 中元素为 $\mathscr{I}$ 的生成元；特别，当生成元

集 $\mathscr{A}=\{r_1, \cdots, r_n\}$是有限集时，称 $\mathscr{I}$ 是有限生成的，并记 $\mathscr{I}=\langle r_1, \cdots, r_n\rangle$. 故

$$\langle r_1, \cdots, r_n\rangle = \left\{\sum_{i=1}^{n} r_i s_i \mid s_i \in \mathscr{R}\right\}.$$

对于子集 $\mathscr{I}_1, \mathscr{I}_2 \subset \mathscr{R}$,记

$$\mathscr{I}_1 + \mathscr{I}_2 = \{r + s \mid r \in \mathscr{I}_1, s \in \mathscr{I}_2\}, \tag{4.1}$$

$$\mathscr{I}_1 \cdot \mathscr{I}_2 = \left\{\sum_{i=1}^{k} r_i s_i \mid r_i \in \mathscr{I}_1, s_i \in \mathscr{I}_2\right\}. \tag{4.2}$$

若 $\mathscr{I}_1$ 和 $\mathscr{I}_2$ 是理想,则易验证 $\mathscr{I}_1+\mathscr{I}_2$ 和 $\mathscr{I}_1 \cdot \mathscr{I}_2$ 仍是理想，分别称为 $\mathscr{I}_1$ 与 $\mathscr{I}_2$ 的和理想与积理想. 进而可归纳地定义幂理想 $\mathscr{I}^{k+1}=\mathscr{I}^k \cdot \mathscr{I}$.

定义 1.4.2 称环 $\mathscr{R}$ 的理想 $\mathscr{M}$ 是极大的,指 $\mathscr{M}\neq\mathscr{R}$ 且不存在满足 $\mathscr{M}\subsetneq\mathscr{I}\subsetneq\mathscr{R}$ 的理想 $\mathscr{I}$. 称具有单位元的交换环 $\mathscr{R}$ 是局部环，指 $\mathscr{R}$ 有唯一的极大理想.

对环 $\mathscr{R}$ 的理想 $\mathscr{I}$，定义商环

$$\mathscr{R}/\mathscr{I} = \{r + \mathscr{I} \mid r \in \mathscr{R}\}.$$

可以证明，$\mathscr{I}\subset\mathscr{R}$ 是极大理想当且仅当 $\mathscr{R}/\mathscr{I}$ 是域(习题 1.3).

定义 1.4.3 设 $\mathscr{G}$ 是一个加法交换群. 称 $\mathscr{G}$ 是一个 $\mathscr{R}$ 模，指存在运算 $\mathscr{R}\times\mathscr{G}\to\mathscr{G}$，满足:对$\forall$ a, $a_i\in\mathscr{G}$ 和$\forall$ r, $r_i\in\mathscr{R}$, $i=1,2$,

$$r(a_1 + a_2) = ra_1 + ra_2,$$
$$(r_1 + r_2)a = r_1a + r_2a,$$
$$(r_1r_2)a = r_1(r_2a),$$
$$1 \cdot a = a.$$

模 $\mathscr{G}$ 的子集 $\mathscr{G}_0$ 称为 $\mathscr{R}$ 子模，若它仍为 $\mathscr{R}$ 模. 类似可定义关于子模 $\mathscr{G}_0$ 的 $\mathscr{R}$ 商模 $\mathscr{G}/\mathscr{G}_0=\{a+\mathscr{G}_0 \mid a\in\mathscr{G}\}$.

显然环 $\mathscr{R}$ 的理想是 $\mathscr{R}$ 模.

定义 1.4.4 称模 $\mathscr{G}$ 可由集合 $\mathscr{S}\subset\mathscr{G}$ 生成，指 $\mathscr{G}=\mathscr{R}\cdot\mathscr{S}$ (参见(4.2)式)，这时称 $\mathscr{S}$ 中元素为 $\mathscr{G}$ 的生成元. 称 $\mathscr{G}$ 是有限生成的，指 $\mathscr{G}$ 可由有限集$\{a_1, \cdots, a_k\}\subset\mathscr{G}$ 生成，这时记

$$\mathscr{G} = \mathscr{R}\{a_1, \cdots, a_k\}. \tag{4.3}$$

定义 1.4.5 称有限生成 $\mathscr{R}$ 模(4.3)是自由 $\mathscr{R}$ 模，指 $r_1a_1+\cdots+r_ka_k=0$，$r_i\in\mathscr{R}$，蕴涵 $r_1=\cdots=r_k=0$，这时称 a_1，…，a_k 是 $\mathscr{G}$ 的一组 $\mathscr{R}$ 基.

对于 $\mathscr{R}$ 模 $\mathscr{G}$ 的两个子模 $\mathscr{G}_1,\mathscr{G}_2$，类似于(4.1)，记

$$\mathscr{G}_1 + \mathscr{G}_2 = \{a + b \mid a \in \mathscr{G}_1, b \in \mathscr{G}_2\},$$

则 $\mathscr{G}_1+\mathscr{G}_2$ 仍是 $\mathscr{G}$ 的子模，称为 $\mathscr{G}_1$，$\mathscr{G}_2$ 的和.

定理 1.4.1（中山引理） 设 $\mathscr{R}$ 是局部环，$\mathscr{M}$ 是 $\mathscr{R}$ 的极大理想. 设 $\mathscr{G}$ 是有限生成 $\mathscr{R}$ 模(或有限生成理想)，$\mathscr{I}$ 是 $\mathscr{R}$ 模(或理想). 则 $\mathscr{G}\subset\mathscr{I}$ 当且仅当 $\mathscr{G}\subset\mathscr{I}+\mathscr{M}\cdot\mathscr{G}$.

证明 显然，$\mathscr{G}\subset\mathscr{I}$ 时 $\mathscr{G}\subset\mathscr{I}+\mathscr{M}\cdot\mathscr{G}$. 反之，设 $\mathscr{G}\subset\mathscr{I}+\mathscr{M}\cdot\mathscr{G}$ 且 a_1，…，a_n 是 $\mathscr{G}$ 的一组生成元. 则

$$a_i = b_i + \sum_{j=1}^{n} r_{ij} a_j,$$

$$b_i \in \mathscr{I},\ r_{ij} \in \mathscr{M},\ 1 \leqslant i, j \leqslant n.$$

即 $(I_n-A)a=b$，其中 A 是 $n\times n$ 矩阵 (r_{ij})，I_n 是 $n\times n$ 单位矩阵，$a=(a_1, \cdots, a_n)^T$，$b=(b_1, \cdots, b_n)^T$. 记行列式 $d=\det(I_n-A)$. 易见 $d=1-r$，$r\in\mathscr{M}$. 我们指出 $d\in\mathscr{R}$ 可逆. 因若不然，d 生成的理想 $\langle d\rangle$ 必含于(唯一的)极大理想 $\mathscr{M}$ 中，即 $d\in\mathscr{M}$. 于是 $1=r+(1-r)=r+d\in\mathscr{M}$，进而，$\mathscr{R}\subset\mathscr{M}$，矛盾. 故 $\det(I_n-A)$ 可逆，即存在 $n\times n$ 矩阵 $B=(s_{ij})$，$s_{ij}\in\mathscr{R}$，使 $B(I_n-A)=I_n$. 于是 $a=Bb$，这说明 $a_i\in\mathscr{I}$，$1\leqslant i\leqslant n$，即 $\mathscr{G}\subset\mathscr{I}$. □

用 0 表示仅含零元的子模.

推论 1.4.2 设 $\mathscr{R}$ 是局部环，$\mathscr{M}$ 是 $\mathscr{R}$ 的极大理想，且 $\mathscr{G}$ 是有限生成 $\mathscr{R}$ 模. 若 $\mathscr{G}=\mathscr{M}\cdot\mathscr{G}$，则 $\mathscr{G}=0$.

证明 在定理 1.4.1 中命 $\mathscr{I}=0$ 即得. □

推论 1.4.3 设 $\mathscr{R}$ 是局部环，$\mathscr{M}\subset\mathscr{R}$ 是极大理想，$\mathscr{G}$ 是有限生成的 $\mathscr{R}$ 模. 则商模 $\mathscr{G}/\mathscr{M}\cdot\mathscr{G}$ 是域 $\mathscr{R}/\mathscr{M}$ 上的有限维向量空间；且若 $\pi(a_1)$，…，$\pi(a_k)$ 张成 $\mathscr{G}/\mathscr{M}\cdot\mathscr{G}$，这里 π：$\mathscr{G}\rightarrow\mathscr{G}/\mathscr{M}\cdot\mathscr{G}$ 是自然投射，则 a_1，…，a_k 生成 $\mathscr{G}$.

证明 由 $\mathscr{M}\cdot(\mathscr{G}/\mathscr{M}\cdot\mathscr{G})=0$ 知 $\mathscr{G}/\mathscr{M}\cdot\mathscr{G}$ 是域 $\mathscr{R}/\mathscr{M}$ 模，即 $\mathscr{R}/\mathscr{M}$ 上的向量空间. 由 $\mathscr{G}$ 有限生成可见 $\mathscr{G}/\mathscr{M}\cdot\mathscr{G}$ 是有限维的. 设 $\pi(a_1)$，…，$\pi(a_k)$张成 $\mathscr{G}/\mathscr{M}\cdot\mathscr{G}$，$a_j\in\mathscr{G}$，$j=1$，…，$k$，并记 $\mathscr{I}=\mathscr{R}\{a_1,\cdots,a_k\}$. 因对 $a\in\mathscr{G}$，存在 c_1，…，$c_k\in\mathscr{R}/\mathscr{M}$ 使 $\pi(a)=c_1\pi(a_1)+\cdots+c_k\pi(a_k)$，故存在 r_1，…，$r_k\in\mathscr{R}$ 及 $b\in\mathscr{M}\cdot\mathscr{G}$ 使

$$a=r_1a_1+\cdots+r_ka_k+b.$$

上式说明 $\mathscr{G}\subset\mathscr{I}+\mathscr{M}\cdot\mathscr{G}$，由定理 1.4.1，$\mathscr{G}\subset\mathscr{I}$. 从而 $\mathscr{G}=\mathscr{I}$. □

这里顺便指出，推论 1.4.3 之逆不真，见下面的例 1.4.8 中.

1.4.2 芽空间

奇点理论研究的是映射的局部性质，“芽”的概念刻画了映射局部性质，因而是奇点理论的主要研究对象.

定义 1.4.6 称两个定义在原点 $0\in\mathbb{R}^n$的邻域上的映射 f：U→$\mathbb{R}^m$，和 g：V→$\mathbb{R}^m$ 等价，如果存在 $0\in\mathbb{R}^n$ 的邻域 $W\subset U\cap V$ 使得$f|W=g|W$. 显然，这在由 $0\in\mathbb{R}^n$ 的邻域到$\mathbb{R}^m$ 中的映射组成的集合中是一个等价关系，称这个等价关系的每个等价类为一个芽(germ)，并记 f：$(\mathbb{R}^n,0)\to\mathbb{R}^m$为映射 f 所在的芽. 特别，当 $f(0)=0$ 时，记为

$$f:(\mathbb{R}^n,0)\to(\mathbb{R}^m,0).$$

称一个芽是 C^∞的，指它含有 C^∞映射. C^∞芽 f:$(\mathbb{R}^n,0)\to\mathbb{R}^m$ 的全体 $\mathscr{E}(n,m)$组成芽空间.

显然，芽空间 $\mathscr{E}(n,m)$是个实向量空间. 特别记 $\mathscr{E}_n=\mathscr{E}(n,1)$. 有时为强调 $f\in\mathscr{E}_n$ 的自变量 $x\in\mathbb{R}^n$，也把 $\mathscr{E}_n$ 记成 $\mathscr{E}_x$.

引进运算 $\mathscr{E}_n\times\mathscr{E}(n,m)\to\mathscr{E}(n,m)$为

$$(f\cdot g)(x)=f(x)g(x),\ f\in\mathscr{E}_n,\ g\in\mathscr{E}(n,m). \tag{4.4}$$

特别，当 $m=1$ 时，这也给出 $\mathscr{E}_n$ 中的乘法运算，使得 $\mathscr{E}_n$ 成为一个具有单位元(常值函数芽 1)的交换环. 而(4.4)式还可使 $\mathscr{E}(n,m)$ 成为 $\mathscr{E}_n$ 模. 记

$$\mathscr{M}(n,m)=\{f\in\mathscr{E}(n,m)\,|\,f(0)=0\},$$

$$\mathscr{M}(n)=\mathscr{M}(n,1).$$

则可以验证 $\mathscr{E}_n$ 是局部环，而 $\mathscr{M}(n)$ 是 $\mathscr{E}_n$ 的唯一的极大理想(习题 1.4). 在 n 取定时，我们常把 $\mathscr{M}(n)$ 记成 $\mathscr{M}$.

下面我们讨论 $\mathscr{E}_n$ 中重要的理想及 $\mathscr{E}(n,m)$ 中的重要的子模. 首先容易验证 $\mathscr{M}(n,m)$ 是 $\mathscr{E}(n,m)$ 的子模.

对 $f\in\mathscr{E}(n,m)$，记 $j^k(f)$ 为 f 的 k 次 Taylor 多项式映射，即 $f(x)=j^k(f)(x)+o(\|x\|^k)$，这里 $\|x\|^2=x_1^2+\cdots+x_n^2$. 记

$$\mathscr{M}_k(n,m)=\{f\in\mathscr{E}(n,m)\,|\,j^{k-1}(f)=0\},$$

$$\mathscr{M}_k=\mathscr{M}_k(n,1).$$

则 $\mathscr{M}_k(n,m)=\mathscr{M}_k\times\cdots\times\mathscr{M}_k$($m$ 重积).

命题 1.4.4 (a)在 $\mathscr{E}_n$ 中的幂理想 $\mathscr{M}^k=\mathscr{M}_k,k\geqslant1$.

(b) $\mathscr{M}$ 中元 f 可表成下面形式

$$f(x)=\varphi_1(x)x_1+\cdots+\varphi_n(x)x_n. \tag{4.5}$$

证明 (a)显然 $\mathscr{M}^k\subset\mathscr{M}_k$. 下面用数学归纳法证明 $\mathscr{M}_k\subset\mathscr{M}^k$.

当 $k=1$ 时设 $f\in\mathscr{M}_1$,则

$$f(x)=\int_0^1\frac{df(tx)}{dt}dt=\int_0^1\sum_{i=1}^n\frac{\partial f}{\partial x_i}(tx)x_i\,dt=\sum_{i=1}^n x_ih_i(x),$$

其中 $h_i(x)=\int_0^1\frac{\partial f}{\partial x_i}(tx)dt$. 可见 $f\in\mathscr{M}$. 设当 $k=m\geqslant1$ 时 $\mathscr{M}_m\subset\mathscr{M}^m$. 则对 $f\in\mathscr{M}_{m+1}(\subset\mathscr{M}_1)$，有 $f(x)=\sum x_ih_i(x)$，且 $h_i\in\mathscr{M}_m$. 故

$$\mathscr{M}_{m+1}\subset\mathscr{M}_1\mathscr{M}_m\subset\mathscr{M}\,\mathscr{M}^m=\mathscr{M}^{m+1}.$$

(b) 在(a)中设 $k=1$ 即得. □

(4.5)式表明 $\mathscr{M}=\langle x_1,\cdots x_n\rangle$. 记$\mathbb{N}$ 为非负整数集. 对 $\alpha=(\alpha_1,\cdots,\alpha_n)\in\mathbb{N}^n$，记

$$x^\alpha=x_1^{\alpha_1}\cdots x_n^{\alpha_n},\ |\alpha|=|\alpha_1|+\cdots+|\alpha_n|. \tag{4.6}$$

设 $k\geqslant1$. 由命题 1.4.4(a)知

$$\mathscr{M}_k=\langle\{x^\alpha;|\alpha|=k\}\rangle$$

是 $\mathscr{E}_n$ 中有限生成的理想，而

$$\mathscr{M}_k(n, m) = \mathscr{E}_n\{x^\alpha e_j; |\alpha| = k, 1 \leqslant j \leqslant m\} = \mathscr{M}^k\mathscr{E}(n, m)$$

为 $\mathscr{E}(n, m)$ 中有限生成的子模.

下面给出关于模 $\mathscr{E}(n, m)$ 和理想 $\mathscr{E}_n$ 的中山引理及其推论. 由定理 1.4.1 知

定理 1.4.5 设 $\mathscr{A}$ 和 $\mathscr{B}$ 是 $\mathscr{E}_n$ 模 $\mathscr{E}(n, m)$ 的子模(或是 $\mathscr{E}_n$ 的理想). 若 $\mathscr{A}$ 是有限生成的, 则 $\mathscr{A} \subset \mathscr{B}$ 当且仅当 $\mathscr{A} \subset \mathscr{B} + \mathscr{M} \cdot \mathscr{A}$. □

推论 1.4.6 设 $\mathscr{A} = \mathscr{E}_n\{f_1, \cdots, f_k\} \subset \mathscr{E}(n, m)$, $g_1, \cdots, g_k \in \mathscr{M} \cdot \mathscr{A}$. 则

$$\mathscr{E}_n\{f_1 + g_1, \cdots, f_k + g_k\} = \mathscr{A}.$$

证明 令 $\mathscr{B} = \mathscr{E}_n\{f_1 + g_1, \cdots, f_k + g_k\}$. 则由 $f_j + g_i \in \mathscr{A} + \mathscr{M} \cdot \mathscr{A} = \mathscr{A}$ 知 $\mathscr{B} \subset \mathscr{A}$. 反之, 由 $f_i = (f_i + g_i) - g_i$ 知 $\mathscr{A} \subset \mathscr{B} + \mathscr{M} \cdot \mathscr{A}$. 由定理 1.4.5, $\mathscr{A} \subset \mathscr{B}$. □

定义 1.4.7 对子空间 $\mathscr{A} \subset \mathscr{E}(n, m)$, 称 $\mathscr{A}$ **有有限余维**, 指其**余维数**有限, 即

$$\operatorname{codim} \mathscr{A} = \dim(\mathscr{E}(n, m)/\mathscr{A}) < \infty.$$

例如 $\mathscr{M}_k(n, m) \subset \mathscr{E}(n, m)$ 和 $\mathscr{M}^k \subset \mathscr{E}_n$, $k \geqslant 1$, 在相应的模和环中有有限余维.

推论 1.4.7 $\mathscr{E}_n$ 模 $\mathscr{E}(n, m)$ 的子模 $\mathscr{A}$ 有有限余维当且仅当存在 $k \geqslant 1$ 使 $\mathscr{M}_k(n, m) \subset \mathscr{A}$. 特别, 理想 $\mathscr{I} \subset \mathscr{E}_n$ 有有限余维当且仅当存在 $k \geqslant 1$ 使 $\mathscr{M}^k \subset \mathscr{I}$.

证明 只需证前一论断. 充分性是显然的, 下证必要性. 设 $\operatorname{codim} \mathscr{A} = l - 1$. 由于

$$\mathscr{A} \subset \mathscr{A} + \mathscr{M}_l(n, m) \subset \mathscr{A} + \mathscr{M}_{l-1}(n, m) \subset \cdots \subset \mathscr{A} + \mathscr{M}_1(n, m),$$

有

$$0 \leqslant \operatorname{codim}(\mathscr{A} + \mathscr{M}_1(n, m)) \leqslant \cdots \leqslant \operatorname{codim}(\mathscr{A} + \mathscr{M}_l(n, m)) \leqslant \operatorname{codim} \mathscr{A} = l - 1.$$

上式中间夹有 l 项, 而 $l > l - 1$, 故必存在 $k \leqslant l$, 使

$$\operatorname{codim}(\mathscr{A} + \mathscr{M}_k(n, m)) = \operatorname{codim}(\mathscr{A} + \mathscr{M}_{k+1}(n, m)).$$

于是 $\mathscr{M}_k(n, m)\subset\mathscr{A}+\mathscr{M}_k(n, m)\subset\mathscr{A}+\mathscr{M}_{k+1}(n, m)$，从而由定理 1.4.5，$\mathscr{M}_k(n, m)\subset\mathscr{A}$. □

下面的例子表明，余维数无穷的理想(子模)也是存在的.

例 1.4.8 设 $\mathscr{M}^\infty=\bigcap_{k=1}^\infty\mathscr{M}^k\subset\mathscr{E}_n$. 则易验证，$\mathscr{M}^\infty$是$\mathscr{E}_n$中具有无穷余维数的理想，且 $\mathscr{M}^\infty\neq\{0\}$. $\mathscr{M}^\infty$中元称为平坦芽，其特点是在原点处的任意阶导数为 0. 如 $\exp(-1/\|x\|^2)\in\mathscr{M}^\infty$. 我们指出，由于 $\mathscr{M}^\infty=\mathscr{M}\cdot\mathscr{M}^\infty$，据推论 1.4.2，$\mathscr{M}^\infty$也不是有限生成的.

但显然，$\dim(\mathscr{M}^\infty/\mathscr{M}\cdot\mathscr{M}^\infty)=1$.

1.4.3 Malgrange 预备定理

Malgrange 预备定理是奇点理论基本定理之一，它将在第四章中用到.

设 $\varphi\in\mathscr{M}(n, m)$. 拉回映射 $\varphi^*:\mathscr{E}_m\to\mathscr{E}_n$ 定义为

$$(\varphi^* f)(x)=f(\varphi(x)),\ \forall f\in\mathscr{E}_m.$$

则 φ^* 是环同态. 且若又有 $\psi\in\mathscr{M}(m,k)$，则 $(\psi\circ\varphi)*=\varphi*\circ\psi*$. 设 $\mathscr{G}\subset\mathscr{E}(n, m)$是一个有限生成的 $\mathscr{E}_n$ 模. 则由

$$f\cdot a=\varphi^* f\cdot a,\ f\in\mathscr{E}_m,\ a\in\mathscr{G},$$

得到运算 $\mathscr{E}_m\times\mathscr{G}\to\mathscr{G}$ 可使 $\mathscr{G}$(通过 φ^*)成为一个 $\mathscr{E}_m$ 模. 为使 $\mathscr{G}$ 成为有限生成的 $\mathscr{E}_m$ 模，需要对 φ 附加条件，如 φ 是浸入，即 $\operatorname{rank}D\varphi(0)=n\leqslant m$.

命题 1.4.9 设 $\mathscr{G}$ 是有限生成 $\mathscr{E}_n$ 模，且 $\varphi\in\mathscr{M}(n, m)$是浸入，$\mathscr{M}\subset\mathscr{E}_m$ 是极大理想. 则

(a) $\varphi^*:\mathscr{E}_m\to\mathscr{E}_n$ 是满射且 $\varphi^*\mathscr{M}$ 是 $\mathscr{E}_n$ 的极大理想.

(b) $\mathscr{G}/\varphi^*\mathscr{M}\cdot\mathscr{G}$ 是有限维向量空间.

(c) $\mathscr{G}$ 是(通过 φ^* 的)有限生成 $\mathscr{E}_m$ 模，且若

$$\mathscr{G}/\varphi^*\mathscr{M}\cdot\mathscr{G}=\mathbb{R}\{\pi(a_1),\cdots,\pi(a_k)\},$$

其中 $\pi:\mathscr{G}\to\mathscr{G}/\varphi^*\mathscr{M}\cdot\mathscr{G}$ 是自然投射，则 $\mathscr{G}=\varphi^*\mathscr{E}_m\{a_1,\cdots,a_k\}$.

证明 对空间$\mathbb{R}^m$ 作直和分解，$\mathbb{R}^m=\mathscr{R}(D\varphi(0))\oplus V$，并定义映射

$$h:(\mathbb{R}^n\times V,0)\to\mathbb{R}^m,\quad h(x,y)=\varphi(x)+(0,y).$$

则 $Dh(0,0)=(D\varphi(0))+Id_V$，$Id_V$ 为 V 上的恒等映射. 因 $\varphi\in\mathscr{M}(n,m)$是浸入，利用反函数定理可知 h 局部可逆，因而存在局部微分同胚 $\psi\in\mathscr{E}(m,m)$使 $\psi\circ\varphi(x)=\varphi\circ h(x,0)=(x,0)$. 对 $f\in\mathscr{E}_n$，定义 $\tilde{f}\in\mathscr{E}_m$ 为 $\tilde{f}(x,y)=f(x)$. 则 $f=(\psi\circ\varphi)^*\tilde{f}$. 故$(\psi\circ\varphi)^*=\varphi^*\circ\psi^*:\mathscr{E}_m\to\mathscr{E}_n$ 是满射，从而 $\varphi^*:\mathscr{E}_m\to\mathscr{E}_n$ 是满射. 易见 $\varphi^*\mathscr{M}=\mathscr{M}(n)$. (b)和(c)可由推论 1.4.3 得到. □

更一般的结论为

定理 1.4.10 (Malgrange 预备定理) 设 $\mathscr{G}$ 是一个有限生成的 $\mathscr{E}_n$ 模，$\varphi\in\mathscr{M}(n,m)$，$\mathscr{M}=\mathscr{M}(m)$. 则 $\mathscr{G}$(通过 φ^*)作为 $\mathscr{E}_m$ 模是有限生成的当且仅当 $\mathscr{G}/\varphi^*\mathscr{M}\cdot\mathscr{G}$ 是有限维实向量空间.

定理的必要性部分由推论 1.4.3 直接得出，充分性的证明将在下一节给出. 这里我们指出，当 φ 是浸入时，由命题 1.4.9 知定理 1.4.10 中的条件 $\dim\mathscr{G}/\varphi^*\mathscr{M}\cdot\mathscr{G}<\infty$ 是自然满足的.

下面给出 Malgrange 定理的一些应用.

例 1.4.11 设 $\pi:\mathbb{R}\times\mathbb{R}^n\to\mathbb{R}^n$ 为投射，$\pi(t,x)=x$. $F\in\mathscr{E}_{t,x}$ 满足 $F(t,0)=t^kg(t)$，$g(0)\neq0$. 令 $\mathscr{G}=\mathscr{E}_{t,x}/\langle F\rangle$. 则 $\mathscr{G}$ 是有限生成的 $\mathscr{E}_{t,x}$模. 事实上，记 $\mathscr{E}_{t,x}$在 $\mathscr{G}$ 上的投射为 $\tilde{\pi}$，则 $\tilde{\pi}(1)$为 $\mathscr{G}$ 的生成元. 记 $\mathscr{E}_n$ 的极大理想 $\mathscr{M}=\langle x_1,\cdots,x_n\rangle$. 则通过对应关系 $h+\langle F\rangle\mapsto h+\langle F,x_1,\cdots,x_n\rangle$，$h\in\mathscr{E}_{t,x}$，给出

$$\mathscr{G}/\pi^*\mathscr{M}\cdot\mathscr{G}=\mathscr{E}_{t,x}/\langle F,x_1,\cdots,x_n\rangle.\tag{4.7}$$

而由

$$\begin{aligned}F(t,x)-t^kg(t)&=F(t,x)-F(t,0)\\&=\int_0^1\frac{dF(t,sx)}{ds}dx\\&=\sum_{i=1}^n x_i\int_0^1\frac{\partial F}{\partial x_i}(t,sx)ds\end{aligned}$$

可知$\langle F,x_1,\cdots,x_n\rangle=\langle t^k,x_1,\cdots,x_n\rangle$. 故(4.7)为由$\{\tilde{\pi}(1),\tilde{\pi}(k),\cdots,\tilde{\pi}(t^{k-1})\}$张成的子空间. 由 Malgrange 预备定理(定理1.4.10)及推论 1.4.3 知 $\mathscr{G}=\mathscr{E}_n\langle\tilde{\pi}(1),\tilde{\pi}(t),\cdots,\tilde{\pi}(t^{k-1})\rangle$. 故对每个 $G\in$

$\mathscr{E}_{t,x}$，存在 $q\in\mathscr{E}_{t,x}$ 及 $r_j\in\mathscr{E}_x$，$0\leqslant j\leqslant k-1$，使

$$G(t,x)=q(t,x)F(t,x)+\sum_{j=0}^{k-1}r_j(x)t^j.$$

这个结论称为“Mather 除法定理”.

例 1.4.12 设 $f\in\mathscr{E}_1$ 是偶函数芽，即 $f(x)=f(-x)$，我们来证明 f 可表成 x^2 的实函数的形式. 设 $\varphi(x)=x^2$. 取 $\mathscr{G}=\mathscr{E}_1$，则 $\mathscr{G}$ 是有限生成的 $\mathscr{E}_1$ 模. 注意到 $\varphi^*\mathscr{M}\cdot\mathscr{G}=\langle x^2\rangle$，这里 $\mathscr{M}=\langle x\rangle$. 故 $\mathscr{G}/\varphi^*\mathscr{M}\cdot\mathscr{G}=\mathbb{R}\{\pi(1),\pi(x)\}$，其中 π 为自然投射. 据 Malgrange 预备定理，$\mathscr{G}$ 通过 φ^* 成为有限生成的 $\mathscr{E}_1$ 模，且对 $f\in\mathscr{G}$，存在 h_1，$h_1\in\mathscr{E}_1$，使

$$f(x)=h_1(x^2)+h_2(x^2)x.$$

由 $f(x)=f(-x)$ 知 $h_2=0$，故 $f(x)=h_1(x^2)$.

例 1.4.13 设 $f\in\mathscr{E}_n$ 是轮换对称函数芽，即对 $\{1,\cdots,n\}$ 的任一置换 σ，记 $\sigma(x_1,\cdots,x_n)=(x_{\sigma(1)},\cdots,x_{\sigma(n)})$，有 $f(x)=f(\sigma(x))$. 记

$$\varphi_1(x_1,\cdots,x_n)=x_1+\cdots+x_n,$$

$$\varphi_2(x_1,\cdots,x_n)=x_1x_2+\cdots+x_1x_n+\cdots+x_{n-1}x_n,$$

$$\cdots\cdots$$

$$\varphi_n(x_1,\cdots,x_n)=x_1\cdots x_n,$$

这些是基本对称多项式. 则 $\varphi=(\varphi_1,\cdots,\varphi_n)\in\mathscr{M}(n,n)$. 取 $\mathscr{G}=\mathscr{E}_n$. 由于

$$(y-x_1)\cdots(y-x_n)=y^n-\varphi_1(x_1,\cdots,x_n)y^{n-1}+\cdots+(-1)^n\varphi_n(x_1,\cdots,x_n),$$

故取 $y=x_i$ 得 $x_i^n\in\varphi^*\mathscr{M}\cdot\mathscr{G}$，$i=1,\cdots,n$. 而

$$x_n=-x_1-\cdots-x_{n-1}(\mathrm{mod}\,\varphi^*\mathscr{M}\cdot\mathscr{G}),$$

因此对于多重指标集 $\mathrm{B}=\{(\beta_1,\cdots,\beta_{n-1},0)\,|\,\beta_i<n\}$，单项式集 $\{x^\beta\,|\,\beta\in\mathrm{B}\}$ 是 $\mathscr{G}/\varphi^*\mathscr{M}\mathscr{G}$ 的一组生成元，这说明 f 可写成

$$f(x)=h(\varphi(x))+\sum_{\beta\in\mathrm{B}\setminus\{0\}}h_\beta(\varphi(x))x^\beta,\ h,\ h_\beta\in\mathscr{E}_n.$$

又由于对 $\{1,\cdots,n\}$ 的任一置换 σ，有

$$f(x)=f(\sigma x)=h(\varphi(x))+\sum_{\beta\in B\setminus\{0\}}h_\beta(\varphi(x))(\sigma x)^\beta,$$

但 $x^\beta=x_1^{\beta_1}\cdots x_{n-1}^{\beta_{n-1}}$ 中无 x_n 因子，可见每个 $h_\beta(\varphi(x))\equiv 0$. 这说明，每个轮换对称芽可表为 φ_1, …, φ_n 的函数

$$f(x)=h(\varphi(x)).$$

注 1.4.14 由例 1.4.12 和例 1.4.13 可见，“对称”函数可以表示为一些基本的“对称”函数的函数，这些结论是我们将在第三章中介绍的 Schwarz 定理的特例.

§1.5 Malgrange 预备定理的证明

本节的主要任务是证明上节介绍的 Malgrange 预备定理(定理 1.4.10). 在例 1.4.11 中我们曾指出 Malgrange 预备定理蕴涵 Mather 除法定理. 这一节中我们将证明 Mather 除法定理蕴涵 Malgrange 预备定理. 因此我们在证明 Malgrange 定理之前先来证明除法定理，其中要用到一些技术性的引理，它们的证明在本节最后给出.

1.5.1 除法定理

例 1.4.11 的结果可叙述为

定理 1.5.1(Mather) 设 $(t, x)\in\mathbb{R}\times\mathbb{R}^n$, $F\in\mathscr{E}_{t,x}$ 满足 $F(t, 0)=t^k g(t)$, $g(0)\neq 0$. 则对每一 $G\in\mathscr{E}_{t,x}$, 存在 $q\in\mathscr{E}_{t,x}$ 及 $r_j\in\mathscr{E}_x$, $0\leqslant j\leqslant k-1$, 使

$$G(t, x)=q(t, x)F(t, x)+\sum_{j=0}^{k-1}r_j(x)t^j. \tag{5.1}$$

下面的定理是 Mather 定理的特例.

定理 1.5.2(多项式除法定理) 设 $(t, \alpha)\in\mathbb{R}\times\mathbb{R}^k$, $\alpha=(\alpha_0, \alpha_1, \cdots, \alpha_{k-1})$. 且 $P_k(t, \alpha)=t^k+\sum_{j=0}^{k-1}\alpha_j t^j$. 对 $\mathbb{K}=\mathbb{C}$ 或 $\mathbb{R}$, 用 $\mathscr{E}_m^{\mathbb{K}}$ 表示 $\mathbb{K}$ 值 C^∞ 函数芽 $(\mathbb{R}^m, 0)\to\mathbb{K}$ 的全体. 则对任意 $G\in\mathscr{E}_{t,x}^{\mathbb{K}}$ 存在 $q\in\mathscr{E}_{t,x,\alpha}^{\mathbb{K}}$ 及 $r_j\in\mathscr{E}_{x,\alpha}^{\mathbb{K}}$ $0\leqslant j\leqslant k-1$, 使

$$G(t, x) = q(t, x, \alpha)P_k(t, \alpha) + \sum_{j=0}^{k-1} r_j(x, \alpha)t^j. \quad (5.2)$$

我们证明多项式除法定理蕴涵 Mather 定理.

设 $F, G \in \mathscr{E}_{t,x}$, $F(t, 0) = t^k g(t)$,且 $g(0) \neq 0$. 若定理 1.5.2 成立,则 F 和 G 可表为

$$F(t, x) = q^F(t, x, \alpha)P_k(t, \alpha) + \sum_{j=0}^{k-1} r_j^F(x,\alpha)t^j, \quad (5.3)$$

$$G(t, x) = q^G(t, x, \alpha)P_k(t, \alpha) + \sum_{j=0}^{k-1} r_j^G(x,\alpha)t^j. \quad (5.4)$$

由(5.3)式得

$$t^k g(t) = q^F(t, 0, 0)t^k + \sum_{j=0}^{k-1} r_j^F(0, 0)t^j, \quad (5.5)$$

$$0 = \frac{\partial q^F}{\partial \alpha_i}(t, 0, 0)t^k + q^F(t, 0, 0)t^i + \sum_{j=0}^{k-1} \frac{\partial r_j^F}{\partial \alpha_i}(0, 0)t^j, \quad (5.6)$$

$i = 0, 1, \cdots, k-1$. 记

$$r^F = (r_0^F, \cdots, r_{k-1}^F): \mathbb{R}^n \times \mathbb{R}^k \to \mathbb{R}^k.$$

比较(5.5)式中 t 的同次幂,知 $r^F(0, 0) = 0$. 再比较(5.6)式中 t 的同次幂,知 $D_\alpha r^F(0, 0)$是以$-q^F(0, 0, 0)$为对角元素的下三角矩阵. 注意到 $q^F(0, 0, 0) = g(0) \neq 0$, 故由隐函数定理,存在 $A \in \mathscr{E}(n, k)$使 $A(0) = 0$ 且 $r^F(x, A(x)) = 0$. 代入(5.3)式得

$$F(t, x) = q^F(t, x, A(x))P_k(t, A(x)).$$

于是,(5.4)式变为

$$G(t, x) = q^G(t, x, A(x))F(t, x)/q^F(t, x, A(x)) + \sum_{j=0}^{k-1} r_j^G(x, A(x))t^j.$$

这说明定理 1.5.1 的结论成立.

为证明定理 1.5.2, 我们要用下面两个引理,它们的证明可在本节的最后两小节找到.

引理 1.5.3 设 F: $\mathbb{C} \to \mathbb{C}$ 是 C^∞ 函数(看作$\mathbb{R}^2$ 到自身的映射), 且 $\gamma = \partial D \subset \mathbb{C}$ 是简单闭曲线, 其中 $D \subset \mathbb{C}$ 是区域. 则对 $w \in$

D,

$$F(w)=\frac{1}{2\pi i}\int_{\gamma}\frac{F(z)}{z-w}dz+\frac{1}{2\pi i}\iint_{\mathrm{D}}\frac{\partial F}{\partial \bar{z}}(z)\frac{dzd\bar{z}}{z-w}. \quad (5.7)$$

引理 1.5.4(Nirenberg 延拓定理) 设 $G\in\mathscr{E}_{t,x}$. 则存在$\mathbb{C}^{\infty}$函数芽 $\widetilde{G}$: $(\mathbb{C}\times\mathbb{R}^{n}\times\mathbb{C}^{k}, 0)\to\mathbb{C}$,使

(a) $\widetilde{G}(t, x, \alpha)=G(t, x)$, 对所有实数 t;

(b) $\partial\widetilde{G}/\partial\bar{z}$ 在实轴$\{z\in\mathbb{C}\mid\mathrm{Im}z=0\}$和$\{z\in\mathbb{C}\mid P_k(z, \alpha)=0\}$上的各阶导数为零, 这里 $P_k(z, \alpha)=z^k+\sum_{j=0}^{k-1}\alpha_j z^j$.

定理 1.5.2 的证明 设 $G\in\mathscr{E}^{\mathbb{C}}_{t,x}$,且设 $\widetilde{G}$: $(\mathbb{C}\times\mathbb{R}^{n}\times\mathbb{C}^{k}, 0)\to\mathbb{C}$ 是 C^{∞}函数芽, 满足引理 1.5.4(a)和(b). 由引理 1.5.3,

$$\begin{aligned}\widetilde{G}(w, x, \alpha)&=\frac{1}{2\pi i}\left[\int_{\gamma}\frac{\widetilde{G}(\eta, x, \alpha)}{\eta-w}d\eta+\iint_{\mathrm{D}}\frac{\partial\widetilde{G}}{\partial\bar{\eta}}(\eta, x, \alpha)\frac{d\eta d\bar{\eta}}{\eta-w}\right]\\&=\frac{1}{2\pi i}\left[\int_{\gamma}\frac{\widetilde{G}(\eta, x, \alpha)}{P_k(\eta, \alpha)}\frac{P_k(\eta, \alpha)}{\eta-w}d\eta\right.\\&\quad\left.+\iint_{\mathrm{D}}(\frac{\partial\widetilde{G}/\alpha\bar{\eta})(\eta, x, \alpha)}{P_k(\eta, \alpha)}\frac{P_k(\eta, \alpha)}{\eta-w}d\eta d\bar{\eta}\right]. \quad (5.8)\end{aligned}$$

注意到

$$P_k(\eta, \alpha)=P_k(w, \alpha)+\sum_{j=0}^{k-1}S_j(\eta, \alpha)w^j(\eta-w),$$

代入上述 $\widetilde{G}$ 的表达式(5.8), 有

$$\widetilde{G}(w, x, \alpha)=q(w, x, \alpha)P_k(w, \alpha)+\sum_{j=0}^{k-1}r_j(x, \alpha)w^j,$$

其中

$$\begin{aligned}q(w, x, \alpha)&=\frac{1}{2\pi i}\left[\int_{\gamma}\frac{\widetilde{G}(\eta, x, \alpha)}{P_k(\eta, \alpha)}\frac{d\eta}{(\eta-w)}\right.\\&\quad\left.+\iint_{\mathrm{D}}\frac{(\partial\widetilde{G}/\partial\bar{\eta})(\eta, x, \alpha)}{P_k(\eta, \alpha)}\frac{d\eta d\bar{\eta}}{(\eta-w)}\right],\\r_j(x, \alpha)&=\frac{1}{2\pi i}\left[\int_{\gamma}\frac{\widetilde{G}(\eta, x, \alpha)}{P_k(\eta, \alpha)}S_j(\eta, \alpha)d\eta\right.\\&\quad\left.+\iint_{\mathrm{D}}\frac{(\partial\widetilde{G}/\partial\bar{\eta})(\eta, x, \alpha)}{P_k(\eta, \alpha)}S_j(\eta, \alpha)d\eta d\bar{\eta}\right].\end{aligned}$$

再取 $w=t\in\mathbb{R}$,即得定理结论. □

1.5.2 Malgrange 预备定理的证明

由§1.4 中的分析，我们只需证明定理 1.4.10(即 Malgrange 预备定理)中的充分性，这可归结为下面的命题.

命题 1.5.5 设$\mathscr{G}$是有限生成的$\mathscr{E}_n$模，φ: $\mathbb{R}^n \to \mathbb{R}^{n-1}$，$\varphi(x_1, x_2, \cdots, x_n)=(x_2, \cdots, x_n)$，$\widetilde{\mathscr{M}}=\mathscr{M}(n-1)\subset\mathscr{E}_{n-1}$是极大理想. 若 $\dim(\mathscr{G}/\varphi^* \widetilde{\mathscr{M}}\cdot\mathscr{G})<\infty$，则$\mathscr{G}$(通过$\varphi^*$)是有限生成的$\mathscr{E}_{n-1}$模.

假定命题 1.5.5 成立，我们来证明 Malgrange 预备定理.

定理 1.4.10 的证明 如上一节所指出的，只需证充分性部分. 设$\varphi\in\mathscr{M}(n, m)$，$\mathscr{M}=\mathscr{M}(m)\subset\mathscr{E}_m$是极大理想.

定义$\psi_j\in\mathscr{E}(j+m, j-1+m)$为

$$\psi_j(x_1, x_2, \cdots, x_j, y)=(x_2, \cdots, x_j, y),\ y\in\mathbb{R}^m,$$

$1\leqslant j\leqslant n$. 由$\tilde{\varphi}(x)=(x, \varphi(x))$给出浸入$\tilde{\varphi}\in\mathscr{E}(n, n+m)$. 令

$$\tilde{\varphi}_j=\psi_j\circ\cdots\circ\psi_n\circ\tilde{\varphi}\in\mathscr{E}(n, j-1+m),\qquad 1\leqslant j\leqslant n.$$

对$1\leqslant j<n$，由$\tilde{\varphi}_j=\psi_j\circ\tilde{\varphi}_{j+1}$，有

$$\begin{aligned}\varphi_j{}^*\mathscr{M}(j-1+m)&=\tilde{\varphi}_{j+1}{}^*\psi_j{}^*\mathscr{M}(j-1+m)\\&\subset\tilde{\varphi}_{j+1}{}^*\mathscr{M}(j+m).\end{aligned}$$

则

$$\begin{aligned}\varphi^*\mathscr{M}=\varphi_1^*\mathscr{M}(m)&\subset\tilde{\varphi}_2{}^*\mathscr{M}(1+m)\\&\subset\cdots\subset\tilde{\varphi}_n{}^*\mathscr{M}(n-1+m).\end{aligned}$$

而按假定,$\dim(\mathrm{M}/\varphi^*\mathscr{M}\cdot\mathscr{G})<\infty$. 故有

$$\dim(\mathrm{M}/\tilde{\varphi}_j{}^*\mathscr{M}(j-1+m)\cdot\mathscr{G})<\infty,\qquad(5.9)$$

$j=1, \cdots, n$. 由于$\tilde{\varphi}$是浸入，所以由命题 1.4.9，$\mathscr{G}$是(通过$\tilde{\varphi}^*$的)有限生成$\mathscr{E}_{n+m}$模. 而$\tilde{\varphi}_n=\psi_n\circ\tilde{\varphi}$，利用命题 1.5.5 及(5.9)式中$j=n$情形，$\mathscr{G}$是(再通过$\psi_n^*$的)有限生成$\mathscr{E}_{n-1+m}$模，即$\mathscr{G}$是(通过$\tilde{\varphi}_n^*$)有限生成的$\mathscr{E}_{n-1+m}$模. 反复用(5.5)式，最终可得，$\mathscr{G}$是(通过$\varphi^*$)有限生成的$\mathscr{E}_m$模. □

命题 1.5.5 的证明 设

$$\mathscr{G}/\varphi^*\widetilde{\mathscr{M}}\cdot\mathscr{G}=\mathbb{R}\{\pi(a_1), \cdots, \pi(a_k)\},\qquad(5.10)$$

其中 π 为 $\mathscr{G}$ 到(5.10)左边的自然投射, $a_j \in \mathscr{G}, j=1,\cdots,k$, 使 $\{\pi(a_1),\cdots,\pi(a_k)\}$ 为左边空间的一组基. 因 $\varphi^* \widetilde{\mathscr{M}}$ 含于 $\mathscr{E}_n$ 的极大理想 $\mathscr{M}$ 中,故又有投射 $\pi' : \mathscr{G}/\varphi^* \widetilde{\mathscr{M}} \cdot \mathscr{G} \to \mathscr{G}/\mathscr{M} \cdot \mathscr{G}$. 从而

$$\mathscr{G}/\mathscr{M} \cdot \mathscr{G} = \mathbb{R}\{\pi' \circ \pi(a_1), \cdots, \pi' \circ \pi(a_k)\}.$$

由中山引理的推论 1.4.3 知

$$\mathscr{G} = \mathscr{E}_n\{a_1, \cdots, a_k\}. \tag{5.11}$$

利用(5.11)可把 $\varphi^* \widetilde{\mathscr{M}} \cdot \mathscr{G}$ 中元 g 表成

$$g = \sum_{j=1}^{k} g_j a_j, \quad g_j \in \varphi^* \widetilde{\mathscr{M}} \cdot \mathscr{E}_n,$$

的形式. 于是, 由(5.10), $\mathscr{G}$ 中元 a 可表成

$$a = \sum_{j=1}^{k} (c_j + f_j) a_j,\ c_j \in \mathbb{R},\ f_j \in \varphi^* \widetilde{\mathscr{M}} \mathscr{E}_n. \tag{5.12}$$

特别, 对于 $x_1 \in \mathscr{E}_n$, $x_1 a_i \in \mathscr{G}$ 可表成

$$x_1 a_i = \sum_{j=1}^{k} (c_{ij} + f_{ij}) a_j, \quad c_{ij} \in \mathbb{R},\ f_{ij} \in \varphi^* \widetilde{\mathscr{M}} \mathscr{E}_n.$$

或 $\sum_{j=1}^{k}(x_1\delta_{ij} - c_{ij} - f_{ij}) a_j = 0$, $i=1, \cdots, k$. 令

$$P(x_1, \cdots, x_n) = \det(x_1\delta_{ij} - c_{ij} - f_{ij}).$$

由 Cramer 法则知, $Pa_i = 0$, $1 \leqslant i \leqslant k$. 因 $f_{ij} \in (\varphi^* \widetilde{\mathscr{M}})\mathscr{E}_n$, 故 $f_{ij}(x_1, 0, \cdots, 0) = 0$, $P(x_1, 0, \cdots, 0) = \det(x_1\delta_{ij} - c_{ij})$ 是关于 x_1 的次数不超过 k 的多项式. 设

$$P(x_1, 0, \cdots, 0) = x_1^l g(x_1),\ g(0) \neq 0, \quad l \leqslant k.$$

对于(5.12)式中的 $f_j \in (\varphi^* \widetilde{\mathscr{M}})\mathscr{E}_n$, 由 Mather 除法定理(定理 1.5.1),

$$f_j = Q_j P + \sum_{i=0}^{l-1} R_{ij}(x_2, \cdots, x_n) x_1^i.$$

注意到 $Pa_i = 0$, 故

$$a = \sum_{j=1}^{k} (c_j a_j + \sum_{i=0}^{l-1} R_{ij}(x_2, \cdots, x_n) x_1^i a_j.$$

这说明

$$\mathscr{G} = \varphi^* \mathscr{E}_{n-1}\{x_1^i a_j \mid i = 0, \cdots, l-1; j = 1, \cdots, k\},$$

即 $\mathscr{G}$(通过 φ^*)作为 $\mathscr{E}_{n-1}$ 模是有限生成的. □

1.5.3 引理 1.5.3 的证明

对 F: $\mathbb{C}\to\mathbb{C}$，记 $F=f+ig$，$z=x+iy$. 对 $w\in D$，取 $\varepsilon>0$ 使以 w 为心和 ε 球的闭包 $\overline{B_\varepsilon(w)}\subset D$. 令 $D_\varepsilon=D\backslash\overline{B_\varepsilon(w)}$，$\gamma_\varepsilon=\partial D_\varepsilon=\gamma\cup S_\varepsilon$，其中 $S_\varepsilon=\partial B_\varepsilon(w)$. 则

$$\int_{\gamma_\varepsilon}F(z)dz=\int_{\gamma_\varepsilon}(f+ig)(dx+idy).$$

利用 Green 公式及

$$\partial/\partial x=\partial/\partial z+\partial/\partial\bar{z},\ \partial/\partial y=i\partial/\partial z-i\partial/\partial\bar{z},$$

知上式右边为

$$\iint_{D_\varepsilon}\left[i\frac{\partial(f+ig)}{\partial x}-\frac{\partial(f+ig)}{\partial y}\right]dxdy$$
$$=-\iint_{D_\varepsilon}\frac{\partial F}{\partial\bar{z}}dzd\bar{z}.$$

用 $F(z)/(z-w)$ 代替上式中的 $F(z)$，并且注意到$\dfrac{1}{z-w}$在 D_ε 上全纯及

$$\frac{\partial}{\partial\bar{z}}\left(\frac{F(z)}{z-w}\right)=\frac{1}{z-w}\left(\frac{\partial F}{\partial\bar{z}}\right)(z),$$

得到

$$\int_{\gamma_\varepsilon}\frac{F(z)}{z-w}dz-\int_{S_\varepsilon}\frac{F(z)}{z-w}dz=-\iint_{D_\varepsilon}\left(\frac{\partial F}{\partial\bar{z}}\right)(z)\frac{dzd\bar{z}}{z-w}.$$

由于

$$\int_{S_\varepsilon}\frac{F(z)}{z-w}dz=\int_0^{2\pi}\frac{F(w+\varepsilon e^{i\theta})}{\varepsilon e^{i\theta}}d(\varepsilon e^{i\theta})$$
$$=\int_0^{2\pi}iF(w+\varepsilon e^{i\theta})d\theta\to 2\pi iF(w)$$
$$(\varepsilon\to 0),$$

$$F(w)=\frac{1}{2\pi i}\left[\int_\gamma\frac{F(z)}{z-w}dz+\iint_D\frac{\partial F}{\partial\bar{z}}(z)\frac{\partial zd\bar{z}}{z-w}\right].\qquad\square$$

1.5.4 Nirenberg 延拓定理的证明

Nirenberg 延拓定理(即引理 1.5.4)的证明要用到下面重要

的 Borel 定理：

引理 1.5.6(Borel) 设$\{f_\alpha\}_{\alpha\in\mathbb{N}^n}$是定义在 $0\in\mathbb{R}^m$ 的紧邻域 K 上的 C^∞ 函数族，则存在定义在 $0\in\mathbb{R}^n\times\mathbb{R}^m$ 的邻域上的 C^∞ 函数 F 使得

$$(\partial^{|\alpha|}/\partial x^\alpha)F(0,\ y) = f_\alpha(y),\quad \forall\ \alpha\in\mathbb{N}^n. \tag{5.13}$$

证明 我们对 $n\geqslant 1$ 作数学归纳法讨论．设上述结论对一切 $k\leqslant n$ 成立．设$\{f_\alpha\}_{\alpha\in\mathbb{N}^{n+1}}$是定义在 $0\in\mathbb{R}^m$ 的紧邻域 K 上的 C^∞ 函数族．则给定 $l\geqslant 0$，对 C^∞ 函数族$\{f_{(l,\tilde{\alpha})}\}_{\tilde{\alpha}\in\mathbb{N}^n}$，由归纳假设，存在 $0\in\mathbb{R}^n\times\mathbb{R}^m$ 邻域上的 C^∞ 函数 F_l 使得

$$(\partial^{|\tilde{\alpha}|}/\partial\tilde{x}^{\tilde{\alpha}})F_l(0,\ y) = f_{(l,\tilde{\alpha})}(y),\ \forall\ \tilde{\alpha}\in\mathbb{N}^n.$$

设$(t,\ \tilde{x},\ y)\in\mathbb{R}\times\mathbb{R}^n\times\mathbb{R}^m$．则对$\{F_l\}_{l\in\mathbb{N}}$，存在定义在 $0\in\mathbb{R}\times\mathbb{R}^n\times\mathbb{R}^m$ 的邻域上的 C^∞ 函数 F，使

$$(\partial^l/\partial t^l)F(0,\ \tilde{x},\ y) = F_l(\tilde{x},\ y),\ \forall\ l\geqslant 0.$$

于是

$$(\partial^{|\alpha|}/\partial x^\alpha)F(0,\ y) = f_\alpha(y),\forall\ \alpha\in\mathbb{N}^{n+1}.$$

因此下面只需证明 $n=1$ 时结论成立．

设$\{f_l\}_{l\geqslant 0}$是定义在$\mathbb{R}^m$ 的原点紧邻域 K 上的 C^∞ 函数列．取 C^∞ 函数 ρ：$\mathbb{R}\to\mathbb{R}$ 使

$$\rho(x) = \begin{cases} 1, & |x|\leqslant\dfrac{1}{2}; \\ 0, & |x|\geqslant 1. \end{cases}$$

设$\{t_l\}$是一个趋于正无穷的正数序列．令$\mathbb{R}\times\mathbb{R}^m$ 上函数

$$F(x,\ y) = \sum_{l=0}^{\infty}\frac{1}{l!}\rho(t_l x)f_l(y)x^l, \tag{5.14}$$

由于$|x|>t_l^{-1}$ 时 $\rho(t_l x)=0$，故上式右端是有限和，从而 $F(x,\ y)$ 有意义．

我们将适当取$\{t_l\}$使(5.14)式定义的 F 满足本引理要求．给定 $s\in\mathbb{N}$ 及 $\alpha\in\mathbb{N}^m$，对(5.14)右边的通项求$(s,\ \alpha)$次导数．注意到存在常数 $K_m>0$ 使 $\rho^{(m)}(x)\leqslant K_m\rho(x)$，当 $s<l$ 时，

$$\left|\frac{\partial^{s+|\alpha|}}{\partial x^s \partial y^\alpha}\left[\frac{1}{l!}\rho(t_l x) f_l(y) x^l\right]\right|$$

$$\leqslant \left|\frac{\partial^{|\alpha|}}{\partial y^\alpha} f_l(y)\right| \sum_{r\leqslant s} \frac{s!\ K_{s-r}}{r!\ (s-r)!\ (l-r)!} \rho(t_l x) t_l^{s-r} |x|^{l-r}.$$

注意到当 $|x|>t_l$ 时 $\rho(t_l x)=0$，故存在常数 $M_l\geqslant 1$ 使上式右边不超过

$$M_l t_l^{s-r} t_l^{r-l} = M / t_l^{l-s}.$$

取 $t_l > 2^l M_l$，则可见(5.14)式右边在$\mathbb{R}\times\mathrm{K}$ 上一致收敛. 因此 F 是$\mathbb{R}\times\mathrm{K}$ 上的 C^∞ 函数. 易见$(\partial^l/\partial x^l)F(0, y)=f_l(y)$，因而 $n=1$ 时结论成立. □

对于 $f\in\mathscr{E}_n$，记 jf 为 f 的 Taylor 展式，这并不一定收敛，因为 f 不必解析. 但由引理 1.5.6，我们有

推论 1.5.7 对任意 n 元形式幂级数 φ，存在 $f\in\mathscr{E}_n$ 使 $jf=\varphi$. □

推论 1.5.8 设 V 和 W 是$\mathbb{R}^n$ 的子空间，$\mathrm{V}+\mathrm{W}=\mathbb{R}^n$. 设 g，h 是定义在 $0\in\mathbb{R}^n$ 的邻域上的 C^∞ 函数，满足

$$\frac{\partial^{|\alpha|} g}{\partial x^\alpha}(x) = \frac{\partial^{|\alpha|} h}{\partial x^\alpha}(x), \qquad \forall\ x\in \mathrm{V}\cap\mathrm{W},\ \alpha\in\mathbb{N}^n.$$

则存在定义在 $0\in\mathbb{R}^n$ 邻域上的 C^∞ 函数使$\forall\ \alpha\in\mathbb{N}^n$，

$$\frac{\partial^{|\alpha|} F}{\partial x^\alpha}(x) = \begin{cases} \dfrac{\partial^{|\alpha|} g}{\partial x^\alpha}(x), & x\in\mathrm{V}, \\ \dfrac{\partial^{|\alpha|} h}{\partial x^\alpha}(x), & x\in W. \end{cases}$$

证明 不妨设 $h\equiv 0$，这是因为若 F_1 是 $g-h$ 和 0 函数的延拓，则 $F=F_1+h$ 是 g 和 h 的延拓. 取 $\mathbb{R}^n$ 上的坐标 y_1，…，y_n 使 $\mathrm{V}=\{y\,|\,y_1=\cdots=y_j=0\}$，$\mathrm{W}=\{y\,|\,y_{j+1}=\cdots=y_k=0\}$. 据引理 1.5.6，可取正数序列$\{t_l\}$使 $\lim\limits_{l\to\infty} t_l=+\infty$且

$$F(y) = \sum_{|\alpha|=0}^{\infty} \frac{y^\alpha}{\alpha!} \frac{\partial^{|\alpha|} g}{\partial y^\alpha}(0,\ \cdots,\ 0,\ y_{j+1},\ \cdots,\ y_n)\tilde{\rho}(t_{|\alpha|} y)$$

是 $0\in\mathbb{R}^n$ 邻域上的 C^∞ 函数，其中 $\alpha=(a_1,\ \cdots,\ a_j,\ 0,\ \cdots,0)$，$\tilde{\rho}(y)=\rho(y_1)\cdots\rho(y_j)$. 易见

$$\frac{\partial^{|\beta|}F}{\partial y^\beta}(y)\Big|_{y_1=\cdots=y_j=0}=\frac{\partial^{|\beta|}g}{\partial y^\beta}(y)\Big|_{y_1=\cdots=y_j=0},\quad\forall\,\beta\in\mathbb{N}^n,$$

对 $y\in W$，$y_{j+1}=\cdots=y_k=0$，这时$(\partial^{|\beta|}F/\partial y^\beta)(y)$中每项含有形如$(\partial^{|\alpha|}g/\partial y^\alpha)(0,\cdots,0,y_{k+1},\cdots,y_n)$的因子. 由于$(0,\cdots,0,y_{k+1},\cdots,y_n)\in V\cap W$，故由所设知$(\partial^{|\beta|}F/\partial y^\beta)(y)=0$. □

推论 1.5.9 设 $f(x)$是定义在 $0\in\mathbb{R}^n$ 邻域上的 C^∞ 复值函数，X 是$\mathbb{R}^n$ 上的一个复系数 C^∞ 向量场，

$$X(x)=X_1(x)\frac{\partial}{\partial x_1}+\cdots+X_n(x)\frac{\partial}{\partial x_n},$$

$$X_j:\mathbb{R}^n\to\mathbb{C}^n,j=1,\cdots,n.$$

则存在定义在 $0\in\mathbb{R}\times\mathbb{R}^n$ 邻域上的C^∞复值函数 F,使得

(a) $F(0,x)=f(x)$，$\forall\,x$；

(b) $\partial F/\partial t$ 和 $XF=\sum_{j=1}^n X_j\partial F/\partial x_j$ 在$(0,x)\in\mathbb{R}\times\mathbb{R}^n$ 处的各阶导数相等.

证明 对$\{X^kf\}$利用引理 1.5.6 得到 F. □

引理 1.5.4(Nirenberg 延拓定理)的证明 对 k 作归纳. $k=0$ 时，$P_k(z)\equiv 1$. 设 $z=t+is$，则

$$i\frac{\partial}{\partial\bar z}=\frac{1}{2}\left(-\frac{\partial}{\partial s}+i\frac{\partial}{\partial t}\right).$$

取 $X=i(\partial/\partial t)$，由推论 1.5.9，对 C^∞ 函数 $G(t,x)$存在 C^∞ 函数 $\tilde G(z,x)$使 $\tilde G(t,x)=G(t,x)$，$\forall\,t\in\mathbb{R}$ 和 $x\in\mathbb{R}$，且 $\partial\tilde G/\partial s$ 和 $X\tilde G=i\dfrac{\partial}{\partial t}\tilde G$ 在 $s=0$ 处有各阶相同的导数，因而 $\partial\tilde G/\partial\bar z$ 在实轴$\{z\mid \mathrm{Im}z=0\}$上各阶导数为零.

假设 $k-1$ 时结论成立，我们证明 k 时，存在C^∞函数 $E(z,x,\lambda)$和 $F(z,x,\lambda)$使

(i) E 和 F 在$\{z\mid P_k(z,\lambda)=0\}$上各阶导数相等；

(ii) F 是 G 的延拓；

(iii) $\partial F/\partial\bar z$ 在$\{z\mid\mathrm{Im}z=0\}$上各阶导数为零；

(iv) 对 $M=F\mid\{z\mid P_k(z,\lambda)=0\}$，$\partial M/\partial\bar z$ 在$\{z\mid(\partial P_k/\partial z)(z,\lambda)=0\}$上各阶导数为零；

(v) $\partial E/\partial \bar{z}$ 在$\{z|P_k(z,\lambda)=0\}$上各阶导数为零.

因若这样的 E 和 F 存在，令 $u=P(z,\lambda)\equiv P_k(z,\lambda)$，$\lambda'=(\lambda_1,\cdots,\lambda_{k-1})$. 考虑$\mathbb{C}\times\mathbb{C}\times\mathbb{C}^{k-1}$上的坐标变换$(z,\lambda_0,\lambda')\mapsto(z,u,\lambda')$，这时集合$\{z|P_k(z,\lambda)=0\}$和集合$\{z|u=0\}$相同. 于是由推论 1.5.8，存在$C^\infty$函数$\widetilde{G}(z,u,\lambda')$使$\widetilde{G}-E$ 在$u=0$ 上为平坦函数，从而$\widetilde{G}-F$ 在实轴 $\mathrm{Im}z=0$ 上为平坦函数. 故由(ii)，(iii)和(iv)，$\widetilde{G}$ 即为所求.

下面证明 E 和 F 的存在性.

考虑坐标变换 $\lambda'=(\lambda_1,\cdots,\lambda_{k-1})\mapsto(\lambda_1/1,\cdots,\lambda_k/k-1)=\lambda''$，令 $X=-\overline{(\partial P/\partial z)}^{-1}(\partial/\partial z)$. 由归纳假设，存在$C^\infty$函数 $M(z,x,\lambda'')$使 $M(t,x,\lambda'')=G(t,x)$，$\forall\, t\in\mathbb{R}$，且 $\partial M/\partial z$ 在$\{z|\mathrm{Im}z=0\}$及$\{z|P_{k-1}(z,\lambda'')=0\}$上为平坦函数. 因此$\{X^lM\}$是$C^\infty$函数列，由引理 1.5.6，存在$C^\infty$函数 $F(z,x,u,\lambda)$使

$$F(z,x,u,\lambda)=\sum_{l=0}^{\infty}\frac{(\bar{u})^l}{l!}P(t_l|\bar{u}|^2)X^lM(z,x,\lambda'),$$

这里的$\{t_l\}$可适当选取使 F 满足(ii)和(iii). 易验证 F 也满足(iv).

由推论 1.5.9，存在C^∞函数 E 满足

(a) $E-F$ 在 $u=0$ 上是平坦函数；

(b) $\partial E/\partial\bar{z}+(\overline{\partial P/\partial z})(\partial E/\partial\bar{u})$在 $u=0$ 上是平坦函数.

注意到(z,u,λ')下的向量场 $\partial/\partial\bar{z}+\overline{(\partial P/\partial z)}^{-1}(\partial/\partial\bar{u})$即为$(z,\lambda)$下的 $\partial/\partial\bar{z}$，故(a)和(b)表明(i)和(v)成立. □

习 题 一

1.1 设有边值问题

$$\begin{cases}F(u,\lambda)\equiv d^2u/ds^2+(\lambda-\dfrac{2}{\pi}\displaystyle\int_0^\pi u^2ds)u=0,\\ u(0)=u(\pi)=0.\end{cases}$$

证明对每个正整数 k，在 $\lambda=k^2$ 附近 F 有分岔解，即原方程的非零解，为 $u_k=\mu\sin ks$，其中 $\mu\in\mathbb{R}$ 满足 $\mu^2=\lambda-k^2$.

1.2 设 $F:\mathbb{R}^2\times\mathbb{R}\to\mathbb{R}^2$ 由下式给定

$$F(u_1,u_2,\lambda)=\begin{pmatrix}2u_1-2u_2+2u_1^2+2u_2^2-\lambda u_1\\ u_1-u_2+u_1u_2+u_2^2-3\lambda u_1\end{pmatrix}.$$

用 Liapunov-Schmidt 简约证明 $F=0$ 在原点附近有树枝分岔，并讨论微分方程

$$du/dt=F(u,\lambda),u=(u_1,u_2)^T,$$

平衡解的稳定性.

1.3 设 $\mathscr{R}$ 为带恒等元的交换环，$\mathscr{I}\subset\mathscr{R}$ 为理想，证明：$\mathscr{I}$ 为极大的当且仅当商环 $\mathscr{R}/\mathscr{I}$ 为域.

1.4 证明 $\mathscr{E}_n$ 是局部环，且 $\mathscr{M}$ 是 $\mathscr{E}_n$ 的唯一的极大理想.

1.5 证明每个有有限余维的理想是有限生成的，举出一个具有无限余维的有限生成理想的例子.

1.6 在芽空间 $\mathscr{E}(n, m)$ 中可引进拓扑如下：对于 $k\geqslant 0$，记映射 j^k：$\mathscr{E}(n, m)\to\mathscr{E}(n, m)$ 的值空间为 $\mathscr{R}(j^k)=J^k(n, m)$，这是由 $\mathscr{E}(n, m)$ 中次数 $\leqslant k$ 的多项式组成的向量空间，它有有限维，因而有一自然拓扑. 定义集合 $U\subset\mathscr{E}(n, m)$ 为开集当且仅当对任意 $k\geqslant 0$，$j^k(U)$ 为 $J^k(n, m)$ 中开集. 证明这样的开集组成 $\mathscr{E}(n, m)$ 中的拓扑（Whitney 拓扑）. 该拓扑不是 Hausdorff 的.（比如 $\mathscr{E}(n, m)$ 中的平坦元属于 0 的任一邻域.）

第二章　单变量分岔理论

单变量分岔理论研究具有一个状态变量的分岔问题，它能帮助我们理解奇点理论方法的特点，同时也有着广泛的应用. 这里有两个核心问题要解决：一是对每个给定的分岔参数 λ 确定分岔方程 $f(x,\lambda)=0$ 的解数；另一个是对扰动后的分岔图进行分类. 前者归结为识别问题，即设法通过分岔问题 f 的 Taylor 展式中的有限项来确定其分岔图的结构；后者归结为普适开折问题. 本章围绕这两方面展开. 前二节着重讨论识别问题，我们先在 § 2.1 中引进(强)等价的概念，由此导出的轨道切空间和内蕴理想是 § 2.2 中解决识别问题的基本工具. 在 § 2.3 中我们介绍关于普适开折的基本结果，并在 § 2.4 中对于初等分岔问题作一小结.

在单变量分岔中还可以引进 $\mathbf{Z}_2$ 对称，形成 $\mathbf{Z}_2$ 等变分岔理论. 这是一种最简单的非平凡对称性分岔，它兼有(无对称)单变量分岔和对称性分岔的特点，并且也有着重要应用(如对于 Hopf 分岔)，我们将在本章 § 2.5 和 § 2.6 中介绍这方面的内容.

本章的材料多取自[GSc5]一书，第四章将把本章的结论推广到一般，因而本章有一些基本定理的证明将放在第四章中进行.

§ 2.1　轨道切空间

轨道切空间理论是解决识别问题的基础. 本节先提出(强)等价概念，并由此引出识别问题和轨道切空间的概念；然后介绍轨道切空间的基本性质；最后给出(强)等价的一个判别方法.

2.1.1　等价和强等价

我们在 § 1.1 中已提到强等价的概念，现在把它确切地表述出来. 我们先从单变量分岔问题讲起. 单变量分岔理论讨论变量$(x,\lambda)\in\mathbb{R}\times\mathbb{R}$的$C^\infty$芽

$$f:(\mathbb{R}\times\mathbb{R},0)\to\mathbb{R},$$

我们记这样的芽的全体为$\mathscr{E}_{x,\lambda}$. 这是一个局部环,其极大理想为$\mathscr{M}=\langle x,\lambda\rangle$. 据§1.3中Liapunov-Schmidt简约的结果,单变量分岔问题可看成是$\mathscr{E}_{x,\lambda}$中满足

$$g(0,0)=g_x(0,0)=0 \tag{1.1}$$

的芽g. 回忆定义1.1.2,记关于参数$\lambda\in\mathbb{R}$的C^∞芽$\Lambda:(\mathbb{R},0)\to\mathbb{R}$的全体为$\mathscr{E}_\lambda$.

定义 2.1.1 称两个单变量分岔问题g, $h\in\mathscr{E}_{x,\lambda}$**等价**,记作$g\sim h$,若存在芽$X,S\in\mathscr{E}_{x,\lambda}$和$\Lambda\in\mathscr{E}_\lambda$,使

$$h(x,\lambda)=S(x,\lambda)g(X(x,\lambda),\Lambda(\lambda)), \tag{1.2}$$

其中$S(0,0)>0$, $X(0,0)=0$, $X_x(0,0)>0$和$\Lambda_\lambda(0)>0$. 特别,当(1.2)式中的$\Lambda(\lambda)\equiv\lambda$时,$g$与$h$称**强等价**,并记作$g\overset{s}{\sim}h$.

注 2.1.1 $S(0,0)>0$, $X_\lambda(0,0)>0$和$\Lambda_\lambda(0)>0$蕴涵在$(0,0)\in\mathbb{R}\times\mathbb{R}$的某邻域上,$S>0$,且$(x,\lambda)\to(X(x,\lambda),\Lambda(\lambda))$是微分同胚,从而上述等价性是等价关系. 记$N(g,\lambda)$为满足$g(x,\lambda)=0$的$x$的个数. 当$g\sim h$时,由关系式(1.2)不难验证,对于$0\in\mathbb{R}$附近的$\lambda$, $N(h,\lambda)=N(g,\Lambda(\lambda))$,即等价关系保持问题的分岔情况不变.

可以从命题1.1.3引出识别问题的概念.

例 2.1.2 设$f,g\in\mathscr{E}_{x,\lambda}$,则

(a) f与$\lambda x-x^3$(树枝分岔)等价的充要条件是在$x=\lambda=0$处

$$f=f_x=f_{xx}=f_\lambda=0,\ f_{xxx}<0,\ f_{x\lambda}>0. \tag{1.3a}$$

(b) g与$x^3+\lambda^2$(双翼尖点)等价的充要条件是在$x=\lambda=0$处

$$g=g_x=g_\lambda=g_{xx}=g_{x\lambda}=0,\ g_{xxx}>0,\ g_{\lambda\lambda}>0. \tag{1.3b}$$

如图2.1.1.

必要性的证明 (a) 我们这里只证明必要性,充分性的证明见例2.1.8. 记

$$f(x,\lambda)=\alpha_1+\alpha_2x+\alpha_3\lambda+\alpha_4x^2+\alpha_5x\lambda+\alpha_6x^3+\text{h.o.t}, \tag{1.4a}$$

这里 h.o.t 表示阶数高于前面相应各项的高阶项(下同). 设 $f \overset{s}{\sim} \lambda x - x^3$. 则

$$f(x,\lambda) = S(x,\lambda)[\Lambda(\lambda)X(x,\lambda) - (X(x,\lambda))^3], \quad (1.4b)$$

其中

$$S(x,\lambda) = S_0 + \text{h.o.t},$$
$$X(x,\lambda) = Ax + \text{h.o.t},$$
$$\Lambda(\lambda) = a\lambda + \text{h.o.t},$$

且 S_0, A 和 a 均正实数. 经(1.4a)与(1.4b)式比较, 可见 $\alpha_1=\alpha_2=\alpha_3=\alpha_4=0, \alpha_5>0, \alpha_6<0$.

类似可得(b)的必要性.

(a)$\lambda x - x^3$ 的分岔图　　(b)$x^3+\lambda^2$ 的分岔图

图 2.1.1　树枝与双翼尖点

我们称(1.3a)和(1.3b)为其相应的分岔问题 f 和 g 的识别条件, 并称 $\lambda x - x^3$ 和 $x^3+\lambda^2$ 为 f 和 g 的正规形. 从例 2.1.2 可见, 通过一个分岔问题的 Taylor 展式中有限项所满足的一些识别条件就可以判定其分岔类型.

注 2.1.3　由例 2.1.2 可看出, f 的识别条件(1.3a)相当于

$$f(x,\lambda) = ax^3 + b\lambda x + p(x,\lambda), \quad (1.5)$$

其中 $p \in \mathscr{M}^4 + \mathscr{M}^2\langle\lambda\rangle + \langle\lambda^2\rangle, a<0<b$. 经尺度变换还可使 $a=-1, b=1$. 我们称 f 的 Taylor 展式中系数必为零的项为低阶项, 即(1.3a)中使系数为 0 的各项; 称(1.3a)中非零系数对应的项为中阶项; 称 p 的各项为高阶项. 不同类型的项有着不同的处理方式, 这是下面解决识别问题时需要重点考虑的.

2.1.2　轨道切空间

如果把分岔问题 g 的等价类看成芽空间中的一个"子流形",

g 的轨道切空间就相当于该"流形"在 g 处的切空间. 对分岔问题 $g\in\mathscr{E}_{x,\lambda}$，记 g 的等价类

$$\mathscr{O}_g=\{h\in\mathscr{E}_{x,\lambda}|h\sim g\}.$$

考虑 $\mathscr{O}_g$ 中过 g 的一条曲线

$$h(x,\lambda,t)=S(x,\lambda,t)g(X(x,\lambda,t),\Lambda(\lambda,t)),$$

其中 $S(x,\lambda,0)=1, X(x,\lambda,0)=x, X(0,0,t)=0, \Lambda(\lambda,0)=\lambda$ 和 $\Lambda(0,t)=0$. 上式关于 t 在 $t=0$ 处求导得

$$\dot{h}(x,\lambda,0)=\dot{S}(x,\lambda,0)g(x,\lambda)+g_x(x,\lambda)\dot{X}(x,\lambda,0)+g_\lambda(x,\lambda)\dot{\Lambda}(\lambda,0), \tag{1.6}$$

这里我们用一点来表示对 t 求导(下同). 易见 $\dot{X}(0,0,0)=0$, $\dot{\Lambda}(0,0)=0$，即切向量(1.6)式可表成 $ag+g_xb+g_\lambda c$ 形式，其中 a, $b\in\mathscr{E}_{x,\lambda}$和 $c\in\mathscr{E}_\lambda$ 满足

$$b(0,0)=0, \qquad c(0)=0. \tag{1.7}$$

另一方面，对满足(1.7)的任意 $a,b\in\mathscr{E}_{x,\lambda}$和 $c\in\mathscr{E}_\lambda$，令

$$h(x,\lambda,t)=(a(x,\lambda)t+1)g(b(x,\lambda)t+x,\lambda+tc(\lambda)).$$

则 $|t|$ 充分小时，$h(\cdot,t)\sim g$，且 $\dot{h}(\cdot,0)=ag+g_xb+g_\lambda c$. 于是我们有下面的定义.

定义 2.1.2 分岔问题 g 的**轨道切空间**定义为

$$\tilde{T}(g)=\{ag+g_xb+g_\lambda c|a,b\in\mathscr{E}_{x,\lambda},\ c\in\mathscr{E}_\lambda,\ b(0,0)=0,\ c(0)=0\}.$$

需要指出的是，$b\in\mathscr{E}_{x,\lambda}$和 $c\in\mathscr{E}_\lambda$ 因满足(1.7)式，利用命题1.4.4(b)，它们可表示为 $b=b_1x+b_2\lambda$, $b_i\in\mathscr{E}_{x,\lambda}$，和 $c(\lambda)=\lambda c_1(\lambda)$，因而 $\tilde{T}(g)$ 可写作

$$\begin{aligned}\tilde{T}(g)&=\{ag+b_1xg_x+b_2\lambda g_x+c_1\lambda g_\lambda|a,b_i\in\mathscr{E}_{x,\lambda},\ c_1\in\mathscr{E}_\lambda\}\\&=\langle g,xg_x,\lambda g_x\rangle+\mathscr{E}_\lambda\{\lambda g_\lambda\},\end{aligned} \tag{1.8}$$

其中 $\mathscr{E}_\lambda\{\lambda g_\lambda\}$ 表示 λg_λ 在芽空间 $\mathscr{E}_\lambda$ 上生成的模. (1.8) 式给出轨道切空间 $\tilde{T}(g)$ 的计算公式. $\tilde{T}(g)$ 是 $\mathscr{E}_{x,\lambda}$的子空间，不必是理想. 但如果我们仅限于考虑强等价，(1.6)式中的 $\dot{\Lambda}(\lambda,0)\equiv 0$，则(1.8)式变为 $\langle g,xg_x,\lambda g_x\rangle$，这是 $\mathscr{E}_{x,\lambda}$中由 g, xg_x 和 λg_x 生成的理

想，记之为

$$\mathrm{RT}(g)=\langle g, xg_x, \lambda g_x\rangle. \tag{1.9}$$

定义 2.1.3 对于分岔问题 g，由(1.9)式定义的 $\mathrm{RT}(g)$ 称为 g 的限制切空间.

易见，$\mathrm{RT}(g)\subset\tilde{\mathrm{T}}(g)\subset\mathscr{M}$. 而若 $\lambda g_\lambda\in\mathrm{RT}(g)$，则 $\mathrm{RT}(g)=\tilde{\mathrm{T}}(g)$. 下面的例子正属这种情形.

例 2.1.4 设 $\delta_1\pm1$，$\delta_2=\pm1$. (a) $g=\delta_1x^k+\delta_2\lambda$，这里 $k\geqslant 2$. 由 $\frac{\delta_1}{k}xg_x=x^k$ 及 $\lambda=\delta_2(g-\delta_1 2x^k)$ 知 $\langle x^k,\lambda\rangle\subset\mathrm{RT}(g)$. 又因 g，$xg_x,\lambda g_x,\lambda g_\lambda\in\langle x^k,\lambda\rangle$，故

$$\tilde{\mathrm{T}}(\delta_1x^k+\delta_2\lambda)=\mathrm{RT}(\delta_1x^k+\delta_2\lambda)=\langle x^k,\lambda\rangle=\mathscr{M}^k+\langle\lambda\rangle.$$

易见，上述结果又可写成

$$\tilde{\mathrm{T}}(\delta_1x^k+\delta_2\lambda)$$

$$=\{f\in\mathscr{E}_{x,\lambda}\mid f(0,0)=f_x(0,0)=\cdots=\frac{\partial^{k-1}}{\partial x^{k-1}}f(0,0)=0\}.$$

类似可得

(b) $\tilde{\mathrm{T}}(\delta_1x^k+\delta_2\lambda x)=\mathrm{RT}(\delta_1x^k+\delta_2\lambda x)$

$$=\mathscr{M}^k+\mathscr{M}\langle\lambda\rangle,\quad k\geqslant 3.$$

(c) $\tilde{\mathrm{T}}(\delta_1x^2+\delta_2\lambda^k)=\mathrm{RT}(\delta_1x^2+\delta_2\lambda^k)$

$$=\mathscr{M}^k+\mathscr{M}\langle x\rangle,\quad k\geqslant 2.$$

(d) $\tilde{\mathrm{T}}(\delta_1x^3+\delta_2\lambda^2)=\mathrm{RT}(\delta_1x^3+\delta_2\lambda^2)=\mathscr{M}^3+\langle\lambda^2\rangle.$

定义 2.1.4 称 $g\in\mathscr{E}_{x,\lambda}$ 余维有限或有有限余维，指 $\mathrm{RT}(g)$ 在 $\mathscr{E}_{x,\lambda}$ 中的余维数有限.

据推论 1.4.7，$\mathrm{RT}(g)$ 余维有限当且仅当存在 $k\geqslant 1$ 使

$$\mathscr{M}^k\subset\mathrm{RT}(g) \tag{1.10}$$

因 $\mathrm{RT}(g)$ 是有限生成的，由定理 1.4.5，(1.10)等价于

$$\mathscr{M}^k\subset\mathrm{RT}(g)+\mathscr{M}^{k+1}. \tag{1.11}$$

下面的例子表明，余维无限的分岔问题也是存在的.

例 2.1.5 设 $\mathscr{E}_{x,\lambda}$ 中 $\varphi\in\mathscr{M}$. 设 $g\in\langle\varphi^2\rangle$. 我们来证明 $\operatorname{codim}\mathrm{RT}(g)=\infty$. 岩不然，存在 $k\geqslant 1$ 使(1.10)成立. 记 $g=h\varphi^2$. 则由

$$g_x = h_x\varphi + 2h\varphi_x\varphi \in \langle\varphi\rangle$$

知 $\mathrm{RT}(g)=\langle g\rangle+\mathscr{M}\langle g_x\rangle\subset\langle\varphi\rangle$. 可见

$$\mathscr{M}^k \subset \langle\varphi\rangle. \tag{1.12}$$

特别有 $x^k\in\langle\varphi\rangle$. 于是 φ 可表成

$$\varphi(x,\lambda) = x^j\varphi_1(x,\lambda),\ \varphi_1(0,0)\neq 0,\ j\geqslant 1.$$

由此推出 $\lambda^k\notin\langle\varphi\rangle$, 但这与(1.12)式矛盾.

现在我们考察轨道切空间在等价变换下的变化. 设 $S,X\in\mathscr{E}_{x,\lambda}$, $\Lambda\in\mathscr{E}_\lambda$ 满足

$$S(0,0)>0, X_x(0,0)>0, X(0,0)=0, \Lambda(0)=0, \Lambda_\lambda(0)>0.$$

记 $\Phi=(S,X,\Lambda)$ 及

$$(\Phi g)(x,\lambda) = S(x,\lambda)g(X(x,\lambda),\Lambda(\lambda)).$$

则有

命题 2.1.6 $\tilde{\mathrm{T}}(\Phi g)=\Phi\tilde{\mathrm{T}}(g)$, $\mathrm{RT}(\Phi g)=\Phi\mathrm{RT}(g)$.

证明 本命题可利用(1.8)和(1.9)式直接验证,或参见命题 4.2.1,命题 2.1.6 是后者的特例. □

2.1.3 轨道切空间的基本定理及推论

关于轨道切空间的一个基本结果是:

定理 2.1.7 设 $g,p\in\mathscr{E}_{x,\lambda}$.

(a) 若 $\tilde{\mathrm{T}}(g+tp)=\tilde{\mathrm{T}}(g)$, $\forall\, t\in[0,1]$, 则

$$g+tp\sim g,\ \forall\, t\in[0,1].$$

(b) 若 $\mathrm{RT}(g+tp)=\mathrm{RT}(g)$, $\forall\, t\in[0,1]$, 则

$$g+tp\overset{s}{\sim}g,\ \forall\, t\in[0,1].$$

证明 本定理是第四章的一个一般性定理的特例,参见注 4.3.2. □

例 2.1.8 作为上述定理的应用,我们来完成例 2.1.2(a)中充分性的证明,由此也完成命题 1.1.3 的证明.

对于 $h=\lambda x-x^3$, 由例 2.1.4(b), $\mathrm{RT}(h)=\mathscr{M}^3+\mathscr{M}\langle\lambda\rangle$. 据定理 2.1.7(b),并利用注 2.1.3 的说明,只要证明当 $p\in\mathscr{M}^4+\mathscr{M}^2\langle\lambda\rangle+\langle\lambda^2\rangle$ 时,由 $g=h+tp$ 给出的 g 满足

$$\mathrm{RT}(g) = \mathscr{M}^3 + \mathscr{M}\langle\lambda\rangle.$$

注意到 $xp_x, \lambda p_x \in \mathscr{M}^4 + \mathscr{M}^2\langle\lambda\rangle + \langle\lambda^2\rangle$，上述等式是不难验证的.

注 2.1.9 称分岔问题 f 是有限确定的，指存在 k 使 $f \overset{s}{\sim} j^k(f)$，这里 $j^k(f)$ 的 k 次 Taylor 多项式.

作为定理 2.1.7 的一个推论，有

推论 2.1.10 若 $f \in \mathscr{E}_{x,\lambda}$ 有有限余维，则 f 是有限确定的. 确切地说，若 $\mathscr{M}^k \subset \mathrm{RT}(f)$，$k \geqslant 1$，则 $f \overset{s}{\sim} j^k(f)$.

证明 记 $p = j^k(f) - f \in \mathscr{M}^{k+1}$. 则对任意 $t \in [0,1]$，tp，$txp_x, t\lambda p_x \in \mathscr{M}^{k+1} \subset \mathrm{RT}(f)$，故 $\mathrm{RT}(f+tp) \subset \mathrm{RT}(f)$. 反之，

$$\begin{aligned} f = (f+tp) - tp &\in \mathrm{RT}(f+tp) + \mathscr{M}^{k+1} \\ &\subset \mathrm{RT}(f+tp) + \mathscr{M}\mathrm{RT}(f). \end{aligned}$$

同理 $xf_x, \lambda f_x \in \mathrm{RT}(f+tp) + \mathscr{M}\mathrm{RT}(f)$. 故

$$\mathrm{RT}(f) \subset \mathrm{RT}(f+tp) + \mathscr{M}\mathrm{RT}(f).$$

由中山引理，$\mathrm{RT}(f) \subset \mathrm{RT}(f+tp)$. 因此 $\mathrm{RT}(f) = \mathrm{RT}(f+tp)$. 于是由定理 2.1.7(b)，$f \overset{s}{\sim} f+tp$，特别，$f \overset{s}{\sim} j^k(f)$. □

§2.2 内蕴理想与识别问题

本节我们介绍的内蕴理想是研究识别问题的基本工具. 在本节最后我们将利用一些特殊的内蕴理想来解决识别问题.

2.2.1 内蕴理想

内蕴理想是在强等价变换下不变的理想. 确切地说，

定义 2.2.1 称理想 $\mathscr{I} \subset \mathscr{E}_{x,\lambda}$ 是内蕴的(intrinsic)，指对任意 $h \in \mathscr{E}_{x,\lambda}$，若有 $g \in \mathscr{I}$ 使 $g \overset{s}{\sim} h$，则 $h \in \mathscr{I}$.

命题 2.2.1 (a) $\mathscr{M}$，$\langle\lambda\rangle$ 是内蕴理想.

(b) 若 $\mathscr{I}_1, \mathscr{I}_2 \subset \mathscr{E}_{x,\lambda}$ 是内蕴理想，则 $\mathscr{I}_1 + \mathscr{I}_2$ 和 $\mathscr{I}_1\mathscr{I}_2$ 也是内蕴理想.

(c) 形如

$$\mathscr{M}^k + \mathscr{M}^{k_1}\langle\lambda^{m_1}\rangle + \cdots + \mathscr{M}^{k_s}\langle\lambda^{m_s}\rangle \tag{2.1}$$

的理想是(余维有限的)内蕴理想.

证明 留给读者(见习题 2.1). □

我们将在定理 2.2.3(d)中指出，$\mathscr{E}_{x,\lambda}$中余维有限的内蕴理想总具有(2.1)的形式.

注 **2.2.2** 确切地说，定义 2.2.1 中的内蕴理想应称为强内蕴理想，因为它是通过强等价来定义的. 但事实上，可以把“强”字去掉(参见习题 4.2). 故我们仍称这里的理想是内蕴的.

对余维有限的理想 $\mathscr{I}\subset\mathscr{E}_{x,\lambda}$，记 $\mathscr{I}^{\perp}$ 为 $\mathscr{E}_{x,\lambda}$中不属于 $\mathscr{I}$ 的单项式张成的子空间. 易验证$\dim\mathscr{I}^{\perp}<\infty$，且

$$\mathscr{E}_{x,\lambda} = \mathscr{I} + \mathscr{I}^{\perp}. \tag{2.2}$$

例如，对 $\mathscr{I}=\langle x+\lambda,\lambda^2\rangle=\mathscr{M}^2+\langle x+\lambda\rangle$，有

$$\mathscr{I}^{\perp} = \mathbb{R}\{1,\lambda,x\}.$$

定理 2.2.3 设 $\mathscr{I}\subset\mathscr{E}_{x,\lambda}$是内蕴理想. 则

(a) 对于 $g\in\mathscr{I}$，若 g 为多项式，或余维有限，则 $\mathrm{RT}(g)\subset\mathscr{I}$.

(b) 若 $x^l\lambda^m\in\mathscr{I}$，则 $\mathscr{M}^l\langle\lambda^m\rangle\subset\mathscr{I}$.

(c) 若多项式 $p(x,\lambda)=\sum a_\alpha x^{\alpha_1}\lambda^{\alpha_2}\in\mathscr{I}$，则对每个 $\alpha=(\alpha_1,\alpha_2)$，$a_\alpha\neq 0$ 时，$x^{\alpha_1}\lambda^{\alpha_2}\in\mathscr{I}$.

(d) 若 $\mathscr{I}$ 余维有限，且 $p(x,\lambda)=\sum a_\alpha x^{\alpha_1}\lambda^{\alpha_2}\in\mathscr{I}$，则 $a_\alpha\neq 0$ 时 $x^{\alpha_1}\lambda^{\alpha_2}\in\mathscr{I}$.

(e) 若 $\mathscr{I}$ 余维有限，则 $\mathscr{I}$ 可表为

$$\mathscr{I} = \mathscr{M}^{k_0} + \mathscr{M}^{k_1}\langle\lambda^{m_1}\rangle + \cdots + \mathscr{M}^{k_s}\langle\lambda^{m_s}\rangle, \tag{2.3a}$$

其中

$$0 < m_1 < \cdots < m_s \leqslant k_s + m_s < \cdots < k_1 + m_1 < k_0. \tag{2.3b}$$

证明 (a) 设 $a\in\mathscr{E}_{x,\lambda}$，$b\in\mathscr{M}$，$g\in\mathscr{I}$. 令

$$h(x,\lambda,t) = (a(x,\lambda)t+1)g(b(x,\lambda)t+x,\lambda).$$

则当$|t|$充分小时，$h(\cdot,\cdot,t)$与 g 强等价，因而 $h(\cdot,\cdot,t)\in\mathscr{I}$.

注意到 $\mathscr{I}$ 是线性空间，故

$$\frac{1}{t}(h(x,\lambda,t) - g(x,\lambda))$$
$$= ag + bg_x + t\tilde{g}(x,\lambda,t) \in \mathscr{I}. \qquad (2.4)$$

若 g 为多项式，则 $\tilde{g}$ 也是关于 x,λ 的多项式，(2.4)式位于 $\mathscr{E}_{x,\lambda}$的有限维空间中，故当 $t\to 0$ 时得 $ag+bg_x\in\mathscr{I}$. 另一方面，若 g 余维有限，则有 $k\geqslant 1$ 使 $\mathscr{M}^k\subset\mathscr{I}$. 对于

$$g = j^{k-1}g + r \in \mathscr{I}, r = g - j^{k-1}g,$$

由于 $r, xr_x, \lambda r_x\in\mathscr{M}^k\subset\mathscr{I}$，故不妨设 g 也是(次数小于 k 的)多项式，而得同样结论. 因此 $\mathrm{RT}(g)\subset\mathscr{I}$.

(b) 由(a)知，对 $x^l\lambda^m$ 可反复作用 $\lambda\partial/\partial x$，得 $x^{l-1}\lambda^{m+1},\cdots,x\lambda^{m+l-1},\lambda^{m+l}\in\mathscr{I}$. 这说明 $\mathscr{M}^l\langle\lambda^m\rangle\subset\mathscr{I}$.

(c) 对 $p(x,\lambda)=\Sigma a_\alpha x^{\alpha_1}\lambda^{\alpha_2}\in\mathscr{I}$，设有 $a_\alpha\neq 0,\alpha=(\alpha_1,\alpha_2)$. 记

$$p(x,\lambda) = p_0(\lambda) + p_1(\lambda)x + \cdots + p_k(\lambda)x^k.$$

由(a)知$\forall\ g\in\mathscr{I}, xg_x\in\mathscr{I}$，由此可得$\dfrac{1}{k!}x^k\dfrac{\partial^k}{\partial x^k}p(x,\lambda)=p_k(\lambda)x^k\in\mathscr{I}$. 这说明 $p_0(\lambda)+\cdots+p_{k-1}(\lambda)x^{k-1}\in\mathscr{I}$. 进而归纳地有 $p_j(\lambda)x^j\in\mathscr{I}, 0\leqslant j\leqslant k$.

记 $p_{\alpha_1}(\lambda)=b_0+b_1\lambda+\cdots+b_{k-\alpha_1}\lambda^{k-\alpha_1}$. 注意到 $\alpha_1+\alpha_2\leqslant k$. 而 $b_{\alpha_2}=a_\alpha\neq 0$，故 $p_{\alpha_1}\neq 0$. 设 b_μ 为 p_{α_1}中第一个不为零的系数. 则 $0\leqslant\mu\leqslant\alpha_2$，且 $p_{\alpha_1}(\lambda)=\lambda^\mu q(\lambda), q(0)\neq 0$，可见 $\lambda^\mu=p_{\alpha_1}(\lambda)/q(\lambda)$，而

$$x^{\alpha_1}\lambda^{\alpha_2} = \lambda^{\alpha_2-\mu}(q(\lambda))^{-1}p_{\alpha_1}(\lambda)x^{\alpha_1} \in \langle p_{\alpha_1}(\lambda)x^{\alpha_1}\rangle \subset \mathscr{I}.$$

(d) 类似于(a)的证明，不妨设 p 为多项式. 由(c)即得(d).

(e) 因 $\mathscr{I}$ 余维有限，可设 $\mathscr{M}^{k_0}\subset\mathscr{I}$，且 k_0 是满足该条件的最小正整数. 若 $\mathscr{I}\neq\mathscr{M}^{k_0}$，则由(d)，有次数小于 k_0 的单项式 $x^{\alpha_1}\lambda^{\alpha_2}\in\mathscr{I}$. 取 $\mathscr{I}\setminus\mathscr{M}^{k_0}$中 λ 的次数最小的单项式 $x^{k_1}\lambda^{m_1}$. 由(b)知 $\mathscr{M}^{k_1}\langle\lambda^{m_1}\rangle\subset\mathscr{I}$. 由 k_0 的取法知 $m_1>0$ 且 $k_1+m_1<k_0$. 若 $\mathscr{I}\neq\mathscr{M}^{k_0}+\mathscr{M}^{k_1}\langle\lambda^{m_1}\rangle$，则可类似取 $\mathscr{I}\setminus(\mathscr{M}^{k_0}+\mathscr{M}^{k_1}\langle\lambda^{m_1}\rangle)$中 λ 的次数最小的单项式 $x^{k_2}\lambda^{m_2}$. 易验证 $m_2>m_1$，且 $k_2+m_2<k_1+m_1$，而 $\mathscr{M}^{k_2}\langle\lambda^{m_2}\rangle\subset\mathscr{I}$. 如此下去，经有限步可得满足(2.3b)的(2.3a). □

定义 2.2.2 对满足(2.3b)式的(2.3a),称 $x^{k_0},x^{k_1}\lambda^{m_1},\cdots,x^{k_s}\lambda^{m_s}$是 $\mathscr{I}$ 的内蕴生成元.

推论 2.2.4 设 $\mathscr{I}\subset\mathscr{E}_{x,\lambda}$是余维有限的内蕴理想. 则 $\mathscr{E}_{x,\lambda}=\mathscr{I}\oplus\mathscr{I}^{\perp}$.

证明 由定理 2.2.3(d)知 $\mathscr{I}\cap\mathscr{I}^{\perp}=\{0\}$. 再由(2.2)得证. □

2.2.2 最大和最小内蕴理想

对于 $\mathscr{E}_{x,\lambda}$的子空间 V,记 ItrV 是含于 V 中最大的内蕴理想. 易见,ItrV 是 V 中所有内蕴理想之和.

命题 2.2.5 设子空间 $V\subset\mathscr{E}_{x,\lambda}$含某个余维有限的理想. 则 $V=(\mathrm{Itr}V)\oplus W$,其中 $W=V\cap(\mathrm{Itr}V)^{\perp}$.

证明 由于有某个 $\mathscr{M}^k\subset V$,必有 $\mathscr{M}^k\subset\mathrm{Itr}V$. 利用推论 2.2.4 知本命题结论成立. □

对 $h\in\mathscr{E}_{x,\lambda}$,记 $\mathscr{S}(h)$为含 h 的最小内蕴理想. 易见,$\mathscr{S}(h)$是所有含 h 的内蕴理想的交. 且若 $g\overset{s}{\sim}h$,则 $\mathscr{S}(g)=\mathscr{S}(h)$. 事实上,由于 $g\in\mathscr{S}(h)$,有 $\mathscr{S}(g)\subset\mathscr{S}(h)$. 类似有 $\mathscr{S}(h)\subset\mathscr{S}(g)$.

定理 2.2.6 设 $h\in\mathscr{E}_{x,\lambda}$余维有限. 则

(a) $\mathscr{S}(h)$余维有限.

(b) $\mathscr{S}(h)=\Sigma_\alpha\{\mathscr{M}^{\alpha_1}\langle\lambda^{\alpha_2}\rangle\mid D^\alpha h(0,0)\neq0\}$.

(c) 若 $g\overset{s}{\sim}h$,则

(i) 当 $x^{\alpha_1}\lambda^{\alpha_2}\in\mathscr{S}(h)^{\perp}$时,$D^\alpha g(0,0)=0$.

(ii) 当 $x^{\beta_1}\lambda^{\beta_2}$为 $\mathscr{S}(h)$的内蕴生成元时,$D^\beta g(0,0)\neq0$.

证明 设 $\mathscr{M}^k\subset\mathrm{RT}(h)$.

(a) 由定理 2.2.3(a)知,$\mathrm{RT}(h)\subset\mathscr{S}(h)$. 因而 $\mathrm{codim}\mathscr{S}(h)\leqslant\mathrm{codim}\ \mathrm{RT}(h)<\infty$.

(b) 由定理 2.2.3(b)和(d)知,$\Sigma_\alpha\{\mathscr{M}^{\alpha_1}<\lambda^{\alpha_2}>\mid D^\alpha h(0,0)\neq0\}\subset\mathscr{S}(h)$. 另一方面,$\Sigma_\alpha\{\mathscr{M}^{\alpha_1}<\lambda^{\alpha_2}>\mid D^\alpha h(0,0)\neq0\}$是含 h 的内蕴理想,故也包含 $\mathscr{S}(h)$. 因而结论(b)成立.

(c) 由 $\mathscr{S}(g)=\mathscr{S}(h)$及(b)知(i)成立. 对于(ii),因 $x^{\beta_1}\lambda^{\beta_2}$是 $\mathscr{S}$

(h)的内蕴生成元,故 $\mathscr{M}^{\beta_1}\langle\lambda^{\beta_2}\rangle\subset\mathscr{S}(h)=\mathscr{S}(g)$. 再由(b)及内蕴生成元的性质可知 $D^{\beta}g(0,0)\neq 0$. □

注 2.2.7 定理 2.2.6(c)表明,为了求得判断 g 与正规形 h 强等价的识别条件,只需计算含 h 的最小内蕴理想 $\mathscr{S}(h)$,而后者可利用定理 2.2.6(b)求得. 因而定理 2.2.6 也给出了求识别问题中"低阶项"的步骤.

例 2.2.8 (a) 设 $h=\delta_1 x^k+\delta_2\lambda$, $|\delta_i|=1$, $g\overset{s}{\sim}h$. 则

$$\mathscr{S}(g)=\mathscr{S}(h)=\mathscr{M}^k+\langle\lambda\rangle.$$

类似地

(b) $\mathscr{S}(\delta_1 x^k+\delta_2\lambda x)=\mathscr{M}^k+\mathscr{M}\langle\lambda\rangle$.

(c) $\mathscr{S}(\delta_1 x^2+\delta_2\lambda^2)=\mathscr{M}^2$.

(d) $\mathscr{S}(\delta_1 x^3+\delta_2\lambda^2)=\mathscr{M}^3+\langle\lambda^2\rangle$.

2.2.3 $\mathscr{P}$ 集

为讨论识别问题中的"高阶项",我们引进 $\mathscr{P}$ 集. 对 $h\in\mathscr{E}_{x,\lambda}$,记

$$\mathscr{P}(h)=\{p\in\mathscr{E}_{x,\lambda}\,|\,g\pm p\overset{s}{\sim}h,\forall\ g\overset{s}{\sim}h\}. \qquad (2.5)$$

命题 2.2.9 $\mathscr{P}(h)\subset\mathscr{E}_{x,\lambda}$是内蕴理想.

证明 见命题 4.3.6,本命题是它的特例. □

由 $\mathscr{P}$ 集的定义(2.5)知,判断分岔问题 g 是否与正规形 h 强等价,只需看去掉 $\mathscr{P}(h)$中的项后是否与 h 强等价,因而高阶项的问题可归结为 $\mathscr{P}$ 集的计算.

命题 2.2.10 设 $\mathscr{I}$ 为内蕴理想,且

$$\mathrm{RT}(h+p)=\mathrm{RT}(h),\qquad\forall\ p\in\mathscr{I}. \qquad (2.6)$$

则 $\mathscr{I}\subset\mathscr{P}(h)$.

证明 设 $p\in\mathscr{I}$, $g\overset{s}{\sim}h$,记 $g=\Phi h$,其中 $\Phi=(S,X)$. 由命题 2.1.7(b),只要证明

$$\mathrm{RT}(g+tp)=\mathrm{RT}(g),\ t\in[0,1]. \qquad (2.7)$$

由命题 2.1.6,

$$\mathrm{RT}(g+tp)=\mathrm{RT}(\Phi(h+t\Phi^{-1}p))=\Phi\mathrm{RT}(h+t\Phi^{-1}p).$$

因 $\mathscr{I}$ 内蕴，故 $t\Phi^{-1}p\in\mathscr{I}$. 由(2.6)式知上式右边为$\Phi\mathrm{RT}(h)=\mathrm{RT}(\Phi h)=\mathrm{RT}(g)$，(2.7)式成立. □

定理 2.2.11 设 $h\in\mathscr{E}_{x,\lambda}$余维有限. 则 $\mathscr{P}(h)$余维有限，且

$$\mathrm{Itr}(\mathscr{M}\mathrm{RT}(h))\subset\mathscr{P}(h)\subset\mathrm{Itr}\mathrm{RT}(h). \tag{2.8}$$

证明 由 $\mathscr{P}(h)$为内蕴及定理 2.2.3(a)知 $\mathscr{P}(h)\subset\mathrm{RT}(h)$. 故 $\mathscr{P}(h)\subset\mathrm{Itr}\mathrm{RT}(h)$.

令 $\mathscr{I}=\mathrm{Itr}(\mathscr{M}\mathrm{RT}(h))$. 设 $p\in\mathscr{I}$，则 $xp_x,\lambda p_x\in\mathscr{I}$（见定理 2.2.3(a)的证明）. 而 $\mathscr{I}\subset\mathscr{M}\mathrm{RT}(h)$. 由中山引理的推论 1.5.6，

$$\mathrm{RT}(h+p)=\langle h+p,xh_x+xp_x,\lambda h_x+\lambda p_x\rangle=\mathrm{RT}(h).$$

于是，由命题 2.2.10，$\mathscr{I}\subset\mathscr{P}(h)$.

又设 $\mathscr{M}^k\subset\mathrm{RT}(h)$，则 $\mathscr{M}^{k+1}\subset\mathrm{Itr}(\mathscr{M}\mathrm{RT}(h))\subset\mathscr{P}(h)$，故 $\mathscr{P}(h)$余维有限. □

下述定理给出了 $\mathscr{P}(h)$的计算方法.

定理 2.2.12 设 $h\in\mathscr{E}_{x,\lambda}$余维有限，则 $\mathscr{P}(h)=\mathrm{Itr}\mathscr{K}(h)$，其中

$$\mathscr{K}(h)=\langle xh,\lambda h,x^2h_x,\lambda h_x\rangle=\mathscr{M}\mathrm{RT}(h)+\langle\lambda h_x\rangle. \tag{2.9}$$

证明 我们只概述 $\mathscr{P}(h)\supset\mathrm{Itr}\mathscr{K}(h)$的证明，因为下面只用到这部分. $\mathscr{P}(h)\subset\mathrm{Itr}\mathscr{K}(h)$的证明可参看[GSc5].

设 $p\in\mathrm{Itr}\mathscr{K}(h)$. 由命题 2.2.10，只要证明

$$\mathrm{RT}(h+p)=\mathrm{RT}(h). \tag{2.10}$$

对于 $g\in\mathscr{E}_{x,\lambda}$，记$v(g)=(g,xg_x,\lambda g_x)^T$. 由于 $p\in\mathscr{K}(h)$，有

$$v(p)=Av(h),$$

其中 $A=(a_{ij}(x,\lambda))_{3\times3}$满足 $a_{ij}(0,0)=0$，$i=1,2,3$. $j=1,2$. 则 $v(h+p)=(I_3+A)v(h)$. 故 $\mathrm{RT}(h+p)\subset\mathrm{RT}(h)$. 另一方面，可以证明 $a_{33}(0,0)=0$（参见[GSc5]），故$(I_3+A)(0,0)$可逆，即有 $v(h)=(I_3+A)^{-1}v(h+p)$. 故 $\mathrm{RT}(h)\subset\mathrm{RT}(h+p)$. (2.10)得证. □

在有些情形 $\lambda h_x\in\mathscr{M}\mathrm{RT}(h)$，因而，可用定理 2.2.11 来替代定理 2.2.12 的计算方法.

2.2.4 识别问题的解

我们现在可以来解决识别问题. 下面的关于尺度变换的简单

命题常要用到.

命题 2.2.13 设芽 $\varphi:(\mathbb{R},0)\to\mathbb{R}$ 可表为 $\varphi(x)=b(x)x^k, k>0$, $b(0)\neq 0$. 则存在变换 $x=\psi(y)$, 使 $\psi(0)=0, \psi'(0)>0$, 而

$$\varphi(\psi(y)) = \operatorname{sgn}(b(0))y^k.$$

证明 不妨设 $b(0)>0$. 对于 $f(x,y)=|b(x)|^{1/k}x-y$, 用隐函数定理可求得 $x=\psi(y)$, 使 $f(\psi(y),y)\equiv 0$. 易验证 $\psi(y)$ 满足本命题要求. □

下面例子给出几种基本的识别问题的解, 其中 $\varepsilon,\delta=\pm 1$.

例 2.2.14 对于 $k\geqslant 2$, $g\in\mathscr{E}_{x,\lambda}$ 强等价于 $h=\varepsilon x^k+\delta\lambda$ 当且仅当在 $x=\lambda=0$ 处,

$$\begin{gathered} g = \frac{\partial g}{\partial x} = \cdots = \left(\frac{\partial}{\partial x}\right)^{k-1} g = 0, \\ \varepsilon = \operatorname{sgn}\left(\frac{\partial}{\partial x}\right)^k g, \quad \delta = \operatorname{sgn} g_\lambda. \end{gathered} \tag{2.11}$$

证明 由例 2.2.8(a)和例 2.1.4(a),

$$\mathscr{S}(h) = \mathscr{M}^k + \langle\lambda\rangle, \quad \mathscr{M}\mathrm{RT}(h) = \mathscr{M}^{k+1} + \mathscr{M}\langle\lambda\rangle.$$

注意到 $\langle\lambda h_x\rangle\in\mathscr{M}\langle\lambda\rangle$, 有 $\mathscr{K}(h)=\mathscr{M}^{k+1}+\mathscr{M}\langle\lambda\rangle$, 进而 $\mathscr{P}(h)=\mathscr{M}^{k+1}+\mathscr{M}\langle\lambda\rangle$. 若 $g\overset{s}{\sim}h$, 则由定理 2.2.6(c)知(2.11)成立. 反之, 若(2.11)成立, 则可设

$$g(x,\lambda) = ax^k + b\lambda + p(x,\lambda), p \in \mathscr{M}^{k+1} + \mathscr{M}\langle\lambda\rangle.$$

利用命题 2.2.13 知 $ax^k+b\lambda\overset{s}{\sim}h$, 故 $g\overset{s}{\sim}h$.

例 2.2.15 对于 $k\geqslant 3$, $g\in\mathscr{E}_{x,\lambda}$ 强等价于 $h=\varepsilon x^k+\delta\lambda x$ 当且仅当在 $x=\lambda=0$ 处,

$$\begin{gathered} g = \frac{\partial g}{\partial x} = \cdots = \left(\frac{\partial}{\partial x}\right)^{k-1} g = g_\lambda = 0, \\ \varepsilon = \operatorname{sgn}\left(\frac{\partial}{\partial x}\right)^k g, \ \delta = \operatorname{sgn} g_{x\lambda}. \end{gathered} \tag{2.12}$$

证明 由例 2.2.8(b), $\mathscr{S}(h)=\mathscr{M}^k+\mathscr{M}\langle\lambda\rangle$. 故与 h 强等价的 g 必有

$$g = ax^k + b\lambda x + p, \ ab \neq 0, \tag{2.13}$$

其中 $p\in\mathscr{M}^{k+1}+\mathscr{M}^2\langle\lambda\rangle+\langle\lambda^2\rangle$, 这说明满足(2.12). 另一方面, 由

定理 2.2.12，

$$\mathscr{P}(h)=\mathscr{M}^{k+1}+\mathscr{M}^2\langle\lambda\rangle+\langle\lambda^2\rangle.$$

故若 g 满足(2.13)或(2.12)式，则 $g\overset{s}{\sim}ax^k+b\lambda x\overset{s}{\sim}h$.

例 2.2.16 $g\in\mathscr{E}_{x,\lambda}$强等价于 $h=\varepsilon(x^2+\delta\lambda^2)$当且仅当在 $x=\lambda=0$ 处

$$g=g_x=g_\lambda=0,\quad \varepsilon=\operatorname{sgn}g_{xx},\quad \delta=\operatorname{sgn}\det D^2g \tag{2.14}$$

其中 D^2g 为 g 的二阶导数(2×2 Hesse 矩阵).

证明 由于 $\mathscr{S}(h)=\mathscr{M}^2$，故与 h 强等价的 g 具有形式

$$g=ax^2+p,\ a\neq 0,\ p\in\mathscr{M}^3+\mathscr{M}\langle\lambda\rangle,$$

即满足(2.14). 反之，由 $\mathscr{P}(h)=\mathscr{M}^3$ 知若 g 满足(2.14)，即

$$g=ax^2+b\lambda x+c\lambda^2+\tilde{p},b^2\neq 4ac,\tilde{p}\in\mathscr{M}^3,$$

则由

$$\tilde{g}\overset{s}{\sim}g(x-\frac{b}{2a}\lambda,\lambda)=ax^2+(c-\frac{b^2}{4a})\lambda^2+q,q\in\mathscr{M}^3,$$

知 g 强等价于 h.

例 2.2.17 $g\in\mathscr{E}_{x,\lambda}$强等价于 $\varepsilon x^3+\delta\lambda^2$ 当且仅当在 $x=\lambda=0$ 处

$$g=g_x=g_\lambda=g_{xx}=g_{x\lambda}=0,\quad \varepsilon=\operatorname{sgn}g_{xxx},\quad \delta=\operatorname{sgn}g_{\lambda\lambda}.$$

事实上，由 $\mathscr{S}(h)=\mathscr{M}^3+\langle\lambda^2\rangle$及 $\mathscr{P}(h)=\mathscr{M}^4+\mathscr{M}^2\langle\lambda\rangle$可类似可得上面结论.

§2.3 普适开折理论

普适开折理论是研究分岔问题的扰动，持久性结构和分类的必要的理论基础. 我们先引进开折和普适性的概念，它们描述了分岔问题的扰动. 然后我们讨论切空间的性质和计算，并由此得到普适开折理论的基本结果. 最后介绍分岔结构的持久性或稳定性问题.

2.3.1 开折与切空间

现实的分岔问题 $f(x,\lambda)$除参数 λ 的影响外，还常由于其他因

素引起其稳定性态变化，此时对 f 作小扰动可能完全破坏它的分岔图. 如对 $f(x,\lambda)=\lambda x-x^3$ 作扰动得 $g(x,\lambda,\varepsilon)=\lambda x-x^3+\varepsilon,\varepsilon>0$，$f$ 和 g 有完全不同的分岔图. 分岔问题的扰动一般可通过引进若干参数来描述，这就是开折(unfolding)的概念.

定义 2.3.1 $f\in\mathscr{E}_{x,\lambda}$ 的 k 参数开折是指形如 $F(x,\lambda,\alpha)$，$\alpha\in\mathbb{R}^k$，并且满足 $F(x,\lambda,0)=f(x,\lambda)$ 的芽 $F\in\mathscr{E}_{x,\lambda,\alpha}$. 称 f 的 l 参数开折 $G\in\mathscr{E}_{x,\lambda,\beta}$ 可由 f 的 k 参数开折 $F\in\mathscr{E}_{x,\lambda,\alpha}$ 代理，指存在 $S,X\in\mathscr{E}_{x,\lambda,\beta}$，$\Lambda\in\mathscr{E}_{\lambda,\beta}$ 及 C^∞ 芽 $A:(\mathbb{R}^l,0)\to(\mathbb{R}^k,0)$，使

$$G(x,\lambda,\beta)=S(x,\lambda,\beta)F(X(x,\lambda,\beta),\Lambda(\lambda,\beta),A(\beta)),\tag{3.1}$$

其中 S,X,Λ 和 A 满足

$$S(x,\lambda,0)=1,\ X(x,\lambda,0)=x,\Lambda(\lambda,0)=\lambda.\tag{3.2}$$

定义 2.3.2 称 f 的 k 参数开折 F 是通用的，指 f 的每个开折都可由 F 代理. 称 f 的通用开折 F 是普适的，指 F 具有最少的开折参数. 称 f 的普适开折的开折参数个数为 f 的余维数，记作 $\operatorname{codim} f$.

计算普适开折需要引进切空间的概念.

定义 2.3.3 芽 $f\in\mathscr{E}_{x,\lambda}$ 的切空间定义为

$$\begin{aligned}\mathrm{T}(f)&=\{af+bf_x+cf_\lambda\,|\,a,b\in\mathscr{E}_{x,\lambda},c\in\mathscr{E}_\lambda\}\\&=\langle f,f_x\rangle+\mathscr{E}_\lambda\{f_\lambda\}.\end{aligned}\tag{3.3}$$

需要指出的是，$\mathrm{T}(f)$ 一般并不是理想. 事实上，

$$\mathrm{T}(f)=\mathrm{RT}(f)+\mathscr{E}_\lambda\{f_\lambda\}+\mathbb{R}\{f_x\}.\tag{3.4}$$

这里，若 $\mathrm{T}(g)$ 余维有限，则 $\mathrm{RT}(g)$ 余维有限(参见命题 4.4.6)，因而存在 k 使 $\mathscr{M}^k\subset\mathrm{RT}(g)$. 于是，由(3.4)

$$\mathrm{T}(g)=\mathrm{RT}(g)+\mathbb{R}\{g_x,g_\lambda,\lambda g_\lambda,\cdots,\lambda^{k-1}g_\lambda\}.\tag{3.5}$$

例 2.3.1 设 $\delta_1,\delta_2=\pm1$. 利用例 2.1.4 及(3.5)式，有

(a) $\mathrm{T}(\delta_1x^k+\delta_2\lambda)=(\mathscr{M}^{k-1}+\langle\lambda\rangle)\oplus\mathbb{R}\{1\},k\geqslant2$.

(b) $\mathrm{T}(\delta_1x^k+\delta_2\lambda x)=(\mathscr{M}^k+\mathscr{M}\langle\lambda\rangle)\oplus\mathbb{R}\{x,k\delta_1x^{k-1}+\delta_2\lambda\}$，$k\geqslant3$.

(c) $\mathrm{T}(\delta_1x^2+\delta_2\lambda^k)=\mathscr{M}^{k-1}+\langle x\rangle,k\geqslant2$.

(d) $\mathrm{T}(\delta_1x^3+\delta_2\lambda^2)=(\mathscr{M}^3+\langle\lambda^2\rangle)\oplus\mathbb{R}\{x^2,\lambda\}$.

2.3.2 普适开折及其计算

分岔问题的切空间可用来计算其通用和普适开折．设 $g\in\mathscr{E}_{x,\lambda}$，且 $G\in\mathscr{E}_{x,\lambda,\alpha}$是 g 的一个 k 参数通用开折．对 $p\in\mathscr{E}_{x,\lambda}$，

$$H(x,\lambda,t)=g(x,\lambda)+tp(x,\lambda)$$

是 g 的一个单参数开折，因而可由 G 代理，即有

$$H(x,\lambda,t)=S(x,\lambda,t)G(X(x,\lambda,t),\Lambda(\lambda,t),A(t)),\quad(3.6)$$

这里 $A=(A_1,\cdots,A_k):(\mathbb{R},0)\to(\mathbb{R}^k,0)$．将(3.6)式关于 t 求导并命 $t=0$，得

$$\begin{aligned}p(x,\lambda)=\dot{S}(x,\lambda,0)g(x,\lambda)+(dg)\dot{X}(x,\lambda,0)+g_\lambda\dot{\Lambda}(\lambda,0)\\+\sum_{i=1}^{k}\frac{\partial G}{\partial\alpha_i}(x,\lambda,0)\dot{A}_i(0)\in\mathrm{T}(g)\\+\mathbb{R}\{\frac{\partial G}{\partial\alpha_1}(x,\lambda,0),\cdots,\frac{\partial G}{\partial\alpha_k}(x,\lambda,0)\}.\end{aligned}$$

这样就得到下述定理中的必要性部分．

定理 2.3.2 设 $G\in\mathscr{E}_{x,\lambda,\alpha}$是 $g\in\mathscr{E}_{x,\lambda}$的 k 参数开折．则 G 是通用开折当且仅当

$$\mathscr{E}_{x,\lambda}=\mathrm{T}(g)+\mathbb{R}\{\partial G/\partial\alpha_1|_{\alpha=0},\cdots,\partial G/\partial\alpha_k|_{\alpha=0}\}.\quad(3.7)$$

本定理中充分性的证明将在§4.5 中给出．由定理 2.3.2 不难验证，

推论 2.3.3 $g\in\mathscr{E}_{x,\lambda}$的 k 参数开折 $G\in\mathscr{E}_{x,\lambda,\alpha}$是普适的当且仅当

$$\mathscr{E}_{x,\lambda}=\mathrm{T}(g)\oplus\mathbb{R}\{\partial G/\partial\alpha_1|_{\alpha=0},\cdots,\partial G/\partial\alpha_k|_{\alpha=0}\}.\quad(3.8)$$

因而，g 的余维数即为 $\mathrm{T}(g)$在 $\mathscr{E}_{x,\lambda}$中的余维数． □

基于推论 2.3.3 结果，我们只要求出分岔问题 g 在 $\mathscr{E}_{x,\lambda}$中的补空间的一组基，就可得到它的普适开折．这组基通常可取为不出现在切空间的单项式组$\{x^k\lambda^l\}$．

例 2.3.4 利用公式(3.8)及例 2.3.1 的结果，我们可以对例 2.1.4 中的四类正规形 g 写出它们的普适开折 G 和余维数 codim$g$．仍设 $\delta_1,\delta_2=\pm1$．

(a) $g(x,\lambda)=\delta_1 x^k+\delta_2\lambda$. 由例 2.3.1(a)，T($g$)的补空间中的一组基为$\{x, x^2,\cdots,x^{k-2}\}$. 因而

$$G(x,\lambda,\alpha)=\delta_1 x^k+\delta_2\lambda+\alpha_1 x+\cdots+\alpha_{k-2}x^{k-2},$$

且 $\operatorname{codim} g=k-2$.

(b) $g(x,\lambda)=\delta_1 x^k+\delta_2\lambda x, k\geqslant 3$. 由例 2.3.1(b)，T($g$)的补空间中的一组基为$\{1, x^2,\cdots,x^{k-1}\}$或$\{1, x^2, \cdots,x^{k-2}, \lambda\}$. 因而其普适开折有下面两种形式：

$$G(x,\lambda,\alpha)=\delta_1 x^k+\delta_2\lambda x+\alpha_1+\alpha_2 x^2+\cdots+\alpha_{k-1}x^{k-1},$$

或

$$\bar{G}(x,\lambda,\alpha)=\delta_1 x^k+\delta_2\lambda x+\alpha_1+\alpha_2\lambda+\alpha_3 x^2+\cdots+\alpha_{k-1}x^{k-2},$$

且 $\operatorname{codim} g=k-1$.

(c) $g(x,\lambda)=\delta_1 x^2+\delta_2\lambda^k$,

$$G(x,\lambda,\alpha)=\delta_1 x^2+\delta_2\lambda^k+\alpha_1+\alpha_2\lambda+\cdots+\alpha_{k-1}\lambda^{k-2},$$

$\operatorname{codim} g=k-1$.

(d) $g(x,\lambda)=\delta_1 x^3+\delta_2\lambda^2$,

$$G(x,\lambda,\alpha)=\delta_1 x^3+\delta_2\lambda^2+\alpha_1+\alpha_2 x+\alpha_3 x\lambda,$$

$\operatorname{codim} g=3$.

从例 2.3.4(b)中看出，g 的普适开折不唯一，但它们的开折参数个数总相同.

2.3.3 普适开折的识别

普适开折的识别就是指如何判定一个给定的开折是否为普适的. 推论 2.3.3 把它归结为切空间 T(g)以及其补空间的计算. 这种计算往往很繁杂，但当 g 是正规形时，计算相对要简便一些. 因此我们需要考察能否对与 g 强等价的正规形 h 验证与推论 2.3.3 类似的条件来判断 g 的某个开折 G 是否普适. 首先我们指出

命题 2.3.5 若 $g\overset{s}{\sim}h$，则 $\operatorname{Itr}T(g)=\operatorname{Itr}T(h)$.

证明 这是定理 4.4.10(d)的特例. □

当 g 余维数有限时，存在 k 使 $\mathscr{M}^k \subset \mathrm{T}(g)$. 因 $\mathscr{M}^k$ 内蕴，故 $\mathscr{M}^k \subset \mathrm{ItrT}(g)$，因而 $\mathrm{ItrT}(g)$ 余维有限. 由推论 2.2.4,

$$\mathscr{E}_{x,\lambda} = \mathrm{ItrT}(g) \oplus (\mathrm{ItrT}(g))^{\perp}. \tag{3.9}$$

因此

$$\mathrm{T}(g) = \mathrm{ItrT}(g) \oplus \mathrm{V}_g, \tag{3.10}$$

其中

$$\mathrm{V}_g = \mathrm{T}(g) \cap (\mathrm{ItrT}(g))^{\perp}.$$

于是，由推论 2.3.3 知，G 是 g 的普适开折当且仅当

$$\mathscr{E}_{x,\lambda} = \mathrm{ItrT}(g) \oplus \mathrm{V}_g \oplus \mathbb{R}\{\partial G/\partial\alpha_1|_{\alpha=0}, \cdots, \partial G/\partial\alpha_k|_{\alpha=0}\}. \tag{3.11}$$

对于 $h \overset{s}{\sim} g$，记 J 是按分解

$$\mathscr{E}_{x,\lambda} = \mathrm{ItrT}(h) \oplus (\mathrm{ItrT}(h))^{\perp}.$$

从空间 $\mathscr{E}_{x,\lambda}$ 到 $(\mathrm{ItrT}(h))^{\perp}$ 上的投射. 易验证，对于 $f \in \mathscr{E}_{x,\lambda}$,

$$Jf = {\sum}'_{\alpha} \frac{1}{\alpha!} D^{\alpha} f(0,0)\, x^{\alpha_1} \lambda^{\alpha_2}, \tag{3.12}$$

其中 Σ' 表示在不属 $\mathrm{Itr\ T}(h)$ 中的单项式上求和. 由命题 2.3.5，(3.11)式等价于

$$(\mathrm{ItrT}(h))^{\perp} = \mathrm{V}_g \oplus \mathbb{R}\{J\partial G/\partial\alpha_1|_{\alpha=0}, \cdots, J\partial G/\partial\alpha_k|_{\alpha=0}\}. \tag{3.13}$$

由此，并结合定理 2.3.2，可得

命题 2.3.6 设 $g \in \mathscr{E}_{x,\lambda}$ 强等价于 h，且 G 是 g 的 k 参数开折. 则 G 是 g 的普适开折当且仅当(3.13)式成立；G 是 g 的通用开折当且仅当(3.13)式中直和为和. □

命题 2.3.6 可用来识别一些分岔问题的普适开折.

例 2.3.7 若 $g \in \mathscr{E}_{x,\lambda}$ 强等价于 $h(x,\lambda) = \delta_1 x^k + \delta_2 \lambda$，且 G 是 g 的具有参数 $\alpha = (\alpha_1, \cdots, \alpha_{k-2})$ 的 $(k-2)$ 参数开折，则 G 是 g 的普适开折当且仅当在 $x=\lambda=0, \alpha=0$ 处

$$\det\begin{pmatrix} \dfrac{\partial g}{\partial\lambda} & \dfrac{\partial^2 g}{\partial\lambda\partial x} & \cdots & \dfrac{\partial^{k-1}g}{\partial\lambda\partial x^{k-2}} \\ \dfrac{\partial G}{\partial\alpha_1} & \dfrac{\partial^2 G}{\partial\alpha_1\partial x} & \cdots & \dfrac{\partial^{k-1}G}{\partial\alpha_1\partial x^{k-2}} \\ \cdots & \cdots & \cdots & \cdots \\ \dfrac{\partial G}{\partial\alpha_{k-2}} & \dfrac{\partial^2 G}{\partial\alpha_{k-2}\partial x} & \cdots & \dfrac{\partial^{k-1}G}{\partial\alpha_{k-2}\partial x^{k-2}} \end{pmatrix} \neq 0. \qquad (3.14)$$

事实上，由例 2.3.1(a)，$\mathrm{T}(h)=(\mathscr{M}^{k-1}+\langle\lambda\rangle)\oplus\mathbb{R}\{1\}$，知 $\mathrm{ItrT}(h)=\mathscr{M}^{k-1}+\langle\lambda\rangle$，故 $(\mathrm{ItrT}(h))^{\perp}=\mathbb{R}\{1,x,\cdots,x^{k-2}\}$. 于是对 $f\in\mathscr{E}_{x,\lambda}$,

$$Jf=f(0,0)+f_x(0,0)x+\cdots+\frac{1}{(k-2)!}\left(\frac{\partial}{\partial x}\right)^{k-2}f(0,0)x^{k-2}.$$

由 $g\overset{s}{\sim}h$ 及例 2.2.14 知在 $x=\lambda=0$ 处 $g=g_x=\cdots=\left(\dfrac{\partial}{\partial x}\right)^{k-1}g=0$. 因而

$$Jg=Jg_x=J(\lambda g_\lambda)=0.$$

对 $ag+bg_x+cg_\lambda\in\mathrm{T}(g)$，其中 $a,b\in\mathscr{E}_{x,\lambda},c\in\mathscr{E}_\lambda$，有

$$J(ag+bg_x+cg_\lambda)=c(0)Jg_\lambda.$$

因而 $\mathrm{V}_g=\mathbb{R}\{Jg_\lambda\}$. 按(3.13)，$G$ 是 g 的普适开折当且仅当

$$\mathbb{R}\{1,x,\cdots,x^{k-2}\}=\mathbb{R}\{Jg_\lambda\}\oplus\mathbb{R}\{JG_{\alpha_1},\cdots,JG_{\alpha_{k-2}}\},$$

即

$$Jg_\lambda=g_\lambda(0,0)+g_{\lambda x}(0,0)x\cdots+\frac{1}{(k-2)!}\left(\frac{\partial}{\partial x}\right)^{k-2}g_\lambda(0,0)x^{k-2}$$

与

$$JG_{\alpha_j}=G_{\alpha_j}(0,0)+G_{\alpha_j x}(0,0)x\cdots$$
$$+\frac{1}{(k-2)!}\left(\frac{\partial}{\partial x}\right)^{k-2}G_{\alpha_j}(0,0)x^{k-2},j=1,\cdots,k-2,$$

线性无关，也即在 $x=\lambda=0,\alpha=0$ 处(3.14)式成立.

例 2.3.8 若 $g\in\mathscr{E}_{x,\lambda}$强等价于 $h(x,\lambda)=\delta_1x^k+\delta_2\lambda x,k\geqslant 3$，且 $G(x,\lambda,\alpha)$是 g 的 $k-1$ 参数开折，$\alpha=(\alpha_1,\cdots,\alpha_{k-1})$，则 G 是普适开折当且仅当在 $x=\lambda=\alpha=0$ 处

$$\det\begin{pmatrix} 0 & 0 & \dfrac{\partial^2 g}{\partial\lambda\partial x} & 0 & \cdots & \dfrac{\partial^k g}{\partial x^k} \\ 0 & \dfrac{\partial^2 g}{\partial\lambda\partial x} & \dfrac{\partial^2 g}{\partial\lambda^2} & \dfrac{\partial^3 g}{\partial\lambda\partial x^2} & \cdots & \dfrac{\partial^k g}{\partial\lambda\partial x^{k-1}} \\ \dfrac{\partial G}{\partial\alpha_1} & \dfrac{\partial^2 G}{\partial\alpha_1\partial x} & \dfrac{\partial^2 G}{\partial\alpha_1\partial\lambda} & \dfrac{\partial^3 G}{\partial\alpha_1\partial x^2} & \cdots & \dfrac{\partial^k G}{\partial\alpha_1\partial x^{k-1}} \\ \cdots & \cdots & & & \cdots & \cdots \\ \dfrac{\partial G}{\partial\alpha_{k-1}} & \dfrac{\partial^2 G}{\partial\alpha_{k-1}\partial x} & \dfrac{\partial^2 G}{\partial\alpha_{k-1}\partial\lambda} & \dfrac{\partial^3 G}{\partial\alpha_{k-1}\partial x^2} & \cdots & \dfrac{\partial^k G}{\partial\alpha_{k-1}\partial x^{k-1}} \end{pmatrix} \neq 0. \tag{3.15}$$

事实上，由例 2.3.1(b)，

$$T(h)=(\mathscr{M}^k+\mathscr{M}(\langle\lambda\rangle))+\mathbb{R}\{x,k\delta_1x^{k-1}+\delta_2\lambda\},$$

有 $\mathrm{ItrT}(h)=\mathscr{M}^k+\mathscr{M}\langle\lambda\rangle$，故

$$(\mathrm{ItrT}(h))^{\perp}=\mathbb{R}\{1,\lambda,x,\cdots,x^{k-1}\}.$$

对 $f\in\mathscr{E}_{x,\lambda}$，

$$Jf=f(0,0)+f_\lambda(0,0)\lambda+f_x(0,0)x+\cdots+\frac{1}{(k-1)!}\left(\frac{\partial}{\partial x}\right)^{k-1}f(0,0)x^{k-1}.$$

因 $g\overset{s}{\sim}h$，由例 2.2.15，在 $x=\lambda=0$ 处有

$$g=g_x=\cdots=\left(\frac{\partial}{\partial x}\right)^{k-1}g=g_\lambda=0,$$

$$\left(\frac{\partial}{\partial x}\right)^k g\neq 0, g_{\lambda x}\neq 0.$$

于是易求得

$$J(ag+bg_x+cg_\lambda)=b(0,0)Jg_x+c(0,0)Jg_\lambda.$$

可见 $V_g=\mathbb{R}\{Jg_x,Jg_\lambda\}$. 因此 G 是普适开折当且仅当

$$\mathbb{R}\{1,\lambda,x,\cdots,x^{k-1}\}=\mathbb{R}\{Jg_x,Jg_\lambda,JG_{\alpha_1},\cdots,JG_{\alpha_{k-1}}\},$$

即在 $x=\lambda=0,\alpha=0$ 处(3.15)式成立.

2.3.4 持久性与模数

上面我们看到，通用开折包含着分岔问题的各种可能的扰动，

那么，对某个扰动后的分岔问题，如果再附加一个小扰动，其分岔图的结构会不会发生变化呢？这就是持久性的问题．我们将会看到，开折参数空间被“转移集”划分为若干持久性区域，而模数则是“转移集”中一类特殊的参数．

定义 2.3.4 设 $F(x,\lambda,\alpha)$ 为 $f\in\mathscr{E}_{x,\lambda}$ 的通用开折，F 在开折参数 $\alpha\in\mathbb{R}^k$ 处称为持久的(persistent)，若存在 α 的一个小邻域 U $\subset\mathbb{R}^k$，使当 $\beta\in U$ 时 $F(\cdot,\cdot,\alpha)$ 与 $F(\cdot,\cdot,\beta)$ 等价；否则就称为在 α 处非持久的(nonpersistent)．

研究表明，出现非持久性的情形有下列三种：

(a) 分岔点集

$B=\{\alpha\in\mathbb{R}^k \mid \exists\ (x,\lambda)\in\mathbb{R}\times\mathbb{R}$ 使在 (x,λ,α) 处 $F=F_x=F_\lambda=0\}$，

(b) 滞后点集

$H=\{\alpha\in\mathbb{R}^k \mid \exists\ (x,\lambda)\in\mathbb{R}\times\mathbb{R}$ 使在 (x,λ,α) 处 $F=F_x=F_{xx}=0\}$，

(c) 双极限(double limit)点集

$DL=\{\alpha\in\mathbb{R}^k \mid \exists\ (x,y,\lambda)\in\mathbb{R}\times\mathbb{R}\times\mathbb{R}, x\neq y,$
使在 (x,λ,α) 和 (y,λ,α) 处都有 $F=F_x=0\}$．

这三种集合及其扰动情况如图 2.3.1 所示．

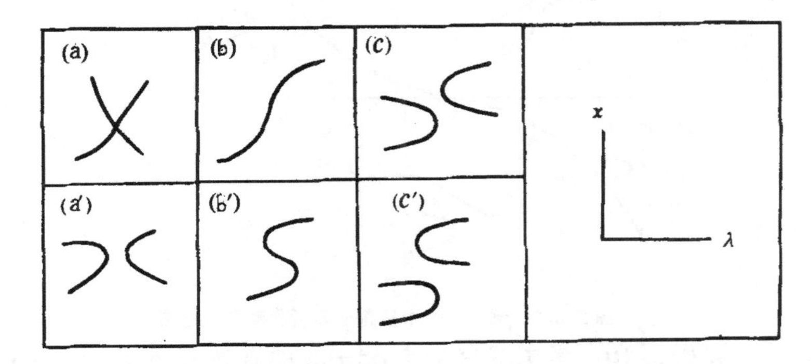

图 2.3.1 三种情况：(a)分岔点，(b)滞后点和(c)双极限点，经扰动后变为(a')，(b')和(c')

记 $\Sigma=B\cup H\cup DL$．Σ 称为转移集(transition set)．可以证明

命题 2.3.8 在上面的记号下，$\mathbb{R}^k\backslash\Sigma$ 把原点的一个邻域分成若干连通分支，当 α 和 β 属于同一连通分支时 $F(\cdot,\cdot,\alpha)$ 和 $F(\cdot,\cdot,\beta)$ 等价.

我们不来严格证明命题 2.3.8，只是指出几个有关事实：设分岔问题及其 k 参数普适开折 F 都是多项式. 则 B 集和 H 集通常是$\mathbb{R}^k$ 中余维 1 的流形；如果限于(x,λ)空间中原点的某个邻域讨论，则当 $\alpha\notin$B 时 $F(\cdot,\alpha)$的分岔图由不相交的正规曲线组成；而当 $\alpha\notin$B∪H 时的奇点只能是极限点.

我们来看命题 2.3.8 的一些应用例子.

例 2.3.9 考虑 $x^3-\lambda x$ 的普适开折

$$F(x,\lambda,\alpha)=x^3-\lambda x+\alpha_1x^2+\alpha_2,\quad \alpha=(\alpha_1,\alpha_2).$$

由 $F=\partial F/\partial x=\partial F/\partial\lambda=0$ 得 $\alpha_2=0$(B 集)；由 $F=\partial F/\partial x=\partial^2F/\partial x^2=0$ 得 $\alpha_2=\dfrac{1}{27}\alpha_1^3$(H 集)，而 DL$=\varnothing$. 因此，转移集 Σ 由 α_1 轴及曲线 $\alpha_1^3=27\alpha_2$ 组成，它们把(α_1,α_2)平面分成 4 个区域，每个区域的分岔情况如图 2.3.2 所示.

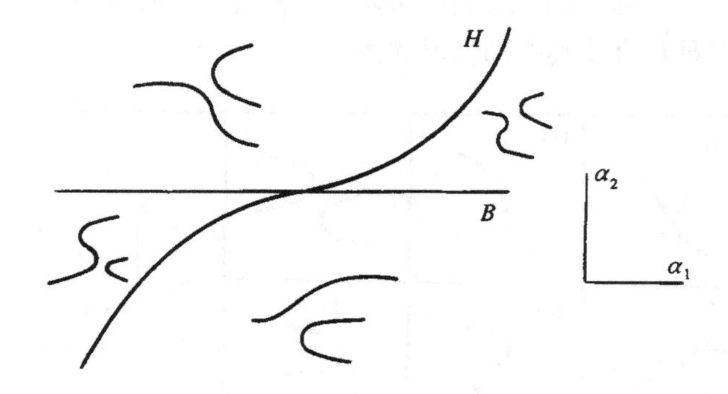

图 2.3.2 例 2.3.9 中按普适开折扰动的分岔图

例 2.3.10 考虑双翼尖点 $x^3+\lambda^2$ 的普适开折 $F(x,\lambda,\alpha)=x^3+\lambda^2+\alpha_1+\alpha_2x+\alpha_3\lambda x$. 由 $F=F_x=F_{xx}=0$ 得 $\alpha_1\alpha_3^2+\alpha_2^2=0$(H 集)；由 $F=F_x=F_\lambda=0$ 得 $\alpha_1=2x^3-\alpha_3^2(x^2/4)$，$\alpha_2=-3x^2+\alpha_3^2(x/2)$(B 集)；而 DL$=\varnothing$. 它们在$(\alpha_1,\alpha_2,\alpha_3)$空间中的分岔呈现较复杂的情

况(参见[GSc5]).

最后,我们简单提一下模数概念.先看一个例子.

例 2.3.11 设 $h_m(x,\lambda)=x^3-3m\lambda^2x+2\lambda^3$. 可以证明(见习题 2.5),$h_m$ 与 h_n 等价当且仅当 $m=n$;当 $m\neq1$ 时 h_m 的普适开折为

$$H(x,\lambda,\alpha,n)=x^3-3n\lambda^2x+2\lambda^3+\alpha_1+\alpha_2\lambda+\alpha_3x+\alpha_4\lambda x,$$

其中 $\alpha=(\alpha_1,\alpha_2,\alpha_3,\alpha_4)$ 在 $0\in\mathbb{R}^4$ 附近,而 n 在 $m\in\mathbb{R}$ 附近,故 codim $h_m=5$.

在例 2.3.11 的开折参数 (α,n) 中当 $\alpha=0$ 时,分岔问题 $H(\cdot,\cdot,0,n)=h_n$的余维数为常数 5,这样的参数 n 就是模数,它确定了一个"常余维区"$\mathscr{C}=\{(\alpha,n)\in\mathbb{R}^4\times\mathbb{R}\mid\alpha=0\}$.

一般,设 $G(x,\lambda,\alpha)$为 g 的 k 参数通用开折.集合

$$\mathscr{C}=\{\alpha\in\mathbb{R}^k\mid \text{在}(0,0)\in\mathbb{R}\times\mathbb{R}\text{附近}$$
$$\text{存在}(x_0,\lambda_0)\text{使 codim }G(x+x_0,\lambda+\lambda_0,\alpha)=k\}$$

称为常余维区.如果常余维区 $\mathscr{C}$ 是个流形,我们常可参数化,即通过一个坐标变换把它变为 $\mathscr{C}=\{\alpha\in\mathbb{R}^k\mid\alpha_i=0,i=1,\cdots,l\}$,此时 $\mathscr{C}$ 可由参数 $\alpha_{l+1},\cdots,\alpha_k$ 决定,我们就把这些参数称为模参数(modal parameters)或模数(moduli).

模数同余维数有密切关系.我们上面所可讨论的芽都是 C^∞ 的,作为等价关系的坐标变换(S,X)也是 C^∞的.如果把坐标变换从 C^∞换成仅仅连续(或同胚),则可得到范围更大的拓朴等价的概念,由此得到的余维数称为拓扑余维数,它常比前面的余维数要小.在一定情形下,它们相差的恰是 g 的模数.

§2.4 初等分岔与突变

本节中我们证明余维数不超过 3 的单变量分岔问题按强等价关系可分为 11 类,我们把这 11 类分岔问题叫作初等分岔问题.我们还将讨论它们的识别和普适开折,并在最后介绍初等分岔与突变之间的关系.

2.4.1 初等分岔的分类

初等分岔的分类可归结为下面的定理.

定理 2.4.1 设 $g\in\mathscr{E}_{x,\lambda}$满足在 $x=\lambda=0$ 处 $g=g_x=0$,并且 codim $g\leqslant 3$. 则 g 强等价于表 2.4.1 中的一个正规形 h,其中 $\varepsilon,\delta=\pm 1$.

表 2.4.1 余维≤3 的分岔问题的正规形

正规形 h		codim$h$	名称
(1)	$\varepsilon x^2+\delta\lambda$	0	极限点
(2)	$\varepsilon(x^2-\lambda^2)$	1	跨临界点
(3)	$\varepsilon(x^2+\lambda^2)$	1	孤立点
(4)	$\varepsilon x^3+\delta\lambda$	1	滞后点
(5)	$\varepsilon x^2+\delta\lambda^3$	2	斜称尖点
(6)	$\varepsilon x^3+\delta\lambda x$	2	树枝点
(7)	$\varepsilon x^4+\delta\lambda$	2	四次折迭
(8)	$\varepsilon x^2+\delta\lambda^4$	3	孤立点
(9)	$\varepsilon x^3+\delta\lambda^2$	3	双翼尖点
(10)	$\varepsilon x^4+\delta\lambda x$	3	跨临界点
(11)	$\varepsilon x^5+\delta\lambda$	3	滞后点

为证明定理 2.4.1,我们先给出一些引理. 设分岔问题 $g\in\mathscr{E}_{x,\lambda}$余维有限,则可把 g 写成

$$g(x,\lambda)=x^l a(x)+\lambda q(x,\lambda) \tag{4.1}$$

的形式,使 $l\geqslant 2$, $a(0)\neq 0$.

引理 2.4.2 设(4.1)式中 $l\geqslant 3$. 则

(a) $\mathrm{T}(g)\subset\langle x^l,\lambda\rangle+\mathbb{R}\{g_x,g_\lambda\}$, $\quad$ codim $\mathrm{T}(g)\geqslant l-2$.

(b) 若 $g_\lambda(0,0)=0$,则

$\mathrm{T}(g)\subset\langle x^l,x\lambda,\lambda^2\rangle+\mathbb{R}\{g_x,g_\lambda\}$, $\quad$ codim $\mathrm{T}(g)\geqslant l-1$.

(c) 若 $g_\lambda(0,0)=g_{x\lambda}(0,0)=0$,则

$\mathrm{T}(g)\subset\langle x^l,x^2\lambda,\lambda^2\rangle+\mathbb{R}\{g_x,g_\lambda\}$, $\quad$ codim$\mathrm{T}(g)\geqslant l$.

(d) 若 $g_\lambda(0,0)=g_{x\lambda}(0,0)=g_{\lambda\lambda}(0,0)=0$,则

$\mathrm{T}(g)\subset\langle x^l,x^2\lambda,x\lambda^2,\lambda^3\rangle$, $\quad$ codim $\mathrm{T}(g)\geqslant l+1$.

证明 我们有

$$T(g)=\langle g,xg_x,\lambda g_x\rangle+\mathbb{R}\{g_x,g_\lambda\}+\mathscr{E}_\lambda\{\lambda g_\lambda\}. \qquad (4.2)$$

由(4.1)式，

$$xg_x=x^l\tilde{a}(x)+x\lambda q_x(x,\lambda),$$
$$\lambda g_x=\lambda x^{l-1}\tilde{a}(x)+\lambda^2 q_x(x,\lambda),$$
$$\lambda g_\lambda=\lambda q(x,\lambda)+\lambda^2 q_\lambda(x,\lambda).$$

这些项(连同 g)都在$\langle x^l,\lambda\rangle$中，而 $\operatorname{codim}\langle x^l,\lambda\rangle=l$. 由(4.2)式可得(a). 由于当 $g_\lambda(0,0)=0$ 时 $q(0,0)=0$，可见(b)成立. 当 $g_\lambda(0,0)=g_{x\lambda}(0,0)=0$ 时 $q(0,0)=q_x(0,0)=0$，可见(c)成立. 最后，(d)成立是由于当 $g_\lambda(0,0)=g_{x\lambda}(0,0)=g_{\lambda\lambda}(0,0)=0$ 时

$$q(0,0)=q_x(0,0)=q_\lambda(0,0)=0. \qquad \square$$

现在来考虑下述情形：在 $x=\lambda=0$ 处

$$g=g_x=g_\lambda=\det D^2g=0,\quad g_{xx}\neq 0. \qquad (4.3)$$

这时

$$g=a(x+b\lambda)^2+p,\quad a\neq 0,\quad p\in\mathscr{M}^3. \qquad (4.4)$$

取 $X(x,\lambda)=x-b\lambda, S(x,\lambda)=|a|^{-1}$，则经变换$(S,X)$，$g$ 强等价于

$$g_2=\varepsilon x^2+r_3, \qquad (4.5a)$$

其中 $\varepsilon=\operatorname{sgn} g_{xx}$， $r_3\in\mathscr{M}^3$ 满足

$$r_3(x,\lambda)=|a|^{-1}p(x-b\lambda,\lambda). \qquad (4.5b)$$

引理 2.4.3 设 g 强等价于

$$g_k=\varepsilon x^2+r_{k+1},\ r_{k+1}\in\mathscr{M}^{k+1}, \qquad (4.6)$$

这里 $\varepsilon=\pm1, k\geqslant 2$. 记

$$r_{k+1}=xA_{k+1}+Q_{k+1}\lambda^{k+1}+S_{k+2}, \qquad (4.7)$$

这里 $A_{k+1}\in\mathscr{M}^k, Q_{k+1}\in\mathbb{R}$, $S_{k+2}\in\mathscr{M}^{k+2}$. 若 $Q_{k+1}\neq 0$，则 g 强等价于

$$\varepsilon x^2+\delta\lambda^{k+1},\ \delta=\operatorname{sgn} Q_{k+1},$$

且 $\operatorname{codim} T(g)=k$.

证明 因

$$g_{k+1}(x,\lambda)=g_k(x-\frac{1}{2\varepsilon}A_{k+1}(x,\lambda),\lambda)$$

$$= \varepsilon x^2 + Q_{k+1}\lambda^{k+1} + r_{k+2},\ r_{k+2} \in \mathscr{M}^{k+2},$$

而 $\mathscr{M}^{k+2} \subset \mathscr{P}(\varepsilon x^2+\delta\lambda^{k+1})$，故 g 强等价于 $\varepsilon x^2+\delta\lambda^{k+1}$. 由例 2.3.4 (c)知

$$\operatorname{codim} \mathrm{T}(\varepsilon x^2 + \delta\lambda^{k+1}) = k, \qquad k \geqslant 2.$$

由余维数的等价不变性本引理得证. □

定理 2.4.1 的证明 对于 g，若 $g_\lambda(0,0)\neq 0$，则按例2.2.14可归为表 2.4.1 中(1)，(4)，(7)和(11)情形. 故设 $g_\lambda(0,0)=0$，并把 g 写成(4.1)形式，对其中的 $l\geqslant 2$ 进行讨论.

当 $l=2$ 时，可考虑 $\det D^2 g$ 在原点处是否为 0，若不为 0，由例 2.2.16 可归结为表 2.4.1 中(2)和(3)情形；否则，可考虑与 g 强等价的(4.5)式. 由引理 2.4.3，若 $Q_3\neq 0$，则 g 强等价于 $\varepsilon x^2+\delta\lambda^3$；若 $Q_3=0, Q_4\neq 0$，则 g 强等价于 $\varepsilon x^2+\delta\lambda^4$；若 $Q_3=Q_4=0$，则 codim $g\geqslant 4$，这归结为表 2.4.1 中的(5)和(8)情形.

当 $l>2$ 时，可考虑 $g_{x\lambda}(0,0)$ 是否为 0，从而通过例 2.2.15，例 2.2.17 和引理 2.4.2 的讨论，可归为表 2.4.1 中的其余情形，定理 2.4.1 得证. □

2.4.2 初等分岔的识别

现在我们来考虑表 2.4.1 中(11)类初等分岔的识别问题，为此，我们先来讨论上一小节中 Q_3 和 Q_4 的计算. 由(4.5)式，在 $x=\lambda=0$ 处，

$$6Q_3 = \left(\frac{d}{d\lambda}\right)^3 r_3 = |a|^{-1}\left(\frac{d}{d\lambda}\right)^3 p(x-b\lambda,\lambda)\big|_{x=\lambda=0}$$

$$= |a|^{-1}\left(\frac{d}{d\lambda}\right)^3 g(x-b\lambda,\lambda)\big|_{x=\lambda=0}. \tag{4.8}$$

注意，据(4.4)，g 在原点处的 Hesse 阵

$$D^2 g(0,0) = \begin{pmatrix} 2a & 2ab \\ 2ab & 2ab^2 \end{pmatrix}$$

与零本征值对应的本征向量 $v=(b,-1)^T$，而 v 的方向导数为

$$\frac{\partial}{\partial v} = \left(\frac{\partial}{\partial x},\frac{\partial}{\partial \lambda}\right)v^T = b\frac{\partial}{\partial x} - \frac{\partial}{\partial \lambda}.$$

对于(4.8)中的 $g=g(x-b\lambda,\lambda)$，由于

$$\frac{d}{d\lambda}g=-b\frac{\partial g}{\partial x}+\frac{\partial g}{\partial\lambda}=-\frac{\partial}{\partial v}g$$

或 $d/d\lambda=-\partial/\partial v$，我们可以把(4.8)式右边写成

$$-|a|^{-1}\left(\frac{\partial}{\partial v}\right)^{3}g|_{x=\lambda=0}=-g_{vvv}|a|^{-1}. \qquad (4.9)$$

若 $Q_3=0$，则由(4.6)，

$$g_2=\varepsilon x^2+xA_3+S_4,\quad A_3\in\mathscr{M}^2, S_4\in\mathscr{M}^4.$$

于是

$$g_3=\varepsilon(x-\frac{A_3}{2\varepsilon})^2+(x-\frac{A_3}{2\varepsilon})A_3+S_4(x-\frac{A_3}{2\varepsilon},\lambda)$$

$$=\varepsilon x^2-\frac{1}{4\varepsilon}A_3^2+S_4(x-\frac{A_3}{2\varepsilon},\lambda).$$

设

$$A_3\equiv a_1x^2+a_2x\lambda+a_3\lambda^2(\mathrm{mod}\ \mathscr{M}^3),$$

$$S_4(x,\lambda)=b_1x^4+b_2x^3\lambda+b_3x^2\lambda^2+b_4x\lambda^3+b_5\lambda^4(\mathrm{mod}\ \mathscr{M}^5),$$

则 λ^4 的系数为 $Q_4=-\frac{1}{4\varepsilon}a_3^2+b_5$. 而

$$a_3=\frac{1}{2}\left(\frac{\partial}{\partial\lambda}\right)^2\frac{\partial}{\partial x}g_2(x,\lambda)|_{x=\lambda=0}$$

$$=\frac{1}{2}\left(\frac{\partial}{\partial\lambda}\right)^2\frac{\partial}{\partial x}[|a|^{-1}g(x-b\lambda,\lambda)]|_{x=\lambda=0}$$

$$=\frac{1}{2}|a|^{-1}g_{vvx},$$

$$b_5=\frac{1}{4!}\left(\frac{\partial}{\partial\lambda}\right)^4(|a|^{-1}gx-b\lambda,\lambda))|_{x=\lambda=0}$$

$$=\frac{1}{4!}|a|^{-1}g_{vvvv}.$$

再注意到 $a=g_{xx}(0,0)/2$，故

$$Q_4=-\frac{1}{16\varepsilon}|a|^{-2}g_{vvx}^2+\frac{1}{4!}|a|^{-1}g_{vvvv}$$

$$=\frac{1}{48\varepsilon|\alpha|^2}[-3g_{vvx}^2+g_{xx}g_{vvvv}]. \qquad (4.10)$$

据(4.9)和(4.10)式，我们得到：

命题 2.4.4 设 $g\in\mathscr{E}_{x,\lambda}$ 为分岔问题. $\varepsilon=\pm\delta,\delta=\pm1$.

(a) g 强等价于 $\varepsilon x^2+\delta\lambda^3$ 当且仅当在 $x=\lambda=0$ 处，

$$g_\lambda=\det D^2g=0,\varepsilon=\operatorname{sgn} g_{\lambda x},\delta=\operatorname{sgn} g_{vvv},$$

其中 $v\neq0$ 使 $g_{vv}=0$.

(b) g 强等价于 $\varepsilon x^2+\delta\lambda^4$ 当且仅当在 $x=\lambda=0$ 处.

$$g_\lambda=\det D^2g=g_{vvv}=0,\varepsilon=\operatorname{sgn} g_{xx},\delta=\operatorname{sgn} q,$$

其中 $v\neq0$ 使 $g_{vv}=0$，$q=g_{vvvv}g_{xx}-3g_{vvv}^2\neq0$.

于是，表 2.4.1 中余维数≤3 的初等分岔的识别可归结为例 2.2.14—2.2.17 及命题 2.4.4.

2.4.3 初等分岔的普适开折及其识别

利用例 2.3.4 的结果，不难得到表 2.4.1 中(11)类分岔问题的普适开折.

定理 2.4.5 表 2.4.1 中(11)类正规形的普适开折如下($\varepsilon,\delta=\pm1$)：

(1) $\varepsilon x^2+\delta\lambda$;

(2) $\varepsilon(x^2-\lambda^2)+\alpha$;

(3) $\varepsilon(x^2+\lambda^2)+\alpha$;

(4) $\varepsilon x^3+\delta\lambda+\alpha x$;

(5) $\varepsilon x^2+\delta\lambda^3+\alpha+\beta\lambda$;

(6) $\varepsilon x^3+\delta x\lambda+\alpha+\beta x^2$;

(7) $\varepsilon x^4+\delta\lambda+\alpha x+\beta x^2$;

(8) $\varepsilon x^2+\delta\lambda^4+\alpha+\beta\lambda+\gamma\lambda^2$;

(9) $\varepsilon x^3+\delta\lambda^2+\alpha+\beta x+\gamma\lambda x$;

(10) $\varepsilon x^4+\delta\lambda x+\alpha+\beta x^2+\gamma x^3$;

(11) $\varepsilon x^5+\delta\lambda+\alpha x+\beta x^2+\gamma x^3$.

证明 从例 2.3.4 中的(a)可得(1),(4),(7),(11)；(b)可得(6),(10)；(c)可得(2),(3),(5),(8)；(d)可得(9). □

利用命题 2.3.6 的结果，并参考例 2.3.7 和 2.3.8，还不难得到上述 11 类普适开折的识别条件如表 2.4.2，请读者自行验证.

表 2.4.2　初等分岔普适开折的识别条件

正规形	非奇异矩阵
(1) $\varepsilon x^2+\delta\lambda$	——
(2,3) $\varepsilon(x^2+\delta\lambda^2)$	G
(4) $\varepsilon x^3+\delta\lambda$	$\begin{pmatrix} g_\lambda & g_{\lambda x} \\ G_\alpha & G_{\alpha x} \end{pmatrix}$
(5) $\varepsilon x^2+\delta\lambda^3$	$\begin{pmatrix} 0 & g_{xx} & g_{x\lambda} \\ G_\alpha & G_{\alpha x} & G_{\alpha\lambda} \\ G_\beta & G_{\beta x} & G_{\beta\lambda} \end{pmatrix}$
(6) $\varepsilon x^3+\delta\lambda x$	$\begin{pmatrix} 0 & 0 & g_{x\lambda} & g_{xxx} \\ 0 & g_{\lambda x} & g_{\lambda\lambda} & g_{\lambda xx} \\ G_\alpha & G_{\alpha x} & G_{\alpha\lambda} & G_{\alpha xx} \\ G_\beta & G_{\beta x} & G_{\beta\lambda} & G_{\beta xx} \end{pmatrix}$
(7) $\varepsilon x^4+\delta\lambda$	$\begin{pmatrix} g_\lambda & g_{\lambda x} & g_{\lambda xx} \\ G_\alpha & G_{\alpha x} & G_{\alpha xx} \\ G_\beta & G_{\beta x} & G_{\beta xx} \end{pmatrix}$
(8) $\varepsilon x^2+\delta\lambda^4$	$\begin{pmatrix} 0 & 0 & 0 & g_{xx} & g_{x\lambda} & g_{\lambda\lambda} \\ 0 & g_{xx} & g_{x\lambda} & g_{xxx} & g_{xx\lambda} & g_{x\lambda\lambda} \\ 0 & 0 & 0 & 0 & g_{xx} & 2g_{x\lambda} \\ G_\alpha & G_{\alpha x} & G_{\alpha\lambda} & G_{\alpha xx} & G_{\alpha x\lambda} & G_{\alpha\lambda\lambda} \\ G_\beta & G_{\beta x} & G_{\beta\lambda} & G_{\beta xx} & G_{\beta x\lambda} & G_{\beta\lambda\lambda} \\ G_\gamma & G_{\gamma x} & G_{\gamma\lambda} & G_{\gamma xx} & G_{\gamma x\lambda} & G_{\gamma\lambda\lambda} \end{pmatrix}$
(9) $\varepsilon x^3+\delta\lambda^2$	$\begin{pmatrix} 0 & 0 & g_{x\lambda} & g_{xxx} \\ 0 & g_{\lambda x} & g_{\lambda\lambda} & g_{\lambda xx} \\ G_\alpha & G_{\alpha x} & G_{\alpha\lambda} & G_{\alpha xx} \\ G_\beta & G_{\beta x} & G_{\beta\lambda} & G_{\beta xx} \end{pmatrix}$
(10) $\varepsilon x^4+\delta\lambda x$	$\begin{pmatrix} 0 & 0 & g_{x\lambda} & 0 & g_{xxxx} \\ 0 & g_{\lambda x} & g_{\lambda\lambda} & g_{\lambda xx} & g_{\lambda xxx} \\ G_\alpha & G_{\alpha x} & G_{\alpha\lambda} & G_{\alpha xx} & G_{\alpha xxx} \\ G_\beta & G_{\beta x} & G_{\beta\lambda} & G_{\beta xx} & G_{\beta xxx} \\ G_\gamma & G_{\gamma x} & G_{\gamma\lambda} & G_{\gamma xx} & G_{\gamma xxx} \end{pmatrix}$
(11) $\varepsilon x^5+\delta\lambda$	$\begin{pmatrix} g_\lambda & g_{\lambda x} & g_{\lambda xx} & g_{\lambda xxx} \\ G_\alpha & G_{\alpha x} & G_{\alpha xx} & G_{\alpha xxx} \\ G_\beta & G_{\beta x} & G_{\beta xx} & G_{\beta xxx} \\ G_\gamma & G_{\gamma x} & G_{\gamma xx} & G_{\gamma xxx} \end{pmatrix}$

2.4.4 与初等突变的比较

突变理论研究函数 $f\in\mathscr{E}_n$ 的临界点的局部结构；奇点理论通常讨论 $h\in\mathscr{E}(n,n)$的零点的局部结构；分岔理论考虑的则是 $g\in\mathscr{E}(n+1,n)$的零点的局部结构依分岔参数的变化. 而 $f\in\mathscr{E}_n$ 的临界点是$\nabla f\in\mathscr{E}(n,n)$的零点，可见三者有着紧密的联系.

突变理论中引进的自然等价关系是右等价：$f_1,f_2\in\mathscr{E}_n$ 右等价，指存在微分同胚芽 $X\in\mathscr{E}(n,n)$，$X(0)=0$，及常数 k 使

$$f_1(x)=f_2(X(x))+k$$

奇点理论中使用的自然等价关系是接触等价：$h_1,h_2\in\mathscr{E}(n,n)$接触等价，指存在微分同胚芽 $X\in\mathscr{E}(n,n)$，$X(0)=0$，及 C^∞的 $n\times n$ 非奇异矩阵值芽 $S(x)$，使

$$h_1(x)=S(x)h_2(X(x)).$$

这些理论都有识别与普适开折问题.

我们这里主要讨论初等分岔和初等突变之间的关系. 和定理 2.4.1 相对应，余维数不大于 4 的 Thom 初等突变共有 7 类(见表 2.4.3). 与定理 2.4.1 比较可以看到，初等分岔是前 4 类初等突变的路径.

表 2.4.3 初等突变

	正规形	普适开折	余维	名称
(1)	x^3	$x^3+\alpha x$	1	折迭
(2)	x^4	$x^4+\alpha x^2+\beta x$	2	尖点
(3)	x^5	$x^5+\alpha x^3+\beta x^2+\gamma x$	3	燕尾
(4)	x^6	$x^6+\alpha x^4+\beta x^3+\gamma x^2+\delta x$	4	蝴蝶
(5)	x^3-xy^2	$x^3-xy^2+\alpha(x^2+y^2)+\beta x+\gamma y$	3	椭圆脐点
(6)	x^3+y^3	$x^3+y^3+\alpha xy+\beta x+\gamma y$	3	双曲脐点
(7)	x^2y+y^4	$x^2y+y^4+\alpha x^2+\beta y^2+\gamma x+\delta y$	4	抛物脐点

以尖点突变为例，其普适开折(势函数)为

$$V(x)=x^4+\alpha x^2+\beta x,$$

临界点集为 $V'(x)=4x^3+2\alpha x+\beta=0$,或

$$x^3+Ax+B=0,(A=\alpha/2,\ B=\beta/4). \qquad (4.11)$$

曲面(4.11)投射到(A,B)平面上,经与方程 $3x^2+A=0$ 联立,得分岔曲线

$$\left(\frac{A}{3}\right)^3+\left(\frac{B}{2}\right)^2=0,$$

如图 2.4.1.于是,所有满足 $f(x,0)=x^3$ 的分岔问题 $f(x,\lambda)$的普适开折表示过尖点的一族路径,它们包括(1)滞后点,(2)树枝点和(3)双翼尖点三种.如表 2.4.4.这三类分岔问题未扰动时过尖点的路径和扰动后的普适开折的路径在(A,B)平面上如图 2.4.2(1),(2),(3)和(1'),(2'),(3').

表 2.4.4 过尖点的路径

名 称	普适开折	$A(\lambda)$	$B(\lambda)$
(1)滞后点	$x^3+\lambda+\alpha x$	α	λ
(2)树枝点	$x^3-\lambda x+\alpha+\beta\lambda$	$-\lambda$	$\alpha+\beta\lambda$
(3)双翼尖点	$x^3+\lambda^2+\alpha+\beta x+rx\lambda$	$\beta+r\lambda$	$\lambda^2+\alpha$

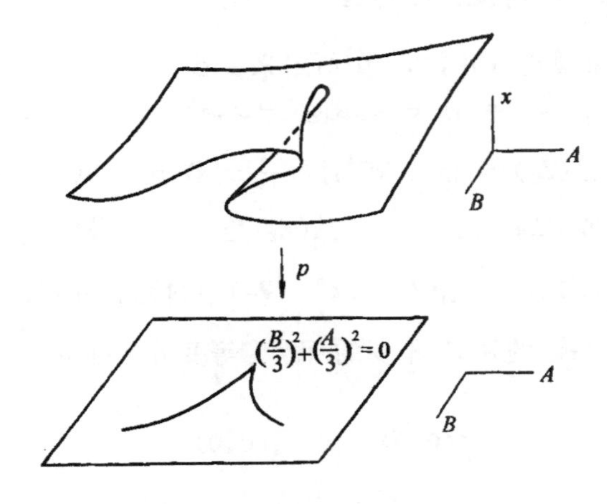

图 2.4.1 尖点突变图(p 为投射)

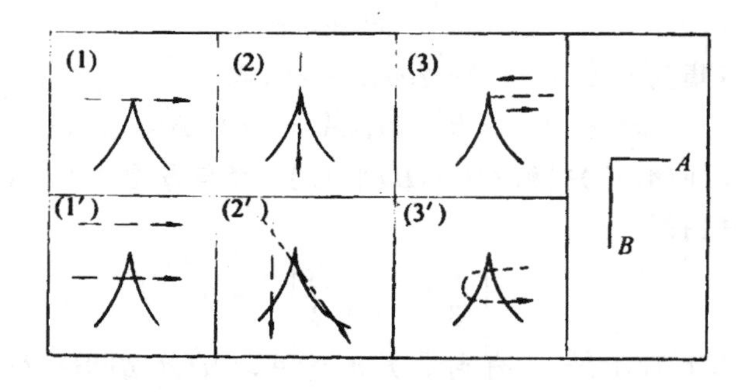

图 2.4.2 过尖点的路径：$\alpha=\beta=\gamma=0$ 的路径(1),(2),(3),
和扰动后的路径(1′),(2′),(3′)

§2.5 $\mathbf{Z}_2$ 等变分岔问题的识别与普适开折

单变量的 $\mathbf{Z}_2$ 等变分岔是指 $\mathscr{E}_{x,\lambda}$ 中具有 $\mathbf{Z}_2=\{\pm 1\}$ 对称的分岔问题. 我们在本节介绍这类问题的识别与普适开折的一般理论，下一节再就此对 $\mathbf{Z}_2$ 初等分岔进行分类.

2.5.1 $\mathbf{Z}_2$ 等变分岔问题

设芽空间 $\mathscr{E}_{x,\lambda}$ 如 §2.1 中所定义. 记

$$\mathscr{E}_{x,\lambda}(\mathbf{Z}_2)=\{g\in\mathscr{E}_{x,\lambda}\mid g(-x,\lambda)=g(x,\lambda)\},$$

$$\vec{\mathscr{E}}_{x,\lambda}(\mathbf{Z}_2)=\{f\in\mathscr{E}_{x,\lambda}\mid f(-x,\lambda)=-f(x,\lambda)\}.$$

易见 $\mathscr{E}_{x,\lambda}(\mathbf{Z}_2)\subset\mathscr{E}_{x,\lambda}$ 是子环，$\vec{\mathscr{E}}_{x,\lambda}(\mathbf{Z}_2)$ 是 $\mathscr{E}_{x,\lambda}(\mathbf{Z}_2)$ 模.

定义 2.5.1 $\vec{\mathscr{E}}_{x,\lambda}(\mathbf{Z}_2)$ 和 $\mathscr{E}_{x,\lambda}(\mathbf{Z}_2)$ 中的元素分别称为是 $\mathbf{Z}_2$ 等变(或 $\mathbf{Z}_2$ 对称)的和 $\mathbf{Z}_2$ 不变的. 而 $\mathbf{Z}_2$ 等变分岔问题是指 $\vec{\mathscr{E}}_{x,\lambda}(\mathbf{Z}_2)$ 中满足

$$f(0,0)=0,f_x(0,0)=0 \tag{5.1}$$

的元 f.

我们将讨论 $\mathbf{Z}_2$ 等变分岔问题的一般性质，其中包括 $\mathbf{Z}_2$ 限制

切空间的基本结论. 下面的引理实质上已在例 1.4.12 中作为 Malgrange 预备定理的推论证明过.

引理 2.5.1 (a) 若 $g\in\mathscr{E}_{x,\lambda}(\mathbf{Z}_2)$,则有 $h\in\mathscr{E}_{u,\lambda}$使 $g(x,\lambda)=h(u,\lambda)$,这里 $u=x^2$.

(b) 若 $f\in\vec{\mathscr{E}}_{x,\lambda}(\mathbf{Z}_2)$,则有 $h\in\mathscr{E}_{u,\lambda}$使 $f(x,\lambda)=h(u,\lambda)x,u=x^2$.

对 $r\in\mathscr{E}_{u,\lambda}$及 $f\in\vec{\mathscr{E}}_{x,\lambda}(\mathbf{Z}_2)$,记

$$rf=r(x^2,\lambda)f(x,\lambda),$$

则 $\vec{\mathscr{E}}_{x,\lambda}(\mathbf{Z}_2)$成为一个 $\mathscr{E}_{u,\lambda}$模,并且由引理 2.5.1 知

$$\vec{\mathscr{E}}_{x,\lambda}(\mathbf{Z}_2)=\mathscr{E}_{u,\lambda}\{x\},\tag{5.2}$$

而 $f=hx$ 所满足的条件(5.1)等价于 $h(0,0)=0$. 设 $V\subset\mathscr{E}_{u,\lambda}$是(线性)子空间,$u=x^2$. 记

$$\vec{\mathrm{V}}\equiv\mathrm{V}\{x\}=\{rx\in\vec{\mathscr{E}}_{x,\lambda}(\mathbf{Z}_2)\mid r\in\mathrm{V}\}.\tag{5.3}$$

容易验证:

引理 2.5.2(a) 设 $\mathrm{V}\subset\mathscr{E}_{u,\lambda}$是子空间. 则 $\vec{\mathrm{V}}$是 $\vec{\mathscr{E}}_{x,\lambda}(\mathbf{Z}_2)$的子空间. 特别,若 $\mathrm{V}\subset\mathscr{E}_{u,\lambda}$是理想,则 $\vec{\mathrm{V}}\subset\vec{\mathscr{E}}_{x,\lambda}(\mathbf{Z}_2)$是子模.

(b) 反之,设 $\mathbf{W}\subset\vec{\mathscr{E}}_{x,\lambda}(\mathbf{Z}_2)$是子空间. 则

$$\mathrm{V}=\{r\in\mathscr{E}_{u,\lambda}\mid rx\in\mathrm{W}\}$$

是 $\mathscr{E}_{u,\lambda}$的子空间,且 $\mathbf{W}=\vec{\mathrm{V}}$. 特别若 $\mathbf{W}(\subset\vec{\mathscr{E}}_{x,\lambda}(\mathbf{Z}_2))$是子模,则 $\mathrm{V}\subset\mathscr{E}_{u,\lambda}$是理想.

(c) $\mathrm{V}\subset\mathscr{E}_{u,\lambda}$是余维有限的子空间与且仅当 $\vec{\mathrm{V}}\subset\vec{\mathscr{E}}_{x,\lambda}(\mathbf{Z}_2)$是余维有限的子空间. 而且

$$\operatorname{codim}\mathrm{V}=\operatorname{codim}\vec{\mathrm{V}}.$$

□

这里子空间 V(或 $\vec{\mathrm{V}}$)的余维数是指在空间 $\mathscr{E}_{u,\lambda}$(或 $\vec{\mathscr{E}}_{x,\lambda}(\mathbf{Z}_2)$)中的余维数,故又称 $\mathbf{Z}_2$ **余维数**. 类似于无对称中的情形,我们可以定义 $\vec{\mathscr{E}}_{x,\lambda}(\mathbf{Z}_2)$上的 $\mathbf{Z}_2$ 等价关系及(限制)切空间.

定义 2.5.2 称分岔问题 g 与 $h\in\vec{\mathscr{E}}_{x,\lambda}(\mathbf{Z}_2)$ 为 $\mathbf{Z}_2$ 等价，记作 $g\sim h$，是指存在 $S\in\mathscr{E}_{x,\lambda}(\mathbf{Z}_2)$，$X\in\vec{\mathscr{E}}_{x,\lambda}(\mathbf{Z}_2)$ 及 $\Lambda\in\mathscr{E}_\lambda$，满足 $S(0,0)>0, X(0,0)=0, \Lambda(0)=0, X_x(0,0)>0$ 和 $\Lambda'(0)>0$，使得

$$h(x,\lambda)=S(x,\lambda)g(X(x,\lambda),\Lambda(\lambda)). \tag{5.4}$$

称 g 与 h 强 $\mathbf{Z}_2$ 等价，指上式中 $\Lambda(\lambda)\equiv\lambda$. 这时记 $g\overset{s}{\sim}h$. 定义 $g=rx$ 在(强)$\mathbf{Z}_2$ 等价意义下的轨道切空间和限制切空间分别为

$$\widetilde{\mathrm{T}}(g,\mathbf{Z}_2)=\langle r,ur_u\rangle\{x\}+\mathscr{E}_\lambda\{\lambda r_\lambda x\}, \tag{5.5}$$

$$\mathrm{RT}(g,\mathbf{Z}_2)=\langle r,ur_u\rangle\{x\}. \tag{5.6}$$

关于上述两种切空间的一个基本定理是：

定理 2.5.3 设 $h,p\in\vec{\mathscr{E}}_{x,\lambda}(\mathbf{Z}_2)$. 若

$$\mathrm{RT}(h+tp,\mathbf{Z}_2)=\mathrm{RT}(h,\mathbf{Z}_2),\ \forall\, t\in[0,1],$$

则 $h+tp$ 强 $\mathbf{Z}_2$ 等价于 h，$\forall\, t\in[0,1]$. 若

$$\widetilde{\mathrm{T}}(h+tp,\mathbf{Z}_2)=\widetilde{\mathrm{T}}(h,\mathbf{Z}_2),\ \forall\, t\in[0,1],$$

则 $h+tp$ $\mathbf{Z}_2$ 等价于 h，$\forall\, t\in[0,1]$.

这里第四章定理 4.3.1 的特例(见注 4.3.2). □

2.5.2 强内蕴子模与识别问题

定义 2.5.3 称 $\vec{\mathscr{E}}_{x,\lambda}(\mathbf{Z}_2)$ 的子模 $\vec{\mathscr{J}}$ 是强内蕴的，指对一切 $g\in\vec{\mathscr{J}}$，若有 $h\in\vec{\mathscr{E}}_{x,\lambda}(\mathbf{Z}_2)$ 使 $h\overset{s}{\sim}g$，则 $h\in\vec{\mathscr{J}}$.

仍记 $u=x^2$. 类似于定理 2.2.3(a)和(c)的证明，我们有：

命题 2.5.4 设 $\vec{\mathscr{J}}\subset\vec{\mathscr{E}}_{x,\lambda}(\mathbf{Z}_2)$ 是强内蕴子模. 则

(a) $\mathrm{RT}(g,\mathbf{Z}_2)\subset\vec{\mathscr{J}}$，$\forall\, g\in\vec{\mathscr{J}}$.

(b) 多项式 $p(x,\lambda)=(\sum a_\alpha u x^{\alpha_1}\lambda^{\alpha_2})x$ 属于 $\vec{\mathscr{J}}$ 当且仅当 $a_\alpha\neq0$ 时 $u^{\alpha_1}\lambda^{\alpha_2}\in\mathscr{J}$. □

命题 2.5.5 设 $\vec{\mathscr{J}}\subset\mathscr{E}_{x,\lambda}(\mathbf{Z}_2)$ 是余维有限的子模. 则 $\vec{\mathscr{J}}$ 是强内蕴的当且仅当 $\vec{\mathscr{J}}$ 可表为

$$\vec{\mathscr{J}}=\langle u^{k_1}\lambda^{l_1},\cdots,u^{k_s}\lambda^{l_s}\rangle\{x\}, \tag{5.7}$$

即 $\vec{\mathscr{J}}$ 由单项式生成.

证明 设

$$g(x,\lambda)=u^k\lambda^l x, S(x,\lambda)=a(u,\lambda), X(x,\lambda)=b(u,\lambda)x,$$

这里 $a(0,0)>0$ 及 $b(0,0)>0$. 则

$$S(x,\lambda)g(X(x,\lambda),\lambda)=a(u,\lambda)(b(u,\lambda))^{2k+1}u^k\lambda^l x$$

在 $\langle u^k\lambda^l\rangle\{x\}$ 中. 故 $\langle u^k\lambda^l\rangle\{x\}$ 是强内蕴子模. 由于强内蕴子模的和仍为强内蕴的,可见(5.7)式为强内蕴的,充分性得证.

反之,由 $\vec{\mathscr{J}}$ 余维有限及引理 2.5.2,可设 $\mathscr{M}^k\{x\}\subset\vec{\mathscr{J}}$, $k\geqslant 1$. 因而, $\vec{\mathscr{J}}$ 中元 p 在去掉 $\mathscr{M}^k\{x\}$ 中部分后可写成多项式形式 $j^{k-1}p$, 即可设 $p(x,\lambda)=r(u,\lambda)x\in\vec{\mathscr{J}}$, $r(u,\lambda)=\Sigma a_\alpha u^{\alpha_1}\lambda^{\alpha_2}$ 是次数小于 k 的多项式. 由命题 2.5.4(b)知, $a_\alpha\neq 0$ 时 $u^{\alpha_1}\lambda^{\alpha_2}\in\mathscr{J}$. 而这样的单项式只有有限多个,故 $\vec{\mathscr{J}}$ 可表为

$$\vec{\mathscr{J}}=(\langle u^{k'_1}\lambda^{l'_1},\cdots,u^{k'_s}\lambda^{l'_s}\rangle+\mathscr{M}^k)\{x\}.$$

而 $\mathscr{M}^k$ 由 k 次齐次单项式生成,故 $\vec{\mathscr{J}}$ 由单项式生成,即

$$\vec{\mathscr{J}}=\langle u^{k_1}\lambda^{l_1},\cdots,u^{k_s}\lambda^{l_s}\rangle\{x\}. \qquad \square$$

类似于定理 2.2.3(e)的证明,可以对上述模 $\vec{\mathscr{J}}$ 约化,使(5.7)中的指数满足

$$k_1>k_2>\cdots>k_s=0, 0=l_1<l_2<\cdots<l_s,$$

这时称 $u^{k_j}\lambda^{l_j}$, $j=1,\cdots,s$, 为 $\vec{\mathscr{J}}$ 的**内蕴生成元**.

对 $h\in\vec{\mathscr{E}}_{x,\lambda}(\mathbf{Z}_2)$, 记 $\mathscr{S}(h,\mathbf{Z}_2)\subset\vec{\mathscr{E}}_{x,\lambda}(\mathbf{Z}_2)$ 是含 h 的**最小强内蕴子模**. 对于余维有限的子模 $\mathscr{J}\subset\vec{\mathscr{E}}_{x,\lambda}(\mathbf{Z}_2)$, 我们仍用 $\mathscr{J}^\perp$ 表示 $\vec{\mathscr{E}}_{x,\lambda}(\mathbf{Z}_2)$ 中不属于 $\mathscr{J}$ 的单项式张成的子空间. 类似于定理 2.2.6, 我们有:

命题 2.5.6 设 $h=sx\in\vec{\mathscr{E}}_{x,\lambda}(\mathbf{Z}_2)$ 使 $\mathrm{RT}(h,\mathbf{Z}_2)$ 的余维有限. 则

(a) $\mathscr{S}(h,\mathbf{Z}_2)=(\sum_\alpha\langle u^{\alpha_1}\lambda^{\alpha_2}\rangle)\{x\}$, 其中 α 满足 $D^\alpha s(0,0)\neq 0$.

(b) 若 $g=rx\in\vec{\mathscr{E}}_{x,\lambda}(\mathbf{Z}_2)$强 $\mathbf{Z}_2$ 等价于 h，则

(i) $\mathscr{S}(g,\mathbf{Z}_2)=\mathscr{S}(h,\mathbf{Z}_2)$.

(ii) 当 $u^{\alpha_1}\lambda^{\alpha_2}x\in\mathscr{S}(h,\mathbf{Z}_2)^{\perp}$时，$D^{\alpha}r(0,0)=0$.

(iii) 当 $u^{\alpha_1}\lambda^{\alpha_2}x\in\mathscr{S}(h,\mathbf{Z}_2)$为内蕴生成元时，$D^{\alpha}r(0,0)\neq 0$.

□

记$\mathscr{P}_s(h,\mathbf{Z}_2)=\{p\in\vec{\mathscr{E}}_{x,\lambda}(\mathbf{Z}_2)\mid g\pm p\sim g,\forall\ g\sim h\}$. 可以证明$\mathscr{P}_s(h,\mathbf{Z}_2)\subset\vec{\mathscr{E}}_{x,\lambda}(\mathbf{Z}_2)$是强内蕴子模(参见命题 4.3.6). 对于 $\mathscr{G}\subset\vec{\mathscr{E}}_{x,\lambda}(\mathbf{Z}_2)$，用 $\mathrm{Itr}_s\mathscr{G}$ 表示含于 $\mathscr{G}$ 的最大强内蕴子模. 类似于定理 2.1.11，有

定理 2.5.7 设 $h\in\vec{\mathscr{E}}_{x,\lambda}(\mathbf{Z}_2)$. 若 $\mathrm{RT}(h,\mathbf{Z}_2)$余维有限，则

$$\mathrm{Itr}_s(\mathscr{M}\mathrm{RT}(h,\mathbf{Z}_2))\subset\mathscr{P}_s(h,\mathbf{Z}_2).\tag{5.8}$$

证明 参见定理 4.3.7. □

例 2.5.8 设 $k\geqslant 1$.

(a) 若 r 在 $u=\lambda=0$ 处满足

$$r=\frac{\partial}{\partial u}r=\cdots=\left(\frac{\partial}{\partial u}\right)^{k-1}r=0,\quad\left(\frac{\partial}{\partial u}\right)^{k}r\,\frac{\partial}{\partial\lambda}r\neq 0,$$

则 rx 强 $\mathbf{Z}_2$ 等价于$(\varepsilon\lambda+\delta u^k)x$，其中

$$\varepsilon=\mathrm{sgn}\,\frac{\partial}{\partial\lambda}r(0,0),\delta=\mathrm{sgn}\left(\frac{\partial}{\partial u}\right)^{k}r(0,0).$$

(b) 若 r 在 $u=\lambda=0$ 处满足

$$r=\frac{\partial}{\partial\lambda}r=\cdots=\left(\frac{\partial}{\partial\lambda}\right)^{k-1}r=0,\quad\frac{\partial}{\partial u}r\left(\frac{\partial}{\partial\lambda}\right)^{k}r\neq 0,$$

则 rx 强 $\mathbf{Z}_2$ 等价于$(\varepsilon\lambda^k+\delta u)x$，其中

$$\varepsilon=\mathrm{sgn}\left(\frac{\partial}{\partial\lambda}\right)^{k}r(0,0),\delta=\mathrm{sgn}\,\frac{\partial}{\partial u}r(0,0).$$

我们来证明(a)，类似可得(b). 不妨设

$$r(u,\lambda)=h_1(u,\lambda)+c_1(u,\lambda)u^k\lambda+c_2(u,\lambda)u^{k+1}+c_3(u,\lambda)\lambda^2,$$

这里 $h_1(u,\lambda)=A\lambda+Bu^k,AB\neq 0$. 则易见 $\mathscr{M}\mathrm{RT}(h_1,\mathbf{Z}_2)=\langle u^{k+1},u\lambda,\lambda^2\rangle\{x\}$. 故由

$$\mathscr{M}\mathrm{RT}(h_1,\mathbf{Z}_2)=\mathrm{Itr}_s(\mathscr{M}\mathrm{RT}(h_1,\mathbf{Z}_2))\subset\mathscr{P}_s(h_1,\mathbf{Z}_2)$$

及定理 2.5.7 知 rx 强 $\mathbf{Z}_2$ 等价于 h_1. 令

$$h_0(u,\lambda)=\varepsilon\lambda+\delta u^k, h_t(u,\lambda)=th_1(u,\lambda)+(1-t)h_0(u,\lambda).$$

则 $\mathrm{RT}(h,\mathbf{Z}_2)=\langle u^k,\lambda\rangle\{x\}$, $t\in[0,1]$. 由定理 2.5.3, h_1 强 $\mathbf{Z}_2$ 等价于 h_0. □

2.5.3 普适开折及其识别

$\mathbf{Z}_2$ 开折的概念也可像 § 2.3 中那样引进.

定义 2.5.4 设 $\alpha\in\mathbb{R}^k$. 称 $G\in\vec{\mathscr{E}}_{x,\lambda,\alpha}$是 $g\in\vec{\mathscr{E}}_{x,\lambda}(\mathbf{Z}_2)$的($k$ 参数)$\mathbf{Z}_2$ **开折**,指 $G(x,\lambda,0)=g(x,\lambda)$ 且 $G(-x,\lambda,\alpha)=-G(x,\lambda,\alpha)$. 设 $G(x,\lambda,\alpha)$和 $H(x,\lambda,\beta)$是 g 的两个 $\mathbf{Z}_2$ 开折. 称 H 可由 G **代理**,指

$$H(x,\lambda,\beta)=S(x,\lambda,\beta)G(X(x,\lambda,\beta),\Lambda(\lambda,\beta),A(\beta)),$$

其中 $S,X\in\vec{\mathscr{E}}_{x,\lambda,\beta}$和 $\Lambda\in\mathscr{E}_{\lambda,\beta}$满足

$$S(x,\lambda,0)=I,X(x,\lambda,0)=x,\Lambda(\lambda,0)=\lambda,A(0)=0.$$

称 g 的 $\mathbf{Z}_2$ 开折 G 是**通用**的,指 g 的每个 $\mathbf{Z}_2$ 开折可由 G 代理. 称 g 的通用 $\mathbf{Z}_2$ 开折 G 是**普适**的,指 G 含有最少的开折参数, 其开折参数个数称为 g 的**余维数**.

类似地可定义 $g=rx\in\vec{\mathscr{E}}_{x,\lambda}(\mathbf{Z}_2)$的 $\mathbf{Z}_2$ **切空间**

$$\mathrm{T}(g,\mathbf{Z}_2)=\mathrm{RT}(g,\mathbf{Z}_2)+\mathscr{E}_\lambda\{g_\lambda\}. \tag{5.9}$$

并且由(5.6)可得到其计算公式

$$\mathrm{T}(g,\mathbf{Z}_2)=\langle r,ur_u\rangle\{x\}+\mathscr{E}_\lambda\{g_\lambda\}. \tag{5.10}$$

还可有

定理 2.5.9 设 $g(x,\lambda)=r(u,\lambda)x$ 的 k 参数 $\mathbf{Z}_2$ 开折,$G(x,\lambda,\alpha)=R(u,\lambda,\alpha)x$. 则 G 为通用的当且仅当

$$\vec{\mathscr{E}}_{x,\lambda}(\mathbf{Z}_2)=\mathrm{T}(g,\mathbf{Z}_2)+\mathbb{R}\{\partial R/\partial\alpha_1|_{\alpha=0},\cdots,\partial R/\partial\alpha_k|_{\alpha=0}\}\{x\}. \tag{5.11}$$

证明 参见第四章定理 4.4.2. □

由定理 2.5.9 可知,

例 2.5.10 设 $g=rx$, $|\varepsilon|=|\delta|=|\sigma|=1$.

(a) $r=\varepsilon\lambda^l+\delta u^k$. 则

$$\mathrm{T}(g,\mathbf{Z}_2)=(\langle u^k,\lambda^l\rangle+\mathbb{R}\{\lambda^{l-1}\})\{x\}.$$

$\mathrm{T}(g,\mathbf{Z}_2)$在$\vec{\mathscr{E}}_{x,\lambda}(\mathbf{Z}_2)$中的补空间为

$$\begin{cases}\mathbb{R}\{1,\lambda,\cdots,\lambda^{l-2},u^i\lambda^j,1\leqslant i\leqslant k-1,0\leqslant j\leqslant l-1\}\{x\},\\ \mathbb{R}\{u,u^2,\cdots,u^{k-1}\}\{x\}.\end{cases}$$

故 $\mathrm{codim}_{\mathbf{Z}_2}g=kl-1$，而 g 的普适 $\mathbf{Z}_2$ 开折为

$$g+\left(\sum\nolimits_{i=0}^{l-2}\alpha_i\lambda^i+\sum_{i=1}^{k-1}\sum_{j=0}^{l-1}\alpha_{ij}u^i\lambda^j\right)x,\tag{5.12}$$

这里第一个求和式当 $l=1$ 时为 0.

(b) $r=\varepsilon\lambda^l+\sigma\lambda^m u+\delta u^k$, k,l,m 满足(i) $k=2,l\neq 2m,l>m$，或(ii) $k>2,l\geqslant 2m$. 由

$$\mathrm{RT}(g,\mathbf{Z}_2)=<k\delta u^k+\sigma\lambda^m u,(k-1)\delta u^k-\varepsilon\lambda^l>\{x\}$$

知

$$\begin{aligned}k(k-1)\delta u^{k+1}x&\equiv-(k-1)\sigma\lambda^m u^2x\equiv k\varepsilon\lambda^l ux\\&\equiv-k^2\varepsilon\sigma\alpha\lambda^{l-m}u^kx,\quad \mathrm{mod}\mathscr{M}\mathrm{RT}(g,\mathbf{Z}_2).\end{aligned}$$

又由

$$\begin{aligned}&(k-1)\sigma\lambda^m u^2x-k^2\varepsilon\sigma\delta\lambda^{l-m}u^kx\\&=((k-1)\lambda^m-k^2\varepsilon\delta\lambda^{l-m}u^{k-2})\sigma u^2x\in\mathscr{M}RT(g,Z_2)\end{aligned}$$

及(i)和(ii)中的任一条可推得 $u^2\lambda^m x\in\mathscr{M}RT(g,Z_2)$. 进而 $u^{k+1}x$, $u\lambda^l x\in\mathscr{M}\mathrm{RT}(g,\mathbf{Z}_2)$. 再由 $\lambda g=(l\varepsilon\lambda^l+m\sigma\lambda^m u)x\in\widetilde{\mathrm{T}}(g,\mathbf{Z}_2)$知 $\lambda^l x$, $u^kx,u\lambda^m x\in\widetilde{\mathrm{T}}(g,\mathbf{Z}_2)$. 因而可得

$$\mathrm{T}(g,\mathbf{Z}_2)=(\langle u^k,u\lambda^m,\lambda^l\rangle+\mathbb{R}\{l\varepsilon\lambda^{l-1}+m\sigma\lambda^{m-1}u\})\{x\}.$$

故 $\mathrm{codim}_{\mathbf{Z}_2}g=l+(k-1)m-1$，$g$ 的普适 $\mathbf{Z}_2$ 开折为

$$g+(\alpha_1+\alpha_2\lambda+\cdots+\alpha_{l-1}\lambda^{l-2}+\sum_{i=1}^{k-1}\sum_{j=0}^{m-1}\alpha_{ij}u^i\lambda^j)x.\tag{5.13}$$

(c) 设 $r=\varepsilon\lambda^{2m}+2bu\lambda^m+\delta u^2$, $b\neq 0,b^2\neq\varepsilon\delta$. 则

$$\mathrm{RT}(g,\mathbf{Z}_2)=(\langle\delta u^2+bu\lambda^m,\delta u^2-\varepsilon\lambda^{2m}\rangle\{x\}=\widetilde{\mathrm{T}}(g,\mathbf{Z}_2).$$

由

$$u\lambda^{2m}x\equiv\varepsilon\delta u^3x\equiv-\varepsilon\delta u^3x\equiv-\varepsilon bu^2\lambda^m x$$

$$\equiv \varepsilon\delta b^2 u\lambda^{2m}x, \quad \mathrm{mod}\mathscr{M}\mathrm{RT}(g,\mathbf{Z}_2)$$

知 $u^3x, u^2\lambda^m x, u\lambda^{2m}x, \lambda^{3m}x \in \mathscr{M}\mathrm{RT}(g,\mathbf{Z}_2)$. 进一步可验证(习题 2.10),

$$\mathrm{T}(g,\mathbf{Z}_2) = \langle u^3, u^2\lambda^m, u\lambda^{2m}, \lambda^{3m}\rangle +$$

$$\mathbb{R}\{(\delta u^2 + bu\lambda^m)\lambda^j, (\delta u^2 - \varepsilon\lambda^{2m})\lambda^j, 0 \leqslant j < m, \varepsilon\lambda^{2m-1} + bu\lambda^{m-1}\},$$

$$\vec{\mathscr{E}}_{x,\lambda}(\mathbf{Z}_2) = \mathrm{T}(g,\mathbf{Z}_2) \oplus \mathbb{R}\{1,\lambda,\cdots,\lambda^{3m-2},u,u\lambda,\cdots,u\lambda^{m-1}\}\{x\}.$$

故 $\mathrm{codim}_{\mathbf{Z}_2} g = 4m-1$. g 的普适 $\mathbf{Z}_2$ 开折为

$$g + (\alpha_1 + \alpha_2\lambda + \cdots + \alpha_{2m-1}\lambda^{2m-2} + \alpha_{2m}\lambda^{2m} + \cdots$$
$$+ \alpha_{3m-1}\lambda^{3m-1} + \alpha_{3m}u + \alpha_{3m+1}u\lambda + \cdots + \alpha_{4m-1}u\lambda^{m-1})x. \tag{5.14}$$

注 2.5.11 由于引进 $\mathbf{Z}_2$ 对称性,分岔的余维数会有所降低. 比如,比较 2.3.4 和例 2.5.10 可以看出,分岔问题 $g(x,\lambda)=(x^{2k}+\lambda)x$ 的余维数 $\mathrm{codim}\ g=2k$,而 g 的 $\mathbf{Z}_2$ 余维数为 $k-1$.

我们还可象 2.3.3 中那样,对普适 $\mathbf{Z}_2$ 开折问题进行识别. 下面举一例说明.

例 2.5.12 设 $g(x,\lambda)=r(u,\lambda)x$ $\mathbf{Z}_2$ 等价于

$$h(x,\lambda) = (u^k + \lambda)x, u = x^2,$$

又设 $G(x,\lambda,\alpha_1,...,\alpha_{k-1})=R(u,\lambda,\alpha_1,...,\alpha_{k-1})x$ 是 g 的 $k-1$ 参数 $\mathbf{Z}_2$ 开折. 则 G 是 g 的普适开折当且仅当在 $x=\lambda=\alpha_1=\cdots=\alpha_{k-1}=0$ 处

$$\det\begin{pmatrix} R_\lambda & \frac{\partial}{\partial u}R_\lambda & \frac{\partial^2}{\partial u^2}R_\lambda & \cdots & \frac{\partial^{k-1}}{\partial u^{k-1}}R_\lambda \\ R_{\alpha_1} & \frac{\partial}{\partial u}R_{\alpha_1} & \frac{\partial^2}{\partial u^2}R_{\alpha_1} & \cdots & \frac{\partial^{k-1}}{\partial u^{k-1}}R_{\alpha_1} \\ \cdots & \cdots & \cdots & \cdots & \cdots \\ R_{\alpha_{k-1}} & \frac{\partial}{\partial u}R_{\alpha_{k-1}} & \frac{\partial^2}{\partial u^2}R_{\alpha_{k-1}} & \cdots & \frac{\partial^{k-1}}{\partial u^{k-1}}R_{\alpha_{k-1}} \end{pmatrix} \neq 0. \tag{5.15}$$

事实上, 由 $\mathrm{T}(h,\mathbf{Z}_2)=<u^k,\lambda>\{x\}+\mathbb{R}\{x\}$ 知

$$\mathrm{Itr}\mathrm{T}(h,\mathbf{Z}_2) = \langle u^k,\lambda\rangle\{x\}, \tag{5.16a}$$

$$\operatorname{ItrT}(h,\mathbf{Z}_2) = \mathbb{R}\{1,u,\cdots,u^{k-1}\}\{x\}. \tag{5.16b}$$

因而投影 J: $\vec{\mathscr{E}}_{x,\lambda}(\mathbf{Z}_2)\to(\operatorname{ItrT}(h,\mathbf{Z}_2))^{\perp}$ 将 $f(x,\lambda)=p(u,\lambda)x$ 映为

$$(Jf)(x,\lambda) = [p(0) + p_u(0)u + \frac{1}{2}\frac{\partial^2 p}{\partial u^2}(0)u^2 + \cdots + \frac{1}{(k-1)!}\frac{\partial^{k-1}p}{\partial u^{k-1}}(0)u^{k-1}]x,$$

设 $f=rx\in \mathrm{T}(g,\mathbf{Z}_2)$. 则 f 可表为

$$f(x,\lambda) = [a(u,\lambda)r(u,\lambda) + r_u(u,\lambda)b(u,\lambda)x + c(\lambda)r_\lambda(u,\lambda)]x,$$

其中 $b(0)=0$. 而由于 $g=rx$ 与 h 为 $\mathbf{Z}_2$ 等价，在 $(u,\lambda)=(0,0)$ 处有

$$r = \frac{\partial r}{\partial u} = \cdots = \frac{\partial^{k-1}r}{\partial u^{k-1}} = 0,\ \frac{\partial^k r}{\partial u^k} > 0,\ \frac{\partial r}{\partial \lambda} > 0,$$

故

$$(Jf)(x,\lambda) = c(0)[r_\lambda(0) + \frac{\partial r_\lambda}{\partial u}(0)u + \cdots + \frac{1}{(k-1)!}\frac{\partial^{k-1}r_\lambda}{\partial u^{k-1}}(0)u^{k-1}]x.$$

记 $\mathrm{V}=\mathrm{T}(g)\cap(\operatorname{ItrT}(g))^{\perp}$，则有

$$\mathrm{V}_g = \mathbb{R}\{r_\lambda(0) + \frac{\partial r_\lambda}{\partial u}(0)u + \cdots + \frac{1}{(k-1)!}\frac{\partial^{k-1}r_\lambda}{\partial u^{k-1}}(0)u^{k-1}\}\{x\}.$$

因此由定理 2.5.9 推知 $G=Rx$ 是 g 的普适开折当且仅当

$$(\operatorname{ItrT}(h,\mathbf{Z}_2))^{\perp} = \mathrm{V}_g \oplus \mathbb{R}\{JG_{\alpha_1},\cdots,JG_{\alpha_{k-1}}\}.$$

由(5.16b)知这等价于在 $x=\lambda=\alpha_1=\cdots=\alpha_{k-1}=0$ 处(5.15)成立.

§2.6 $\mathbf{Z}_2$ 对称初等分岔

本节我们讨论 $\mathbf{Z}_2$ 余维数 $\leqslant 4$ 的 $\mathbf{Z}_2$ 对称分岔问题的分类及普适开折问题的解，下面先给出它们的分类.

2.6.1 分类定理

定理 2.6.1 设 $g=rx\in\vec{\mathscr{E}}_{x,\lambda}(\mathbf{Z}_2)$，其中 $r\in\mathscr{E}_{u,\lambda}$ 满足 $r(0,0)=$

0，且 $\mathrm{codim}_{\mathbf{Z}_2} rx \leqslant 4$. 则 g $\mathbf{Z}_2$ 等价于 sx，其中 s 为表 2.6.1 中的正规形之一，而 $\varepsilon, \delta = \pm 1$.

表 2.6.1 $\mathbf{Z}_2$ 等变分岔问题的正规形 sx

s		$\mathrm{codim}_{\mathbf{Z}_2} sx$
(1) $\delta u + \varepsilon\lambda$		0
(2) $\delta u + \varepsilon\lambda^2$		1
(3) $\delta u^2 + \varepsilon\lambda$		1
(4) $\delta u + \varepsilon\lambda^3$		2
(5) $\delta u^3 + \varepsilon\lambda$		2
(6) $\delta u^2 + \varepsilon\lambda^2$		3
(7) $\delta u + \varepsilon\lambda^4$		3
(8) $\delta u^2 + 2b\lambda u + \varepsilon\lambda^2$	$b \neq 0, b^2 \neq \varepsilon\delta$	3
(9) $\delta u^2 \pm 2(\lambda \pm \lambda^2)u + \delta\lambda^2$		3
(10) $\delta u^2 \pm \lambda u + \varepsilon\lambda^3$		3
(11) $\delta u^3 \pm \lambda u + \varepsilon\lambda^2$		3
(12) $\delta u^4 + \varepsilon\lambda$		3
(13) $\delta u + \varepsilon\lambda^5$		4
(14) $\delta u^2 \pm \lambda u + \varepsilon\lambda^4$		4
(15) $\delta u^2 \pm \lambda^2 u + \varepsilon\lambda^3$		4
(16) $\delta u^3 \pm \lambda u + \varepsilon\lambda^3$		4
(17) $\delta u^3 \pm \lambda u^2 + \varepsilon\lambda^2$		4
(18) $\delta u^4 \pm \lambda u + \varepsilon\lambda^2$		4
(19) $\delta u^5 + \varepsilon\lambda$		4

2.6.2 一些引理

定理2.6.1的证明要用到一些引理. 设 $g = rx \in \vec{\mathscr{E}}_{x,\lambda}(\mathbf{Z}_2)$的 $\mathbf{Z}_2$ 余维有限，$r \in \mathscr{E}_{u,\lambda}$满足 $r(0,0)=0$. 为方便起见，在本小节中我们记

$$r_{i,j} = (\partial^{i+j}/\partial u^i \partial\lambda^j) r(0,0),$$

$$k = \min\{i \mid r_{i,0} \neq 0\}, \qquad l = \min\{j \mid r_{0,j} \neq 0\}.$$

则由 g 余维有限易知 k 和 l 都是有限数.

引理2.6.2 设 $g = rx$ 的 $\mathbf{Z}_2$余维有限. 则

(a) $\mathrm{T}(g, \mathbf{Z}_2) \subset (\langle u^k, u\lambda, \lambda^l \rangle + \mathbb{R}\{r_\lambda\})\{x\}$，且

$$\text{codim}_{\mathbf{Z}_2} g \geqslant k + l - 2.$$

(b) g $\mathbf{Z}_2$等价于

$$(\varepsilon\lambda^l + a_1(\lambda)u + \cdots + a_{k-1}(\lambda)u^{k-1} + \delta u^k + a_{k+2}(u,\lambda)u^{k+2})x, \tag{6.1}$$

其中 $a_j(0)=0, 1 \leqslant j < k, \varepsilon, \delta = \pm 1$.

证明 由命题2.2.13，不妨设

$$r(u,\lambda) = \varepsilon\lambda^l + b_1(\lambda)u + \cdots + b_{k-1}(\lambda)u^{k-1} + b_k(\lambda)u^k + b_{k+1}(\lambda)u^{k+1} + b_{k+2}(u,\lambda)u^{k+2}, \tag{6.2}$$

其中 $b_j(0)=0$, $1 \leqslant j < k, b_k(0) \neq 0$. 易见 $r, ur_u, \lambda r_\lambda \in \langle u^k, u\lambda, \lambda^l \rangle$,而 $\text{codim}_{\mathbf{Z}_2}\langle u^k, u\lambda, \lambda^l \rangle \geqslant k+l-2$,可见(a)成立.

对于 (b)，我们先证，适当取 $b(\lambda)$,并用 $u+b(\lambda)u^2$代替(6.2)式中的 u 后,可使 u^{k+1}的系数为0. 事实上,命 $r_1(u,\lambda) = r(u+b(\lambda)u^2,\lambda)$. 则可表成

$$r_1(u,\lambda) = \varepsilon\lambda^l + c_1(\lambda)u + \cdots + c_{k+1}(\lambda)u^{k+1} + c_{k+2}(u,\lambda)u^{k+2}, \tag{6.3}$$

其中 $c_j(0)=0, 1 \leqslant j < k-1, c_k(0) = b_k(0) \neq 0$,而 $c_{k+1}(\lambda)$可表成

$$c_{k+1}(\lambda) = b_{k+1}(\lambda) + kb_k(\lambda)b(\lambda) + \alpha_2(\lambda)(b(\lambda))^2 + \cdots + \alpha_m(\lambda)(b(\lambda))^m.$$

$m = [\frac{k+1}{2}]$,使 $\alpha_2(0) = \cdots = \alpha_m(0) = 0$. 于是,对 b 的多项式

$$F(\lambda,b) = b_{k+1}(\lambda) + kb_k(\lambda)b + \alpha_2(\lambda)b^2 + \cdots + \alpha_m(\lambda)b^m.$$

命 $\bar{b} = -b_{k+1}(0)/(kb_k(0))$,则

$$F(0,\bar{b}) = 0, F_b(0,\bar{b}) = kb_k(0) \neq 0.$$

由隐函数定理知存在 $b=b(\lambda)$使 $F(\lambda,b(\lambda)) \equiv 0, b(0) = \bar{b}$,即 $r_1(u,\lambda)$式(6.3)中 $c_{k+1}(\lambda) \equiv 0$.

对 $r_1(u,\lambda)$中的 λ 用 $\Lambda(\lambda)$作变换,得

$$|c_k(\Lambda(\lambda))|^{-1} r_1(u,\Lambda(\lambda)) = \varepsilon|c_k(\Lambda(\lambda))|^{-1}((\Lambda(\lambda))^l + \delta u^k + \cdots$$

于是，取 $\Lambda(\lambda)$ 为 $\lambda = \Lambda/|c_k(\Lambda)|^{\frac{1}{l}}$ 在 $\Lambda=0$处的反函数,则得到(6.1) 形式. (b)得证. □

在例2.5.8中，我们讨论了 $k=1$ 或 $l=1$ 的情形，下面考虑 $k\geqslant 2, l\geqslant 2$ 的情形. 首先指出

引理2.6.3 设 $g=rx$ 余维有限，且 $r\in\mathscr{E}_{u,\lambda}$ 满足

$$r_{0,0}=r_{1,0}=r_{0,1}=\cdots=r_{0,l-1}=0,\ 及\ r_{2,0}r_{0,l}\neq 0, l\geqslant 2.$$

(a)若存在 $m\geqslant 1$ 使 $r_{1,j}=0, 1\leqslant j<m$，而 $r_{1,m}\neq 0$，则 g $\mathbf{Z}_2$ 等价于 sx，其中 s 为下列函数之一：

	s		$\mathrm{codim}_{\mathbf{Z}_2}sx$
(1)	$\varepsilon\lambda^l+\delta u^2$,	$l\leqslant m$	$2l-1$
(2)	$\varepsilon\lambda^l\pm\lambda^m u+\delta u^2$,	$1\leqslant m\leqslant l-1, l\neq 2m$	$l+m-1$
(3)	$\varepsilon\lambda^{2m}+2b\lambda^m u+\delta u^2$,	$l=2m, b^2\neq\varepsilon\delta, b\neq 0$	$4m-1$
(4)	$\varepsilon\lambda^{2m}+2(b\lambda^m\pm\lambda^N)u+\delta u^2$,	$l=2m, b^2\neq\varepsilon\delta, b\neq 0$, $3\leqslant m+1\leqslant N\leqslant 2m-1$	$2m+N-1$
(5)	$\varepsilon\lambda^{2m}+2\lambda^m(\sigma+\lambda f(\lambda))u+\varepsilon u^2+d(u,\lambda)u^4$	$l=2m\geqslant 4$	$\geqslant 3m-1$
(6)	$\varepsilon\lambda^2+2(\pm\lambda\pm\lambda^2)u+\varepsilon u^2$,	$l=2m=2$	3
(7)	$\varepsilon\lambda^2+2(\pm\lambda\pm f(\lambda)\lambda^2)u+\varepsilon u^2+d(u,\lambda)u^4$,		$\geqslant 5$

(b)若 $r_{1,j}=0, j=0,1,\cdots$，则 g $\mathbf{Z}_2$ 等价于上述情形(1)，即 $\varepsilon\lambda^l+\delta u^2$，$\mathrm{codim}_{\mathbf{Z}_2}=2l-1$.

证明 由引理2.6.2，并利用命题2.2.13，不妨设

$$r(u,\lambda)=\varepsilon\lambda^l+a(\lambda)u+\delta u^2+d(u,\lambda)u^4,\ a(0)=0. \quad (6.4)$$

(a) a 可以表成 $a(\lambda)=2\lambda^m b(\lambda), b(0)\neq 0$. 我们分下述四种情形讨论：

(i) $m\geqslant l$,

(ii) $1\leqslant m<l, l\neq 2m$,

(iii) $l=2m, (b(0))^2\neq\varepsilon\delta$,

(iv) $l=2m, (b(0))^2=\varepsilon\delta(=1)$.

令 $\tilde{r}(u,\lambda)=\varepsilon\lambda^l+2\lambda^m b(\lambda)u+\delta u^2$， 则 $\mathrm{RT}(\tilde{r}x,\mathbf{Z}_2)=\langle\delta u^2-\varepsilon\lambda^l, \delta u^2+b(\lambda)\lambda^m u\rangle\{x\}$. 于是

$$\varepsilon\delta\lambda^l ux \equiv u^3 x \equiv -\delta b(\lambda)\lambda^m u^2 x$$
$$\equiv (b(\lambda))^2\lambda^{2m} ux \quad \bmod \mathscr{M}\mathrm{RT}(\tilde{r}x, \mathbf{Z}_2)$$

故$(\varepsilon\delta\lambda^l-(b(\lambda))^2\lambda^{2m})ux\in\mathscr{M}\mathrm{RT}(\tilde{r}x,\mathbf{Z}_2)$. 可见在(i),(ii)和(iii)情形,$\lambda^l ux,\lambda^{2m}x,u^3x$ 和 $\lambda^m u^2 x$ 均在 $\mathscr{M}\mathrm{RT}(\tilde{r}x,\mathbf{Z}_2)$中. 由定理2.5.7知 rx 与 $\tilde{r}x\mathbf{Z}_2$等价.

对情形(i), rx $\mathbf{Z}_2$等价于$(\varepsilon\lambda^l+\delta u^2)x$. 由例2.5.10(a)知 $\mathrm{codim}_{\mathbf{Z}_2}rx=\mathrm{codim}_{\mathbf{Z}_2}(\varepsilon\lambda^l+\delta u^2)x=2l-1$,归结为(1).

对情形(ii),$\tilde{r}x$ $\mathbf{Z}_2$等价于$(\varepsilon\lambda^l+\mathrm{sgn}\ b(0)\lambda^m u+\delta u^2)x$. 由例2.5.10 (b), $\mathrm{codim}_{\mathbf{Z}_2}rx=l+m-1$,可归结为(2).

对情形(iii),不妨设

$$b(\lambda)=b_m+b_{m+1}\lambda+\cdots+b_{2m-1}\lambda^{m-1},\ b_m\neq 0, b_m^2\neq\varepsilon\delta.$$

若$b_{m+1}=\cdots=b_{2m-1}=0$,则$\tilde{r}=\varepsilon\lambda^{2m}+2b_m\lambda^m u+\delta u^2$,由例2.5.10(c), $\mathrm{codim}_{\mathbf{Z}_2}rx=4m-1$. 归结为(3).

若$b_{m+1}=\cdots=b_{N-1}=0, b_N\neq 0, m+1\leqslant N<2m$,则

$$\tilde{r}(u,\lambda)=\varepsilon\lambda^{2m}+2(b_m\lambda^m+b_N\lambda^N+\cdots+b_{2m-1}\lambda^{2m-1})u+\delta u^2.$$

由 $\tilde{r}-\dfrac{1}{2}u\tilde{r}_u-\dfrac{1}{2m}\lambda\tilde{r}_\lambda=\lambda^N uq(\lambda)$, $q(0)\neq 0$, 知 $u\lambda^N x\in\tilde{\mathrm{T}}(\tilde{r}x,\mathbf{Z}_2)$. 可见 $\lambda^{N+1}ux,\cdots,\lambda^{2m-1}ux\in\mathscr{M}\tilde{\mathrm{T}}(\tilde{r}x,\mathbf{Z}_2)$. 由此可推知(习题2.10), $\tilde{r}x\cdot\mathbf{Z}_2$等价于$[\varepsilon\lambda^{2m}+2(b_m\lambda^m+b_N\lambda^N)u+\delta u^2]x$,经尺度变换可知后者$\mathbf{Z}_2$等价于$[\varepsilon\lambda^{2m}+2(b_m\lambda^m+\mathrm{sgn}b_N\lambda^N)u+\delta u^2]x$,可以验证(习题2.10)它的切空间的补空间为

$$\mathbb{R}\{1,\lambda,\lambda^2,\cdots,\lambda^{N+m-1},u,u\lambda,\cdots,u\lambda^{m-2}\}\{x\},$$

因而 $\mathrm{codim}_{\mathbf{Z}_2}rx=N+2m-1$,归结为(4).

对情形(iv),可设

$$r(u,\lambda)=\varepsilon\lambda^{2m}+2\lambda^m(\sigma+c\lambda+f(\lambda)\lambda^2)u+\varepsilon u^2+d(u,\lambda)u^4,$$

其中$\sigma=\mathrm{sgn}\ b(0)$. 令$\tilde{r}=\varepsilon(u+\sigma\lambda^m)^2+2c\lambda^{m+1}u$. 由 $r,ur_a,\lambda r_\lambda\subset\langle u^2,u\lambda^m,\lambda^{2m}\rangle$知 $\mathrm{codim}_{\mathbf{Z}_2}rx\geqslant 3m-1$. 当$c=0$时归结为(5). 下面只要考虑 $m=1$的情形,这时 $\mathrm{RT}(\tilde{r}x,\mathbf{Z}_2)=\langle p,q\rangle\{x\}$,其中

$$p=\varepsilon(u+\sigma\lambda)^2+2c\lambda^2 u, q=\varepsilon u(u+\sigma\lambda)+c\lambda^2 u.$$

先设 $c\neq 0$. 由中山引理可知

$$\langle up-(u+\sigma\lambda)q,\ (u+\sigma\lambda)^2p,$$
$$(u+\sigma\lambda)^2q,(u+\sigma\lambda)^2uq,u^2q\rangle = \mathscr{M}^4.$$

因而 $\mathscr{M}^4\{x\}\subset\mathscr{M}\mathrm{RT}(\tilde{r}x,\mathbf{Z}_2)$. 故 rx $\mathbf{Z}_2$等价于 $\tilde{r}x$. 作尺度变换知 $\tilde{r}x$，$\mathbf{Z}_2$等价于$(\varepsilon(u+\sigma\lambda)^2+2\delta\lambda^2u)x$，$\delta=\mathrm{sgn}c$. 可以验证(习题2.10)，

$$\vec{\mathscr{E}}_{x,\lambda}(\mathbf{Z}_2)=\mathrm{T}(\tilde{r}x,\mathrm{Z}_2)\oplus\mathbb{R}\{1,\lambda,\lambda^2\}\{x\}.$$

于是 $\mathrm{codim}_{\mathbf{Z}_2}rx=3$，归结为(6).

若 $c=0$，则 $r=\varepsilon\lambda^2+2\lambda(\sigma+f(\lambda)\lambda^2)u+\varepsilon u^2+d(u,\lambda)u^4$. 可以验证(习题2.10)，

$$\vec{\mathscr{E}}_{x,\lambda}(\mathbf{Z}_2)=(\mathrm{T}(rx,\mathbf{Z}_2)+\mathscr{M}^5\{x\})\oplus\mathbb{R}\{u^4,u^3,u^4,u,1\}\{x\},$$

于是 $\mathrm{codim}_{\mathbf{Z}_2}rx\geqslant5$，归结为(7).

最后，对于(b)，$a(\lambda)$为平坦元，仍可将 a 写成 $a(\lambda)=2\lambda^m b(\lambda)$，$m\geqslant l$，的形式，只是 $b(0)=0$，并可归结为情形(i)作同样讨论. □

引理2.6.4 设 $r\in\mathscr{E}_{u,\lambda}$满足

$$r_{0,0}=r_{1,0}=r_{2,0}=r_{0,1}=\cdots=r_{0,l-1}=0,\quad r_{3,0}r_{0,l}\neq0,l\geqslant2$$

且 $\mathrm{codim}_{\mathbf{Z}_2}rx\leqslant4$. 则 $g=rx$ $\mathbf{Z}_2$等价于 sx，其中 s 为下列函数之一.

	s	$\mathrm{codim}_{\mathbf{Z}_2}sx$
(1)	$\varepsilon\lambda^2+\sigma\lambda u+\delta u^3$	3
(2)	$\varepsilon\lambda^2+\sigma\lambda u^2+\delta u^3$	4
(3)	$\varepsilon\lambda^3+\sigma\lambda u+\delta u^3$	4

证明 由引理2.6.2，不妨设

$$r(u,\lambda)=\varepsilon\lambda^l+a_1(\lambda)\lambda^m u+a_2(\lambda)\lambda^n u^2+\delta u^3+a_4(u_1\lambda)u^5,$$

其中 $m,n\geqslant1$，$a_1(0)a_2(0)\neq0$. 由引理2.6.2及 $\mathrm{codim}_{\mathbf{Z}_2}rx\leqslant4$，知$3+l-2\leqslant4$，即 $l\leqslant3$，因此 $l=2$或3.

若 $m,n\geqslant l$，则易见

$$\mathrm{T}(rx,\mathbf{Z}_2)\subset(\langle u^3,\lambda^l\rangle+\mathbb{R}\{r_\lambda\})\{x\}.$$

可见 $\mathrm{codim}_{\mathbf{Z}_2}rx\geqslant\mathrm{codim}(\langle u^3,\lambda^l\rangle+\mathbb{R}\{r_\lambda\})\{x\}\geqslant3l-1\geqslant5$，这与 $\mathrm{codim}_{\mathbf{Z}_2}rs\leqslant4$矛盾，因此 $m<l$ 或 $n<l$.

当 $l=2,m=1$时，

$$r(u,\lambda) = \varepsilon\lambda^2 + a_1(\lambda)\lambda u + a_2(\lambda)\lambda^n u^2 + \delta u^3 + a_4(u,\lambda)u^5.$$

令 $\tilde{r}(u,\lambda)=\varepsilon\lambda^2+a_1(0)\lambda u+\delta u^3$. 则可以象引理2.6.3证明中那样类似验证

$$\tilde{T}(\tilde{r}x,\mathbf{Z}_2) = \langle u^3,u\lambda,\lambda^2 0\rangle\{x\}.$$

故 $\tilde{r}x \cdot \mathbf{Z}_2$等价于$(\varepsilon\lambda^2+\mathrm{sgn}a_1(0)\lambda u+\delta u^3)x$. 由例2.5.10(b)知 $\mathrm{codim}_{\mathbf{Z}_2}rx=3$，归结为(1).

当 $l=2,n=1,m\geqslant 2$时，

$$r(u,\lambda) = \varepsilon\lambda^2 + a_1(\lambda)\lambda^m u + a_2(\lambda)\lambda u^2 + \delta u^3 + a_5(u,\lambda)u^5.$$

令 $\tilde{r}(u,\lambda)=\varepsilon\lambda^2+a_2(0)\lambda u^2+\delta u^3$. 则

$$\mathrm{RT}(\tilde{r}x,\mathbf{Z}_2) = \langle \delta u^3 - 2\varepsilon\lambda^2, 3\varepsilon\lambda^2 + a_2(0)\lambda u\rangle\{x\}$$

且

$$\frac{2\varepsilon}{\delta}u\lambda^2 x \equiv u^4 x \equiv -\frac{2a_2(0)}{3\delta}u^3\lambda x$$

$$\equiv \frac{4}{9}(a_2(0))^2u^2\lambda^2 x, \quad \mathrm{mod}\ \mathscr{M}\mathrm{RT}(\tilde{r}x,\mathbf{Z}_2).$$

这说明 $u\lambda^2 x\in\mathscr{M}\mathrm{RT}(\tilde{r}x,\mathbf{Z}_2)$，进而 $u^2\lambda^2 x,u^4x\in\mathscr{M}\mathrm{RT}(\tilde{r}x,\mathbf{Z}_2)$. 故 $rx\ \mathbf{Z}_2$等价于 $\tilde{r}x$. 而 $\tilde{r}x\ \mathbf{Z}_2$等价于 sx，其中 $s=\varepsilon\lambda^2+\sigma\lambda u^2+\delta u^3,\sigma=\mathrm{sgn}a_2(0)$. 由于

$$\mathrm{T}(sx,\mathbf{Z}_2) = (\langle u^3,u^2\lambda,\lambda^2\rangle + \mathbb{R}\{2\varepsilon\lambda + a_2(0)u^2\})\{x\},$$

$$\vec{\mathscr{E}}_{x,\lambda}(\mathbf{Z}_2) = T((\mathscr{E}\lambda^2 + \sigma\lambda u^2\delta u^3)x,\mathbf{Z}_2) \oplus \mathbb{R}\{1,\lambda,u,u\lambda\}\{x\},$$

故 $\mathrm{codim}_{\mathbf{Z}_2}rx=4$，归结为(2).

当 $l=3,m=1$时，

$$r(u,\lambda) = \varepsilon\lambda^3 + a_1(\lambda)\lambda u + a_2(\lambda)\lambda^n u^2 + \delta u^3 + a_4(u,\lambda)u^5.$$

令 $\tilde{r}(u,\lambda)=\varepsilon\lambda^3+a_1(0)\lambda u+\delta u^3$，则可类似验证，$rx\ \mathbf{Z}_2$等价于 $\tilde{r}x$. 而 $\tilde{T}(\tilde{r}x,\mathbf{Z}_2)=\langle u^3,u\lambda,\lambda^3\rangle\{x\}$，故 $\tilde{r}x\ \mathbf{Z}_2$等价于$(\varepsilon\lambda^3+\sigma\lambda u+\delta u^3)x,\sigma=\mathrm{sgn}a_1(0)$. 由例2.5.10(b)知 $\mathrm{codim}_{\mathbf{Z}_2}rx=4$，归结为(3).

最后，当 $l=3,n\geqslant 1,m\geqslant 2$时，

$$\mathrm{T}(rx,\mathbf{Z}_2) \subset (\langle u^3,u^2\lambda,u\lambda^2,\lambda^3\rangle + \mathbb{R}\{r_\lambda\})\{x\},$$

而 $\mathrm{codim}_{\mathbf{Z}_2}rx\geqslant\mathrm{codim}(\langle u^3,u^2\lambda,u\lambda,\lambda^3\rangle\{x\}) - 1 = 5.$ □

引理2.6.5 设 $r\in\mathscr{E}_{u,\lambda}$满足

$$r_{i,0}=r_{0,j}=0,0\leqslant i\leqslant 3,1\leqslant j<l,r_{4,0}r_{0,l}\neq 0,l\geqslant 2,$$

且 $\operatorname{codim}_{\mathbf{Z}_2}rx\leqslant 4$. 则 rx $\mathbf{Z}_2$等价于

$$(\varepsilon\lambda^2\pm\lambda u+\delta u^4)x,\qquad \operatorname{codim}_{\mathbf{Z}_2}rx=4.$$

证明 不妨设 $r(u,\lambda)$为

$$\varepsilon\lambda^l+a_1(\lambda)\lambda^m u+a_2(\lambda)\lambda^n u^2+a_3(\lambda)\lambda^p u^3+\delta u^4+a_6(u,\lambda)u^6,$$

这里 $m,n,p\geqslant 1,a_1(0)a_2(0)a_3(0)\neq 0$.

由引理2.6.2及 $\operatorname{codim}_{\mathbf{Z}_2}rx\leqslant 4$知$4+l-2\leqslant 4$,故$l=2$. 若$m\geqslant 2$,则 $\mathrm{T}(\mathrm{rx},\mathrm{Z}_2)\subset(\langle u^4,u^2\lambda,\lambda^2\rangle+\mathbb{R}\{r_\lambda\})\{x\}$. 而 $\operatorname{codim}\langle u^4,u^2\lambda,\lambda^2\rangle=6$,故 $\operatorname{codim}_{\mathbf{Z}_2}rx\geqslant 5$,这与引理条件矛盾,从而 $m=1$. 令 $\tilde{r}(u,\lambda)=\varepsilon\lambda^2+a_1(0)\lambda u+\delta u^4$. 类似可验证,$rx$ $\mathbf{Z}_2$等价于 $\tilde{r}x$. 而 $\tilde{\mathrm{T}}(\tilde{r}x,\mathbf{Z}_2)=\langle u^4,u\lambda,\lambda^2\rangle\{x\}$,故 $\tilde{r}x$,$\mathbf{Z}_2$等价于$(\varepsilon\lambda^2+\sigma\lambda u+\delta u^4)x$,$\sigma=\operatorname{sgn}a_1(0)$. 由例2.5.10(b)知 $\operatorname{codim}_{\mathbf{Z}_2}rx=4$. □

2.6.3 分类定理的证明及普适开折

定理2.6.1的证明 设 $g=rx$ 满足定理2.6.1的条件. 则例2.5.8和2.5.10给出了(1)-(5),(7),(12),(13)和(19)类;引理2.6.3给出了(6),(8)-(10),(14)和(15)类;引理2.6.4给出了(11),(16)和(17)类;最后,引理2.6.5给出了(18)类. □

在进行分类定理证明的同时,我们还给出了19类正规形的普适开折.

定理2.6.6 定理2.6.1中19类正规形的普适开折为 sx,其中 s 分别为:

(1) $\delta u+\varepsilon\lambda$;

(2) $\delta u+\varepsilon\lambda^2+\alpha_1$;

(3) $\delta u^2+\varepsilon\lambda+\alpha_1 u$;

(4) $\delta u+\varepsilon\lambda^3+\alpha_1+\alpha_2\lambda$;

(5) $\delta u^3+\varepsilon\lambda+\alpha_1 u+\alpha_2 u^2$;

(6) $\delta u^2+\varepsilon\lambda^2+\alpha_1+\alpha_2 u+\alpha_3\lambda u$;

(7) $\delta u+\varepsilon\lambda^4+\alpha_1+\alpha_2\lambda+\alpha_3\lambda^2$;

(8) $\delta u^2+2b\lambda u+\varepsilon\lambda^2+\alpha_1+\alpha_2\lambda+\alpha_3 u$;

(9) $\delta u^2\pm 2(\lambda\pm\lambda^2)u+\delta\lambda^2+\alpha_1+\alpha_2\lambda+\alpha_3\lambda^2$;

(10) $\delta u^2\pm\lambda u+\delta\lambda^3+\alpha_1+\alpha_2\lambda+\alpha_3\lambda^2$;

(11) $\delta u^3\pm\lambda u+\varepsilon\lambda^2+\alpha_1+\alpha_2 u+\alpha_3 u^2$;

(12) $\delta u^4+\varepsilon\lambda+\alpha_1 u+\alpha_2 u^2+\alpha_3 u^3$;

(13) $\delta u+\varepsilon\lambda^5+\alpha_1+\alpha_2\lambda+\alpha_3\lambda^2+\alpha_4\lambda^3$;

(14) $\delta u^2\pm\lambda u+\varepsilon\lambda^4+\alpha_1+\alpha_2\lambda+\alpha_3\lambda^2+\alpha_4 u$;

(15) $\delta u^2\pm\lambda^2 u+\varepsilon\lambda^3+\alpha_1+\alpha_2\lambda+\alpha_3 u+\alpha_4 u\lambda$;

(16) $\delta u^3\pm\lambda u+\varepsilon\lambda^3+\alpha_1+\alpha_2\lambda+\alpha_3 u+\alpha_4 u^2$;

(17) $\delta u^3\pm\lambda u^2+\varepsilon\lambda^2+\alpha_1+\alpha_2\lambda+\alpha_3 u+\alpha_4 u\lambda$;

(18) $\delta u^4\pm\lambda u+\varepsilon\lambda^2+\alpha_1+\alpha_2 u+\alpha_3 u^2+\alpha_4 u^3$;

(19) $\delta u^5+\varepsilon\lambda+\alpha_1 u+\alpha_2 u^2+\alpha_3 u^3+\alpha_4 u^4$.

证明 由例2.5.10中的(a)得(1)—(7),(12),(13)和(19)类;(b)得(10),(11),(14)—(16)和(18)类;(c)得(8)类. 剩下(9)和(17)类的普适开折已分别含在引理2.6.3和2.6.4的证明中. □

习 题 二

2.1 证明命题2.2.1.

2.2 设 $g(x,\lambda)=x^5+x^3\lambda+\lambda^2$. 证明

$$\mathrm{RT}(g)=\mathscr{M}^6+\mathscr{M}^4\langle\lambda\rangle+\mathscr{M}\langle\lambda^2\rangle+\mathbb{R}\{x^5+\lambda x^3+\lambda^2,5x^5+3\lambda x^3\},$$

并计算 $\mathrm{T}(g)$ 和找出 g 的普适开折.

2.3 证明若 $g,h\in\mathscr{E}_{x,\lambda}$ 等价,则 $\operatorname{codim}\mathrm{RT}(g)=\operatorname{codim}\mathrm{RT}(h)$.

2.4 证明定理2.2.3(a)之逆:设理想 $\mathscr{J}\subset\mathscr{E}_{x\lambda}$ 余维有限,且满足 $\mathrm{RT}(p)\subset\mathscr{J}$,对$\forall\ p\in\mathscr{J}$. 则 $\mathscr{J}$ 是强内蕴的.

2.5 证明例2.3.11.

2.6 对 $\mathscr{E}_{x,\lambda}$ 中余维数≤4的单变量分岔问题进行分类.(提示:有三个新的余维四奇点,即 $\varepsilon x^5+\delta\lambda,\varepsilon x^5+\delta\lambda x,\varepsilon x^2+\delta\lambda^5$.)

2.7 证明命题2.5.4.

2.8 证明命题2.5.6.

2.9 设 $g\in\vec{\mathscr{E}}_{x,\lambda}(\mathbf{Z}_2)$ $\mathbf{Z}_2$等价于$(\varepsilon x^2+\delta\lambda^k)x,\varepsilon,\delta=\pm1$，且 G 是 g 的 $k-1$参数 $\mathbf{Z}_2$开折. 求 G 为 g 的普适 $\mathbf{Z}_2$开折的充要条件.

2.10 将引理2.6.3证明中待验证的练习答案补上([参见GL]).

第三章　群论方法

本章介绍的群论方法是对称性分岔理论研究的基本方法，它包括“几何”和“代数”两个方面.

几何方面的基本内容是紧 Lie 群的表示论. 我们先在§3.1中引进紧 Lie 群的概念，并着重讲述 Haar 积分，这是一类关于群作用的不变的积分. 再在§3.2中介绍群表示论，其中特别讲述 Peter-Weyl 定理，用它可推出我们取正交群的闭子群作为紧 Lie 群的合理性. 不可约表示在群表示论方法中占重要地位，我们将在§3.3中专门讲述，其中包括 Schur 和 Frobenius 的结果. 然后在§3.4中讲述刻画分岔问题对称性的迷向子群.

代数方面的基本内容是不变量理论，它可以将一个等变分岔问题约化成较规范的形式. 我们将在§3.5中通过一些实例介绍不变函数环和等变映射模的有限生成性质，并在§3.6中对§3.5中的一些基本结果给出证明.

§3.1　紧 Lie 群和 Haar 积分

本节通过一些实例介绍紧 Lie 群的概念. 紧 Lie 群的重要性质之一是其上存在着不变积分，即 Haar 积分. 本节将给出 Haar 积分的存在性及它的一些基本性质的证明.

3.1.1　紧 Lie 群的概念

在§1.1中我们曾把紧 Lie 群看作正交群 $\mathbf{O}(n)$ 的闭子群. 一般来讲，有下面的定义.

定义3.1.1　称集合 Γ 为Lie 群，指 Γ 既是可微流形又是群，并且群运算 $(\xi,\eta)\mapsto\xi\eta^{-1}:\Gamma\times\Gamma\to\Gamma$ 可微. 称 Lie 群 Γ 是紧的，指

作为可微流形Γ是紧的；称Γ是Abel的，指它的群运算交换.

例3.1.1 在§1.1中我们列举过一些紧Lie群，它们是正交群$\mathbf{O}(n)$及其闭子群，如特殊正交群$\mathbf{SO}(n)$，圆周群$\mathbf{S}^1\cong\mathbf{SO}(2)$，二面体群$\mathbf{D}_m$及循环群$\mathbf{Z}_m$等.

例3.1.2 任何有限群是紧Lie群，只要赋予它们离散拓扑.

例3.1.3 有限个紧Lie群的乘积仍是紧Lie群. 特别，n维环面$\mathbf{T}^n=\mathbf{S}^1\times\cdots\times\mathbf{S}^1$($n$次)为紧Lie群. 事实上，$\theta=(\theta_1,\cdots,\theta_n)\in\mathbf{T}^n$可等同于$\mathbf{GL}(2n)$中的对角块矩阵

$$\mathrm{diag}\{R_{\theta_1},\cdots,R_{\theta_n}\},$$

其中$R_{\theta_j}\in\mathbf{SO}(2)$为角度$\theta_j$的旋转(见例1.1.4(a)). 易见，$\mathbf{T}^n$还是Abel群.

例3.1.4 设Γ为紧Lie群，记Γ°为Γ的含单位元e的连通分支. 容易证明Γ°是Γ的正规闭子群，因而Γ°也是紧Lie群，且商群Γ/Γ°是有限群. 如

$$\mathbf{O}(n)^\circ=\mathbf{SO}(n).$$

例3.1.5 有时我们会遇到复的一般线性群

$$\mathbf{GL}(n,\mathbb{C})\equiv\mathbf{GL}(\mathbb{C}^n)$$

中的紧子群，如酉群

$$\mathbf{U}(n)=\{A\in\mathbf{GL}(n,\mathbb{C})\mid\overline{A}^TA=I_n\}$$

($\overline{A}$表示A的复共轭)及特殊酉群

$$\mathbf{SU}(n)=\{A\in\mathbf{U}(n)\mid\det A=1\}.$$

若在$\mathbb{R}^n(\mathbb{C}^n)$上引进内积

$$\langle x,y\rangle=\sum_{j=1}^n x_jy_j\qquad\left(\langle x,y\rangle=\sum_{j=1}^n x_j\overline{y}_j\right)\tag{1.1}$$

则$\mathbf{O}(n)(\mathbf{U}(n))$由$\mathbb{R}^n(\mathbb{C}^n)$上保持内积不变的线性变换组成.

最后，我们介绍重要的四元数及四元数群.

例3.1.6 先回忆四元数体. 四元数体$\mathbb{H}$是$\mathbb{R}$上由一组基$\{1,i,j,k\}$生成的代数，其中1是乘法单位元，i,j,k满足

$$\begin{aligned}&i^2=j^2=k^2=-1,\\&ij=-ji=k,\ jk=-kj=i,\ ki=-ik=j.\end{aligned}\tag{1.2}$$

$\mathbb{H}$ 中的元 x 可表成

$$x = x_0 + ix_1 + jx_2 + kx_3, \tag{1.3}$$

其中 x_0, x_1, x_2, x_3 均为实数(x_0前省略因子1). $\mathbb{H}$ 是环,其非零元关于乘法成群,因而$\mathbb{H}$ 是一个体. 称$\mathbb{H}$ 中元素 x 为**四元数**,并且定义其**共轭** $\bar{x}$ 和**模**$|x|$分别为

$$\bar{x} = x_0 - ix_1 - jx_2 - kx_3,$$

$$|x| = \sqrt{x\bar{x}} = \sqrt{x_0^2 + x_1^2 + x_2^2 + x_3^2}.$$

若 $x \neq 0$,则其逆 $x^{-1} = \bar{x}/|x|^2$.

易见映 $x = x_0 + ix_1 + jx_2 + kx_3 \in \mathbb{H}$ 为

$$\Psi(x) = \begin{pmatrix} x_0 & x_1 & x_2 & x_3 \\ -x_1 & x_0 & -x_3 & x_2 \\ -x_2 & x_3 & x_0 & -x_1 \\ -x_3 & -x_2 & x_1 & x_0 \end{pmatrix} \tag{1.4}$$

的映射是体同构$\mathbb{H} \to \{\Psi(x) \in \mathscr{L}(4) \mid x \in \mathbb{H}\}$. 进而,通过对应

$$1 \mapsto \begin{pmatrix} 1 & 0 \\ 0 & 1 \end{pmatrix}, \quad i \mapsto \begin{pmatrix} 0 & 1 \\ -1 & 0 \end{pmatrix}, \tag{1.5}$$

并且注意到四元数(1.3)可表成

$$x = a + bj, \quad a = x_0 + ix_1, \quad b = x_2 + ix_3,$$

则由(1.4)可得对应

$$x = a + bj \mapsto \begin{pmatrix} a & b \\ -\bar{b} & \bar{a} \end{pmatrix}. \tag{1.6}$$

这是$\mathbb{H}$ 到

$$\left\{ \begin{pmatrix} a & b \\ -\bar{b} & \bar{a} \end{pmatrix} \in \mathscr{L}(2, \mathbb{C}) \mid a, b \in \mathbb{C} \right\}$$

的体同构.

称乘法群 $\{x \in \mathbb{H}; |x| = 1\}$ 为**四元数群**,易验证它同构于 $\mathbf{SU}(2)$.

3.1.2 Haar 积分

这一小节我们先介绍紧 Lie 群上 Haar 积分的概念和基本性

质，在下两小节中再给出证明.

设 $C(\Gamma)$ 为紧 Lie 群 Γ 上的连续实值函数的全体.

定义3.1.2 Γ 上的Haar **积分**是一个线性泛函 $\int_\Gamma : C(\Gamma)\to\mathbb{R}$，$\varphi \mapsto \int_\Gamma \varphi$（或记为 $\int_\Gamma \varphi\, d\gamma$，$\int_{\gamma\in\Gamma}\varphi(\gamma)d\gamma$），即

(i)（线性）$\int_\Gamma(\lambda\varphi+\mu\psi)=\lambda\int_\Gamma\varphi+\mu\int_\Gamma\psi$，对一切 $\varphi,\psi\in C(\Gamma)$ 及 $\lambda,\mu\in\mathbb{R}$ 成立.

并且还满足

(ii)（非负性） 若 $\varphi(\gamma)\geqslant 0$，$\forall\,\gamma\in\Gamma$，则 $\int_\Gamma\varphi\geqslant 0$.

(iii)（右不变性） $\int_{\gamma\in\Gamma}\varphi(\gamma\xi)d\gamma=\int_{\gamma\in\Gamma}\varphi(\gamma)d\gamma$，$\forall\,\xi\in\Gamma$.

(iv)（规范性） $\int_\Gamma 1=1$，这里积分号中为常值1函数.

定理3.1.7 设 Γ 为紧 Lie 群. 则 Γ 上存在唯一的 Haar 积分 $\int_\Gamma : C(\Gamma)\to\mathbb{R}$. 而且它还满足

(v)（正性） 若 φ 非零且 $\varphi(\gamma)\geqslant 0$，$\forall\,\gamma\in\Gamma$，则 $\int_\Gamma\varphi>0$.

(vi)（左不变性） $\int_{\gamma\in\Gamma}\varphi(\xi\gamma)d\gamma=\int_{\gamma\in\Gamma}\varphi(\gamma)d\gamma$，$\forall\,\xi\in\Gamma$.

(vii)（逆不变性） $\int_{\gamma\in\Gamma}\varphi(\gamma)d\gamma=\int_{\gamma\in\Gamma}\varphi(\gamma^{-1})d\gamma$.

注3.1.8 (a) 对于紧 Lie 群 Γ，取 $C(\Gamma)$ 中元 φ 的范数 $\|\varphi\|=\sup\limits_{\gamma\in\Gamma}|\varphi(\gamma)|$ 可使 $C(\Gamma)$ 成为 Banach 空间，而 Haar 积分为 $C(\Gamma)$ 上的有界线性泛函.

(b) Haar 积分可以自然推广到连续映射 $C(\Gamma;\mathbb{R}^m)$ 上：

$$\int_\Gamma\varphi=\left(\int_\Gamma\varphi_1,\cdots,\int_\Gamma\varphi_m\right),\quad \forall\,\varphi=(\varphi_1,\cdots,\varphi_m)\in C(\Gamma;\mathbb{R}^m).$$

(c) Haar 积分还可以推广到连续复值函数上

$$\int_\Gamma\varphi=\int_\Gamma\mathrm{Re}\varphi+i\int_\Gamma\mathrm{Im}\varphi,\quad \forall\,\varphi\in C(\Gamma;\mathbb{C}).$$

(d) 有限群 Γ 上的 Haar 积分为

$$\int_{\Gamma}\varphi = |\Gamma|^{-1}\sum_{\gamma\in\Gamma}\varphi(\gamma), \tag{1.7}$$

其中$|\Gamma|$是Γ的阶(即Γ的元素个数).

例3.1.9 $\Gamma=\mathbf{SO}(2)$上的 Haar 积分为

$$\int_{\Gamma}\varphi = \frac{1}{2\pi}\int_0^{2\pi}\varphi(R_\theta)d\theta. \tag{1.8}$$

3.1.3 紧群上连续函数的平均值

紧群是指具有群结构的紧拓扑空间,并且群运算连续. 本小节我们讨论紧群上连续函数的平均值问题,在下一小节中再证明这样的平均值就是 Haar 积分. 由此得到紧群上 Haar 积分的存在定理,而定理3.1.7则可作为这个结论的特例成立.

在注3.1.8(d)中,我们已见到在有限群上函数的 Haar 积分就是该函数的平均值. 为在紧群上引进适当的函数平均值的概念,我们先做一些预备工作.

定义3.1.3 设Γ是紧群. 称子集$\mathscr{H}\subset C(\Gamma)$**一致有界**,指存在$M,m\in\mathbb{R}$使$m\leqslant\varphi(\xi)\leqslant M$, $\forall\varphi\in\mathscr{H},\xi\in\Gamma$;称$\mathscr{H}$**等度连续**,指对任意$\varepsilon>0$,存在单位元$e\in\Gamma$的邻域U使当$\xi,\eta\in\Gamma,\xi\eta^{-1}\in U$时,

$$|\varphi(\xi)-\varphi(\eta)|<\varepsilon, \qquad \forall\varphi\in\mathscr{H}.$$

命题3.1.10(Ascoli) 设Γ为紧群. 若$\mathscr{H}\subset C(\Gamma)$等度连续且一致有界,则$\mathscr{H}$中的每个无穷序列有收敛子列. □

这是经典的 Ascoli 定理(也称 Ascoli-Arzela 定理)的一个特殊情形,该定理的证明可在几乎所有的泛函分析书中找到,例如[ZL].

设$\varphi\in C(\Gamma)$,记

$$M_\varphi=\sup_{\xi\in\Gamma}\varphi(\xi), \qquad m_\varphi=\inf_{\xi\in\Gamma}\varphi(\xi),$$

并称$a(\varphi)=M_\varphi-m_\varphi$为$\varphi$的**振幅**. 对于$\Gamma$中的有限序列$A=\{\alpha_j\}_{j=1}^k\subset\Gamma$,记

$$h(A,\varphi)(\xi)=\frac{1}{k}\sum_{j=1}^k\varphi(\xi\alpha_j), \quad \xi\in\Gamma. \tag{1.9}$$

则 $h(\mathrm{A},\varphi)\in \mathrm{C}(\Gamma)$，并且

$$m_\varphi \leqslant h(\mathrm{A},\varphi)(\xi) \leqslant M_\varphi, \quad \forall\, \xi \in \Gamma. \tag{1.10}$$

考虑 $\mathrm{C}(\Gamma)$ 的子集

$$\mathscr{H}_\varphi = \{h(\mathrm{A},\varphi) \in \mathrm{C}(\Gamma) \mid \mathrm{A} \subset \Gamma \text{ 是有限序列}\}.$$

我们将证明在 $\mathscr{H}_\varphi \subset \mathrm{C}(\Gamma)$ 中存在振幅趋于零的收敛子列，其极限函数即为 φ 的 Haar 积分.

由(1.9)式易见，对有限序列 $\mathrm{A}=\{\alpha_i\}_{i=1}^n$，$\mathrm{B}=\{\beta_j\}_{j=1}^m \subset \Gamma$，

$$h(\mathrm{B},h(\mathrm{A},\varphi)) = h(\mathrm{BA},\varphi), \tag{1.11}$$

其中 $\mathrm{BA}=\{\beta_j\alpha_i\}_{1\leqslant i\leqslant n,1\leqslant j\leqslant m}$.

引理3.1.11 设 $\varphi \in \mathrm{C}(\Gamma)$. 则存在常数 $C\in\mathbb{R}$，使对任意 $\varepsilon>0$，有 Γ 中的有限序列 A 满足

$$|h(\mathrm{A},\varphi)(\xi) - C| < \varepsilon, \qquad \forall\, \xi \in \Gamma.$$

证明 先证 $\mathscr{H}_\varphi$ 等度连续. 因 Γ 紧，故 $\varphi \in \mathrm{C}(\Gamma)$ 一致连续，即任给 $\varepsilon>0$，存在 $e\in\Gamma$ 的邻域 V，使得当 $\xi,\eta\in\Gamma$ 满足 $\xi\eta^{-1}\in \mathrm{V}$ 时，$|\varphi(\xi)-\varphi(\eta)|<\varepsilon$. 于是对 Γ 中的有限序列 $\mathrm{A}=\{\alpha_j\}_{j=1}^k$，由 $(\xi\alpha_j)\times(\eta\alpha_j)^{-1}=\xi\eta^{-1}\in \mathrm{V}$ 知 $|\varphi(\xi\alpha_j)-\varphi(\eta\alpha_j)|<\varepsilon$，进而，

$$|h(\mathrm{A},\varphi)(\xi) - h(\mathrm{A},\varphi)(\eta)| \leqslant \frac{1}{k}\sum_{j=1}^{k}|\varphi(\xi\alpha_j) - \varphi(\eta\alpha_j)| < \varepsilon.$$

故 $\mathscr{H}_\varphi$ 是等度连续的.

$\mathscr{H}_\varphi$ 是一致有界的，这是因为对 Γ 中有限序列 A，总有(1.10)式. 记 $\delta=\inf\{a(g)\mid g\in\mathscr{H}_\varphi\}$. 取 $\{\varphi_i\}\subset\mathscr{H}_\varphi$ 使 $a(\varphi_i)\to\delta$. 由命题3.1.10，$\{\varphi_i\}$ 有收敛子列 $\{\psi_i\}$，设 $\psi_i\to\psi\in \mathrm{C}(\Gamma)$.

断言 ψ 是常值函数.

证明 若不然，则 $m_\psi<M_\psi$，因而有开集 $\mathrm{U}\in\Gamma$ 使 $\psi(\xi)\leqslant M<M_\psi$，$\forall\,\xi\in \mathrm{U}$. 由 Γ 紧知 Γ 的开覆盖 $\{\mathrm{U}\beta^{-1}\mid\beta\in\Gamma\}$ 中存在有限子覆盖 $\{\mathrm{U}\beta_j^{-1}\}_{j=1}^l$，记 $\mathrm{B}=\{\beta_j\}_{j=1}^l$. 设 $\xi\in\Gamma$. 若 $\xi\in \mathrm{U}\beta_j^{-1}$，则 $\psi(\xi\beta_j)\leqslant M<M_\psi$. 因此 $m_\psi\leqslant h(B,\psi)(\xi)<M_\psi$，$a(h(\mathrm{B},\psi))=\delta'<\delta$. 因 $\psi_i\to\psi$，故存在正整数 p 使

$$|\psi_p(\xi) - \psi(\xi)| < (\delta - \delta')/3, \quad \forall\, \xi \in \Gamma.$$

于是

$$|h(\mathrm{B},\psi)(\xi) - h(\mathrm{B},\psi_p)(\xi)|$$
$$\leqslant \frac{1}{l}\sum_{j=1}^{l}|\psi(\xi\beta_j) - \psi_p(\xi\beta_j)| < (\delta - \delta')/3.$$

因而 $a(h(\mathrm{B},\psi_p))\leqslant\delta'+2(\delta-\delta')/3<\delta$. 但这与 δ 的定义矛盾，因由(1.11)，$h(\mathrm{B},\psi_p)\in\mathscr{H}_\varphi$. 本断言得证.

设 $\psi\equiv C$，则常数 $C\in\mathbb{R}$ 满足本引理的要求. □

对于 $\varphi\in\mathrm{C}(\Gamma)$ 及 Γ 中的有限序列 $\mathrm{B}=\{\beta_j\}_{j=1}^{l}$，可仿(1.9)式类似地定义

$$h'(\mathrm{B},\varphi)(\xi) = \frac{1}{l}\sum_{j=1}^{l}\varphi(\beta_j\xi) \quad , \quad \forall\,\xi\in\Gamma.$$

容易证明

$$m_\varphi \leqslant h'(\beta,\varphi)(\xi) \leqslant M_\varphi\ ,\ \forall\,\xi\in\Gamma, \tag{1.12}$$

且对 Γ 中的有限序列 A 和 B

$$h'(\mathrm{B},h(\mathrm{A},\varphi)) = h(\mathrm{A},h'(\mathrm{B},\varphi)). \tag{1.13}$$

另外，Γ 关于运算 $(\xi,\eta)\mapsto\eta\xi$ 成为群，记为 Γ'. 由 Γ 是紧群易知 Γ' 也是紧群，而且关于 Γ 的函数 $h'(\mathrm{B},\varphi)$ 恰为关于 Γ' 的函数 $h(\mathrm{B},\varphi)$，对后者应用引理3.1.11得到

引理3.1.12 设 $\varphi\in\mathrm{C}(\Gamma)$，则存在常数 $C'\in\mathbb{R}$，使对任意 $\varepsilon>0$，有 Γ 中的有限序列 B 满足

$$|h'(\mathrm{B},\varphi)(\xi) - C'| < \varepsilon, \qquad \forall\,\xi\in\Gamma.$$ □

称引理3.1.11和引理3.1.12中的常数 C 和 C' 分别为 φ 的**右平均值**和**左平均值**.

引理3.1.13 设 $\varphi\in\mathrm{C}(\Gamma)$. 则 φ 的右平均值和左平均值相等.

证明 设 C 和 C' 分别为 φ 的右平均值和左平均值，则对任意 $\varepsilon>0$，存在 Γ 中有限序列 A 和 B 满足

$$\left.\begin{aligned}&|h(\mathrm{A},\varphi)(\xi) - C| < \varepsilon,\\ &|h'(\mathrm{B},\varphi)(\xi) - C'| < \varepsilon.\end{aligned}\right\}\quad \forall\,\xi\in\Gamma.$$

因而利用(1.12)和(1.10)式，有

$$\left.\begin{aligned}&|h'(\mathrm{B},h(\mathrm{A},\varphi)(\xi) - C| < \varepsilon,\\ &|h(\mathrm{A},h'(\mathrm{B},\varphi))(\xi) - C'| < \varepsilon.\end{aligned}\right\}\quad \forall\,\xi\in\Gamma.$$

由(1.13)知，$|C-C'|<2\varepsilon$. 由 ε 的任意性，$C=C'$. □

引理3.1.11和引理3.1.12表明每个 $\varphi\in C(\Gamma)$都有左、右平均值. 而引理3.1.13表明 $\varphi\in C(\Gamma)$的左、右平均值相等，因而是唯一的. 因此对 $\varphi\in C(\Gamma)$，存在唯一的常数 $C\in\mathbb{R}$ 使得对任意 $\varepsilon>0$，有 Γ 中的有限序列 A 和 B 满足

$$\begin{aligned}|h(A,\varphi)(\xi)-C|&<\varepsilon,\\ |h'(B,\varphi)(\xi)-C|&<\varepsilon,\end{aligned}\qquad \forall\,\xi\in\Gamma.$$

称此常数 C 为 φ 的**平均值**，记作 C_φ.

3.1.4 Haar 积分定理的证明

设 Γ 是紧群，函数 $\int_\Gamma: C(\Gamma)\to\mathbb{R}$ 映 $\varphi\in C(\Gamma)$为 φ 的平均值 $\int_\Gamma\varphi=C_\varphi$. 下面的定理给出一般结果.

定理3.1.14 在紧群上存在唯一的 Haar 积分，它就是函数的平均值，且满足定理3.1.7中的三个条件.

我们通过一些引理来证明这个定理.

引理3.1.15 对 $\varphi\in C(\Gamma)$及 Γ 中的有限序列 A，

$$\int_\Gamma\varphi=\int_\Gamma h(A,\varphi).$$

证明 对任意 $\varepsilon>0$，存在 Γ 中的有限序列 B 使

$$\left|h'(B,\varphi)(\xi)-\int_\Gamma\varphi\right|<\varepsilon,\quad\forall\,\xi\in\Gamma.$$

故对每一 $\xi\in\Gamma$，

$$\begin{aligned}\int_\Gamma\varphi-\varepsilon&<m_{h'(B,\varphi)}\leqslant h(A,h'(B,\varphi))(\xi)\\ &\leqslant M_{h'(B,\varphi)}<\int_\Gamma\varphi+\varepsilon,\end{aligned}$$

即

$$\left|h(A,h'(B,\varphi))(\xi)-\int_\Gamma\varphi\right|<\varepsilon,$$

从而

$$\left|h'(\mathrm{B},h(\mathrm{A},\varphi))(\xi)-\int_{\Gamma}\varphi\right|<\varepsilon.$$

因此 $\int_{\Gamma}\varphi$ 是 $h(\mathrm{A},\varphi)$ 的左平均值，$\int_{\Gamma}h(\mathrm{A},\varphi)=\int_{\Gamma}\varphi$. □

引理3.1.16 对 $\varphi,\psi\in C(\Gamma)$，$\int_{\Gamma}(\varphi+\psi)=\int_{\Gamma}\varphi+\int_{\Gamma}\psi$.

证明 对任意 $\varepsilon>0$，存在 Γ 中有限序列 B 使

$$\left|h(\mathrm{B},\psi)(\xi)-\int_{\Gamma}\psi\right|<\varepsilon,\quad\forall\,\xi\in\Gamma.$$

由引理3.1.15知存在 Γ 中有限序列 A 使

$$\left|h(\mathrm{A},h(\mathrm{B},\varphi))(\xi)-\int_{\Gamma}\varphi\right|<\varepsilon,\quad\forall\,\xi\in\Gamma,$$

故由(1.11)，

$$\left|h(\mathrm{AB},\varphi)(\xi)-\int_{\Gamma}\varphi\right|<\varepsilon,\quad\forall\,\xi\in\Gamma.$$

另一方面，

$$\int_{\Gamma}\psi-\varepsilon<m_{h(\mathrm{B},\psi)}\leqslant h(\mathrm{A},h(\mathrm{B},\psi))(\xi)$$

$$\leqslant M_{h(\mathrm{B},\psi)}<\int_{\Gamma}\psi+\varepsilon,\quad\forall\,\xi\in\Gamma,$$

故

$$\left|h(\mathrm{AB},\psi)(\xi)-\int_{\Gamma}\psi\right|<\varepsilon,\ \forall\,\xi\in\Gamma.$$

因而

$$\left|h(\mathrm{AB},\varphi+\psi)(\xi)-\int_{\Gamma}\varphi-\int_{\Gamma}\psi\right|$$

$$=\left|h(\mathrm{AB},\varphi)(\xi)+h(\mathrm{AB},\psi)(\xi)-\int_{\Gamma}\varphi-\int_{\Gamma}\psi\right|<2\varepsilon.$$

由 ε 的任意性知 $\int_{\Gamma}(\varphi+\psi)=\int_{\Gamma}\varphi+\int_{\Gamma}\psi$. □

定理3.1.14的证明 对 $\varphi\in C(\Gamma)$，$\lambda\in\mathbb{R}$ 及 Γ 中的有限序列 A，易见 $h(\mathrm{A},\lambda\varphi)=\lambda h(\mathrm{A},\varphi)$，故 $\int_{\Gamma}\lambda\varphi=\lambda\int_{\Gamma}\varphi$，再由引理3.1.16知 $\int_{\Gamma}$ 是线性的. 另外，因

$$h(A,\varphi)(\gamma\xi)=h(\xi A,\varphi)(\gamma),\qquad \forall\, \gamma,\xi\in\Gamma,$$

故 $\int_\Gamma$ 是右不变的. $\int_\Gamma$ 的非负性与规范性由定义是显然的. 因而 $\int_\Gamma$ 是 Γ 上的 Haar 积分.

现证唯一性. 设函数 $\int_\Gamma^*:C(\Gamma)\to\mathbb{R}$ 满足 Haar 积分定义中的(i)—(iv),则对 $\varphi\in C(\Gamma)$ 及任给的 $\varepsilon>0$,存在 Γ 中有限序列 A 使

$$\left|h(A,\varphi)(\xi)-\int_\Gamma\varphi\right|<\varepsilon,\qquad \forall\, \xi\in\Gamma.$$

由线性及右不变性知 $\int_\Gamma^* h(A,\varphi)=\int_\Gamma^*\varphi$. 又由线性及规范性知 $\int_\Gamma^*\int_\Gamma\varphi=\int_\Gamma\varphi$. 再由非负性知 $\left|\int_\Gamma^*\varphi\right|\leqslant\int_\Gamma^*|\varphi|$. 从而

$$\begin{aligned}\left|\int_\Gamma^*\varphi-\int_\Gamma\varphi\right|&=\left|\int_\Gamma^* h(A,\varphi)-\int_\Gamma^*\int_\Gamma\varphi\right|\\&=\left|\int_\Gamma^*\left(h(A,\varphi)-\int_\Gamma\varphi\right)\right|\leqslant\int_\Gamma^*\left|h(A,\varphi)-\int_\Gamma\varphi\right|\leqslant\varepsilon,\end{aligned}$$

因此 $\int_\Gamma^*\varphi=\int_\Gamma\varphi$.

这样我们证明了紧群上的 Haar 积分不仅是存在的,而且是唯一的. 最后,我们证明上面构造的 $\int_\Gamma$ 还满足定理3.1.7中的(v)—(vii). 其中左不变性的证明类似于右不变性的证明,只要证正性和逆不变性.

若 $\varphi\in C(\Gamma)$ 满足 $\varphi(\xi)\geqslant 0(\forall\, \xi\in\Gamma)$ 且 $\varphi\neq 0$,则存在 $\delta>0$ 及开集 $U\subset\Gamma$ 使得 $\varphi(\xi)\geqslant\delta$, $\forall\, \xi\in U$. 因 Γ 紧,故存在 Γ 中的有限序列 $A=\{\alpha_j\}_{j=1}^k$ 使 $\{U\alpha_j^{-1}\}_{j=1}^k$ 覆盖 Γ. 易见 $h(A,\varphi)(\xi)\geqslant\delta/k$, $\forall\, \xi\in\Gamma$,从而由引理3.1.15知

$$\int_\Gamma\varphi=\int_\Gamma h(A,\varphi)\geqslant\delta/k.$$

于是 $\int_\Gamma$ 具有正性.

定义 $\int_\Gamma^*:C(\Gamma)\to\mathbb{R}$ 为 $\int_\Gamma^*\varphi=\int_{\gamma\in\Gamma}\varphi(\gamma^{-1})d\gamma$. 易见 $\int_\Gamma^*$ 满足 Haar 积分定义中的(i),(ii)和(iv). 对 $\xi\in\Gamma$,

$$\int_{\gamma\in\Gamma}^{*}\varphi(\gamma\xi)d\gamma=\int_{\gamma\in\Gamma}\varphi(\gamma^{-1}\xi)d\gamma$$
$$=\int_{\gamma\in\Gamma}\varphi(((\xi^{-1}\gamma)^{-1})d\gamma$$
$$=\int_{\gamma\in\Gamma}\varphi(\gamma^{-1})d\gamma$$
$$=\int_{\gamma\in\Gamma}^{*}\varphi(\gamma)d\gamma.$$

故 $\int_{\Gamma}^{*}$ 是右不变的. 由唯一性知 $\int_{\Gamma}^{*}=\int_{\Gamma}$,从而逆不变性得证. □

定理3.1.7的证明 这是定理3.1.14的推论. □

§3.2 群表示论

对称性分岔理论是建立在紧 Lie 群表示论的基础之上的. 本节我们先引进 Lie 群的线性表示或作用的概念,并着重介绍不可约表示;然后介绍作为紧 Lie 群表示论基础的 Perter-Weyl 定理及其重要应用,在本节最后我们给出该定理的证明.

3.2.1 群表示和作用

定义3.2.1 Lie 群 Γ 在 Banach 空间 V 上的(线性)表示是指一个映 Γ 到 $\mathbf{GL}(V)$中的同态

$$\rho:\Gamma\to\mathbf{GL}(V),\tag{2.1}$$

使得

$$(\gamma,x)\mapsto\rho(\gamma)x\ :\ \Gamma\times V\to V\tag{2.2}$$

连续. 此时称映射(2.2)为 Γ 在 V 上的一个作用.

对每个 $\gamma\in\Gamma$ 及 $x\in V$,记 $\gamma\cdot x=\rho(\gamma)x$,则据定义有:

(i) 对每个 $\gamma\in\Gamma$, $x\mapsto\gamma\cdot x:V\to V$ 是线性的.

(ii) $\gamma_1\cdot(\gamma_2\cdot x)=(\gamma_1\gamma_2)\cdot x$, $\forall\ \gamma_1,\gamma_2\in\Gamma$, $x\in\Gamma$.

(iii) $e\cdot x=x$, $\forall\ x\in V$, 这里 $e\in\Gamma$ 是单位元.

设 $V=\mathbb{R}^n$, $e_1,\cdots,e_n$ 是 V 的一组基. 则紧 Lie 群 Γ 在 V 上的

表示对应于一个矩阵表示 $\rho:\Gamma\to\mathbf{GL}(n)$, $\rho(\gamma)=(\rho_{ij}(\gamma))$, $\rho_{ij}\in C(\Gamma)$满足

$$\rho_{ij}(\gamma)=\langle\rho(\gamma)e_i,e_j\rangle, \tag{2.3}$$

这里$\langle\ ,\ \rangle$为$\mathbb{R}^n$上的内积,满足:对 $x=\sum x_ie_i$ 和 $y=\sum y_ie_i$, $\langle x,y\rangle=\sum x_iy_i$.

定义3.2.2 称 ρ 是正交的或 Γ 正交作用于 V 上,指 $\rho(\gamma)\in\mathbf{O}(n)$, $\forall\ \gamma\in\Gamma$.

例3.2.1 在§1.1中,我们已看到正交群 $\mathbf{O}(n)$及其闭子群可标准作用于$\mathbb{R}^n$上,特别是 $\mathbf{O}(2)$及其闭子群 $\mathbf{S}^1$, $\mathbf{Z}_m$ 和 $\mathbf{D}_m$ 作用于$\mathbb{C}\cong\mathbb{R}^2$上.

这里我们指出,同一个群可作用于不同的空间上.

例3.2.2 闭子群 $\Gamma\subset\mathbf{O}(n)$作用于 $n\times n$ 矩阵空间 $\mathscr{L}(n)$上:

$$\gamma\cdot A=\gamma A\gamma^{-1},\qquad \forall\ \gamma\in\Gamma, A\in\mathscr{L}(n). \tag{2.4}$$

定义3.2.3 设 ρ 为 Lie 群 Γ 在 Banach 空间 V 上的表示. 称 V 的子空间 W 是 Γ 不变的,指 $\gamma W\subset W$, $\forall\ \gamma\in\Gamma$.

若 $W\subset V$ 是 Γ 不变的,则此时,表示 ρ 可限制在 W 上成为 Γ 在 W 上的表示,记为 $\rho|W$. 下面我们将指出,若 Γ 是紧 Lie 群, V 是内积空间,则 V 可分解为 Γ 不变子空间的直和.

定义3.2.4 设 V 是内积空间, Lie 群 Γ 作用于 V 上. 称 V 上的内积$\langle\ ,\ \rangle$是 Γ 不变的,指对任意 $x,y\in V$ 及 $\gamma\in\Gamma$,

$$\langle\gamma x,\gamma y\rangle=\langle x,y\rangle, \tag{2.5}$$

并且我们把由不变内积决定的度量 $d(x,y)=\langle x-y,x-y\rangle^{1/2}$, $\forall\ x,y\in V$,称为 Γ 不变度量.

定理3.2.3 设紧 Lie 群 Γ 作用于内积空间$(V,\langle\ ,\ \rangle)$上,则 V 上存在与$\langle\ ,\ \rangle$等价的 Γ 不变内积.

证明 设 $\int_\Gamma$ 为 Γ 上的 Haar 积分,定义$\langle\ ,\ \rangle_\Gamma: V\times V\to\mathbb{R}$ 为

$$\langle x,y\rangle_\Gamma=\int_\Gamma\langle\gamma\cdot x,\gamma\cdot y\rangle d\gamma,\qquad x,y\in V. \tag{2.6}$$

易证$\langle\ ,\ \rangle_\Gamma$ 是 V 上的内积,且

$$\langle \xi \cdot x, \xi \cdot y \rangle_\Gamma = \int_\Gamma \langle \gamma \cdot \xi \cdot x, \gamma \cdot \xi \cdot y \rangle d\gamma$$

$$= \int_\Gamma \langle \gamma \cdot x, \gamma \cdot y \rangle d\gamma$$

$$= \langle x, y \rangle_\Gamma, \qquad x, y \in V, \xi \in \Gamma,$$

故$\langle\ ,\ \rangle_\Gamma$是$\Gamma$不变的. 由于

$$\|x\|_\Gamma^2 = \langle x, x \rangle_\Gamma = \int_\Gamma \langle \gamma \cdot x, \gamma \cdot x \rangle d\gamma$$

$$= \int_\Gamma \|\gamma \cdot x\|^2 d\gamma,$$

而从不等式

$$\|\rho(\gamma^{-1})\|^{-1}\|x\| \leqslant \|\gamma \cdot x\| \leqslant \|\rho(\gamma)\|\|x\|.$$

各项平方后再对γ作 Haar 积分,可得到正数m和M使

$$m\|x\| \leqslant \|x\|_\Gamma \leqslant M\|x\|.$$

因此$\langle\ ,\ \rangle_\Gamma$与$\langle\ ,\ \rangle$等价. □

设 V 有Γ不变内积$\langle\ ,\ \rangle$. 对于 V 的Γ不变子空间 W,记

$$W^\perp = \{y \in V \mid \langle x, y \rangle = 0, \ \forall\ x \in W\}, \qquad (2.7)$$

则容易验证,$W^\perp$也是 V 的Γ不变子空间.

命题3.2.4 设紧 Lie 群Γ作用于 Hilbert 空间 V 上,$W \subset V$是Γ不变的闭子空间,则存在 W 的Γ不变的补空间W_1,

$$V = W \oplus W_1.$$

证明 设$\langle\ ,\ \rangle_\Gamma$是 V 上与原有内积等价的$\Gamma$不变内积,因而$(V, \langle\ ,\ \rangle_\Gamma)$是 Hilbert 空间,W 是 V 的闭子空间. 在此内积下取Γ不变子空间$W_1 = W^\perp$,则由 Hilbert 空间的熟知结果(如见[ZL]),知$V = W \oplus W_1$. □

特别,当 V 是有限维空间时,命题3.2.4总成立.

按命题3.2.4,每个$x \in V$可唯一表成$x = y + z$, $y \in W$, $z \in W^\perp$. 记$\pi(x) = y$. 称$\pi: V \to V$为 V 到Γ不变子空间 W 上的**正交投射**. 易见π与Γ的作用交换

$$\pi(\gamma \cdot x) = \gamma \cdot \pi(x), \qquad \forall\ x \in V, \gamma \in \Gamma. \qquad (2.8)$$

定义3.2.5 称 Lie 群Γ在空间V_1与V_2上的表示ρ_1与ρ_2**等**

价，指存在线性同构 $A:V_1\to V_2$ 使

$$\rho_2(\gamma)=A\rho_1(\gamma)A^{-1},\quad \forall\gamma\in\Gamma;\tag{2.9}$$

否则，称 ρ_1 与 ρ_2 不等价.

下述命题表明紧 Lie 群在有限维空间上的表示总等价于一个正交表示.

命题3.2.5 设 $\rho:\Gamma\to\mathbf{GL}(n)$ 为紧 Lie 群 Γ 在 $\mathbb{R}^n$ 上的表示，则 ρ 与一正交表示等价.

证明 取 $\mathbb{R}^n$ 上的 Γ 不变内积 $\langle\ ,\ \rangle_\Gamma$ 即得. □

下面例子表明，正交表示也不是唯一的.

例3.2.6 $\mathbf{O}(2)$ 群由 θ 和 κ 生成（见例1.1.5），它对角作用在 $\mathbb{C}^2$ 上为

$$\begin{aligned}\theta\cdot(z_1,z_2)&=(e^{i\theta}z_1,e^{i\theta}z_2),\\ \kappa\cdot(z_1,z_2)&=(\bar{z}_1,\bar{z}_2).\end{aligned}\tag{2.10}$$

作线性变换 $A:\mathbb{C}^2\to\mathbb{C}^2$，

$$A(z_1,z_2)=(z_2+\bar{z}_1,iz_2-i\bar{z}_1).$$

由于

$$\begin{aligned}\theta\cdot A(z_1,z_2)&=A(e^{-i\theta}z_1,e^{i\theta}z_2),\\ \kappa\cdot A(z_1,z_2)&=A(z_2,z_1),\end{aligned}$$

作用(2.10)与下面的作用等价：

$$\begin{aligned}\theta\cdot(z_1,z_2)&=(e^{-i\theta}z_1,e^{i\theta}z_2),\\ \kappa\cdot(z_1,z_2)&=(z_2,z_1).\end{aligned}$$

定义3.2.6 对于群 Γ 在有限维空间 V 上的表示 ρ，ρ 的维数是指空间 V 的维数. 称连续函数 $\chi:\Gamma\to\mathbb{R}$，$\chi(\gamma)=\mathrm{tr}\rho(\gamma)$ 为 ρ 的特征标，这里 $\mathrm{tr}A$ 表示矩阵 A 的迹.

易见彼此等价的表示具有相同的维数和特征标. 如不另加说明，我们的群表示都是指有穷维的. 但我们指出，存在无穷维群表示.

例3.2.7 紧 Lie 群 Γ 在连续函数空间 $C(\Gamma)$ 上的左平移表示 L 和右平移表示 R 定义为

$$(L_\gamma\varphi)(\xi)=\varphi(\gamma^{-1}\xi),\qquad \forall\,\gamma\in\Gamma$$
$$(R_\gamma\varphi)(\xi)=\varphi(\xi\gamma),$$

当 Γ 是无限阶群时，L 和 R 是无穷维群表示.

需要指出的是，通常的群表示论是建立在复空间上的，如[BtD]. 但在分岔理论中，我们常考虑实空间上的群表示，虽然许多结果对复域情形也成立. 当二者有区别时我们再另加说明. 事实上，Γ 在实空间$\mathbb{R}^n$ 上的表示总可以**复化**成复空间$\mathbb{C}^n$ 上的表示，这只要记 $z=x+iy\in\mathbb{C}^n$，$x,y\in\mathbb{R}^n$，且对任意 $\gamma\in\Gamma$，命

$$\rho_\gamma(z)=\gamma z=\gamma x+i\gamma y,$$

则 ρ_γ 为$\mathbb{C}^n$ 上的表示.

3.2.2 不可约表示与 Perter-Weyl 定理

这里引进的不可约表示概念在下一节还要专门讨论，它在群表示论中占重要地位.

定义3.2.7 称 Lie 群 Γ 在空间 V 上的表示 ρ 是**不可约**的，指 V 没有非零的 Γ 不变真子空间，即 V 仅有的 Γ 不变子空间为 $\{0\}$和 V. 称 Γ 不变子空间 $W\subset V$ 是Γ **不可约**的，指 $\rho|W$ 是 Γ 的不可约表示.

易见，与不可约表示等价的表示仍是不可约，而且，若 Γ 的子群 Γ_0在 V 上的表示不可约，则 Γ 在 V 上的表示也不可约.

例3.2.8(a) 设 $m\geqslant 3$. 例3.2.1中 $\mathbf{Z}_m$ 在$\mathbb{R}^2$上的标准表示是不可约的，从而 $\mathbf{D}_m$，$\mathbf{S}^1$和 $\mathbf{O}(2)$在$\mathbb{R}^2\cong\mathbb{C}$ 上的表示也是不可约的.

(b) 2阶循环群 $\mathbf{Z}_2$是最简单的非平凡群. $\mathbf{Z}_2=\{I_2,R_\pi\}$在$\mathbb{R}^2$上的标准作用保持每条过原点的直线不变，因而不是不可约的. $\mathbf{Z}_2=\{1,-1\}$在直线$\mathbb{R}$ 上的作用，$1\cdot x=x$，$(-1)\cdot x=-x$，是不可约的. $\mathbf{Z}_2=\{I_2,\kappa\}$在$\mathbb{R}^2\cong\mathbb{C}$ 上的翻转作用，$I_2\cdot z=z$，$\kappa\cdot z=\bar{z}$，不是不可约的. 这说明同一个群的不同表示，其不约性也会变.

紧 Lie 群表示论的一个基本定理是下面的 Perter-Weyl 定理.

设 Γ 为紧 Lie 群，从 Γ 的每个不可约正交表示等价类中取一代表组成集合 Ω. 对每个 $\rho\in\Omega$ 记矩阵 $\rho(\gamma)=(\rho_{ij}(\gamma))$，得到 Γ 上

的函数族

$$\mathscr{F}=\{\rho_{ij}\in C(\Gamma)\mid(\rho_{ij})\in\Omega\}. \tag{2.11}$$

定理3.2.9(Perter-Weyl) 设 Γ 为紧 Lie 群，则由(2.11)给出的集合 $\mathscr{F}$ 张成的线性空间 span $\mathscr{F}$ 在 $C(\Gamma)$ 中稠密.

我们将在下一小节中给出该定理的证明. 虽然对每个空间 V 总存在把群 Γ 的每个元素都映为 V 上恒等变换的平凡表示，我们指出，由 Perter-Weyl 定理可知，紧 Lie 群总存在非平凡的不可约正交表示. 事实上这可作为命题3.2.5的推论.

命题3.2.10 设 Γ 为紧 Lie 群，$\gamma\in\Gamma\backslash\{e\}$. 则存在有限维空间 V 及 Γ 的不可约的正交表示 $\rho:\Gamma\to\mathbf{GL}(V)$ 使得 $\rho(\gamma)$ 不是 $\mathbf{GL}(V)$ 中的恒等元.

证明 因 $\gamma\neq e$，由 Урысон 引理，存在 $\varphi\in C(\Gamma)$ 使得 $\varphi(\gamma)\neq\varphi(e)$. 若对于 Γ 的每个不可约表示 $\rho:\Gamma\to\mathbf{GL}(V)$，$\rho(\gamma)=\rho(e)$，则由 Perter-Weyl 定理，$\varphi(\gamma)=\varphi(e)$，矛盾. 可见存在不可约表示 ρ 使 $\rho(\gamma)\neq I$. 利用命题3.2.5还可设 ρ 就是正交的. □

我们还有更强的结果. 称表示 $\rho:\Gamma\to\mathbf{GL}(V)$ 是**单一**的，指 ρ 是单同态. 易见单一表示映 Γ 中非单位元为 $\mathbf{GL}(V)$ 中的非恒等变换.

命题3.2.11 紧 Lie 群存在单一表示.

证明 设 Γ 是紧 Lie 群，$\gamma_1\in\Gamma\backslash\{e\}$. 由命题3.2.10，存在空间 V_1 及表示 $\rho_1:\Gamma\to\mathbf{GL}(V_1)$ 使 $\gamma_1\notin\mathscr{N}(\rho_1)=N_1$. 若 ρ_1 不是单一的，则有 $\gamma_2\in N_1\backslash\{e\}$，且存在表示 $\rho_2:\Gamma\to\mathbf{GL}(V_2)$ 使 $\gamma_2\notin\mathscr{N}(\rho_2)$. 于是表示 $\tilde{\rho}=\rho_1\times\rho_2:\Gamma\to\mathbf{GL}(V_1\times V_2)$ 满足 $\mathscr{N}(\tilde{\rho})=N_1\cap\mathscr{N}(\rho_2)=N_2$. 如此下去可得 $\Gamma\supsetneqq N_1\supsetneqq N_2\supsetneqq\cdots$. 因而由 Γ 是紧 Lie 群知，或者 $\dim N_{i+1}<\dim N_i$，或者 N_{i+1} 的连通分支个数小于 N_i 的连通分支个数. 而 Γ 是有穷维 Lie 群且只有有限个连通分支，所以上述过程经有限次可得空间 $V=V_1\times V_2\times\cdots\times V_k$ 及表示 $\rho=\rho_1\times\rho_2\times\cdots\times\rho_k:\Gamma\to\mathbf{GL}(V)$ 使 $\mathscr{N}(\rho)=\{e\}$，即 ρ 是单一的. □

注3.2.12 命题3.2.11证明中的每个 V_j 都是 Γ 不可约的.

3.2.3 Perter-Weyl 定理的证明

本小节中我们证明定理3.2.9,其中要用到 Hilbert 空间理论中的一些结果.

因 Haar 积分是 $C(\Gamma)$上的有界线性泛函(参见注3.1.8(a)),据 Riesz 表示定理(比如,参见[Ru]),存在 Γ 上的 Borel 测度 μ 使得当 $\varphi\in C(\Gamma)$时 $\int_\Gamma \varphi d\mu$ 为 φ 的 Haar 积分. 考虑 Γ 上平方可积函数空间 $L^2(\Gamma,\mu)$,这是一个 Hilbert 空间,其内积为

$$\langle\varphi,\psi\rangle=\int_\Gamma \varphi\cdot\psi d\mu. \tag{2.12}$$

设集合(2.11)张成的空间 $\mathrm{span}\mathscr{F}$在 $L^2(\Gamma,\mu)$中的闭包为 V,只要证明 $V=L^2(\Gamma,\mu)$. 若不然,$V^\perp\neq\{0\}$. 我们来推出矛盾.

首先,对 Γ 的任一不可约表示 $\rho=(\rho_{ij})$,由命题3.2.5,ρ 等价于 Ω 中一表示 $\tilde\rho=(\tilde\rho_{ij})$,$\tilde\rho_{ij}\in\mathscr{F}$,即有可逆矩阵 A 使 $\rho(v)=A\tilde\rho(\gamma)A^{-1}$. 从而 ρ_{ij}是$\{\tilde\rho_{kl}\}\subset\mathscr{F}$的线性组合,即$\{\rho_{ij}\}\subset\mathrm{span}\mathscr{F}$.

考虑 Γ 在 $L^2(\Gamma,\mu)$上的左平移表示 L(见例3.2.6). 注意到对 Γ 的任一有穷维表示 $\rho=(\rho_{ij})$,有

$$\rho_{ij}(\gamma\xi)=\sum_k\rho_{ik}(\gamma)\rho_{kj}(\xi). \tag{2.13}$$

故 $\mathrm{span}\,\mathscr{F}\subset C(\Gamma)$是 Γ(左平移)不变子空间. 由表示的连续性,V 是 Γ(左平移)不变的. 另一方面,由积分

$$\varphi\mapsto\int_\Gamma\varphi\,d\mu:L^2(\Gamma,\mu)\to\mathbb{R}$$

的连续性,内积(2.12)是 Γ(左不移)不变的,因而 $V^\perp$也是 Γ 不变的.

由假设 $V^\perp\neq\{0\}$,存在非零的 $\psi\in V^\perp$. 利用 Γ 与一有限维空间的局部同胚不难构造函数 $j_\epsilon\in C(\Gamma)$使 $\int_\Gamma j_\epsilon d\mu=1$,且 j_ϵ 的支集 $\mathrm{supp}\,j_\epsilon$ 含在单位元 e 的一个 $\varepsilon(>0)$邻域内(在上述局部同胚下),于是由

$$\psi_\epsilon(\xi)=\int_{\eta\in\Gamma}j_\epsilon(\eta)\psi(\eta^{-1}\xi)d\mu \tag{2.14}$$

给出 $\psi_\varepsilon\in C(\Gamma)$. 而由 $V^\perp$ 的定义及(2.13)知 $\psi_\varepsilon\in V^\perp$. 另外 $\psi_\varepsilon\to\psi$ $(\varepsilon\to 0)$. 经适当平移后可设 $\psi_\varepsilon(e)\neq 0$. 记

$$k_1(\xi)=\psi_\varepsilon(\xi)+\psi_\varepsilon(\xi^{-1}), \tag{2.15a}$$

$$k(\xi)=\int_{\eta\in\Gamma}k_1(\eta\xi\eta^{-1})d\eta. \tag{2.15b}$$

则易验证 $k\in V^\perp$, 且 $k(e)=2\psi_\varepsilon(e)\neq 0$. 又设

$$(K\varphi)(\xi)=\int_{\eta\in\Gamma}k(\xi^{-1}\eta)\varphi(\eta)d\eta,$$

则 K 是 $L^2(\Gamma,\mu)$ 到其自身的线性算子. 因 $k\in C(\Gamma)$, 利用 Ascoli 定理(命题3.1.10)可推知 K 是紧算子, 即 K 将有界集映为相对紧集(参见[ZL]). 而且由 k 的定义(2.15)知 K 是对称的, 即

$$\langle K\varphi_1,\varphi_2\rangle=\langle\varphi_1,K\varphi_2\rangle,\qquad\forall\ \varphi_1,\varphi_2\in L^2(\Gamma,\mu).$$

因此 K 是(非零的)Hilbert-Schmidt 算子, 存在 K 的实本征值 $\lambda\neq 0$, 及相应的有限维本征子空间 $V_\lambda\subset L^2(\Gamma,\mu)$(参见[ZL]). 对 $\varphi\in V_\lambda$ 及 $\gamma\in\Gamma$, 有

$$\begin{aligned}\lambda L_\gamma\varphi(\xi)=\lambda\varphi(\gamma^{-1}\xi)&=\int_\Gamma k((\gamma^{-1}\xi)^{-1}\eta)\varphi(\eta)d\eta\\&=\int_\Gamma k(\xi^{-1}\eta)\varphi(\gamma^{-1}\eta)d\eta\\&=(KL_\gamma\varphi)(\xi).\end{aligned}$$

故 $L_\gamma\varphi\in V_\lambda$. 这说明 V_λ 是 Γ 不变的. 于是存在 V_λ 的 Γ(左平移)不可约子空间 $W_\lambda\neq\{0\}$. 取 W_λ 的一组基 $e_1,\cdots,e_m$, 并设左平移表示限制在 W_λ 上为 $\rho=(\rho_{ij})$, 则 $\rho_{ij}\in V$ 满足

$$\rho_{ij}(\xi)=\int_{\eta\in\Gamma}e_i(\xi^{-1}\eta)e_j(\eta)d\eta$$

(参见(2.3)). 另一方面, 由 $k\in V^\perp$ 及(2.15)式知

$$\begin{aligned}0&=\int_\Gamma k(\xi)\rho_{ii}(\xi)\,d\xi\\&=\int_\Gamma\int_\Gamma k(\xi)e_i(\xi^{-1}\eta)e_i(\eta)d\eta d\xi\\&=\int_\Gamma\int_\Gamma k(\eta\xi^{-1})e_i(\xi)e_i(\eta)d\eta d\xi\end{aligned}$$

$$= \int_\Gamma \left(\int_\Gamma k(\eta^{-1}\xi) e_i(\eta) d\eta \right) e_i(\xi) d\xi$$

$$= \int_\Gamma K e_i(\xi) e_i(\xi) d\xi = \lambda \int_\Gamma |e_i(\xi)|^2 d\xi.$$

这与 $W_\lambda \neq \{0\}$矛盾. 因此 $V^\perp = \{0\}$,$L^2(\Gamma,\mu)=V$. □

§3.3 不可约性

不可约性在群表示论中占有重要地位. 本节中我们先讨论有关不可约子空间的一些性质,同时引进绝对不可约性的概念,并特别介绍 **SO**(3)和 **O**(3)的不可约表示. 然后介绍重要的 Frobenius 定理并给出证明. 最后研究等变线性映射的一些性质.

3.3.1 不可约子空间

设紧 Lie 群 Γ 作用在有限维欧氏空间 $V(=\mathbb{R}^n)$上. 下面定理表明 V 可分解成不可约子空间的直和.

定理3.3.1 设紧 Lie 群 Γ 作用在有限维欧氏空间 V 上,则存在 V 的 Γ 不可约子空间 $V_1,\cdots,V_k$ 使

$$V = V_1 \oplus \cdots \oplus V_k. \tag{3.1}$$

证明 不妨设 $V\neq\{0\}$. 若 V 不是 Γ 不可约的,则 V 有非零的 Γ 不变真子空间,取其中维数最小者 V_1,则 V_1是 Γ 不可约的. 由命题3.2.4,V_1有 Γ 不变的补空间 W_1. 若 W_1是 Γ 不可约的,则令 $V_2=W_1$,从而得到分解(3.1);若 W_1不是 Γ 不可约的,则重复上述过程,得到 Γ 不可约子空间 $V_2\subset W_1$及 Γ 不变子空间 $W_2\subset W_1$,满足 $W_1=V_2\oplus W_2$. 因 V 维数有限,故上述过程经有限步即得分解(3.1). □

分解(3.1)一般不是唯一的.

例3.3.2 设 I_2为2×2单位矩阵,群 $\Gamma=\{I_2,-I_2\}$标准作用在 $V=\mathbb{R}^2$上.

$$V_1 = \mathbb{R} \times \{0\},\ V_2 = \{0\} \times \mathbb{R},$$

$$V'_1 = \{(x,x) | x \in \mathbb{R}\},\ V'_2 = \{(x, -x) | x \in \mathbb{R}\}$$
是 Γ 不可约子空间，满足 $V=V_1\oplus V_2=V'_1\oplus V'_2$.

在下面推论3.3.6将给出分解(3.1)唯一性的条件.

定义3.3.1 设 Γ 作用在空间 V 上. 称 V 的两个 Γ 不变子空间 V_1，V_2是 Γ 同构的，若 Γ 限制在 V_1和 V_2上的作用是等价的.

引理3.3.3 设 $V=V_1\oplus\cdots\oplus V_s$，其中每个 V_j 是 Γ 不变子空间. 且设 $U\subset V$ 是 Γ 不可约子空间. 则 U 与某个 V_j 中的一个 Γ 不可约子空间 Γ 同构.

证明 若 $U\subset V_1$，则结论显然. 不妨设存在 $j>1$ 使 $U\not\subset V_1\oplus\cdots\oplus V_{j-1}$，但 $U\subset V_1\oplus\cdots\oplus V_j$. 由 U 的 Γ 不可约性知，$U\cap(V_1\oplus\cdots\oplus V_{j-1})=\{0\}$，从而对投射 $\pi: V_1\oplus\cdots\oplus V_j\to V_j$，$\pi|U: U\to\pi(U)$ 是 Γ 同构，可见 $\pi(U)\subset V_j$ 是 Γ 不可约子空间. □

定义3.3.2 设 $V_0\subset V$ 是 Γ 不可约子空间，记 W 为 V 中所有 Γ 同构于 V_0的 Γ 不变子空间的和，称 W 为 V 中含 V_0的同型分支.

显然同型分支是 Γ 不变的，且两个不同的同型分支仅交于零空间.

引理3.3.4 设紧 Lie 群 Γ 作用在空间 V 上，W 为 V 中含 Γ 不可约子空间 U 的同型分支. 则 W 可分解成有限个 Γ 同构于 U 的 Γ 不可约子空间的直和
$$W = U_1 \oplus \cdots \oplus U_l,$$
且 W 中任一 Γ 不可约子空间必 Γ 同构于 U.

证明 先取 $U_1=U$. 若 $W\neq U_1$，则 W 含一个异于 U_1但 Γ 同构于 U 的 Γ 不可约子空间 U_2，由 Γ 不可约性知 $U_1\cap U_2=\{0\}$. 若 $W\neq U_1\oplus U_2$，则 W 含一个异于 U_1、U_2但 Γ 同构于 U 的 Γ 不可约子空间 U_3，由引理3.3.3知 $U_3\not\subset U_1\oplus U_2$，再由 U_3的 Γ 不可约性，$U_3\cap(U_1\oplus U_2)=\{0\}$，从而得直和 $U_1\oplus U_2\oplus U_3\subset W$. 上述过程重复有限次后得 $W=U_1\oplus\cdots\oplus U_s$，每个 U_j Γ 同构于 U. 再由引理3.3.3知 W 中的 Γ 不可约子空间必 Γ 同构于某个 U_j，因而也 Γ 同构于 U. □

引理3.3.4中 W 的不可约子空间$\{U_j\}$的分解不唯一，但其个数 l 是确定的，称为同型分支 W 的**重数**.

定理3.3.5(同型分解定理) 设紧 Lie 群 Γ 作用在有限维欧氏空间 V 上. 则

(a) V 有有限个同型分支 $W_1,\cdots,W_m$，且 V 的每个 Γ 不可约子空间必含于某 W_j 中.

(b) 同一同型分支中的 Γ 不可约子空间彼此 Γ 同构.

(c) 不同的同型分支中的 Γ 不可约子空间不 Γ 同构.

(d) 若不计顺序，则 V 可以唯一分解为

$$V = W_1 \oplus \cdots \oplus W_m. \tag{3.2}$$

证明 由引理3.3.4知(b)和(c)成立.

不妨设分解(3.1)中前 m 个 $V_1,\cdots,V_m$ 彼此不 Γ 同构，而每个 $V_i(m<i\leqslant k)$与 $V_1,\cdots,V_m$ 之一 Γ 同构. 记 W_j 为含 V_j 的同型分支，$j=1,\cdots,m$. 则 V 为 $W_1,\cdots,W_m$ 之和，且由(c)知当 $i\neq j$ 时，$W_i\cap W_j=\{0\}$. 于是

$$V = W_1 \oplus \cdots \oplus W_m. \tag{3.3}$$

又由引理3.3.3知(a)成立.

分解(3.2)的唯一性是因若又有同型分解 $V=W'_1\oplus\cdots\oplus W'_{m'}$，则由(a)，每个(非零)$\Gamma$ 不可约子空间必同时含于某个 W_i 和某个 W'_j 中，由此推出 $W_i=W'_j$. 经有限步即可得出唯一性，(d)得证. □

推论3.3.6 设紧 Lie 群 Γ 作用在有限维欧氏空间 V 上，$V=V_1\oplus\cdots\oplus V_k$，$V_1,\cdots,V_k$是彼此不 Γ 同构的 Γ 不可约子空间. 则 V 的非零 Γ 不可约子空间只有 $V_1,\cdots,V_k$，且分解(3.1)在不计顺序时是唯一的. □

3.3.2 绝对不可约性

定义3.3.3 设Lie 群 Γ 作用于空间 V 上，$\mathscr{L}(V)$为 V 到其自身的(连续)线性变换的全体. 称 $A\in\mathscr{L}(V)$是Γ **等变**的，指 $\gamma\cdot Ax=A\gamma\cdot x$，$\forall\ \gamma\in\Gamma,x\in V$. 记 $\mathscr{L}_\Gamma(V)$为 $\mathscr{L}(V)$中 Γ 等变的线性变

换的全体. 称 Γ 在 V 上的作用(或表示)是**绝对不可约**的,意指 $\mathscr{L}_\Gamma(V)=\mathbb{R}\{I\}$,这里 I 是 V 上的恒等映射.

下述定理指出绝对不可约性蕴含不可约性.

定理3.3.7 设紧 Lie 群 Γ 作用在有限维空间 V 上. 若 Γ 的作用绝对不可约,则它不可约.

证明 设 Γ 的作用不是不可约的,则存在 V 的非零 Γ 不变真子空间 W 及其 Γ 不变补空间 W′,易见投射 $\pi: W\oplus W'\to V,\pi(V)=W$,是 Γ 等变的线性变换,但 $\pi\notin\mathbb{R}\{I\}$,这与 Γ 的作用绝对不可约矛盾. □

但是下面例子表明不可约作用不一定是绝对不可约的.

例3.3.8 $\Gamma_1=\mathbf{SO}(2)$ 和 $\Gamma_2=\mathbf{O}(2)$ 在 $\mathbb{R}^2$ 上的标准作用都是不可约的. 但

$$\mathscr{L}_{\Gamma_1}(\mathbb{R}^2)=\left\{\begin{pmatrix} a & b\\ -b & a\end{pmatrix}\middle|\ a,b\in\mathbb{R}\right\},$$

这是因为在

$$\begin{pmatrix} a & b\\ c & d\end{pmatrix}\begin{pmatrix} \cos\theta & -\sin\theta\\ \sin\theta & \cos\theta\end{pmatrix}=\begin{pmatrix} \cos\theta & -\sin\theta\\ \sin\theta & \cos\theta\end{pmatrix}\begin{pmatrix} a & b\\ c & d\end{pmatrix}$$

中取 $\theta=\pi/2$ 得 $a=d,b=-c$. 因而 Γ_1 的作用不是绝对不可约的. 由 $\Gamma_1\subset\Gamma_2$ 知 $\mathscr{L}_{\Gamma_2}(\mathbb{R}^2)\subset\mathscr{L}_{\Gamma_1}(\mathbb{R}^2)$. 再由

$$\begin{pmatrix} a & b\\ -b & a\end{pmatrix}\begin{pmatrix} 1 & 0\\ 0 & -1\end{pmatrix}=\begin{pmatrix} 1 & 0\\ 0 & -1\end{pmatrix}\begin{pmatrix} a & b\\ -b & a\end{pmatrix}$$

知 $b=0$,从而 $\mathscr{L}_{\Gamma_2}(\mathbb{R}^2)=\mathbb{R}\{I\}$, 故 Γ_2 的作用绝对不可约.

定义3.3.4 称一个 Γ 不可约子空间是 Γ **非绝对不可约**的,若指它不是绝对不可约的.

3.3.3 关于 SO(3)和 O(3)群的不可约表示

这里我们介绍在第六章要用到的 **SO**(3)和 **O**(3)的不可约表示. 先来看 **SO**(3)的表示,经典的结果表明,**SO**(3)的不可约表示可通过一类(球面)调和函数来实现.

设 $\mathscr{P}_k$ 为齐 k 次多项式 $p:\mathbb{R}^3\to\mathbb{R}$ 组成的空间,$\gamma\in\mathbf{SO}(3)$ 在

$\mathscr{P}_k$ 上的作用为左平移，即 $\gamma p(x)=p(\gamma^{-1}x)$. 记

$$V_k = \{p \in \mathscr{P}_k \mid \triangle p = 0\},\ \triangle = \Sigma_{j=1}^3 \partial^2/\partial x^2.$$

则当 $k=1$时显然 $V_1=\mathscr{P}_1$，因而 $\dim V_1=3$，且 $\mathbf{SO}(3)$对 V_1的作用与对$\mathbb{R}^3$的标准作用同构. 对于一般的 $k\geq 1$，有下面的结果.

命题3.3.9 (a) $\mathbf{SO}(3)$的每个不可约表示同构于某个 V_k.

(b) $\dim V_k=2k+1$.

(c) $\mathbf{SO}(3)$在 V_k 上的表示是绝对不可约的. □

命题3.3.9 的证明在一般的表示论书上都有，如[Bre]，或[GSS]. 该命题表明，对每一奇数$(2k+1)$维空间，$\mathbf{SO}(3)$(在同构意义下)恰有一不可约表示(且是绝对不可约的)，而对偶数维空间则无此表示.

注意到 $\mathbf{O}(3)$中的元可(唯一)表为 $\mathbf{SO}(3)$和 $\mathbf{Z}_2^c=\{\pm I\}$中的元的合成，对于 $\mathbf{O}(3)$的不可约表示 V，记

$$V_1 = \{p(x) \in V \mid -Ip(x) = p(x)\},$$
$$V_2 = \{p(x) \in V \mid -Ip(x) = -p(x)\}.$$

则易验证 $V=V_1\oplus V_2$. 但因 $\mathbf{SO}(3)$与 $\mathbf{Z}_2^c$交换，V_1和 V_2都是 $\mathbf{O}(3)$不变的. 由不可约性知 $V=V_1$或 $V=V_2$. 结合命题3.3.9，就可得到关于 $\mathbf{O}(3)$的不可约表示的结果.

命题3.3.10 $\mathbf{O}(3)$的每个不可约表示都在某个 V_k 上，且取下面两种形式之一：

(i) $\gamma p(x)=p(\gamma x)$, $\gamma\in\mathbf{SO}(3)$, 及 $-Ip(x)=p(x)$.

(ii) $\gamma p(x)=p(\gamma x)$, $\gamma\in\mathbf{SO}(3)$, 及 $-Ip(x)=-p(x)$. □

3.3.4 Schur 引理和 Frobenius 定理

我们介绍不可约线性表示论的两个经典定理.

定理3.3.11(Schur 引理) 设 ρ_1和 ρ_2为紧 Lie 群 Γ 在空间 V_1 和 V_2上的不可约表示. 若 $A\in\mathscr{L}(V_1,V_2)$满足

$$\rho_2(\gamma)A = A\rho_1(\gamma),\ \forall\ \gamma \in \Gamma,$$

则或者

(a) $A=0$，或者

(b) A 是同构且 ρ_1 与 ρ_2 等价.

证明 不妨设 $A\neq 0$,则 A 的值空间 $\mathscr{R}(A)\neq\{0\}$ 和 A 的零空间 $\mathscr{N}(A)\neq \mathrm{V}_1$. 对 $x\in\mathscr{N}(A)$, $y\in \mathrm{V}_1$ 及 $\gamma\in\Gamma$, 有

$$A\rho_1(\gamma)x = \rho_2(\gamma)Ax = 0,$$

$$\rho_2(\gamma)Ay = A\rho_1(\gamma)y,$$

故 $\mathscr{N}(A)\subset \mathrm{V}_1$, $\mathscr{R}(A)\subset \mathrm{V}_2$ 是 Γ 不变子空间. 由不可约性知 $\mathscr{N}(A)=\{0\}$, $\mathscr{R}(A)=\mathrm{V}_2$,从而 A 是同构, ρ_1 与 ρ_2 等价. □

注3.3.12 对 Γ 在空间 V_1 和 V_2 上的不可约表示 ρ_1 和 ρ_2, 记 $\mathscr{L}_\Gamma(\mathrm{V}_1,\mathrm{V}_2)=\{\mathrm{A}\in\mathscr{L}(\mathrm{V}_1,\mathrm{V}_2)\,|\,\rho_2(\gamma)A=A\rho_1(\gamma),\ \forall\,\gamma\in\Gamma\}$. 由 Schur 引理,当 ρ_1 与 ρ_2 等价时, $\mathscr{L}_\Gamma(\mathrm{V}_1,\mathrm{V}_2)$ 中的非零元都是可逆元;当 ρ_1 与 ρ_2 不等价时, $\mathscr{L}_\Gamma(\mathrm{V}_1,\mathrm{V}_2)=\{0\}$.

特别, 当 $\mathrm{V}_1=\mathrm{V}_2$ 且 $\rho_1=\rho_2$ 时, $\mathscr{L}_\Gamma(\mathrm{V},\mathrm{V})=\mathscr{L}_\Gamma(\mathrm{V})$ 中的非零元是可逆元,即 $\mathscr{L}_\Gamma(\mathrm{V})$ 是一个体. 下述定理指出, $\mathscr{L}_\Gamma(\mathrm{V})$ 与实数域 $\mathbb{R}$,复数域 $\mathbb{C}$ 或四元数体 $\mathbb{H}$ 之一同构.

定理3.3.13 (Frobenius-Schur) 设紧 Lie 群 Γ 不可约地作用于空间 V 上. 则 $\mathscr{L}_\Gamma(\mathrm{V})$ 为1,2或4维实线性空间,分别同构于实数域 $\mathbb{R}$,复数域 $\mathbb{C}$ 或四元数体 $\mathbb{H}$.

该定理的证明将在下一小节给出.

定义3.3.5 称紧 Lie 群 Γ 的不可约表示是**实型**、**复型**或**四元数型**的,若 $\mathscr{L}_\Gamma(\mathrm{V})$ 同构于 $\mathbb{R}$、$\mathbb{C}$ 或 $\mathbb{H}$.

显然,实型表示即为绝对不可约表示.

注3.3.14 上面定理中的空间 V 是实空间. 若 Γ 不可约作用于复空间 V 上,则 $\mathscr{L}_\Gamma(\mathrm{V})$ 仅同构于 $\mathbb{C}$. 这是因为对 $A\in\mathscr{L}_\Gamma(\mathrm{V})$ 的本征值 $\lambda\in\mathbb{C}$,由不可约性有, $A-\lambda I=0$,或 $A=\lambda I$.

例3.3.15 由例3.3.8知, $\Gamma_1=\mathbf{O}(2)$ 在 $\mathbb{R}^2$ 上的标准作用是绝对不可约的,因而是实型. $\Gamma_2=\mathbf{SO}(2)$ 在 $\mathbb{R}^2$ 上的标准作用是复型的,这是因为对 $A\in\mathscr{L}_{\Gamma_2}(\mathbb{R}^2)$,有

$$A=\begin{pmatrix} a & -b \\ b & a \end{pmatrix}=aI+bJ, \tag{3.4}$$

其中 $J=\begin{pmatrix}0 & -1\\ 1 & 0\end{pmatrix}$，$J^2=-I$，$\mathscr{L}_{\Gamma_1}(\mathbb{R}^2)$同构于$\mathbb{C}$.

3.3.5 Frobenius-Schur 定理的证明

现在我们来证明定理3.3.13. 设 Γ 对 V 的作用不可约. 上面我们已经指出 $\mathscr{L}_\Gamma(V)$是一个体. 记

$$\mathscr{A}=\{A\in\mathscr{L}_\Gamma(V)\mid 存在\ \alpha\in\mathbb{R}\ 使\ A^2=-\alpha^2 I\}.$$

我们将证明 $\mathscr{A}\subset\mathscr{L}_\Gamma(V)$是(线性)子空间，且 $\mathscr{L}_\Gamma(V)=\mathbb{R}\{I\}\oplus\mathscr{A}$. 然后对 $\mathscr{A}$ 的维数进行讨论.

引理3.3.16 每个 $A\in\mathscr{L}_\Gamma(V)$可唯一表为

$$A=B+\alpha I,\quad B\in\mathscr{A},\quad \alpha\in\mathbb{R}.$$

证明 设 $f(\lambda)=\lambda^m+\alpha_1\lambda^{m-1}+\cdots+\alpha_m$（$m\geqslant 1$）为 A 的最小多项式，即满足 $f(A)=0$的最低次实系数非零多项式. 由 Γ 在 V 上的表示不可约易知 $f(\lambda)$的形式为 $\lambda-\alpha$ 或$(\lambda-\alpha)^2+\beta^2$. 因而 $A-\alpha I=0$或$(A-\alpha I)^2+\beta^2 I=0$. 这说明 A 可表为 $B+\alpha I$，$B\in\mathscr{A}$，$\alpha\in\mathbb{R}$. 若 $B+\alpha I=0$，$B\in\mathscr{A}$，$\alpha\in\mathbb{R}$，则 $\alpha^2 I=B^2=-\beta^2 I$，$\beta\in\mathbb{R}$，故 $\alpha=0$，$B=0$，因而上述表示是唯一的. 引理得证. □

引理3.3.17 $\mathscr{A}\subset\mathscr{L}_\Gamma(V)$是线性子空间.

证明 对于 $\alpha_1,\alpha_2\in\mathbb{R}$ 及 $A_1,A_2\in\mathscr{A}$，记

$$\alpha_1A_1+\alpha_2A_2=A_3+\beta I,\quad A_3\in\mathscr{A},\quad \beta\in\mathbb{R}.$$

只要证明 $\beta=0$. 不妨设 $\alpha_1\alpha_2\neq 0$.

若 $\beta\neq 0$，则由引理3.3.16中分解的唯一性知 A_1与 A_2线性无关，且 $A_3\neq 0$. 命

$$A_1A_2+A_2A_1=\beta' I+B,\quad \beta'\in\mathbb{R},\quad B\in\mathscr{A}.$$

则由

$$\begin{aligned}\beta^2 I+A_3^2+2\beta A_3&=(\beta I+A_3)^2\\&=\alpha_1^2A_1^2+\alpha_2^2A_2^2+\alpha_1\alpha_2(A_1A_2+A_2A_1)\\&=(\alpha_1^2A_1^2+\alpha_2^2A^2A_2+\alpha_1\alpha_2\beta' I)+\alpha_1\alpha_2B\end{aligned}$$

及分解的唯一性知 $2\beta A_3=\alpha_1\alpha_2B$. 故 $A_3=\dfrac{\alpha_1\alpha_2}{2\beta}B$，$B\neq 0$，且

$$\alpha_1 A_1 + \alpha_2 A_2 = \frac{\alpha_1\alpha_2}{2\beta}B + \beta I. \tag{3.5}$$

注意到 B 仅由 A_1、A_2决定而与 α_1,α_2无关，因而存在 $\tilde{\beta}\in\mathbb{R}$，$\tilde{\beta}\neq 0$，使

$$-\alpha_2 A_1 + \alpha_1 A_2 = -\frac{\alpha_1\alpha_2}{2\tilde{\beta}}B + \tilde{\beta}I.$$

从这式及(3.5)式中消去 B 得到

$$(\beta\alpha_1 - \tilde{\beta}\alpha_2)A_1 + (\beta\alpha_2 + \tilde{\beta}\alpha_1)A_2 = (\beta^2 + \tilde{\beta}^2)I,$$

其中 $\beta^2+\tilde{\beta}^2>0$ ，这与分解的唯一性矛盾．所以 $\beta=0$，从而 $\alpha_1A_1+\alpha_2A_2\in\mathscr{A}$．引理3.3.17得证． □

由 $\mathscr{A}$ 的定义及引理3.3.16知，若 $\dim\mathscr{A}=0$，则 $\mathscr{L}_\Gamma(V)\cong\mathbb{R}$；若 $\dim\mathscr{A}=1$，则 $\mathscr{L}_\Gamma(V)\cong\mathbb{C}$. 下设 $\dim\mathscr{A}\geqslant 2$，这样存在 $A_1,A_2\in\mathscr{A}$ 线性无关，记 $A_1A_2=\alpha I+B$．$B\in\mathscr{A}$．取 $a\in\mathbb{R}$ 使 $aA_1^2=-\alpha I$，则 $A_1(A_2+aA_1)=B$. 由引理3.3.17，$A_2+aA_1\in\mathscr{A}$，故可取 $X=\alpha_1A_1$，$Y=\alpha_2(A_2+aA_1)$，使

$$X^2 = Y^2 = -I. \tag{3.6}$$

命 $Z=XY$，则 $Z\in\mathscr{A}$.

引理3.3.18 若 $X,Y\in\mathscr{A}$ 满足(3.6)，且 $Z=XY\in\mathscr{A}$，则由 $\{I,X,Y,Z\}$ 生成的代数与由 $\{1,i,j,k\}$ 生成的四元数体$\mathbb{H}$ 同构.

证明 设 $Z^2=-\beta^2I$. 则

$$YX = X^2YXY^2 = X(XY)(XY)Y = XZ^2Y = -\beta^2XY.$$

因 $X+Y\in\mathscr{A}$，故

$$-2I + (1-\beta^2)XY = (X+Y)^2 \in \mathbb{R}\{I\}.$$

由分解的唯一性知 $\beta^2=1$，因而 $Z^2=-I$，$YX=-XY$ 且

$$ZX = XYX = -XXY = Y = -XZ,$$
$$YZ = YXY = -XYY = X = -ZY.$$

下证 X,Y,Z 线性无关. 设 $\alpha_1X+\alpha_2Y+\alpha_3Z=0$，$\alpha_i\in\mathbb{R}$. 则由

$$0 = X(\alpha_1X + \alpha_2Y + \alpha_3Z) = -\alpha_1I + \alpha_2Z - \alpha_3Y,$$
$$0 = (\alpha_1X + \alpha_2Y + \alpha_3Z)X = -\alpha_1I - \alpha_2Z + \alpha_3Y,$$

得 $-2\alpha_1I=0$，即 $\alpha_1=0$. 同理 $\alpha_2=\alpha_3=0$. 引理3.3.18得证. □

定理3.3.13的证明 由引理3.3.18,只要证明该引理中的$\{X,Y,Z\}$张成空间$\mathscr{A}$. 若不然,则有$W\in\mathscr{A}$与X,Y,Z线性无关. 记

$$XW = W_1 + \alpha_1 I\ ,\ YW = W_2 + \alpha_2 I,\ ZW = W_3 + \alpha_3 I,$$

其中$W_i\in\mathscr{A},\alpha_i\in\mathbb{R}$, $i=1,2,3$. 设$B=\alpha(W+\alpha_1X+\alpha_2Y+\alpha_3Z)$,则$B\in\mathscr{A}$, 故可取$\alpha\in\mathbb{R}$使$B^2=-I$. 于是$XB=\alpha(W_1+\alpha_2ZX-\alpha_3Y)\in\mathscr{A}$,同理$YB,ZB\in\mathscr{A}$. 由引理3.3.18,$\{I,X,B,XB\}$,$\{I,Y,B,YB\}$,$\{I,Z,B,ZB\}$都生成四元数体,于是

$$YB = -(XZ)B = XBZ = -BXZ = BY = -YB,$$

从而$YB=0$, 这与$(YB)^2=-I$矛盾. □

3.3.6 等变线性映射

等变线性映射在对称性分岔理论中起着重要的作用,我们在这里予以专门介绍.

设群Γ作用于空间V上. 对于$A\in\mathscr{L}_\Gamma(\mathrm{V})$,易见$A$的零空间$\mathscr{N}(A)\subset\mathrm{V}$是$\Gamma$不变子空间,且每个$\Gamma$不变子空间$\mathrm{U}\subset\mathrm{V}$在$A$下的象$A(\mathrm{U})\subset\mathrm{V}$也是$\Gamma$不变子空间.

定理3.3.19 设紧Lie群Γ作用于空间$\mathrm{V}(=\mathbb{R}^n)$上,且$A\in\mathscr{L}_\Gamma(\mathrm{V})$.

(a) 若$\mathrm{U}\subset\mathrm{V}$是$\Gamma$不可约子空间,则或者$A(\mathrm{U})=\{0\}$,或者$A(\mathrm{U})$与U为$\Gamma$同构.

(b) 若$\mathrm{W}\subset\mathrm{V}$是同型分支,则$A(\mathrm{W})\subset\mathrm{W}$.

证明 (a) 因U为Γ不可约,$\mathscr{N}(A)\cap\mathrm{U}$为$\Gamma$不变,故或者$\mathrm{U}\subset\mathscr{N}(A)$, 或者$\mathscr{N}(A)\cap\mathrm{U}=\{0\}$. 前者蕴涵$A(\mathrm{U})=\{0\}$; 后者蕴涵$A|\mathrm{U}:\mathrm{U}\to\mathrm{V}$是同构,即U Γ同构于$A(\mathrm{U})$.

(b) 由引理3.3.4知$W=\mathrm{V}_1\oplus\cdots\oplus\mathrm{V}_k$,其中$\mathrm{V}_j$是彼此$\Gamma$同构的$\Gamma$不可约子空间. 由(a),$A(\mathrm{V}_j)\subset\mathrm{W}$,从而$A(\mathrm{W})\subset\mathrm{W}$. □

考虑$A\in\mathscr{L}_\Gamma(\mathrm{V})$的本征值$\lambda$. 若$\lambda$是实数,则当V Γ不可约时,$A-\lambda I\in\mathscr{L}_\Gamma(\mathrm{V})$,而$\det(A-\lambda I)=0$,由Schur引理,$A=\lambda I$. 若$\lambda$不是实数,我们有如下结论:

定理3.3.20 设紧 Lie 群 Γ 作用于空间 $\mathrm{V}(=\mathbb{R}^n)$ 上，$A\in\mathscr{L}_\Gamma(\mathrm{V})$ 有非实本征值. 则 V 或者有 Γ 非绝对不可约子空间，或者有一对彼此 Γ 同构的绝对不可约子空间.

证明 将 V 分解为 Γ 不可约子空间的直和

$$\mathrm{V}=\mathrm{V}_1\oplus\cdots\oplus\mathrm{V}_k. \tag{3.7}$$

若 V 没有 Γ 非绝对不可约子空间，则 V_j 均为 Γ 绝对不可约的. 于是 $\{\mathrm{V}_j\}$ 中至少有一对为 Γ 同构，因若 V_j 彼此不 Γ 同构，则(3.7)是 V 的同型分解，由定理3.3.19，$A(\mathrm{V}_j)\subset\mathrm{V}_j$，因而 $A|\mathrm{V}_j=\mu_jI_j$，$\mu_j\in\mathbb{R}$，$I_j=\mathrm{V}_j\to\mathrm{V}_j$ 是恒等映射，这与 A 有实本征值矛盾. □

定义3.3.6 称空间 V 是Γ **单纯**的，指 V 或者是(i) Γ 非绝对不可约的或者是(ii) 两个 Γ 同构的绝对不可约子空间的直和.

定理3.3.20 表明，V 上存在具有非实本征值的 Γ 等变线性变换的必要条件是 V 有 Γ 单纯子空间.

例3.3.21 在例3.3.15中，我们看到 $\mathbf{SO}(2)$ 在$\mathbb{R}^2$上的标准作用是第一类 Γ 单纯的，即 Γ 非绝对不可约. 另一方面，考虑 $\mathbf{O}(2)$ 在 $\mathrm{V}=\mathrm{V}_1\oplus\mathrm{V}_2(\mathrm{V}_1=\mathrm{V}_2=\mathbb{R}^2)$ 上的对角作用，$\gamma\cdot(x,y)=(\gamma x,\gamma y)$. 这是第二类 Γ 单纯的. 设 Γ 等变线性变换

$$A=\begin{pmatrix}A_1 & A_2\\ A_3 & A_4\end{pmatrix}\in\mathscr{L}_\Gamma(\mathrm{V}),A_j\in\mathscr{L}(2).$$

由 $A\gamma\begin{pmatrix}x\\0\end{pmatrix}=\gamma A\begin{pmatrix}x\\0\end{pmatrix}$ 知 $A_1\gamma=\gamma A_1$ 及 $A_3\gamma=\gamma A_3$. 故 $A_1=aI_2$，$A_3=cI_2$. 类似地 $A_2=bI_2$，$A_4=dI_2$. 故 A 总具有形式

$$A=\begin{pmatrix}aI_2 & bI_2\\ cI_2 & dI_2\end{pmatrix},\qquad a,b,c,d\in\mathbb{R}.$$

且 $\det(A-\mu I)=[(a-\mu)(d-\mu)-bc]^2$. 特别是，$A$ 有本征值 $\mu=\pm i$ 当且仅当 A 相似于矩阵 $\begin{pmatrix}0 & -I_2\\ I_2 & 0\end{pmatrix}$.

注3.3.22 后面我们会看到，Γ 等变系统发生 Hopf 分岔的一个必要条件是其线性化矩阵(也是 Γ 等变的)有一对纯虚根. 因而，出现 Γ 单纯空间是等变系统发生 Hopf 分岔的一个重要条件.

§ 3.4 迷向子群

我们在 § 1.1中曾提到过迷向子群的概念,它体现了在群作用下空间中一个点的所有对称性,在等变分岔的对称破缺理论中起着很重要的作用. 本节主要介绍迷向子群的概念和性质. 我们从一个与之相关的概念——不动点子空间讲起。

3.4.1 不动点子空间

定义3.4.1 设紧 Lie 群 Γ 作用于空间 $V=\mathbb{R}^n$ 上. 对 $\gamma\in\Gamma$,记子空间

$$\mathrm{Fix}(\gamma)=\{x\in V\,|\,\gamma x=x\}.$$

而子群 $\Sigma\subset\Gamma$ 的不动点子空间是指

$$\mathrm{Fix}(\Sigma)=\bigcap\nolimits_{\gamma\in\Sigma}\mathrm{Fix}(\gamma).\tag{4.1}$$

显然,$\mathrm{Fix}(\Sigma)=\bigcap\limits_{\gamma\in\Sigma}\mathcal{N}(\gamma-Id)$,这里 $e\in\Gamma$ 为单位元. 我们有

$$\mathrm{Fix}(\gamma\Sigma\gamma^{-1})=\gamma\mathrm{Fix}(\Sigma).\tag{4.2}$$

事实上,$y\in\gamma\mathrm{Fix}(\Sigma)$,即 $\gamma^{-1}y\in\mathrm{Fix}(\Sigma)$,当且仅当对每个 $\sigma\in\Sigma$,$\sigma\gamma^{-1}y=\gamma^{-1}y$,或 $\gamma\sigma\gamma^{-1}y=y$,而后者等价于 $y\in\mathrm{Fix}(\gamma\Sigma\gamma^{-1})$.

若映射 g:V→V 与 Γ 交换,即满足

$$g(\gamma x)=\gamma g(x),\qquad\forall\,\gamma\in\Gamma,x\in\mathrm{V},\tag{4.3}$$

则对 Γ 的所有子群 Σ 有

$$g(\mathrm{Fix}(\Sigma))\subset\mathrm{Fix}(\Sigma).\tag{4.4}$$

命题3.4.1 设紧 Lie 群 Γ 作用于$\mathbb{R}^n$ 上,则以下三条等价:

(a) $\mathrm{Fix}(\Gamma)=\{0\}$.

(b) 若线性函数 L:V→$\mathbb{R}$ 满足

$$L(\gamma x)=L(x),\qquad\forall\,\gamma\in\Gamma,\quad x\in\mathrm{V},\tag{4.5}$$

则 $L=0$.

(c) 若映射 g 满足(4.3),则 $g(0)=0$.

证明 (a)⇒(b) 设 L 为 V 上满足(4.5)的线性函数. 取 V 上 Γ 不变内积$\langle\ ,\ \rangle$,则 L 可表成 $L(x)=\langle y,x\rangle$. 对任意 $\gamma\in\Gamma$,由

$$\langle \gamma y, x\rangle = \langle y, \gamma^{-1}x\rangle = L(\gamma^{-1}x) = L(x) = \langle y, x\rangle, \forall\ x \in \mathrm{V}$$

知 $\gamma y = y$，可见 $y \in \mathrm{Fix}(\Gamma) = \{0\}$.

(b)⇒(c) 对于满足(4.3)的映射 g，命 $L(x) = \langle g(0), x\rangle$. 则对任意 $\gamma \in \Gamma$，

$$L(\gamma x) = \langle g(0), \gamma x\rangle = \langle \gamma^{-1} g(0), x\rangle = \langle g(0), x\rangle = L(x).$$

可见 L 满足(4.5)，由(b)，$L=0$，故 $g(0)=0$.

(c)⇒(a) 设 $y \in \mathrm{Fix}(\Gamma)$，则常值映射 $g(x) = y, \forall\ x \in \mathrm{V}$，满足(4.3)，由(c)，$0 = g(0) = y$. □

命题3.4.2 设紧 Lie 群 Γ 作用在 $\mathbb{R}^n$ 上，且 $\Sigma \subset \Gamma$ 为 Lie 子群. 则有迹公式

$$\dim \mathrm{Fix}(\Sigma) = \int_{\Sigma} \mathrm{tr}(\sigma) \tag{4.6}$$

(右边为 Σ 上关于 σ 的 Haar 积分).

证明 命 $Ax = \int_{\Sigma} \sigma x$. 则 $A: \mathrm{V} \to \mathrm{V}$ 为线性，且

$$\mathrm{tr} A = \int_{\Sigma} \mathrm{tr}(\sigma).$$

我们证明 A 为 V 到 $\mathrm{Fix}(\Sigma)$ 上的投射. 若 $\gamma \in \Sigma$，则对任意 $x \in \mathrm{V}$，

$$\gamma A x = \gamma \int_{\sigma \in \Sigma} \sigma x = \int_{\sigma \in \Sigma} \gamma \sigma x = \int_{\sigma \in \Sigma} \sigma x = Ax,$$

故 A 的值空间 $\mathscr{R}(A) \subset \mathrm{Fix}(\Sigma)$. 反之，设 $x \in \mathrm{Fix}(\Sigma)$. 由于 $Ax = \int_{\sigma \in \Sigma} \sigma x = x$ 有 $x \in \mathscr{R}(A)$，故 $\mathscr{R}(A) = \mathrm{Fix}(\Sigma)$ 且 $A | \mathrm{Fix}(\Sigma) = I$. 又由

$$A^2 x = \int_{\Sigma} \sigma(Ax) = \int_{\Sigma} Ax = Ax$$

知 $A^2 = A$. 可见 A 为到 $\mathrm{Fix}(\Sigma) = \mathscr{R}(A)$ 上的投射，$\dim \mathrm{Fix}(\Sigma) = \mathrm{tr}(A) = \int_{\sigma \in \Sigma} \mathrm{tr}(\sigma)$. □

注3.4.3 若 $\Sigma \subset \Gamma$ 有限，则(4.6)为

$$\dim \mathrm{Fix}(\Sigma) = \frac{1}{|\Sigma|} \sum_{\gamma \in \Sigma} \mathrm{tr}(\gamma). \tag{4.7}$$

对于有限群 Σ，它的不动点子空间的维数常也可通过它的某

些子群的不动点子空间的维数来计算，而 Σ 则由这些子群的“不交并”组成.

定义3.4.2 设 $H_1,\cdots,H_k$ 为群 Σ 的子群. Σ 称为 $H_1,\cdots,H_k$ 的**不交并**，记作 $\Sigma=H_1\dot{\cup}\cdots\dot{\cup}H_k$ 若 $\Sigma=H_1\cup\cdots\cup H_k$ 且 $H_i\cap H_j=\mathbb{1}$，$\forall\ i\neq j$.

例3.4.4 $\mathbf{D}_m=\dot{\cup}^m\mathbf{Z}_2\dot{\cup}\mathbf{Z}_m$，这里 $\dot{\cup}^m\mathbf{Z}_2$ 表示 m 个共轭于 $\mathbf{Z}_2$ 的子群的不交并.

命题3.4.5 设 Γ 作用在 V 上，$\Sigma=H_1\dot{\cup}\cdots\dot{\cup}H_k$ 为 Γ 的有限子群. 则

$$\dim \mathrm{Fix}(\Sigma)=\frac{1}{|\Sigma|}\Big[\sum_{i=1}^{k}|H_i|\dim \mathrm{Fix}(H_i)-(k-1)\dim V\Big]. \tag{4.8}$$

证明 由不交并的定义，

$$\sum\nolimits_{i=1}^{k}\sum\nolimits_{h\in H_i}\mathrm{tr}(h)=\sum\nolimits_{\gamma\in\Sigma}\mathrm{tr}(\gamma)+(k-1)\mathrm{tr}(I).$$

应用公式(4.7)，并注意到 $\mathrm{tr}(I)=\dim V$，即可得到(4.8). □

3.4.2 迷向子群

仍设紧 Lie 群 Γ 作用于空间 V 上.

定义3.4.3 $x\in V$ 的**迷向子群**是指 Γ 的子群

$$\Sigma_x=\{\gamma\in\Gamma\,|\,\gamma x=x\}. \tag{4.9}$$

x 的**轨道**是指 $\Gamma x=\{\gamma x\,|\,\gamma\in\Gamma\}$.

命题3.4.6 对 $x\in V$ 和 $\gamma\in\Gamma$ 有 $\Sigma_{\gamma x}=\gamma\Sigma_x\gamma^{-1}$. 从而同一轨道上两点的迷向子群互相共轭.

证明 设 $\sigma\in\Sigma_x$，由 $\gamma\sigma\gamma^{-1}(\gamma x)=\gamma x$ 知 $\gamma\sigma\gamma^{-1}\in\Sigma_{\gamma x}$，因而 $\gamma\Sigma_x\gamma^{-1}\subset\Sigma_{\gamma x}$. 用 γx 和 γ^{-1} 分别代替上面的 x 和 γ，得 $\gamma^{-1}\Sigma_{\gamma x}\gamma\subset\Sigma_x$，可见 $\Sigma_{\gamma x}\subset\gamma\Sigma_x\gamma^{-1}$. □

记 Γ 中迷向子群 Σ 的共轭类为 $[\Sigma]$ ($=\{\gamma\Sigma\gamma^{-1}\,|\,\gamma\in\Gamma\}$)，这些共轭类的全体为 $\mathscr{L}(\Gamma)$. $\mathscr{L}(\Gamma)$ 上可定义偏序：$[\Sigma]\prec[\Delta]$ 当且仅当存在 $\gamma\in\Gamma$ 使 $\gamma^{-1}\Sigma\gamma\subset\Delta$. 称 $\mathscr{L}(\Gamma)$ 为**迷向格**. 由(4.2)知迷向格中

每个[Σ]的不动点子空间维数由 dim Fix(Σ)唯一确定.

例3.4.7 $\mathbf{D}_m$ 作用于$\mathbb{C}$上,$m\geqslant 3$,$\mathbf{D}_m$ 由 ζ,κ 生成,$\zeta z=e^{i2\pi/m}z$,$\kappa z=\bar{z}$. 易验证

$$\kappa\zeta=\zeta^{-1}\kappa, \tag{4.10}$$

因而 D_m 中元可表成 ζ^k 或 $\zeta^k\kappa$ 的形式,$0\leqslant k<m$. 在 $z=0$处 $\Sigma_0=\mathbf{D}_m$,$\mathrm{Fix}(\mathbf{D}_m)=\{0\}$. 对于 $z\neq 0$,不妨设 $z=e^{i\theta}$,且考虑到 κ 的作用,还可设$0\leqslant\theta\leqslant\pi/m$. 当 $\theta=0$时迷向子群 $\Sigma=\mathbf{Z}_2(\kappa)=\{1,\kappa\}$,$\mathrm{Fix}(\mathbf{Z}_2(\kappa))=\mathbb{R}$;当$0<\theta<\pi/m$ 时,$\Sigma=\mathbb{1}$,$\mathrm{Fix}(\mathbb{1})=\mathbb{C}$;当 $\theta=\pi/m$ 时,$\Sigma=\mathbf{Z}_2(\zeta\kappa)=\{1,\zeta\kappa\}$,$\mathrm{Fix}(\mathbf{Z}_2(\zeta\kappa))=\mathbb{R}\{e^{i\pi/m}\}$.

我们指出,当 m 为奇数时 $\mathbf{Z}_2(\kappa)$与 $\mathbf{Z}_2(\zeta\kappa)$共轭,因若 $m=2k+1$,由(4.7),$\zeta^{-k}\kappa\zeta^k=\zeta^{-k}\zeta^{-k}\kappa=\zeta\kappa$;当 m 为偶数时,$\mathbf{Z}_2(\kappa)$不与 $\mathbf{Z}_2(\zeta\kappa)$共轭. 故得迷向格如图3.4.1.

$$\mathbb{1}\rightarrow\mathbf{Z}_2(\kappa)\rightarrow\mathbf{D}_m$$

(a) m 奇数时

$$\mathbb{1}\nearrow\mathbf{Z}_2(\kappa)\searrow\mathbf{D}_m,\quad \mathbb{1}\searrow\mathbf{Z}_2(\xi\kappa)\nearrow\mathbf{D}_m$$

(b) m 偶数时

图3.4.1 $\mathbf{D}_m(m\geqslant 3)$的迷向格

注意,在 $z=0,1$和 $e^{i\theta}$,$0<\theta<\pi/m$,处的轨道点数,$|\Gamma z|$,分别为1,m 和$2m$.

注3.4.8 从例3.4.7中可见,点的轨道愈大,迷向子群就愈小. 事实上有

(a) 当$|\Gamma|<\infty$时,$|\Gamma|=|\Sigma_x||\Gamma x|$.

(b) 当$|\Gamma|=\infty$时,$\dim\Gamma=\dim\Sigma_x+\dim\Gamma x$. (4.11)

这只要注意到 $\sigma\in\gamma\Sigma_x$ 当且仅当 $\sigma x=\gamma x$,由此给出陪集 $\Gamma/\Sigma_x=\{\gamma\Sigma_x|\gamma\in\Gamma\}$到 Γx 上的一一对应关系,$\psi(\gamma\Sigma_x)=\gamma x$,进而验证(a)和(b).

3.4.3 最大迷向子群

最大迷向子群在第六章的对称破缺理论研究中起重要作用.

仍设紧 Lie 群 Γ 作用在空间 V 上，并设 $\dim V \geq 1$.

定义3.4.4 Γ 中(真)迷向子群为最大的，若不存在 Γ 的迷向子群 Δ 使 $\Sigma \subsetneq \Delta \subsetneq \Gamma$.

命题3.4.9 设 $\text{Fix}(\Gamma)=\{0\}$，$\Sigma \subset \Gamma$ 为子群. 则下两条等价.

(a) Σ 为最大迷向子群.

(b) $\dim \text{Fix}(\Sigma)>0$，且对任一闭子群 $\Delta \supsetneq \Sigma$，$\dim \text{Fix}(\Delta)=0$.

证明 (a)⇒(b) 由于 Σ 为 Γ 的最大迷向子群，有 $0 \neq y \in \text{Fix}(\Sigma)$，因而 $\dim \text{Fix}(\Sigma)>0$. 对于闭子群 $\Delta \supsetneq \Sigma$，若 $x \in \text{Fix}(\Delta)$，则 $\Sigma_x \supset \Delta \supsetneq \Sigma$. 由于 Σ 为最大，$\Sigma_x=\Gamma$，而 $\text{Fix}(\Gamma)=\{0\}$，故 $x=0$.

(b)⇒(a) 设有 $x \neq 0$ 使 $\Sigma_x \supset \Sigma$. 则 $\dim \text{Fix}(\Sigma_x)>0$. Σ_x 显然为闭. 若 $\Sigma_x \neq \Sigma$，按(b)，$\dim \text{Fix}(\Sigma_x)=0$，这与 $x \neq 0$ 矛盾，故 $\Sigma_x=\Sigma$. 同样的方式可证 Σ 为最大. □

推论3.4.10 设 $\text{Fix}(\Gamma)=\{0\}$，$x \in V$ 使 $\dim \text{Fix}(\Sigma_x)=1$，则 Σ_x 为最大迷向子群.

证明 若有闭子群 $\Delta \supsetneq \Sigma_x$，则 $\text{Fix}(\Delta) \subset \text{Fix}(\Sigma_x)$. 且由 $\dim \text{Fix}(\Sigma_x)=1$ 知 $\text{Fix}(\Delta) \neq \text{Fix}(\Sigma_x)$，从而 $\dim \text{Fix}(\Delta)=0$. 由命题3.4.9，知 Σ_x 为最大. □

注3.4.11 (a) 推论3.4.10之逆不真，见下面的命题3.4.14.

(b) 当 Γ 的作用不可约时，可验证 $\text{Fix}(\Gamma)=\{0\}$. 因而命题3.4.9和推论3.4.10中的条件 $\text{Fix}(\Gamma)=\{0\}$ 也可用 Γ 的作用不可约或绝对不可约来代替.

定义3.4.5 对于子群 $\Sigma \subset \Gamma$，定义 Σ 的正规化子

$$N_\Gamma(\Sigma)=\{\gamma \in \Gamma \mid \gamma^{-1}\Sigma\gamma=\Sigma\}. \tag{4.12}$$

$N_\Gamma(\Sigma)$ 是 Γ 中含 Σ 的群. 经直接验证，有

命题3.4.12 设 $\Sigma \subset \Gamma$ 为迷向子群. 则

$$N_\Gamma(\Sigma)=\{\gamma \in \Gamma \mid \gamma \text{Fix}(\Sigma)=\text{Fix}(\Sigma)\}. \tag{4.13}$$

证明 见习题3.5(a). □

从(4.12)式看出，Σ 是 $N_\Gamma(\Sigma)$ 的正规子群，因而有商群 $D=N_\Gamma(\Sigma)/\Sigma$. 它是紧致的，而且由 $N_\Gamma(\Sigma)$ 在空间 $\text{Fix}(\Sigma)$ 上的作用诱导出 D 在 $\text{Fix}(\Sigma)$ 上的自然的作用：$[\gamma]x=\gamma x$，这里 $x \in \text{Fix}(\Sigma)$，$[\gamma]$

$\in D$ 是 $\gamma\in N_\Gamma(\Sigma)$ 所属的等价类.

定义3.4.6 子群 Δ 在空间 W 上的作用是不动点自由的,指对每个非恒等元 $\gamma\in\Delta\setminus\{e\}$ 及 $y\in W$,若 $\gamma y=y$,则 $y=0$.

命题3.4.13 设 Γ 在 V 上的作用不可约,且 Σ 为 Γ 的最大迷向子群,则 $D=N_\Gamma(\Sigma)/\Sigma$ 在 $\mathrm{Fix}(\Sigma)$ 上的作用为不动点自由.

证明 若不然,存在 $0\neq y\in \mathrm{Fix}(\Sigma)$ 及 $\sigma\in N_\Gamma(\Sigma)/\Sigma$ 使 $\sigma y=y$. 由 $\sigma\notin\Sigma$ 知 $\Sigma_y\supsetneqq\Sigma$. 由 Σ 的最大性,$\Sigma_y=\Gamma$. 而因 Γ 的作用不可约,$y=0$,这得出矛盾. □

下面的命题把最大迷向子群分成三种类型.

命题3.4.14 设 Γ 不可约地作用在 $\mathbb{R}^n$ 上使 $\mathrm{Fix}(\Gamma)=\{0\}$,而 Σ 为最大迷向子群. 记 D° 为 $D=N_\Gamma(\Sigma)/\Sigma$ 中单位元的连通分支. 则 D° 为下三种情况之一:

(a) $D^\circ=\mathbb{1}$(实型).

(b) $D^\circ\cong\mathbf{S}^1$,$\mathrm{Fix}(\Sigma)$ 为一组 D° 不可约子空间的直和,且 D° 作用在每个子空间上同构于 $\mathbf{S}^1$ 在 $\mathbb{C}$ 上的自然作用(复型).

(c) $D^\circ\cong\mathbf{SU}(2)\equiv\{a_1+a_2i+a_3j+a_4k\in\mathbb{H}\mid\Sigma_{l=1}^4a_l^2=1\}$. $\mathrm{Fix}(\Sigma)$ 为一组 D° 不可约子空间直和,且 D° 作用在每个子空间上同构于 $\mathbf{SU}(2)$ 在四元数体 $\mathbb{H}(\cong\mathbb{R}^4)$ 上的自然作用:$\gamma\cdot x=\gamma x,\gamma\in\mathbf{SU}(2),x\in\mathbb{H}$(四元数型).

本命题的证明可在群表示论书中找到,如[Bre]. 在[GSS]中也给出了证明的概要.

在第六章还将介绍一些具体的最大迷向子群.

§3.5 不变函数和等变映射

本节通过引进不变量理论对于与紧 Lie 群作用交换的非线性映射作出有效的描述. 我们先讨论不变函数环,指出它可由有限个不变多项式生成. 然后讨论等变映射和矩阵值映射,指出它们的有限生成性质. 我们还通过一些例子说明有关不变量的基本定理,而这些定理的证明在下一节中给出.

3.5.1 不变函数环

设紧 Lie 群 Γ 作用在空间 $V=\mathbb{R}^n$ 上.

定义3.5.1 称函数 $f:\mathbb{R}^n\to\mathbb{R}$ 为Γ不变的,指

$$f(\gamma\cdot x)=f(x),\qquad \forall\gamma\in\Gamma.$$

回忆$\mathscr{E}_n$为 C^∞ 函数芽 $f:(\mathbb{R}^n,0)\to\mathbb{R}$ 的全体. 记$\mathscr{E}_n(\Gamma)$为$\mathscr{E}_n$中Γ不变函数芽的全体,$\mathscr{P}_n$为$\mathscr{E}_n$中多项式函数芽的全体,$\mathscr{P}_n(\Gamma)=\mathscr{E}_n(\Gamma)\cap\mathscr{P}_n$. 在群 Γ 所作用的空间$\mathbb{R}^n$ 明确给定时,我们常略去下标,记成 $\mathscr{E}(\Gamma)=\mathscr{E}_n(\Gamma)$和 $\mathscr{P}(\Gamma)=\mathscr{P}_n(\Gamma)$,易见它们都是含单位元的局部环.

下述定理表明不变多项式环是有限生成的.

定理3.5.1 (Hilbert-Weyl) 设紧 Lie 群 Γ 作用在$\mathbb{R}^n$ 上,则在 Γ 不变多项式环 $\mathscr{P}(\Gamma)$中存在有限个多项式 $u_1,\cdots,u_s$,使得每个 $g\in\mathscr{P}(\Gamma)$可由 $u_1,\cdots,u_s$ 生成,即存在 s 元多项式 $f\in\mathscr{P}_s$ 使

$$g(x)=f(u_1(x),\cdots,u_s(x)).\tag{5.1}$$

证明见下一节.

我们把定理3.5.1中的 $u_1,\cdots,u_s$ 称为 $\mathscr{P}(\Gamma)$的一组Hilbert 基,并称 $\sigma:\mathbb{R}^n\to\mathbb{R}^s$

$$\sigma(x)=(u_1(x),\cdots,u_s(x))\tag{5.2}$$

为判别式. 定理3.5.1断言,每个 $g\in\mathscr{P}(\Gamma)$可表为 $g=f\circ\sigma$,其中 $f\in\mathscr{P}_s$.

Schwarz 在[Sc]中将上述结果推广为:

定理3.5.2 (Schwarz) 设紧 Lie 群 Γ 作用在$\mathbb{R}^n$ 上,$u_1,\cdots,u_s$ 是 $\mathscr{P}(\Gamma)$的一组 Hilbert 基. 则每个 $g\in\mathscr{E}(\Gamma)$可表为

$$g(x)=h(u_1(x),\cdots,u_s(x))=(h\circ\sigma)(x),\tag{5.3}$$

其中 $h\in\mathscr{E}_s$.

证明见下一节.

定理3.5.2 将有关 Γ 不变函数的讨论归纳为求多项式环 $\mathscr{P}(\Gamma)$的 Hilbert 基,而且可以通过将 $g\in\mathscr{E}(\Gamma)$展开成幂级数的办法得到 Hilbert 基.

例3.5.3 $\mathbf{Z}_2$作用于$\mathbb{R}$上，$(-1)\cdot x=-x$. 则$f\in\mathscr{P}(\mathbf{Z}_2)$是偶函数，$f(-x)=f(x)$. 设$f(x)=\sum\alpha_j x^j$，则$\sum\alpha_j(-1)^j x^j=\sum\alpha_j x^j$，可见$j$为奇数时$\alpha_j=0$，这说明$u=x^2$是$\mathscr{P}_1(\mathbf{Z}_2)$的一个Hilbert基，因而每个$g\in\mathscr{E}_1(\mathbf{Z}_2)$可表为$g(x)=h(x^2)$，$h\in\mathscr{E}_1$.

需要说明的是，本例结论曾在例1.4.12中用其他方法证明过，这里再用Hilbert基的方法给出一个直接证明.

注意：$\mathbb{R}^2\cong\mathbb{C}$上的每个二元多项式$g(x,y)$在代换

$$x=\frac{1}{2}(z+\bar{z}),\quad y=\frac{1}{2i}(z-\bar{z}),$$

下可写成如下形式

$$g(z)=\sum\alpha_{jk}z^j\bar{z}^k. \tag{5.4}$$

例3.5.4 (a) $\mathbf{S}^1$作用于$\mathbb{R}^2\cong\mathbb{C}$上，$\theta\cdot z=e^{i\theta}z$，$z=x+iy$. 设$g$形如(5.4). 由$g(e^{i\theta}z)=g(z)$知

$$\sum\alpha_{jk}e^{i\theta(j-k)}z^j\bar{z}^k=\sum\alpha_{jk}z^j\bar{z}^k.$$

于是$j\neq k$时$\alpha_{jk}=0$，g可表成

$$g(z)=\sum\alpha_{jj}(z\bar{z})^j,$$

且由$g(z)\in\mathbb{R}$知$\alpha_{jj}\in\mathbb{R}$. 可见$u=z\bar{z}=x^2+y^2$是$\mathscr{P}(\mathbf{S}^1)$的Hilbert基，每个$g\in\mathscr{E}(\mathbf{S}^1)$可表为$g(x,y)=h(x^2+y^2)$，$h\in\mathscr{E}_1$.

(b) $\mathbf{O}(2)$作用于$\mathbb{C}$上，$\kappa\cdot z=\bar{z}$，$\theta\cdot z=e^{i\theta}z$. 因$\kappa\cdot(z\bar{z})=z\bar{z}$，利用(a)知$u=z\bar{z}$是$\mathscr{P}(\mathbf{O}(2))$的Hilbert基，而每个$g\in\mathscr{E}(\mathbf{O}(2))$可表为$g(x,y)=h(x^2+y^2)$，$h\in\mathscr{E}_1$.

(c) $\mathbf{Z}_m$作用于$\mathbb{C}$上，$\zeta\cdot z=e^{i2\pi/m}z$，这里$\zeta$是$\mathbf{Z}_m$的生成元. 对$g\in\mathscr{P}(\mathbf{Z}_m)$，设$g$形如(5.4). 由$g(e^{i2\pi/m}z)=g(z)$知

$$\sum\alpha_{jk}e^{i2\pi(j-k)/m}z^j\bar{z}^k=\sum\alpha_{jk}z^j\bar{z}^k.$$

可见$j\not\equiv k \bmod m$时，$\alpha_{jk}=0$. 从而

$$g(z)=\sum_{j,k}\alpha_{jm+k,k}z^{jm}(z\bar{z})^k.$$

注意到$g(z)\in\mathbb{R}$，有

$$g(z) = \frac{1}{2}(g(z) + \overline{g(z)})$$

$$= \sum_{j,k} \frac{1}{2}(\alpha_{jm+k,k} z^{jm} + \bar{\alpha}_{jm+k,k} \bar{z}^{jm}) (z\bar{z})^k.$$

利用下面的递推关系式

$$\begin{aligned} z^{jm} &= (z^m + \bar{z}^m) z^{(j-1)m} - (z\bar{z})^m z^{(j-2)m}, \\ \bar{z}^{jm} &= (z^m + \bar{z}^m) \bar{z}^{(j-1)m} - (z\bar{z})^m \bar{z}^{(j-2)m}, \end{aligned} \tag{5.5}$$

g 可表示为

$$g(z) = \sum_{j,k,l} b_{jkl} (z\bar{z})^j (z^m + \bar{z}^m)^k (i(z^m - \bar{z}^m))^l,$$

其中 b_{jkl}为实数. 可见 $\mathscr{P}(\mathbf{Z}_m)$的一组 Hilbert 基为

$$u = z\bar{z}, \quad v = z^m + \bar{z}^m, \quad w = i(z^m - \bar{z}^m). \tag{5.6}$$

从而每个 $g \in \mathscr{E}(\mathbf{Z}_m)$可表为 $g(z) = h(u,v,w)$, $h \in \mathscr{E}_3$.

又,注意到 u,v,w 满足

$$w^2 = 4u^m - v^2, \tag{5.7}$$

每个 $g \in \mathscr{E}(\mathbf{Z}_m)$又可表为

$$g(z) = h_1(u,v) + w h_2(u,v), \quad h_1, h_2 \in \mathscr{E}_2 \quad , \tag{5.8}$$

的形式.

(d) $\mathbf{D}_m$ 作用于$\mathbb{C}$上,$m \geqslant 2$. 注意到 $\mathscr{E}(\mathbf{D}_m) \subset \mathscr{E}(\mathbf{Z}_m)$,且(5.6)中只有 u,v 在 κ 的作用下不变,故 $u = z\bar{z}$, $v = z^m + \bar{z}^m$是 $\mathscr{P}(\mathbf{D}_m)$的 Hilbert 基,每个 $g \in \mathscr{E}_2(\mathbf{D}_m)$可表为 $g(z) = h(u,v), h \in \mathscr{E}_2$. 特别,当 $m=2$时,$\mathbf{D}_2$的作用可等同于四阶群

$$\mathbf{Z}_2 \oplus \mathbf{Z}_2 = \left\{ \left. \begin{pmatrix} \varepsilon & 0 \\ 0 & \delta \end{pmatrix} \right| \varepsilon, \delta = \pm 1 \right\}$$

对平面 $\mathbb{R}^2$的标准作用,它的一组 Hilbert 基为 x^2, y^2.

注意,对应于同一个群的不同表示,Hilbert 基可能不同.

例3.5.5 比较例3.5.1. 设 $\mathbf{Z}_2 = \{\pm I\}$作用于$\mathbb{R}^2$上,$(-I)z = -z, z = (x,y)$. 这可看成例3.5.4(c)当 $m=2$时的特例. $\mathscr{E}_2(\mathbf{Z}_2)$的 Hilbert 基为

$$u = x^2,\ v = xy,\ w = y^2.$$

且易见

$$uw - v^2 = 0. \tag{5.9}$$

定义3.5.2 设$u_1,\cdots,u_s$为$\mathscr{P}(\Gamma)$的Hilbert基.若有s元非零多项式$r\in\mathscr{P}_s$使

$$r(u_1(x),\cdots,u_s(x)) \equiv 0, \quad \forall\, x \in \mathbb{R}^2. \tag{5.10}$$

则称r是$u_1,\cdots,u_s$的一个关系.称$\mathscr{P}(\Gamma)$是一个多项式环,指$\mathscr{P}(\Gamma)$有一组没有关系的Hilbert基.(注意多项式环和由多项式组成的环是两个不同的概念.)

例3.5.6 例3.5.3及3.5.4(a),(b)和(d)中的$\mathscr{P}_1(\mathbf{Z}_2)$,$\mathscr{P}(\mathbf{S}^1)$,$\mathscr{P}(\mathbf{O}(2))$和$\mathscr{P}(\mathbf{D}_m)$都是多项式环.例3.5.4(c)中的$u,v,w$满足(5.7),例3.5.5中$u,v$满足(5.9),因而对于作用于$\mathbb{R}^2$上的$\mathbf{Z}_m$,$m=2,3,\cdots$,$\mathscr{P}(\mathbf{Z}_m)$不是多项式环.

命题3.5.7 设紧Lie群Γ作用于$\mathbb{R}^n$上,$\sigma=(u_1,\cdots,u_s)$为$\mathscr{P}(\Gamma)$的判别式.若存在$x\in\mathbb{R}^n$使$D\sigma(x):\mathbb{R}^n\to\mathbb{R}^s$为满射,则$\mathscr{P}(\Gamma)$为多项式环.

证明 因$D\sigma(x)$是满射,由隐函数定理可知,$\sigma(\mathbb{R}^n)$含$\mathbb{R}^s$的一个非空开子集U,因而任意多项式$r\in\mathscr{P}_s$由$r|U$唯一确定.若$r|U\equiv 0$,则$r\equiv 0$,因而$u_1,\cdots,u_s$没有非平凡的关系. □

3.5.2 等变映射

仍设紧Lie群Γ作用在$V=\mathbb{R}^n$上.

定义3.5.3 称映射$g:\mathbb{R}^n\to\mathbb{R}^n$为$\Gamma$等变的,若$g$满足

$$g(\gamma x) = \gamma g(x), \quad \forall\, \gamma \in \Gamma.$$

记$\vec{\mathscr{E}}_n=\mathscr{E}(n,n)=\{g:(\mathbb{R}^n,0)\to\mathbb{R}^n\}$,我们把$\vec{\mathscr{E}}_n$中的$\Gamma$等变映射集和$\Gamma$等变多项式集分别记为

$$\vec{\mathscr{E}}_n(\Gamma) = \{g \in \vec{\mathscr{E}}_n \mid g(\gamma x) = \gamma g(x),\ \forall\, \gamma \in \Gamma\};$$

$$\vec{\mathscr{P}}_n(\Gamma) = \{g \in \vec{\mathscr{E}}_n(\Gamma) \mid g\text{的每一分量为多项式}\}.$$

或在空间$\mathbb{R}^n$给定情形略去$\vec{\mathscr{E}}_n(\Gamma)$和$\vec{\mathscr{P}}_n(\Gamma)$中的下标$n$.

易见$\vec{\mathscr{E}}(\Gamma)$和$\vec{\mathscr{P}}(\Gamma)$分别为环$\mathscr{E}(\Gamma)$和$\mathscr{P}(\Gamma)$上的模.与不变函数集的情形类似,我们有

定理3.5.8 设紧 Lie 群 Γ 作用在$\mathbb{R}^n$上. 则 $\mathscr{P}(\Gamma)$模 $\vec{\mathscr{P}}(\Gamma)$由有限个元 $g_1,\cdots,g_t\in\vec{\mathscr{P}}(\Gamma)$生成,即每一元 $g\in\vec{\mathscr{P}}(\Gamma)$都可表成

$$g=\sum_{j=1}^{k}f_jg_j,\ f_j\in\mathscr{P}(\Gamma),\tag{5.11}$$

而且,$g_1,\cdots,g_t$ 也生成$\mathscr{E}(\Gamma)$模 $\vec{\mathscr{E}}(\Gamma)$.

证明见下一节.

根据定理3.5.8,Γ 等变映射模 $\vec{\mathscr{E}}(\Gamma)$的计算归结为寻找生成元,这也可像不变函数环中那样类似求得. 我们来看例3.5.3和3.5.4中的例子.

例3.5.9 (a) 例3.5.3中 $\mathbf{Z}_2$作用在$\mathbb{R}$上,$g\in\vec{\mathscr{E}}(\mathbf{Z}_2)$为奇函数,正如引理2.5.1(b)所指出的,$g$ 可表成 $g(x)=p(x^2)x$. 由此可见 $\vec{\mathscr{E}}(\mathbf{Z}_2)$的生成元为 x.

(b) 例3.5.4(a)中 $\mathbf{S}^1$作用在$\mathbb{C}$上,对于形如(5.4)的 $g\in\vec{\mathscr{E}}(\mathbf{S}^1)$,由于 $g(z)=e^{-i\theta}g(e^{i\theta z})$,有

$$\sum_{j,k}\alpha_{jk}z^j\bar{z}^k=\sum_{j,k}\alpha_{jk}z^j\bar{z}^ke^{i(j-k-1)\theta}.$$

可见当 $j\neq k+1$时 $\alpha_{jk}=0$,故 $g(z)=\sum_k\alpha_{k+1,k}(z\bar{z})^kz$. 记 $\alpha_{k+1,k}=a_k+ib_k$, a_k, $b_k\in\mathbb{R}$,则

$$\begin{aligned}g(z)&=z\sum_k a_k(z\bar{z})^k+iz\sum_k b_k(z\bar{z})^k\\&=p(u)z+q(u)iz,\end{aligned}$$

其中 $u=z\bar{z}$, p,q 为 u 的实函数. 可见 $\vec{\mathscr{E}}(\mathbf{S}^1)$的生成元为 z 和 iz.

(c) 例3.5.4(b)中 $\mathbf{O}(2)$作用在$\mathbb{C}$上,由(b),$\mathbf{O}(2)$的子群 $\mathbf{S}^1$作用在$\mathbb{C}$上有生成元 $u_1(z)=z$ 和 $u_2(z)=iz$. 考虑到翻转的作用,$\kappa\cdot z=\bar{z}$,由

$$\overline{u_1(\bar{z})}=z=u_1(z)\ \text{和}\ \overline{u_2(\bar{z})}=-iz\neq u_2(z)$$

知 $iz\notin\vec{\mathscr{E}}(\mathbf{O}(2))$. 故 $\vec{\mathscr{E}}(\mathbf{O}(2))$的生成元为 z,即 $\vec{\mathscr{E}}(\mathbf{O}(2))$中任意元 g 可表成 $g(z)=p(u)z$,其中 p 为 $u=z\bar{z}$ 的实函数.

(d) 例3.5.4(c)中 $\mathbf{Z}_m$ 的作用在$\mathbb{C}$上. 对于形如(5.4)的 $g\in \vec{\mathscr{E}}(\mathbf{Z}_2)$, 由 $g(z)=e^{-i2\pi/m}g(e^{i2\pi/m}z)$, 有

$$\sum \alpha_{jk}z^j\bar{z}^k = \sum \alpha_{jk}e^{i(j-k-1)2\pi/m}z^j\bar{z}^k.$$

可见当 $j\neq k+1+lm, l\in\mathbb{Z}$, 时 $\alpha_{jk}=0$. 当 $l\geqslant 0$时, 取 $j=k+1+lm$, 则 $z^j\bar{z}^k=(z\bar{z})^k z^{lm+1}$; 当 $l<0$时, 取 $k=j-1-lm$, 则 $z^j\bar{z}^k=(z\bar{z})^j\bar{z}^{-1-lm}$. 故可把 g 写成

$$g(z) = \sum_{j,k\geqslant 0}(z\bar{z})^k(b_{jk}z^{km+1} + c_{jk}\bar{z}^{km-1}).$$

注意到 $u=z\bar{z}$ 和 $v=z^m+\bar{z}^m$ 在环 $\mathscr{P}(\mathbf{Z}_m)$的 Hilbert 基中, 利用递推关系

$$z^{km} = (z^m + \bar{z}^m)z^{(k-1)m} - (z\bar{z})^m z^{(k-2)m}, \qquad (5.12a)$$

$$\bar{z}^{km} = (z^m + \bar{z}^m)\bar{z}^{(k-1)m} - (z\bar{z})^m \bar{z}^{(k-2)m}, \qquad (5.12b)$$

并考虑到 b_{jk}和 c_{jk}均为复系数, 可知 $\vec{\mathscr{E}}(\mathbf{Z}_m)$的生成元为 $z, iz, \bar{z}^{m-1}$ 和 $i\bar{z}^{m-1}$. 但另一方面, 注意到例3.5.4(c)中的 Hilbert 基(5.6)与这里的生成元有关系

$$wz = i(vz - 2u\bar{z}^{m-1}),$$

$$w\bar{z}^{m-1} = i(2u^{m-1}z - v\bar{z}^{m-1}).$$

我们可以在 $\mathbf{Z}_m$ 等变映射中消去 w. 这样, $g\in\vec{\mathscr{E}}(\mathbf{Z}_m)$可写成

$$g(z) = (p_1z + q_1\bar{z}^{m-1}) + i(p_2z + q_2\bar{z}^{m-1}), \qquad (5.13)$$

其中 $p_1, p_2, q_1, q_2, \in\mathscr{E}_2(\mathbf{Z}_m)$为 $u=z\bar{z}$ 和 $v=z^m+\bar{z}^m$ 的实函数.

(e) 例3.5.4(d)中 $\mathbf{D}_m$ 作用在$\mathbb{C}$上, 只需考虑(d)中 $\vec{\mathscr{E}}(\mathbf{Z}_m)$的生成元 $z, iz, \bar{z}^{m-1}$和 $i\bar{z}^{m-1}$. 由于翻转 κ 的作用, iz 和 $i\bar{z}^{m-1}$不在 $\vec{\mathscr{E}}(\mathbf{D}_m)$中, 故 $\vec{\mathscr{E}}(\mathbf{D}_m)$的生成元为 z 和 $\bar{z}^{m-1}$, 即 $g\in\vec{\mathscr{E}}(\mathbf{D}_m)$可写成

$$g(z) = pz + q\bar{z}^{m-1}, \qquad (5.14)$$

其中 $p, q\in\mathscr{E}(\mathbf{D}_m)$为 $u=z\bar{z}$ 和 $v=z^m+\bar{z}^m$ 的实函数.

定义3.5.4 称$\mathscr{E}(\Gamma)$模 $\vec{\mathscr{E}}(\Gamma)$是由生成元 $g_1,\cdots,g_k\in\vec{\mathscr{E}}(\Gamma)$ 自由生成的, 指 $\sum_{j=1}^{k}f_jg_j=0, f_j\in\mathscr{E}(\Gamma), 1\leqslant j\leqslant k$, 蕴涵 $f_j\equiv 0, 1\leqslant j$

$\leqslant k$. 此时,称 $\vec{\mathscr{E}}(\Gamma)$ 为**自由模**.

注 3.5.10 容易验证例3.5.9中的 $\vec{\mathscr{E}}(\mathbf{Z}_2)$, $\vec{\mathscr{E}}(\mathbf{S}^1)$, $\vec{\mathscr{E}}(\mathbf{O}(2))$ 和 $\vec{\mathscr{E}}(\mathbf{D}_m)$ 都是自由模. 但由(5.13)式可见 $\vec{\mathscr{E}}_2(\mathbf{Z}_m)$ 不是自由模.

3.5.3 等变矩阵值映射

设 Γ 作用在 $\mathbb{R}^n$ 上, $f\in\vec{\mathscr{E}}(\Gamma)$. 考虑 f 的导数 $S=Df$, 这是 $n\times n$ 矩阵值映射. 设 $\gamma\in\Gamma$, 对 $f\gamma(x)=\gamma f(x)$ 两边关于 x 求导, $Df(\gamma x)\gamma=\gamma Df(x)$. 这说明 $S(x)=Df(x)$ 满足

$$S(\gamma x)=\gamma S(x)\gamma^{-1},\quad \forall\,\gamma\in\Gamma. \tag{5.15}$$

回忆 $n\times n$(实)矩阵空间 $\mathscr{L}(n)$. 我们把满足(5.15)的映射 $S:(\mathbb{R}^n,0)\to\mathscr{L}(n)$ 称为 Γ **等变矩阵值映射**, 其全体记为 $\overleftrightarrow{\mathscr{E}}(\Gamma)$. 易验证, $\overleftrightarrow{\mathscr{E}}(\Gamma)$ 为 $\mathscr{E}_n(\Gamma)$ 模. 我们指出, 它也是有限生成的, 即有

定理3.5.11 设紧 Lie 群 Γ 作用在 $\mathbb{R}^n$ 上. 则存在 $S_1,\cdots,S_r\in\overleftrightarrow{\mathscr{E}}(\Gamma)$, 它们生成 $\mathscr{E}(\Gamma)$ 模 $\overleftrightarrow{\mathscr{E}}(\Gamma)$, 即每个 $S\in\overleftrightarrow{\mathscr{E}}(\Gamma)$ 可表成

$$S=\sum_{j=1}^{k}f_jS_j,\quad f_j\in\mathscr{E}_n(\Gamma),\quad j=1,\cdots,r.$$

证明见下一节.

注意到复数 $z=x+iy$ 中 $x=\frac{1}{2}(z+\bar{z})$ 和 $y=\frac{1}{2i}(z-\bar{z})$, 我们可以把 $\mathbb{C}$ 到自身的线性映射写成

$$(z,\bar{z})\mapsto\alpha z+\beta\bar{z},\quad \alpha,\beta\in\mathbb{C} \tag{5.16}$$

的形式.

Γ 等变矩阵值映射模的生成元可用与前面类似的方法求得.

例3.5.12 (a) $\mathbf{Z}_2$ 作用于 $\mathbb{R}$ 上, $S\in\overleftrightarrow{\mathscr{E}}(\mathbf{Z}_2)$. 由 $S(-x)=-S(x)(-1)$ 知 $S\in\mathscr{E}(\mathbf{Z}_2)$, 故 $\overleftrightarrow{\mathscr{E}}(\mathbf{Z}_2)$ 由1生成.

(b) $\mathbf{S}^1$ 作用于 $\mathbb{C}$ 上, $S\in\overleftrightarrow{\mathscr{E}}(\mathbf{S}^1)$. 记

$$S(z)w=\alpha(z)w+\beta(z)\overline{w}, \tag{5.17a}$$

$$\alpha(z)=\sum_{j,k}\alpha_{j,k}z^j\bar{z}^k,\quad \beta(z)=\sum_{j,k}\beta_{j,k}z^j\bar{z}^k. \tag{5.17b}$$

由 $S(e^{i\theta}z)e^{i\theta}=e^{i\theta}S(z)$，即

$$\alpha(e^{i\theta}z)e^{i\theta}w+\beta(e^{i\theta}z)e^{-i\theta}\overline{w}=e^{i\theta}\alpha(z)w+e^{i\theta}\beta(z)\overline{w},$$

有 $\alpha(e^{i\theta}z)=\alpha(z)$，$\beta(e^{i\theta}z)=e^{2i\theta}\beta(z)$，即

$$\sum_{j,k}\alpha_{j,k}e^{i\theta(j-k)}z^j\bar{z}^k=\sum_{j,k}\alpha_{j,k}z^j\bar{z}^k,$$
$$\sum_{j,k}\beta_{j,k}e^{i\theta(j-k)}z^j\bar{z}^k=\sum_{j,k}e^{2i\theta}\beta_{j,k}z^j\bar{z}^k,$$

由此易得(5.17b)为

$$\alpha(z)=\sum\alpha_{j,j}(z\bar{z})^j,$$
$$\beta(z)=\sum\beta_{j+2,j}(z\bar{z})^jz^2.$$

考虑到 $\alpha_{j,j},\beta_{j+2,j}\in\mathbb{C}$，故 $\overleftrightarrow{\mathscr{E}}(\mathbf{S}^1)$的生成元为

$$\begin{aligned}&S_1(z)w=w, && S_2(z)w=z^2\overline{w},\\ &S_3(z)w=iw, && S_4(z)w=iz^2\overline{w}.\end{aligned} \tag{5.18}$$

(c) $\mathbf{O}(2)$作用于$\mathbb{C}$上，$S\in\overleftrightarrow{\mathscr{E}}(\mathbf{O}(2))$. 则

$$S\in\overleftrightarrow{\mathscr{E}}(\mathbf{S}^1)\text{ 且 }S(\bar{z})w=\overline{S(z)\overline{w}}.$$

$\overleftrightarrow{\mathscr{E}}(\mathbf{S}^1)$的生成元(5.18)中只有 S_1和 S_2满足上述条件. 故 $\overleftrightarrow{\mathscr{E}}(\mathbf{O}(2))$的生成元为

$$S_1(z)w=w,\quad S_2(z)w=z^2\overline{w}. \tag{5.19}$$

(d) $\mathbf{Z}_m$ 作用于$\mathbb{C}$上，$S\in\overleftrightarrow{\mathscr{E}}(\mathbf{Z}_m)$形如(5.17). 由 $S(e^{i2\pi/m}z)\cdot e^{i2\pi/m}=e^{i2\pi/m}S(z)$知 $\alpha(e^{i2\pi/m}z)=\alpha(z)$，$\beta(e^{i2\pi/m}z)=e^{i4\pi/m}\beta(z)$. 与(b)类似可得

$$\begin{aligned}S(z)w=\sum_{j,k\geqslant 0}(z,\bar{z})^k[&(a_{j,k}z^{jm}+b_{j,k}\bar{z}^{jm})w\\ &+(c_{j,k}z^{jm+2}+d_{j,k}\bar{z}^{jm-2})\overline{w}].\end{aligned}$$

利用(5.5)及关系式

$$z^{jm+2}=(z^{jm}+\bar{z}^{jm})z^2-(z\bar{z})^2\bar{z}^{jm-2},$$
$$\bar{z}^{jm-2}=(z^{(j-1)m}+\bar{z}^{(j-1)m})\bar{z}^{m-2}-(z\bar{z})^{m-2}z^{(j-2)m+2},$$

知 $\overleftrightarrow{\mathscr{E}}(\mathbf{Z}_m)$的生成元为

$$
\begin{aligned}
&S_1(z)w = w, && S_2(z)w = z^m w, \\
&S_3(z)w = z^2\overline{w}, && S_4(z)w = \bar{z}^{m-2}\overline{w}, \\
&S_5(z)w = iw, && S_6(z)w = iz^m w, \\
&S_7(z)w = iz^2\overline{w}, && S_8(z)w = i\bar{z}^{m-2}\overline{w}.
\end{aligned} \tag{5.20}
$$

注意,我们这里用的记号 w 与(5.6)式 Hilbert 基中的 $i(z^m - \bar{z}^m)$ 似乎会混淆. 但事实上,利用关系式

$$
i(z^m - \bar{z}^m) = i(2z^m - v) = i(v - 2\bar{z}^m),
$$

我们还是可以象例3.5.9(d)中那样将 $\{S_j(z)\}$ 的系数写成仅含 u, v 的函数.

(e) $\mathbf{D}_m$ 作用于$\mathbb{C}$上,$S \in \overleftrightarrow{\mathscr{E}}(\mathbf{D}_m)$. 则 $S \in \overleftrightarrow{\mathscr{E}}(\mathbf{Z}_m)$ 且 $S(\bar{z})\overline{w} = S(z)\overline{w}$. 而 $\overleftrightarrow{\mathscr{E}}(\mathbf{Z}_m)$ 的生成元(5.20)中只有 S_1, S_2, S_3, S_4, 满足上述条件,故 $\overleftrightarrow{\mathscr{E}}(\mathbf{D}_m)$ 的生成元为

$$
\begin{aligned}
&S_1(z)w = w, && S_2(z)w = z^m w, \\
&S_3(z)w = z^2\overline{w}, && S_4(z)w = \bar{z}^{m-2}\overline{w}.
\end{aligned} \tag{5.21}
$$

§3.6 关于不变量定理的证明

本节介绍上一节定理证明中要用到的关于不变量的基本理论,其中包括 Hilbert 基定理和 Schwarz 定理,并对上一节的几个定理给出证明.

3.6.1 Hilbert 基定理和定理3.5.1的证明

定理3.5.1证明的基础是关于交换环有限生成理想的 Hilbert 基定理,我们先介绍该定理.

设 $\mathscr{R}$ 为交换环,$\mathscr{R}$ 上含不定元 x 的多项式环记作 $\mathscr{R}[x]$,这是由形如

$$
a_k x^k + a_{k-1}x^{k-1} + \cdots + a_0, \quad a_0, \cdots, a_k \in \mathscr{R},
$$

的多项式生成的交换环,其运算按多项式的通常加法和乘法来定义. 归纳地,可定义 $\mathscr{R}$ 上含 n 个不定元 $x_1, \cdots, x_n$ 的多项式环

$$\mathscr{R}[x_1,\cdots,x_n]=\mathscr{R}[x_1,\cdots,x_{n-1}][x_n]. \qquad (6.1)$$

定理3.6.1（Hilbert 基定理） 设交换环 $\mathscr{R}$ 中每个理想为有限生成，则 $\mathscr{R}[x]$中的每个理想也是有限生成.

证明 对于 $f=a_mx^m+a_{m-1}x^{m-1}+\cdots+a_0\in\mathscr{R}[x]$，$a_m\neq 0$，记 $\hat{f}=a_m$，而$\hat{0}=0$. 设 $\mathscr{I}$ 为 $\mathscr{R}[x]$中的理想，易验证 $\hat{\mathscr{I}}=\{\hat{f}\in\mathscr{R}\mid f\in\mathscr{I}\}$为 $\mathscr{R}$ 中理想. 按条件，可设 $\hat{\mathscr{I}}$ 的生成元为 $\hat{p}_1,\cdots,\hat{p}_l\in\mathscr{R}$. 我们将证明，$p_1,\cdots p_l$，再添加有限个元就可生成 $\mathscr{I}$.

对 $k\geqslant 0$，记 $\mathscr{I}$ 中次数不大于 k 的多项式空间为 $\mathscr{I}_k=\{f\in\mathscr{I}\mid \deg f\leqslant k\}$.

断言1 $\mathscr{I}_k$ 为有限生成 $\mathscr{R}$ 模.

证明 $\mathscr{I}_k$ 显然为 $\mathscr{R}$ 模，我们用归纳法来证其为有限生成. 当 $k=0$时，$\mathscr{I}_0=\mathscr{I}$ 看作 $\mathscr{R}$ 模显然是有限生成的. 设 $\mathscr{I}_{k-1}$为有限生成 $\mathscr{R}$ 模，其生成元为 $f_1,\cdots,f_s$. 易验证 $\hat{\mathscr{I}}_k=\{\hat{f}\in\mathscr{R}\mid f\in\mathscr{I}_k\}$为 $\mathscr{R}$ 中理想. 设 $\hat{\mathscr{I}}_k$ 的生成元为 $\hat{g}_1,\cdots,\hat{g}_t$，我们来证明 $\mathscr{R}$ 模 $\mathscr{I}_k$ 的一组生成元为$\{f_1,\cdots f_s,g_1,\cdots g_t\}$. 为此，对任意 $g\in\mathscr{I}_k$，记

$$g(x)=b_kx^k+b_{k-1}x^{k-1}+\cdots+b_0,\quad b_0,\cdots,b_k\in\mathscr{R}. \qquad (6.2)$$

不妨设 $b_k\neq 0$，则 $b_k\in\hat{\mathscr{I}}_k$. 记

$$b_k=c_1\hat{g}_1+\cdots+c_t\hat{g}_t,\quad c_j\in\mathscr{R},\quad j=1,\cdots,t,$$

及 $\tilde{g}=g-(c_1g_1+\cdots+c_tg_t)$. 因 $\deg g_i=k$，$\forall\, i$，由(6.2)，$\deg\tilde{g}<k$，即 $\tilde{g}\in\mathscr{I}_{k-1}$，故 $\tilde{g}$ 为 f_j 的线性组合. 可见，$g=\tilde{g}+c_1g_1+\cdots+c_tg_t$为 f_j 和 g_i 的线性组合，断言1得证.

对前述 p_i，记 $n=\max\limits_{1\leqslant i\leqslant l}\deg p_i$. 由断言1，可设 $\mathscr{I}_n$ 有生成元 $q_1,\cdots,q_m$. 只要证明任一 $f\in\mathscr{I}$ 可表成

$$f=a_1p_1+\cdots+a_lp_l+b_1q_1+\cdots+b_mq_m, \qquad (6.3)$$

其中 $a_1,\cdots a_l,b_1,\cdots,b_m\in\mathscr{R}[x]$. 事实上，当 $\deg f\leqslant n$ 时由断言1知(6.3)成立. 设对于 $k\geqslant 0$，当 $\deg f\leqslant n+k$ 时(6.3)成立. 现设 $\deg f=n+k+1$. 记 $\hat{f}=c_1\hat{p}_1+\cdots+c_l\hat{p}_l$ 及

$$g=f-\sum_{j=1}^{l}c_jx^{n+k+1-\deg p_j}p_j,$$

则容易看出 $\deg g \leqslant n+k$. 由归纳假设知 g 具有(6.3)形式,因而 f 也具有(6.3)形式,本定理得证. □

利用(6.1)定义的形式,有

推论3.6.2 设交换环 $\mathscr{R}$ 中每个理想为有限生成. 则 $\mathscr{R}[x_1, \cdots, x_n]$中的每个理想为有限生成. □

特别,实数系$\mathbb{R}$ 仅有两个理想:{0}和$\mathbb{R}$,它们分别由0和1生成. 故有

推论3.6.3 $\mathbb{R}[x_1, \cdots, x_n]$中的每个理想为有限生成. □

推论3.6.4 设 $\mathrm{U} \subset \mathbb{R}[x_1, \cdots, x_n]$非空. 则存在U 的有限个元 $\{u_1, \cdots, u_k\}$,使得每个 $u \in \mathrm{U}$ 可写成

$$u = f_1 u_1 + \cdots + f_k u_k, f_j \in \mathbb{R}[x_1, \cdots, x_n], j = 1 \cdots, k.$$

证明 设 $\mathscr{I}$ 为$\mathbb{R}[x_1, \cdots, x_n]$中由 U 生成的理想. 由推论3.6.3,$\mathscr{I}$ 由$\mathbb{R}[x_1, \cdots, x_n]$中有限个元,比如说,$p_1, \cdots, p_m$ 生成. 由于 $\mathscr{I}$ 由 U 生成,可记

$$p_i = f_{i1} u_{i1} + \cdots + f_{ik_i} u_{ik_i}, u_{ij} \in \mathrm{U}, i = 1, \cdots, m.$$

则有限集$\{u_{ij}\} \subset \mathrm{U}$ 生成 $\mathscr{I}$,这就是所要的子集. □

现在来证明上一节的 Hilbert-Weyl 定理.

定理3.5.1的证明 只要对 $\mathscr{P}(\Gamma)$中的齐次多项式 g 证明本定理,因若 $g=g_0+g_1+\cdots+g_m$,其中 g_j 为齐 j 次,则不难验证每个 $g_j \in \mathscr{P}(\Gamma)$.

设$\mathrm{U} \subset \mathscr{P}(\Gamma)$为 $\mathscr{P}(\Gamma)$中正次齐次多项成的全体. 由推论3.6.4,存在 $u_1, \cdots, u_k \in \mathrm{U}$,使每个 $u \in \mathrm{U}$ 可表成

$$u=f_1 u_1+\cdots+f_k u_k, \quad f_j \in \mathbb{R}[x_1, \cdots, x_n], \quad j=1, \cdots k. \tag{6.4}$$

我们可把(6.4)写成

$$u(\gamma x) = f_1(\gamma x) u_1(\gamma x) + \cdots + f_k(\gamma x) u_k(\gamma x), \quad \gamma \in \Gamma$$

并在上式两边对 γ 作 Γ 不变的 Haar 积分. 注意到 u 和 u_j 都为 Γ 不变,得

$$u = F_1 u_1 + \cdots + F_k u_k, \tag{6.5}$$

其中 $F_j(x)=\int_\Gamma f_j(\gamma x) d\gamma$. 易见 $F_j \in \mathscr{P}(\Gamma), j=1, \cdots, k$.

现在设 $g\in\mathscr{P}(\Gamma)$ 为齐次多项式．只要对 g 的次数作归纳证明 g 可表成关于 $u_1,\cdots,u_k$ 的多项式．当 $\deg g=0$ 时，g 为常数，这时结论显然．设 $\deg g\leqslant m$ 时结论成立．则当 $\deg g=m+1$ 时，将 g 表为(6.5)的形式，由 $\deg u_j\geqslant 1, j=1,\cdots,k$，知 $\deg F_j\leqslant m+1-1=m$，据归纳假定，结论成立．□

3.6.2 关于 Schwarz 定理的证明

设紧 Lie 群 Γ 作用在 $\mathbb{R}^n$ 上，$\{u_1,\cdots,u_k\}$ 为 Γ 不变多项式环 $\mathscr{P}(\Gamma)$ 的一组 Hilbert 基．Schwarz 定理(即定理3.5.2)是说，对每个 $g\in\mathscr{E}(\Gamma)$，存在芽 $f\in\mathscr{E}(\Gamma)$ 使得

$$g(x)=f(u_1(x),\cdots,u_k(x)). \tag{6.6}$$

这个定理将不变多项式环上的结果推广到不变函数环上．我们这里将给出 Schwarz 定理证明的要点．

首先我们证明定理3.6.1的结果可以推广到 Γ 不变的形式幂级数环上．称形式幂级数

$$\varphi(x)=\sum_{|\alpha|=0}^{\infty}a_\alpha x^\alpha \tag{6.7}$$

是 Γ 不变的，指 $\varphi(\gamma x)=\varphi(x), \forall\,\gamma\in\Gamma$．

命题3.6.5 设紧 Lie 群 Γ 作用在 $\mathbb{R}^n$ 上，$u_1,\cdots,u_k$ 为 $\mathscr{P}(\Gamma)$ 的一组 Hilbert 基．若 $\varphi(x)$ 是 Γ 不变的 n 元形式幂级数，则存在 k 元形式幂级数 ψ 使

$$\varphi(x)=\psi(u_1(x),\cdots,u_k(x)). \tag{6.8}$$

证明 记 $\varphi(x)=\sum_{i=0}^{\infty}\varphi_i(x)$，其中 φ_i 为 i 次齐次多项式．由定理3.6.1，对每个 i，存在 k 变量的多项式 ψ_i 使 $\varphi_i(x)=\varphi_i(u_1(x),\cdots,u_k(x))$．不妨设 u_j 都为齐次，并记 $m=\max\limits_j \deg u_j(x)$．则 ψ_i 中非零项的最低次 $\geqslant i/m$．可见 $\psi(y)=\sum_{i=0}^{\infty}\psi_i(y), y=(y_1,\cdots,y_k)$，中的每个次数只有有限个 ψ_i 有贡献，这就说明 ψ 是个形式幂级数，而且显然满足(6.8)．□

我们回忆1.4，每个 C^∞ 函数 $f\in\mathscr{E}_n$，都对应一个形式幂级数 jf

$=\sum_{\alpha}a_{\alpha}x^{\alpha}$,这是 f 在原点处的 Taylor 展式,$a_{\alpha}=\frac{1}{\alpha!}D^{\alpha}f(0)$. 且岩 $jf=0$,则 $f\in\mathscr{E}_n$ 为平坦函数. $\mathscr{E}_n$ 中全体平坦函数组成 $\mathscr{E}_n$ 的理想,$\mathscr{M}^{\infty}$. 由 Borel 引理的推论1.5.7,对应 j 是满的,从而我们可将 Schwarz 定理的证明归结为平坦函数情形.

命题3.6.6 如果 $\mathscr{E}(\Gamma)$中每个平坦函数 g 具有形式(6.6),则 $\mathscr{E}_n(\Gamma)$中每个芽 g 具有形式(6.6).

证明 设 $g\in\mathscr{E}(\Gamma)$,则 jg 为 Γ 不变的幂级数. 由命题3.6.5,存在形式幂级数 $\psi(y_1,\cdots,y_k)$使

$$jg(x)=\psi(u_1(x),\cdots,\psi_k(x)).$$

又据 Borel 引理的推论1.5.7,存在芽 $f\in\mathscr{E}_k$ 使 $jf=\psi$. 于是

$$j[g(x)-f(u_1(x),\cdots,u_k(x))]\equiv 0.$$

可见 $g(x)-f(u_1(x),\cdots,u_k(x))$为平坦函数. 根据假定,存在芽 $h\in\mathscr{E}_k$ 使

$$g(x)-f(u_1(x),\cdots,u_k(x))=h(u_1(x),\cdots,u_k(x)).$$

可见 g 满足(6.6). □

我们把 Hilbert 基$\{u_j(x)\}$改写成映射 σ,

$$\sigma:\mathbb{R}^n\to\mathbb{R}^k,\sigma(x)=(u_1(x),\cdots,u_k(x)).\tag{6.9}$$

则(6.6)可写成

$$g(x)=f(\sigma(x)).\tag{6.10}$$

设 $g\in\mathscr{E}(\Gamma)$为平坦的. 由命题3.6.6,为证得 Schwarz 定理只要构造出 $f\in\mathscr{E}_k$ 满足(6.10)就行. 对此,我们只列出构造 f 的要点. 首先,利用不变量理论可以证明,对于 $x,x'\in\mathbb{R}^n$,$\sigma(x)=\sigma(x')$当且仅当存在 $\gamma\in\Gamma$ 使 $x'=\gamma x$. 由此可对 σ 的象中每一点 y 得到 $f(y)$值. 再将此扩张到$\mathbb{R}^k$ 中原点以外的点. 最后利用 g 的平坦性证明所得的 f 在原点附近是 C^{∞}的.

现举$\mathbb{R}$ 上的 $\mathbf{Z}_2$不变函数环来说明上述过程. 设 $g\in\mathscr{E}(\mathbf{Z}_2)$平坦. 由 $g(-x)=g(x)$,可命 $f(y)=g(\sqrt{|y|})$. 则 $f(x^2)=g(x)$. 在 $y\neq 0$处 f 显然为 C^{∞}而在 $y=0$处由 g 平坦可推知 f 也为 C^{∞}.

3.6.3 不变量定理的证明

设 Γ 为紧 Lie 群. 我们来证明定理3.5.8和3.5.11,这两个定理分别表明 Γ 等变的映射模和矩阵值映射模是有限生成的. 在矩阵空间 $\mathscr{L}(n)=\mathbb{R}^{n^2}$ 情形,我们可以考虑 Γ 在 $\mathscr{L}(n)$ 上的作用,即

$$\gamma\cdot A=\gamma A\gamma^{-1},\forall\ \gamma\in\Gamma,A\in\mathscr{L}(n)\qquad(6.11)$$

(见例3.2.2). 为得到关于模的一般结果,我们设 Γ 同时作用在空间 $\mathbb{R}^n$ 和 $\mathbb{R}^m$ 上,并把 $\mathscr{E}(n,m)$ 中的 Γ **等变映射**集定义为

$$\mathscr{E}(\Gamma;n,m)=\{g\in\mathscr{E}(n,m)\mid g(\gamma x)=\gamma g(x),\forall\ \gamma\in\Gamma\}.$$

定理3.6.8 $\mathscr{E}(\Gamma;n,m)$ 为环 $\mathscr{E}_n(\Gamma)$ 上的有限生成模.

证明 基本思想是把等变情形转化为不变情形. 不妨设 Γ 正交地作用在 $\mathbb{R}^n$ 和 $\mathbb{R}^m$ 上. 记 $\mathbb{R}^m$ 上的 Γ 不变内积为 $\langle\ ,\ \rangle$. 设 $g\in\mathscr{E}(\Gamma;n,m)$, $y\in\mathbb{R}^m$. 命

$$f(x,y)=\langle g(x),y\rangle.\qquad(6.12)$$

不难验证 f 和 g 有关系

$$g(x)=(D_yf(x,0))^T.\qquad(6.13)$$

我们指出, f 为 $\mathbb{R}^n\times\mathbb{R}^m$ 上的 Γ 不变函数,这里 Γ 在 $\mathbb{R}^n\times\mathbb{R}^m$ 上的作用为对角的,即 $\gamma(x,y)=(\gamma x,\gamma y)$, $\forall\ \gamma\in\Gamma$. 事实上,

$$\begin{aligned}f(\gamma x,\gamma y)&=\langle g(\gamma x),\gamma y\rangle=\langle\gamma g(x),\gamma y\rangle\\&=\langle g(x),y\rangle=f(x,y).\end{aligned}$$

反之,对任一 Γ 不变函数 $f:\mathbb{R}^n\times\mathbb{R}^m\to\mathbb{R}$,设 g 由(6.13)给出. 对等式 $f(\gamma x,\gamma y)=f(x,y)$ 两边关于 y 求导并命 $y=0$,得

$$D_yf(\gamma x,0)\gamma=D_yf(x,0),$$

或 $\gamma^Tg(\gamma x)=g(x)$. 由于假设 γ 是正交作用, $\gamma^T=\gamma^{-1}$,得 $g(\gamma x)=\gamma g(x)$,即 g 为 Γ 等变.

现在考虑 Γ 在 $\mathbb{R}^n\times\mathbb{R}^m$ 上的(对角)作用,设其 Hilbert 基为 u_1, $\cdots$, u_k. 对任意 $g\in\mathscr{E}(\Gamma;n,m)$,设 f 由(6.12)给出,则易验证(6.13)式成立. 把 $f\in\mathscr{E}_{n+m}(\Gamma)$ 表成

$$f(x,y)=h(u_1(x,y),\cdots,u_k(x,y)),$$

并代入(6.13),可求得

$$g(x)=\sum_{j=1}^{k}\frac{\partial}{\partial u_j}h(u_1(x,0),\cdots,u_k(x,0))(D_y u_j(x,0))^T. \quad (6.14)$$

由于$\frac{\partial}{\partial u_j}h(u_1(x,0),\cdots,u_k(x,0))\in\mathscr{E}_n(\Gamma)$，这说明

$$(D_y u_j(x,0))^T, \quad j=1,\cdots,k, \quad (6.15)$$

为生成元，生成 $\mathscr{E}_n(\Gamma)$模 $\mathscr{E}(\Gamma;n,m)$. □

注3.6.9 从定理3.6.8证明中看出，$\mathscr{E}_n(\Gamma)$模 $\mathscr{E}(\Gamma;n,m)$的生成元由(6.15)式给出，其中$\{u_j\}$为 Γ 作用在$\mathbb{R}^n\times\mathbb{R}^m$ 上的 Hilbert 基，这也给出 $\mathscr{E}(\Gamma;n,m)$的生成元的一种求法.

为将定理3.6.8用于定理3.5.8和5.11的证明，需考虑 Γ 正交作用在空间$\mathbb{R}^n$ 和$\mathbb{R}^m$ 上，并且使$\mathbb{R}^m$ 的内积为 Γ 不变，这只要假定 $\Gamma\subset\mathbf{O}(n)$，根据§3.2中的结果，这个假定是合理的. 这样，对于 Γ 等变映射 $g:\mathbb{R}^n\to\mathbb{R}^n$ 可保持$\mathbb{R}^n$ 的内积为 Γ 不变. 而对于 Γ 等变矩阵值映射 $g:\mathbb{R}^n\to\mathscr{L}(n)$定义 $A=(a_{ij}),B=(b_{ij})\in\mathscr{L}(n)$的内积

$$\langle A,B\rangle=\sum_{i,j}a_{ij}b_{ij},$$

则在作用(6.11)下也为 Γ 不变，即

$$\langle\gamma\cdot A,\gamma\cdot B\rangle=\langle A,B\rangle.$$

事实上，设 $\gamma=(\gamma_{ij})\in\Gamma$. 由于

$$\gamma\cdot A=\gamma A\gamma^{-1}=\gamma A\gamma^T=(\sum_{k,l}\gamma_{ik}a_{kl}\gamma_{jl}),$$

利用$\sum_k\gamma_{ki}\gamma_{kj}=\delta_{ij}$，有

$$\begin{aligned}\langle\gamma\cdot A,\gamma\cdot B\rangle&=\sum_{i,j,k,l,k',l'}\gamma_{ik}a_{kl}\gamma_{jl}\gamma_{ik'}b_{k'l'}\gamma_{jl'}\\&=\sum\delta_{kk'}\delta_{ll'}a_{kl}b_{k'l'}\\&=\sum a_{kl}b_{kl}=\langle A,B\rangle.\end{aligned}$$

这样，我们可以得到定理3.5.8和5.11的结果.

定理3.5.8的证明 在定理3.6.8中取 $m=n$，并设 $\Gamma\subset\mathbf{O}(n)$为对$\mathbb{R}^n$ 标准作用，再利用定理3.5.2即得. □

定理3.5.11的证明 在定理3.6.8中取 $m=n^2$. 并设 $\Gamma\subset\mathbf{O}(n)$ 对$\mathbb{R}^n$ 是标准作用，对$\mathbb{R}^{n^2}=\mathscr{L}(n)$的作用为(6.11)，再利用定理

3.5.2即得. □

习 题 三

3.1 证明:(a) $\mathbf{S}^1$的每个2维不可约表示同构于 $\rho_k(\theta)z=e^{ik\theta}z$,对某个非负整数 k.

(b) (a)中的两个表示 ρ_k,ρ_l,当 $k>l>0$时不同构.

(c) $\mathbf{S}^1$的仅有的一维不可约表示是平凡表示.

3.2 设 ρ_1和 ρ_2为紧 Lie 群 Γ 在空间 V_1和 V_2上的两个不可约表示,Γ 对空间 $\mathscr{L}(V_1,V_2)$的作用定义为

$$\rho(\gamma)A=\rho_2(\gamma)A(\rho_1(\gamma))^{-1},\gamma\in\Gamma,A\in\mathscr{L}(V_1,V_2).$$

证明 (a) 若 ρ_1和 ρ_2不等价,则 $\int\gamma Ad\gamma=0,\forall A\in\mathscr{L}(V_1,V_2)$.

(b) $\int(\mathrm{tr}\,\rho_1(\gamma))(\mathrm{tr}\rho_2(\gamma))d\gamma=\dim\mathscr{L}_\Gamma(V_1,V_2)$.

3.3 由线性空间 V_1和 V_2可定义张量积 $V_1\otimes V_2$,它由形如 $x\otimes y(x\in V_1,y\in V_2)$的元的有限和组成,满足双线性关系,且若 $\{e_i^{(1)}\}$和$\{e_j^{(2)}\}$为 V_1和 V_2的基,则$\{e_i^{(1)}\otimes e_j^{(2)}\}$为 $V_1\otimes V_2$的基. 证明:由空间 V_j 上的表示 $\rho^j:\Gamma\to\mathbf{GL}(V_j),j=1,2$,可诱导空间 $V_1\otimes V_2$上的表示 $\rho^1\otimes\rho^2$(ρ^1和 ρ^2的张量积):

$$(\rho^1\otimes\rho^2)\gamma(x\otimes y)=\rho^1(\gamma)x\otimes\rho^2(\gamma)y,\forall\gamma\in\Gamma,$$

且满足 $\chi(\rho^1\otimes\rho^2)=\chi(\rho^1)\chi(\rho^2)$.

3.4 设 $\mathbf{O}(n)$标准作用在$\mathbb{R}^n$上,求轨道,相应的迷向子群及不动点子空间.

3.5 设 Σ 为 Γ 的迷向子群. 证明

(a) $N_\Gamma(\Sigma)=\{\gamma\in\Gamma|\gamma\mathrm{Fix}(\Sigma)=\mathrm{Fix}(\Sigma)\}$.

(b) 若 Σ 为最大迷向子群,且 $\dim\mathrm{Fix}(\Sigma)$为奇数,则 $N_\Gamma(\Sigma)/\Sigma$ 至多有二个元素.

3.6 设紧 Lie 群 Γ 不可约地作用在空间 V 上,$\Omega\subset\Gamma$ 为子群. 记 $\mathscr{D}=\mathscr{L}_\Gamma(V)$(回忆定理3.3.11,$\mathscr{D}$ 同构于$\mathbb{R}$,$\mathbb{C}$ 或$\mathbb{H}$). 证明:

(a) 若 $\mathscr{D}\cong\mathbb{C}$,则 $\dim\mathrm{Fix}(\Omega)$ 为偶数;而若 $\mathscr{D}\cong\mathbb{H}$,则 $\dim\mathrm{Fix}(\Omega)$为4的倍数.(提示:证明:$\mathrm{Fix}(\Omega)$关于 $\mathscr{D}$ 不变,且 $\mathscr{D}$

在 Fix(Ω)上的作用为不动点自由，因而 Fix(Ω)是 $\mathscr{D}$ 上的向量空间.）

(b) 若 dim Fix(Ω)是奇数，则 Γ 的作用绝对不可约.

3.7 设 $\Gamma=\mathbf{O}(n)$为$\mathbb{R}^n$ 上的标准表示，且通过对角作用方式作用在$\mathbb{R}^n\oplus\mathbb{R}^n$ 上，$(x,y)^T\in\mathbb{R}^n\oplus\mathbb{R}^n$. 证明 Γ 不变函数环的一组 Hilbert 基为$\|x\|^2,\|y\|^2,\langle x,y\rangle$，而 Γ 等变映射模的一组生成元为 $(x,0)^T,(y,0)^T,(0,x)^T,(0,y)^T$.

3.8 设 $\Gamma=\mathbf{S}^1$作用在$\mathbb{C}^2$上，$(z_1,z_2)\mapsto(e^{ip\theta}z_1,e^{iq\theta}z_2)$，其中 p,q 为互素的正整数. 证明

(a) $\mathscr{E}(\Gamma)$的 Hilbert 基为

$$\{\mathrm{Re}(z_1^q\bar{z}_2^p),\mathrm{Im}(z_1^q\bar{z}_2^p),|z_1|^2,|z_2|^2\}.$$

(b) $\vec{\mathscr{E}}(\Gamma)$的生成元为$(z_1,z_2)\mapsto$

$$(z_1,0),(iz_1,0),(\bar{z}_1^{q-1}z_2^p,0),(i\bar{z}_1^{q-1}z_2^p,0),$$
$$(0,z_2),(0,iz_2),(0,z_1^q\bar{z}_2^{p-1}),(0,iz_1^q\bar{z}_2^{p-1}).$$

第四章　等变分岔理论

本章，在第三章引进的群论方法的基础上，将第二章中的单变量分岔理论推广到一般的等变分岔问题进行讨论．同第二章类似，等变分岔问题的识别和普适开折是本章的两个主要课题．在§4.1中我们介绍对称形式的 Liapunov-Schmidt 简约，并给出等变分岔问题的标准形式．在§4.2中我们引进“等变限制切空间”和“等价轨道切空间”的概念；以它为工具，我们在§4.3中研究等变分岔问题的识别．在§4.4中介绍等变普适开折理论及计算；并在§4.5中对§4.4中的主要定理给出证明．

§4.1　等变分岔问题

本节中我们先介绍对称形式的 Liapunov-Schmidt 简约，它能使化简后的新的分岔问题保持原有的对称性，由此可得到等变分岔问题的标准形式．然后我们引入等变分岔问题的两个等价关系，并讨论在这两个等价关系下等变向量场在平衡点处的线性稳定性问题．

4.1.1　等变隐函数定理

我们首先将§1.2中讲述的隐函数定理推广到等变情形．

定理4.1.1（等变隐函数定理）　设紧 Lie 群 Γ 作用在 Banach 空间 $\mathscr{X}$，$\mathscr{Y}$ 和 $\mathscr{Z}$ 上．设 $k\geqslant 1$，$G:\mathscr{X}\times\mathscr{Y}\to\mathscr{Z}$ 关于 $(x,y)\in\mathscr{X}\times\mathscr{Y}$ 为 Γ 等变的 C^k 映射，即

$$G(\gamma x,\gamma y)=\gamma G(x,y),\quad \forall\ (x,y)\in\mathscr{X}\times\mathscr{Y},\ \gamma\in\Gamma, \tag{1.1}$$

且满足 $G(0,0)=0$．若 G 在原点处关于 x 的导数 $(D_xG)(0,0)\in\mathscr{L}(\mathscr{X},\mathscr{Y})$ 可逆，则存在 $0\in\mathscr{Y}$ 的邻域 U 及唯一的 C^k 映射 H：U→

$\mathscr{X}$ 满足

(i) U 是 Γ 不变的，即 $\gamma U \subset U, \forall \gamma \in \Gamma$；

(ii) $H(0)=0$；

(iii) $G(H(y),y)=0, \quad \forall y \in U$；

(iv) $H: U \to \mathscr{X}$ 是 Γ 等变的.

证明 由隐函数定理(定理1.2.6)知，存在$0 \in \mathscr{Y}$ 的开邻域 V 及唯一的 C^k 映射 $\widetilde{H}: V \to \mathscr{X}$，使得 $\widetilde{H}(0)=0$，且

$$G(\widetilde{H}(y),y) = 0, \quad \forall y \in V.$$

令 $U = \bigcap_{\gamma \in \Gamma} \gamma V$. 显见$0 \in U \subset V$ 且 U 满足(i).

我们证明 U 是开集. 设 $y_n \in \mathscr{Y} \setminus U, y_n \to y_0 (n \to \infty)$. 于是存在 $\gamma_n \in \Gamma$ 使 $\gamma_n^{-1} y_n \in \mathscr{Y} \setminus V$. 因 Γ 紧，不妨设 $\gamma_n \to \gamma_0 (n \to \infty)$，故 $\gamma_n^{-1} y_n \to \gamma_0^{-1} y_0 (n \to \infty)$. 因 $\mathscr{Y} \setminus V$ 是闭集，故 $\gamma_0^{-1} y_0 \in \mathscr{Y} \setminus V$，从而 $y_0 \in \mathscr{Y} \setminus U$. 这就证明了 $\mathscr{Y} \setminus U$ 是闭集，因而 U 是开集.

令 $H = \widetilde{H} | U$. 则 H 满足(ii)和(iii). 对 $\gamma \in \Gamma, y \in \mathscr{Y}$，由(1.1)，

$$G(\gamma^{-1} H(\gamma y), y) = \gamma^{-1} G(H(\gamma y), \gamma y) = 0,$$

即 $\gamma^{-1} \circ H \circ \gamma$ 满足(ii)、(iii). 由隐函数唯一性，$\gamma^{-1} \circ H \circ \gamma = H$，即 H 是 Γ 等变的. □

4.1.2 等变的 Liapunov-Schmidt 简约

现在我们将§1.3中引进的 Liapunov-Schmidt 简约推广到等变情形. 设紧 Lie 群 Γ 作用于 Banach 空间 $\mathscr{X}$ 和 $\mathscr{Y}$ 上，Γ 平凡作用于 Banach 空间 Λ 上，$(u,\lambda) \in \mathscr{X} \times \Lambda$. 设 $F: \mathscr{X} \times \Lambda \to \mathscr{Y}$ 是 Γ 等变的 C^k 映射，$k \geq 1$，即

$$F(\gamma u, \lambda) = \gamma F(u,\lambda), \qquad \forall (u,\lambda) \in \mathscr{X} \times \Lambda. \tag{1.2}$$

对(1.2)式两边关于 u 求导得

$$D_u F(\gamma u, \lambda) \gamma = \gamma D_u F(u,\lambda). \tag{1.3}$$

我们来考虑 F 在原点附近的分岔问题. 设 $F(0,0)=0, A=(dF)_{0,0} \equiv D_u F(0,0)$，$\dim \mathscr{N}(A) > 0$. 则由(1.3)知 $A: \mathscr{X} \to \mathscr{Y}$ 是 Γ 等变线性映射，即 $A\gamma = \gamma A, \forall \gamma \in \Gamma$. 而且易验证 $\mathscr{N}(A)$和 $\mathscr{R}(A)$分别是 $\mathscr{X}$ 和 $\mathscr{Y}$ 的 Γ 不变闭子空间.

设 M 和 N 分别是 $\mathscr{X}$ 和 $\mathscr{Y}$ 的 Γ 不变闭子空间，满足

$$\mathscr{X}=\mathscr{N}(A)\oplus \mathrm{M}, \qquad \mathscr{Y}=\mathrm{N}\oplus \mathscr{R}(A). \tag{1.4}$$

由命题3.2.4，当 $\mathscr{X}$ 和 $\mathscr{Y}$ 是 Hilbert 空间时，这样的子空间 M 和 N 是存在的. 设 A 是指标为零的 Fredholm 算子，即

$$\dim \mathscr{N}(A)=\dim \mathrm{N}<\infty.$$

现在对 F 作 Liapunov-Schmidt 简约. 设 $P:\mathscr{Y}\to\mathscr{Y}$ 是由(1.4)后一式确定的到 N 上的投射，并记 $Q=I-P$. 则 P 和 Q 为 Γ 等变. 将 $u\in\mathscr{X}$ 记成 $u=x+y\in\mathscr{N}(A)\oplus\mathrm{M}$. 则方程

$$F(u,\lambda)=0 \tag{1.5}$$

等价于

$$\psi_1(x,y,\lambda)\equiv PF(x+y,\lambda)=0, \tag{1.6a}$$

$$\psi_2(x,y,\lambda)\equiv QF(x+y,\lambda)=0, \tag{1.6b}$$

且 $\psi_1:\mathscr{N}(A)\times\mathrm{M}\times\Lambda\to\mathrm{N}$ 和 $\psi_2:\mathscr{N}(A)\times\mathrm{M}\times\Lambda\to\mathscr{R}(A)$ 关于 (x,y) 也都是 Γ 等变的. 对(1.6b)可用定理4.1.1得到 $0\in\mathscr{N}(A)\times\Lambda$ 的 Γ 不变邻域 U 及 Γ 等变 C^k 映射 $W:\mathrm{U}\to\mathrm{M}$ 使

$$W(0,0)=0, \quad \psi_2(x,W(x,\lambda),\lambda)=0, \quad \forall\ (x,\lambda)\in\mathrm{U}.$$

这样，在 $0\in\mathscr{N}(A)\times\mathrm{M}\times\Lambda$ 附近，方程(1.5)的解与

$$\psi_1(x,W(x,\lambda),\lambda)=0$$

的解一一对应. 令 $\varphi(x,\lambda)=\psi_1(x,W(x,\lambda),\lambda)$，则 $\varphi:\mathrm{U}\to\mathrm{N}$ 是 Γ 等变 C^k 映射，满足

$$\varphi(0,0)=0, \quad (d\varphi)_{0,0}=0. \tag{1.7}$$

因此有

定理4.1.2(等变的 Liapunov-Schmidt 简约) 设紧 Lie 群 Γ 作用于 Banach 空间 $\mathscr{X}$，$\mathscr{Y}$ 上，$F:\mathscr{X}\times\Lambda\to\mathscr{Y}$ 是 Γ 等变的 C^k 映射，$F(0,0)=0$. 设 $A=(dF)_{0,0}:\mathscr{X}\to\mathscr{Y}$ 满足

(i) A 是指标为零的 Fredholm 算子；

(ii) $\mathscr{N}(A)$ 和 $\mathscr{R}(A)$ 分别在 $\mathscr{X}$ 和 $\mathscr{Y}$ 中有 Γ 不变的补空间 M 和 N.

则存在 $(0,0)\in\mathscr{N}(A)\times\Lambda$ 的 Γ 不变邻域 U 及 Γ 等变的 C^k 映射 $\varphi:\mathrm{U}\to\mathrm{N}$，使得在 $(0,0)\in\mathscr{X}\times\Lambda$ 附近，$F=0$ 的解与 $\varphi=0$ 的解一

一对应，且 φ 满足(1.7)式.

设 $\dim \Lambda < \infty$. 适当取有限维空间 $\mathcal{N}(A)$ 和 N 的基，则 φ 成为有限维空间之间的 Γ 等变映射.

4.1.3 等变分岔问题的 Γ 等价

设紧 Lie 群 Γ 作用在 n 维向量空间 V 上. 为简单起见，我们考虑单参数情形.

定义4.1.1 称 Γ 等变可微映射芽 $g:(\mathrm{V}\times\mathbb{R},0)\to\mathrm{V}$ 是一个 Γ 等变分岔问题，指 g 满足

$$g(0,0)=0, \qquad (dg)_{0,0}=0, \tag{1.8}$$

这里仍用 $(dg)_{x,\lambda}$ 表示 g 在 $(x,\lambda)\in\mathrm{V}\times\mathbb{R}$ 处关于 x 的导数.

由等变的 Liapunov-Schmidt 简约结果(1.7)式知，(1.8)的要求是自然的.

记 $\mathscr{E}_{x,\lambda}$ 为 C^∞ 函数芽 $(\mathrm{V}\times\mathbb{R},0)\to\mathbb{R}$ 的全体，$\vec{\mathscr{E}}_{x,\lambda}$ 为 C^∞ 映射芽 $(\mathrm{V}\times\mathbb{R},0)\to\mathrm{V}$ 的全体，$\overleftrightarrow{\mathscr{E}}_{x,\lambda}$ 为 C^∞ 矩阵值映射芽 $(\mathrm{V}\times\mathbb{R},0)\to\mathscr{L}(\mathrm{V})$ 的全体. 记

$$\mathscr{E}_{x,\lambda}(\Gamma)=\{f\in\mathscr{E}_{x,\lambda}\mid f(\gamma x,\lambda)=f(x,\lambda),\ \forall\,\gamma\in\Gamma\},$$

$$\vec{\mathscr{E}}_{x,\lambda}(\Gamma)=\{g\in\vec{\mathscr{E}}_{x,\lambda}\mid g(\gamma x,\lambda)=\gamma g(x,\lambda),\ \forall\,\gamma\in\Gamma\},$$

$$\overleftrightarrow{\mathscr{E}}_{x,\lambda}(\Gamma)=\{S\in\overleftrightarrow{\mathscr{E}}_{x,\lambda}\mid S(\gamma x,\lambda)=\gamma S(x,\lambda)\gamma^{-1},\ \forall\,\gamma\in\Gamma\},$$

$$\vec{\mathscr{M}}^k_{x,\lambda}(\Gamma)=\{g\in\vec{\mathscr{E}}_{x,\lambda}(\Gamma)\mid (D^\alpha g)_{0,0}=0,\quad |\alpha|<k\},$$

这里 $\alpha=(\alpha_1,\cdots,\alpha_n,\alpha_{n+1})$ 为一组非负整数. 特别记

$$\vec{\mathscr{M}}_{x,\lambda}(\Gamma)=\vec{\mathscr{M}}^1_{x,\lambda}(\Gamma).$$

现在我们将第二章引进的芽之间的等价和强等价关系推广到 Γ 等变情形. 回忆 $\mathscr{L}_\Gamma(\mathrm{V})$ 是 $\mathscr{L}(\mathrm{V})$ 中的 Γ 等变线性映射集. 记 $\mathscr{L}(\Gamma)^\circ$ 为 $\mathscr{L}_\Gamma(\mathrm{V})\cap\mathbf{GL}(\mathrm{V})$ 中含单位元 I 的连通分支.

定义4.1.2 Γ 等价群和强 Γ 等价群分别为定义为

$$\mathscr{D}(\Gamma)=\{(S,X,\Lambda)\in\overleftrightarrow{\mathscr{E}}_{x,\lambda}(\Gamma)\times\vec{\mathscr{M}}_{x,\lambda}(\Gamma)\times\mathscr{M}_\lambda$$

$$|S(0,0),(dX)_{0,0} \in \mathscr{L}(\Gamma)^{\circ}, \Lambda'(0) > 0\},$$

$$\mathscr{D}^{s}(\Gamma) = \{(S,X,\Lambda) \in \mathscr{D}(\Gamma) \mid \Lambda(\lambda) \equiv \lambda\}.$$

对 $\Phi_i=(S_i,X_i,\Lambda_i)\in\mathscr{D}(\Gamma)$, $i=1,2$,令

$$S(x,\lambda) = S_2(x,\lambda)S_1(X_2(x,\lambda),\Lambda_2(\lambda)),$$

$$X(x,\lambda) = X_1(X_2(x,\lambda),\Lambda_2(\lambda)),$$

$$\Lambda(\lambda) = \Lambda_1(\Lambda_2(\lambda)).$$

易见 $\Phi=(S,X,\Lambda)\in\mathscr{D}(\Gamma)$. 记 $\Phi_2\Phi_1=\Phi$,则

$$(\Phi_2, \Phi_1) \mapsto \Phi_2\Phi_1$$

定义了 $\mathscr{D}(\Gamma)$上的一个运算. 不难验证 $\mathscr{D}(\Gamma)$关于该运算成为群,而 $\mathscr{D}^s(\Gamma)$是 $\mathscr{D}(\Gamma)$的(正规)子群.

$(S,X,\Lambda)\in\mathscr{D}(\Gamma)$作用在 $g\in\vec{\mathscr{E}}_{x,\lambda}(\Gamma)$上为

$$((S,X,\Lambda)\cdot g)(x,\lambda) = S(x,\lambda)g(X(x,\lambda),\Lambda(\lambda)). \quad (1.9)$$

定义4.1.3 对 $g\in\vec{\mathscr{E}}_{x,\lambda}(\Gamma)$,称群作用轨道 $\mathscr{D}(\Gamma)g$ 和 $\mathscr{D}^s(\Gamma)g$分别为 g 的 Γ 等价轨道和强 Γ 等价轨道;称 $g,h\in\vec{\mathscr{E}}_{x,\lambda}(\Gamma)$是 Γ 等价的,指 $h\in\mathscr{D}(\Gamma)g$,这时记 $g\sim_\Gamma h$;称 $g,h\in\vec{\mathscr{E}}_{x,\lambda}(\Gamma)$是强 Γ 等价的,指 $h\in\mathscr{D}^s(\Gamma)g$,这时记 $g\overset{s}{\sim}_\Gamma h$.

注4.1.3(a) 群 $\mathscr{D}(\Gamma)$或 $\mathscr{D}^s(\Gamma)$中元可看作空间 $\vec{\mathscr{E}}_{x,\lambda}(\Gamma)$到自身的线性同构. 易见 $\vec{\mathscr{M}}_{x,\lambda}(\Gamma)$是 $\mathscr{D}(\Gamma)$和 $\mathscr{D}^s(\Gamma)$不变的,而(S,X,Λ)在 $\mathscr{D}(\Gamma)$中所满足的条件可以保证$(S,X,\Lambda)g$ 仍是 Γ 等变分岔问题,且具有与 g 相同的定性性态.

(b) Γ 等价 $h\sim_\Gamma g$ 的表达式

$$h(x,\lambda) = S(x,\lambda)g(X(x,\lambda),\Lambda(\lambda)), \quad (1.10)$$

中 g 前面作用的线性算子 $S(x,\lambda)$似乎可推广为下面更一般的形式

$$h(x,\lambda) = Q(x,\lambda,g(x,\lambda)), \quad (1.11)$$

这里 Q:V×ℝ×V→V 在原点附近满足对任意$(x,\lambda)\in$V×ℝ,

$$y \mapsto Q(x,\lambda,y) : \mathrm{V} \to \mathrm{V} \quad (1.12\mathrm{a})$$

是微分同胚,且

$$Q(x,\lambda,0)=0, \tag{1.12b}$$

$$Q(\gamma x,\lambda,\gamma y)=\gamma Q(x,\lambda,y), \quad \forall \gamma\in\Gamma, \tag{1.12c}$$

$$D_yQ(0,0,0)\in\mathscr{L}(\Gamma)^{\circ}. \tag{1.12d}$$

但下面命题指出满足(1.11)中的 h 和 g 是强 Γ 等价的.

命题4.1.4 设紧 Lie 群 Γ 作用于空间 V 上,$Q:(\mathrm{V}\times\mathbb{R}\times\mathrm{V},0)\to\mathrm{V}$ 满足条件(1.12),且分岔问题 $g,h\in\vec{\mathscr{E}}_{x,\lambda}(\Gamma)$ 满足(1.11).则存在 $S\in\overleftrightarrow{\mathscr{E}}_{x,\lambda}(\Gamma)$,使 $S(0,0)\in\mathscr{L}(\Gamma)^{\circ}$,且

$$h(x,\lambda)=S(x,\lambda)\,g(x,\lambda).$$

证明 由(1.12b,d)可设 $Q(x,\lambda,y)=A(x,\lambda,y)y$,其中 $A(x,\lambda,y)\in\mathscr{L}(\mathrm{V})$, $A(0,0,0)=D_yQ(0,0,0)\in\mathscr{L}(\Gamma)^{\circ}$. 由(1.12c),

$$A(\gamma x,\lambda,\gamma y)\gamma y=\gamma A(x,\lambda,y)y, \quad \forall \gamma\in\Gamma.$$

令 $B(x,\lambda,y)=\int_{\Gamma}\gamma^{-1}A(\gamma x,\lambda,\gamma y)\gamma\, d\gamma$. 则上式表明

$$A(x,\lambda,y)y=B(x,\lambda,y)y.$$

由 Haar 积分的平移不变性,对每个 $\xi\in\Gamma$,

$$\begin{aligned}B(\xi x,\lambda,\xi y)&=\int_{\Gamma}\gamma^{-1}A(\gamma\xi x,\lambda,\gamma\xi y)\gamma\, d\gamma\\&=\xi B(x,\lambda,y)\xi^{-1}.\end{aligned} \tag{1.13}$$

令 $S(x,\lambda)=B(x,\lambda,g(x,\lambda))$. 则上式表明 $S\in\overleftrightarrow{\mathscr{E}}_{x,\lambda}(\Gamma)$. 而

$$S(0,0)=B(0,0,0)=A(0,0,0)\in\mathscr{L}(\Gamma)^{\circ},$$

且 $h(x,\lambda)=Q(x,\lambda,g(x,\lambda))=S(x,\lambda)g(x,\lambda)$. □

4.1.4 关于等变向量场的稳定性问题

这一小节我们把 Γ 等变映射 $g\in\vec{\mathscr{E}}_{x,\lambda}(\Gamma)$ 看成微分方程

$$\frac{dx}{dt}=g(x,\lambda) \tag{1.14}$$

的向量场,来讨论经 Γ 等价

$$h(x,\lambda)=S(x,\lambda)g(X(x,\lambda),\Lambda(\lambda)), \tag{1.15}$$

$(S,X,\Lambda)\in\mathscr{D}(\Gamma)$,(1.14)的平衡解的线性稳定性是否能保持的

问题. 设(x_0,λ_0)为h的零点,$h(x_0,\lambda_0)=0$. 则$(x_1,\lambda_1)=(X(x_0,\lambda_0),\Lambda(\lambda_0))$为$g$的零点,即(1.14)的平衡解. 问题归结为在这些平衡解处g和h的线性化矩阵的本征值实部符号是否会改变.

可以把g的Γ等价(1.15)分成两步:

(i) $g(x,\lambda)\to g(X(x,\lambda),\Lambda(\lambda))$;

(ii) $g(x,\lambda)\to S(x,\lambda)\,g(x,\lambda)$.

我们指出,步骤(i)可归结为(ii). 事实上,考虑

$$\tilde{g}(x,\lambda)=(dX)_{x,\lambda}^{-1}\,g(X(x,\lambda),\Lambda(\lambda)).$$

对$\tilde{g}$在零点(x_0,λ_0)处关于x求导,

$$(d\tilde{g})_{x_0,\lambda_0}=(dX)_{x_0,\lambda_0}^{-1}(dg)_{x_1,\lambda_1}(dX)_{x_0,\lambda_0}.$$

可见dg和$d\tilde{g}$在相应零点处的本征值不变. 这就将变换(i)归结为(ii),即有

命题4.1.5 设g的平衡点在每个形如$S(x,\lambda)g(x,\lambda)$的Γ等价下保持线性稳定性,则该平衡点在每个Γ等价下也保持线性稳定性. □

于是,为讨论保持线性稳定性的条件,只要考虑步骤(ii)的Γ等价性. 因而,比如对于第二章讨论过的单变量分岔问题,在等价变换下总能保持其稳定性. 一般,设

$$h(x,\lambda)=S(x,\lambda)g(x,\lambda).$$

则在g的零点(x_0,λ_0)处

$$(dh)_{x_0,\lambda_0}=S(x_0,\lambda_0)\,(dg)_{x_0,\lambda_0}.$$

记$S_0=S(x_0,\lambda_0)$. 若x_0在Γ的不动点子空间$\mathrm{Fix}(\Gamma)$中,即$\gamma x_0=x_0,\forall\gamma\in\Gamma$,则$S_0$与$\Gamma$交换,$\gamma S_0=S_0\gamma,\forall\gamma\in\Gamma$. 特别,若$\Gamma$绝对不可约地作用在空间V上,则$S_0=cI,c\in\mathbb{R}$,且由于$S_0\in\mathscr{L}_\Gamma(V)^\circ$,$c>0$. 这就是说,矩阵$(dh)_{x_0,\lambda_0}$和$(dg)_{x_0,\lambda_0}$相差一个正数$c$倍,它们的本征值实部符号都不变,这就得到

命题4.1.6 设Γ绝对不可约地作用在V上,$g\in\vec{\mathscr{E}}_{x,\lambda}(\Gamma)$且$g(x_0,\lambda_0)=0$. 若$x_0\in\mathrm{Fix}(\Gamma)$,则$(x_0,\lambda_0)$的线性稳定性在$\Gamma$等价下保持不变. □

§4.2 等价轨道切空间与等变限制切空间

本节中我们介绍轨道切空间的概念，它的两个特例，即Γ等价轨道切空间和等变限制切空间（或强Γ等价轨道切空间），是我们在研究分岔问题的识别时的基本工具．我们将详细讨论它们的代数结构，并对几种重要的情形给出计算结果．至于它们在识别问题中的具体应用则留在下节中介绍．

4.2.1 等价轨道切空间与等变限制切空间

设紧Lie群Γ作用于(n维)向量空间V上．我们把上一节的Γ等价群$\mathscr{D}(\Gamma)$和强Γ等价群$\mathscr{D}^s(\Gamma)$统一记作群$\mathscr{D}$，它作用于空间$\vec{\mathscr{E}}_{x,\lambda}(\Gamma)$上．

定义4.2.1 对于$g\in\vec{\mathscr{E}}_{x,\lambda}(\Gamma)$，称

$$\mathrm{T}(g;\mathscr{D})=\{\frac{d}{dt}(\Phi_t g)\Big|_{t=0}\in\vec{\mathscr{E}}_{x,\lambda}(\Gamma)\,|\,\Phi_t\in\mathscr{D},\Phi_0=Id\}\quad(2.1)$$

为g的$\mathscr{D}$**轨道切空间**．特别，称$\mathscr{D}(\Gamma)$轨道切空间为Γ**等价轨道切空间**，称$\mathscr{D}^s(\Gamma)$轨道切空间为Γ**限制切空间**（也称作**强Γ等价轨道切空间**），并且记

$$\tilde{\mathrm{T}}(g,\Gamma)=\mathrm{T}(g;\mathscr{D}(\Gamma)),$$
$$\mathrm{RT}(g,\Gamma)=\mathrm{T}(g;\mathscr{D}^s(\Gamma)).$$

注意，$\mathrm{T}(g;\mathscr{D})$的几何意义为群作用轨道$\mathscr{D}g$在$g$处的“切空间”，这也是“轨道切空间”名称的由来．如果把$\mathscr{D}$看成一个“Lie群”，则$\mathrm{T}(g;\mathscr{D})$就相当于相应的“Lie代数”．

现在我们来研究Γ等价轨道切空间和Γ限制切空间的代数结构．

设$g\in\vec{\mathscr{E}}_{x,\lambda}(\Gamma)$，$\Phi_t=(S_t,X_t,\Lambda_t)\in\mathscr{D}(=\mathscr{D}(\Gamma)$或$\mathscr{D}^s(\Gamma))$，$\Phi_0=Id$．则按(1.9)式，

$$\frac{d}{dt}(\Phi_t g)\Big|_{t=0}=\frac{d}{dt}(S_t(x,\lambda)g(X_t(x,\lambda),\Lambda_t(\lambda)))\Big|_{t=0}$$

$$=\dot{S}_0(x,\lambda)g(x,\lambda)+(dg)_{x,\lambda}\dot{X}_0(x,\lambda)+g_\lambda(x,\lambda)\dot{\Lambda}_0(\lambda),$$

其中 $\dot{S}_0\in\overleftrightarrow{\mathscr{E}}_{x,\lambda}(\Gamma)$，$\dot{X}_0\in\overrightarrow{\mathscr{M}}_{x,\lambda}(\Gamma)$，$\dot{\Lambda}_0\in\overrightarrow{\mathscr{M}}_\lambda$. 特别当 $\mathscr{D}=\mathscr{D}^s(\Gamma)$ 时，$\dot{\Lambda}_0\equiv 0$.

反之，对 $S\in\overleftrightarrow{\mathscr{E}}_{x,\lambda}(\Gamma)$，$X\in\overrightarrow{\mathscr{M}}_{x,\lambda}(\Gamma)$ 和 $\Lambda\in\overrightarrow{\mathscr{M}}_\lambda$，令

$$S_t(x,\lambda)=I+tS(x,\lambda),$$
$$X_t(x,\lambda)=x+tX(x,\lambda),$$
$$\Lambda_t(\lambda)=\lambda+t\Lambda(\lambda).$$

容易验证当 $|t|$ 充分小时，$(S_t,X_t,\Lambda_t)\in\mathscr{D}(\Gamma)$，而且

$$Sg+(dg)X+g_\lambda\Lambda=\frac{d}{dt}((S_t,X_t,\Lambda_t)\,g)\bigg|_{t=0}.$$

特别，若 $\Lambda\equiv 0$，则 $(S_t,X_t,\Lambda_t)\in\mathscr{D}^s(\Gamma)$.

由上述分析知

$$\widetilde{\mathrm{T}}(g,\Gamma)=\{Sg+(dg)X+g_\lambda\Lambda\,|\,(S,X,\Lambda)\in \overleftrightarrow{\mathscr{E}}_{x,\lambda}(\Gamma)\times\overrightarrow{\mathscr{M}}_{x,\lambda}(\Gamma)\times\overrightarrow{\mathscr{M}}_\lambda\},\tag{2.2a}$$

$$\mathrm{RT}(g,\Gamma)=\{Sg+(dg)X\,|\,(S,X)\in \overleftrightarrow{\mathscr{E}}_{x,\lambda}(\Gamma)\times\overrightarrow{\mathscr{M}}_{x,\lambda}(\Gamma)\}.\tag{2.2b}$$

易见 $\mathrm{RT}(g,\Gamma)\subset\widetilde{\mathrm{T}}(g,\Gamma)\subset\overrightarrow{\mathscr{E}}_{x,\lambda}(\Gamma)$，它们都是（线性）子空间，其中 $\mathrm{RT}(g,\Gamma)$ 是 $\overrightarrow{\mathscr{E}}_{x,\lambda}(\Gamma)$ 的 $\mathscr{E}_{x,\lambda}(\Gamma)$ 子模，且

$$\widetilde{\mathrm{T}}(g,\Gamma)=\mathrm{RT}(g,\Gamma)+\mathscr{E}_\lambda\{\lambda g_\lambda\}.\tag{2.3}$$

而 $\widetilde{\mathrm{T}}(g,\Gamma)$ 一般不是 $\overrightarrow{\mathscr{E}}_{x,\lambda}(\Gamma)$ 的子模.

命题4.2.1 (a) $\Phi\mathrm{RT}(g,\Gamma)=\mathrm{RT}(\Phi g,\Gamma)$，$\forall\,\Phi\in\mathscr{D}(\Gamma)$；

(b) $\Phi\widetilde{\mathrm{T}}(g,\Gamma)=\widetilde{\mathrm{T}}(\Phi g,\Gamma)$，$\forall\,\Phi\in\mathscr{D}(\Gamma)$.

证明 记 $\mathscr{D}=\mathscr{D}(\Gamma)$ 或 $\mathscr{D}^s(\Gamma)$. 设 $\Phi\in\mathscr{D}(\Gamma)$. 对任意 $\Phi_t\in\mathscr{D}$ 使 $\Phi_0=Id$，由于 $\mathscr{D}^s(\Gamma)$ 是 $\mathscr{D}(\Gamma)$ 的正规子群，总有 $\Phi\Phi_t\Phi^{-1}\in\mathscr{D}$，$\Phi\Phi_0\Phi^{-1}=Id$. 因而

$$\Phi\frac{d}{dt}(\Phi_t\,g)\bigg|_{t=0}=\frac{d}{dt}(\Phi\Phi_t\Phi^{-1}\,\Phi g)\bigg|_{t=0}\in\mathrm{T}(\Phi g;\mathscr{D}).$$

故 $\Phi\mathrm{T}(g;\mathscr{D})\subset\mathrm{T}(\Phi g;\mathscr{D})$. 进而可得

$$\Phi^{-1}\mathrm{T}(\Phi g;\mathscr{D}) \subset \mathrm{T}(\Phi^{-1}\Phi g;\mathscr{D}) = \mathrm{T}(g;\mathscr{D}).$$

可见 $\Phi\mathrm{T}(g;\mathscr{D})=\mathrm{T}(\Phi g;\mathscr{D})$. □

4.2.2 等变限制切空间的计算问题

我们现在来讨论等变限制切空间与 Γ 等价轨道切空间的计算问题. 设 $S_1,\cdots,S_k$ 是 $\overleftrightarrow{\mathscr{E}}_{x,\lambda}(\Gamma)$的生成元,$X_1,\cdots,X_l$ 是 $\overrightarrow{\mathscr{M}}_{x,\lambda}(\Gamma)$的生成元. 则 $\mathrm{RT}(g,\Gamma)$由

$$S_1g,\cdots,S_kg,(dg)X_1,\cdots,(dg)X_l \tag{2.4}$$

生成. 利用(2.4)所刻划的代数结构,我们可求得等变限制切空间 $\mathrm{RT}(g,\Gamma)$,进而由(2.3)得到 Γ 等价轨道切空间 $\tilde{\mathrm{T}}(g,\Gamma)$.

例4.2.2 $\Gamma=\mathbb{1}$, $\mathrm{V}=\mathbb{R}^n$. 这是$\mathbb{R}^n$上无对称的分岔问题的情形. $g\in\overrightarrow{\mathscr{M}}_{x,\lambda}$. 取$\mathbb{R}^n$的标准基 $e_1,\cdots,e_n$,$\overrightarrow{\mathscr{M}}_{x,\lambda}$由 $\lambda e_j,x_ke_j(1\leqslant j,k\leqslant n)$生成,$\overleftrightarrow{\mathscr{E}}_{x,\lambda}$由 $E_{jk}(1\leqslant j,k\leqslant n)$生成,这里 E_{jk}为(j,k)处是1,其余元素是零的 $n\times n$ 矩阵. 记 $g=\sum_{j=1}^n g_je_j$,则

$$\mathrm{RT}(g,\mathbb{1}) = \langle g_je_k,\lambda\partial g/\partial x_j,x_k\,\partial g/\partial x_j\rangle\big|_{1\leqslant j,k\leqslant n}, \tag{2.5a}$$

$$\tilde{\mathrm{T}}(g,\mathbb{1}) = \langle g_je_k,\lambda\partial g/\partial x_j,x_k\,\partial g/\partial x_j\rangle + \mathscr{E}_\lambda\{\lambda g_\lambda\}. \tag{2.5b}$$

若 $X_1,\cdots,X_l$ 自由地生成 $\mathscr{E}_{x,\lambda}(\Gamma)$模 $\overrightarrow{\mathscr{M}}(\Gamma)$,即每个 $h\in\overrightarrow{\mathscr{M}}(\Gamma)$可唯一表成

$$h = h_1X_1 + \cdots + h_lX_l, \qquad h_j\in\mathscr{E}_{x,\lambda}(\Gamma),$$

则记 $h=[h_1,\cdots,h_l]$.

例4.2.3 我们在引理2.5.1和例3.5.12(a)中已经看到 $\Gamma=\mathbf{Z}_2$作用在$\mathbb{R}$上时,$\overleftrightarrow{\mathscr{E}}(\mathbf{Z}_2)$由1生成,$\overrightarrow{\mathscr{M}}(\mathbf{Z}_2)$由 x 生成,$g\in\overrightarrow{\mathscr{M}}(\mathbf{Z}_2)$可表成 $g(x,\lambda)=r(u,\lambda)x\equiv[r],u=x^2$. 而

$$\mathrm{RT}(g,\mathbf{Z}_2) = \langle[r],[ur_u]\rangle, \tag{2.6a}$$

$$\tilde{\mathrm{T}}(g,\mathbf{Z}_2) = \langle[r],[ur_u]\rangle + \mathscr{E}_\lambda\{[\lambda r_\lambda]\}. \tag{2.6b}$$

例4.2.4 设 $\Gamma=\mathbf{D}_2\cong\mathbf{Z}_2\oplus\mathbf{Z}_2=\left\{\begin{pmatrix}\varepsilon_1 & 0\\ 0 & \varepsilon_2\end{pmatrix}\,\middle|\,\varepsilon_j=\pm1\right\}$作用在 V

$=\mathbb{R}^2$上，$(x,y)\in\mathbb{R}^2$. 易验证 $\vec{\mathscr{E}}(\mathbf{D}_2)$由$(x,0)$，$(0,y)$生成，$\overleftrightarrow{\mathscr{E}}(\mathbf{D}_2)$由

$$\begin{pmatrix}1&0\\0&0\end{pmatrix},\begin{pmatrix}0&xy\\0&0\end{pmatrix},\begin{pmatrix}0&0\\xy&0\end{pmatrix},\begin{pmatrix}0&0\\0&1\end{pmatrix}$$

生成，而 $g\in\vec{\mathscr{M}}(\mathbf{D}_2)$可表成

$$g(x,y,\lambda)=(xp(u,v,\lambda),\ yq(u,v,\lambda))\equiv[p,q],$$

其中 $u=x^2,v=y^2$. 且不难验证

$$\mathrm{RT}(g,\mathbf{D}_2)=\langle[p,0],[0,q],[0,up],[vq,0],[up_u,uq_u],\\ [vp_v,vq_v]\rangle, \tag{2.7a}$$

$$\widetilde{\mathrm{T}}(g,\mathbf{D}_2)=\mathrm{RT}(g,\mathbf{D}_2)+\mathscr{E}_\lambda\{[\lambda p_\lambda,\lambda q_\lambda]\}. \tag{2.7b}$$

例4.2.5 $\Gamma=\mathbf{Z}_2=\left\{\begin{pmatrix}1&0\\0&\varepsilon\end{pmatrix}\middle|\varepsilon=\pm1\right\}$标准作用在 $\mathrm{V}=\mathbb{R}^2$上，$x=(x_1,x_2)\in\mathbb{R}^2$. 则$\mathscr{E}(\mathbf{Z}_2)$的 Hilbert 基为 $u=x_1,v=x_2^2$，$\vec{\mathscr{E}}_{x,\lambda}(\mathbf{Z}_2)$由$(1,0)$，$(0,x_2)$生成，$\overleftrightarrow{\mathscr{E}}_{x,\lambda}(\mathbf{Z}_2)$由

$$S_1=\begin{pmatrix}1&0\\0&0\end{pmatrix},\ S_2=\begin{pmatrix}0&x_2\\0&0\end{pmatrix},\ S_3=\begin{pmatrix}0&0\\x_2&0\end{pmatrix},\ S_4=\begin{pmatrix}0&0\\0&1\end{pmatrix}$$

生成. 而 $g\in\vec{\mathscr{M}}_{x,\lambda}(\mathbf{D}_2)$可表成

$$g(x_1,x_2,\lambda)=(p(u,v,\lambda),\ q(u,v,\lambda)\ x_2)\equiv[p,q],$$

其中 $p(0,0,0)=0$，且有

$$S_1g=[p,0],S_2g=[vq,0],S_3g=[0,p],S_4g=[0,q].$$

由于 $\vec{\mathscr{M}}_{x,\lambda}(\mathbf{D}_2)$的生成元为$(0,x_2)$，$(u,0)$，$(v,0)$，$(\lambda,0)$. 利用(2.4)和(2.3)式可得

$$\mathrm{RT}(g,\mathbf{Z}_2)=\langle[p,0],[vq,0],[0,p],[0,q],[up_u,uq_u],\\ [vp_u,vq_u],[\lambda p_u,\lambda q_u],[vp_v,vq_v]\rangle, \tag{2.8a}$$

$$\widetilde{\mathrm{T}}(g,\mathbf{Z}_2)=\mathrm{RT}(g,\mathbf{Z}_2)+\mathscr{E}_\lambda\{[\lambda p_\lambda,\lambda q_\lambda]\}. \tag{2.8b}$$

在平面映射情形，利用复坐标$(x,y)\mapsto x+iy\in\mathbb{C}$，可使计算简化. 若记

$$z=x+iy,\bar{z}=x-iy, \tag{2.9}$$

则易验证，线性变换

$$(z,\bar{z}) \to (a+ib)z + (c-id)\bar{z} \tag{2.10}$$

等同于

$$\begin{pmatrix} x \\ y \end{pmatrix} \to \begin{pmatrix} a+c & -b+d \\ b+d & a-c \end{pmatrix} \begin{pmatrix} x \\ y \end{pmatrix}. \tag{2.11}$$

命题4.2.6 设 $h:\mathbb{C}\times\mathbb{C}\to\mathbb{C}$ 是 z 和 $\bar{z}$ 的可微函数. 则在复坐标下

$$(Dh)w = h_z w + h_{\bar{z}}\bar{w}. \tag{2.12}$$

证明 记 z 和 $\bar{z}$ 如(2.9)式,并记 $w=u+iv$ 及 $h=\varphi+i\psi$,这里 φ 和 ψ 是实变量 x,y 的可微实函数. 于是

$$\begin{pmatrix} \varphi_x & \varphi_y \\ \psi_x & \psi_y \end{pmatrix} \begin{pmatrix} u \\ v \end{pmatrix} = \begin{pmatrix} \varphi_x u + \varphi_y v \\ \psi_x u + \psi_y v \end{pmatrix}$$

写成复数形式为 $(Dh)w=(\psi_x u+\psi_y v)+i(\psi_x u+\psi_y v)$. 利用

$$\partial/\partial x = \partial/\partial z + \partial/\partial\bar{z}, \qquad \partial/\partial y = i(\partial/\partial z - \partial/\partial\bar{z}),$$

经直接验证可得(2.12)式. □

例4.2.7 $\Gamma=\mathbf{D}_m(m\geqslant 3)$标准作用在 $\mathrm{V}=\mathbb{C}\cong\mathbb{R}^2$上. 回忆§3.5中的结果,$\mathscr{E}(\mathbf{D}_m)$的 Hilbert 基为 $u=z\bar{z}, v=z^m+\bar{z}^m$; $\vec{\mathscr{E}}(\mathbf{D}_m)$的生成元为 $z,\bar{z}^{m-1}$; $\overleftrightarrow{\mathscr{E}}(\mathbf{D}_m)$的生成元为

$$S_1(z)w = w, \qquad S_2(z)w = z^2\bar{w},$$

$$S_3(z)w = \bar{z}^{m-2}\bar{w}, \qquad S_4(z)w = z^m w,$$

且 $g\in\vec{\mathscr{M}}(\mathbf{D}_m)$可表为

$$g(z,\lambda) = p(u,v,\lambda)z + q(u,v,\lambda)\,\bar{z}^{m-1} \equiv [p,q]. \tag{2.13}$$

于是

$$\begin{aligned} S_1 g &= [p,q], \\ (uS_1+S_2)g &= [2up+vq,0], \\ S_3 g &= [u^{m-2}q,p], \\ (uS_3+S_4)g &= [vp+2u^{m-1}q,0]. \end{aligned} \tag{2.14}$$

另一方面,

$$g_z = p + up_u + mp_v z^m + q_u\bar{z}^m + mu^{m-1}q_v,$$

$$g_{\bar{z}} = p_u z^2 + (mup_v + (m-1)q + uq_u)\bar{z}^{m-2} + mq_v\bar{z}^{2m-2}.$$

由命题4.2.6知

$(dg)z=[p+2up_u+mvp_v,(m-1)q+(m+1)uq_u+mvq_v]$,

$(dg)\bar{z}^{m-1}=[vp_u+2mu^{m-1}p_v+(m-1)u^{m-2}q+(m-1)u^{m-1}q_u,$

$$p+vq_u+2mu^{m-1}q_v].$$

由(2.4),并结合(2.14),知 $\mathrm{RT}(g,\mathbf{D}_m)$ 的生成元为

$$\begin{aligned}&[p,q],[2up+vq,0],[u^{m-2}q,p],[vp+2u^{m-1}q,0],\\&[2up_u+mvp_v,(m-2)q+(m+1)uq_u+mvq_v],\\&[vp_u+2mu^{m-1}p_v+(m-2)u^{m-2}q+(m-1)u^{m-1}q_u,\\&vq_u+2mu^{m-1}q_v].\end{aligned} \tag{2.15a}$$

而

$$\widetilde{\mathrm{T}}(g,\mathbf{D}_m)=\mathrm{RT}(g,\mathbf{D}_m)+\mathscr{E}_\lambda\{[\lambda p_\lambda,\lambda q_\lambda]\}. \tag{2.15b}$$

例4.2.8 $\Gamma=\mathbf{O}(2)$标准作用在 $V=\mathbb{C}\cong\mathbb{R}^2$上. $\mathscr{E}(\mathbf{O}(2))$由 $u=z\bar{z}$ 生成, $\vec{\mathscr{E}}(\mathbf{O}(2))$由 z 生成, $\overleftrightarrow{\mathscr{E}}(\mathbf{O}(2))$由

$$S_1(z)w=w,\quad S_2(z)w=z^2\overline{w}$$

生成,$g\in\vec{\mathscr{E}}(\mathbf{O}(2))$可表成

$$g(z,\lambda)=p(u,\lambda)z\equiv[p].$$

于是

$$\begin{aligned}&S_1g=[p],\qquad S_2g=[up],\\&(dg)z=(p+\bar{z}p_uz)z+(zp_uz)\bar{z}=[p+2up_u].\end{aligned}$$

因而

$$\mathrm{RT}(g,\mathbf{O}(2))=\langle[p],[up_u]\rangle, \tag{2.16a}$$

$$\widetilde{\mathrm{T}}(g,\mathbf{O}(2))=\langle[p],[up_u]\rangle+\mathscr{E}_\lambda\{[\lambda p_\lambda]\}. \tag{2.16b}$$

§4.3 等变分岔问题的识别

等变分岔问题的识别就是按照Γ等价关系对等变分岔问题进行判定和分类,它的核心问题是:如何适当选取Γ等价类的代

表元，即求正规形，以及如何判定一个等变分岔问题与某个正规形 Γ 等价. 本节中我们先介绍等限制切空间的一个重要性质，然后介绍内蕴理想和内蕴子模的概念，它们是深入研究识别问题不可缺少的有效工具. 最后我们讨论几个具体分岔问题的识别.

4.3.1 轨道切空间的一个重要性质

设紧 Lie 群 Γ 作用在空间 $V=\mathbb{R}^n$ 上，$g\in \vec{\mathscr{E}}_{x,\lambda}(\Gamma)$. 若 $p\in \vec{\mathscr{E}}_{x,\lambda}(\Gamma)$ 满足：对一切 $t\in\mathbb{R}$，$g+tp$(强)Γ 等价于 g，则按轨道切空间的定义，$p\in\widetilde{T}(g,\Gamma)$($p\in RT(g,\Gamma)$). 因此 $p\in\widetilde{T}(g,\Gamma)$($p\in RT(g,\Gamma)$)是 $g+tp$(强)Γ 等价于 g($\forall\, t$)的必要条件，但它不是充分的. 下述定理给出了 $g+tp$(强)Γ 等价于 g 的一个充分条件.

定理4.3.1 设 $g,p\in\vec{\mathscr{E}}_{x,\lambda}(\Gamma)$.

(a) 若

$$\widetilde{T}(g,\Gamma)=\widetilde{T}(g+tp,\Gamma),\qquad \forall\, t\in[0,1], \tag{3.1}$$

则 $g+tp$ 与 g 为 Γ 等价，$\forall\, t\in[0,1]$；

(b) 若

$$RT(g,\Gamma)=RT(g+tp,\Gamma),\qquad \forall\, t\in[0,1], \tag{3.2}$$

则 $g+tp$ 与 g 为强 Γ 等价，$\forall\, t\in[0,1]$.

证明 (a) 令 $G(x,\lambda,t)=g(x,\lambda)+tp(x,\lambda)$. 我们要证明的是，存在关于 x 为 Γ 等变的 $S\in\overleftrightarrow{\mathscr{E}}_{x,\lambda,t}(\Gamma)$ 和 $X\in\vec{\mathscr{E}}_{x,\lambda,t}(\Gamma)$，以及 $\Lambda\in\mathscr{E}_{\lambda,t}$，使

$$g(x,\lambda)=S(x,\lambda,t)G(X(x,\lambda,t),\Lambda(\lambda,t),t), \tag{3.3}$$

$$S(x,\lambda,0)=I_n,X(x,\lambda,0)=x,\Lambda(\lambda,0)=\lambda, \tag{3.4}$$

$$X(0,0,t)=0,\Lambda(0,t)=0\,. \tag{3.5}$$

(3.3)两边对 t 求导并经移项可得

$$p(X,\Lambda)=-S^{-1}(x,\lambda,t)S_t(x,\lambda,t)G(X,\Lambda,t)-(dG)_{X,\Lambda,t}X_t(x,\lambda,t)-(G_\lambda)_{X,\Lambda,t}\Lambda_t(\lambda,t). \tag{3.6}$$

下面我们将证明，存在 $a\in\overleftrightarrow{\mathscr{E}}_{x,\lambda,t}(\Gamma)$，$b\in\vec{\mathscr{E}}_{x,\lambda,t}(\Gamma)$ 及 $c\in\mathscr{E}_{x,\lambda,t}(\Gamma)$ 满足 $b(0,0,t)=0$，$c(x,0,t)=0$，且使得

$$p(x,\lambda) = -a(x,\lambda,t)G(x,\lambda,t) - (dG)_{x,\lambda,t}b(x,\lambda,t) - (G_\lambda)_{x,\lambda,t}c(x,\lambda,t). \tag{3.7}$$

我们指出，如果求得上述 a,b 和 c，则可从下列初值问题

$$\begin{cases} \Lambda_t(\lambda,t) = c(X(x,\lambda,t),\Lambda(\lambda,t),t), \\ X_t(x,\lambda,t) = b(X(x,\lambda,t),\Lambda(\lambda,t),t), \\ \Lambda(\lambda,0) = \lambda, X(x,\lambda,0) = x, \end{cases} \tag{3.8}$$

解出满足(3.5)的 $X\in \vec{\mathscr{E}}_{x,\lambda,t}(\Gamma)$；进而从

$$\begin{cases} S_t(x,\lambda,t) = S(x,\lambda,t)a(X(x,\lambda,t)\Lambda(\lambda,t),t), \\ S(x,\lambda,0) = I_n, \end{cases} \tag{3.9}$$

解出 $S\in \overleftrightarrow{\mathscr{E}}_{x,\lambda,t}(\Gamma)$，使(3.6)成立. 可见(3.3)对充分小的 $t>0$ 成立. 于是，由紧性知[0,1]能划分成有限个子区间之并，使每个子区间中的任意两点 t_1 和 t_2，$g+t_1p$ 和 $g+t_2p$ 为 Γ 等价. 故由 Γ 等价的传递性知对每个 $t\in[0,1]$，$g+tp$ 与 g 为 Γ 等价.

下面来求 a,b 和 c 使(3.7)成立. 设 $\overleftrightarrow{\mathscr{E}}_{x,\lambda}(\Gamma)=\langle S_1,\cdots,S_k\rangle$，其中 $S_1=I_n$，$\vec{\mathscr{M}}_{x,\lambda}(\Gamma)=\langle X_1,\cdots,X_l\rangle$. 对 $h\in \vec{\mathscr{E}}_{x,\lambda}(\Gamma)$，记

$$J_jh = \begin{cases} S_jh, & l\leqslant j\leqslant k, \\ (dh)X_{j-k}, & k<j\leqslant k+l, \\ \lambda h_\lambda, & j=k+l+1, \end{cases} \tag{3.10}$$

记 $N=k+l+1$. 则 $\tilde{\mathrm{T}}(h,\Gamma)$ 有生成元 $J_1h,J_2,h,\cdots,J_Nh$，且 $J_1h=h$. 命 $J=(J_1,\cdots,J_N)^T$. 由 $\tilde{\mathrm{T}}(g+p,\Gamma)=\tilde{\mathrm{T}}(g,\Gamma)$ 知

$$J(g+p) = AJ(g), \tag{3.11}$$

这里 $A=(a_{ij})_{N\times N}$，$a_{ij}\in\mathscr{E}_{x,\lambda}(\Gamma)$，$1\leqslant j\leqslant k+l$，$a_{iN}\in\mathscr{E}_\lambda$. 由于 J 是线性的，由(3.11)式

$$J(p) = (A-I_N)J(g) = (A-I_N)J(G-tp).$$

进而 $(I_N+tB)J(p)=BJ(G)$，这里 $B=A-I_N$. 于是当 $|t|$ 充分小时

$$J(p) = (I_N+tB)^{-1}BJ(G).$$

可见 $p=J_1(p)=\sum_{j=1}^N c_jJ_j(G)$，$c_j\in\mathscr{E}_{x,\lambda,t}(\Gamma)$，$1\leqslant j\leqslant N$. 令

$$a = -\sum_{j=1}^{k} c_j S_j,$$
$$b = -\sum_{j=k+l}^{k+l} c_j X_{j-k},$$
$$c = -\lambda c_N,$$
则(3.7)成立.

(b) 设 $J_j, 1 \leqslant j \leqslant k+l$,由(3.10)给出. 由 $\mathrm{RT}(g+p,\Gamma)=\mathrm{RT}(g,\Gamma)$知

$$\mathcal{J}(g+p) = \widetilde{A}\mathcal{J}(g),$$
其中 $\mathcal{J}(h)=(J_1(h),\cdots,J_{k+l}(h))^T$, $\widetilde{A}=(a_{ij})$为$(k+l)\times(k+l)$矩阵且 $a_{ij}\in\mathscr{E}_{x,\lambda,t}(\Gamma)$. 从而象(a)中那样可推知 $p=-aG-(dG)b$, 其中

$$a \in \overleftrightarrow{\mathscr{E}}_{x,\lambda,t}(\Gamma),\ b \in \overrightarrow{\mathscr{E}}_{x,\lambda,t}(\Gamma),\ b(0,0,t) = 0.$$
进而可得 $S\in\overleftrightarrow{\mathscr{E}}_{x,\lambda,t}(\Gamma)$, $X\in\overrightarrow{\mathscr{E}}_{x,\lambda,t}(\Gamma)$, $S(x,\lambda,0)=I_n$, $X(x,\lambda,0)=x$, $X(0,0,t)=0$,使

$$g(x,\lambda) = S(x,\lambda,t)G(X(x,\lambda,t),\lambda,t).$$
于是 g 与 $g+tp$ 强 Γ 等价. □

注4.3.2 定理2.1.6和2.5.3是定理4.3.1中 $\Gamma=\mathbb{1}, n=1$,和 $\Gamma=\mathbf{Z}_2, n=1$的情形.

4.3.2 应用

作为定理4.3.1的应用,我们来讨论非退化的 $\mathbf{O}(2)$和 $\mathbf{D}_3$等变分岔的识别问题.

例4.3.3 设 $\Gamma=\mathbf{O}(2)$作用在 $V=\mathbb{C}\cong\mathbb{R}^2$上. $g\in\overrightarrow{\mathscr{E}}_{z,\lambda}(\mathbf{O}(2))$, $g(z,\lambda)=r(u,\lambda)z$,其中 $u=z\bar{z}$. 设 g 满足非退化条件

$$r(0,0) = 0,\ A = \frac{\partial r}{\partial u}(0,0) \neq 0,\ B = \frac{\partial r}{\partial \lambda}(0,0) \neq 0.$$
我们来证明 $\mathscr{J}$ 强 $\mathbf{O}(2)$等价于

$$h(z,\lambda) = (au + b\lambda)z,$$
其中 $a=\mathrm{sgn}A, b=\mathrm{sgn}B$. 设

$$g^t(z,\lambda) = tg(z,\lambda) + (1-t)(Au + B\lambda)z$$

$$= (Au + B\lambda)z + tp(u,\lambda)z.$$

则 $RT(g^t,\mathbf{O}(2))=\mathscr{J}\{z\}$，其中 $\mathscr{J}=\langle Au+B\lambda+tp, Au+tup_u\rangle$. 显然，$\mathscr{J}\subset\mathscr{M}$. 另一方面，由于 $tp, tup_u\in\mathscr{M}^2$ 及 $AB\neq0$，有 $\mathscr{M}\subset\mathscr{J}+\mathscr{M}^2$. 由中山引理，$\mathscr{M}\subset\mathscr{J}$，从而 $RT(g^t,\mathbf{O}(2))=\mathscr{M}\{z\}$ 与 t 无关. 由定理4.3.1，

$$g = g^1 \overset{s}{\sim} g^0 = (Au + B\lambda)z,$$

而后者强 $\mathbf{O}(2)$ 等价于 h.

例4.3.4 设群 $\Gamma=\mathbf{D}_3$ 作用在空间 $\mathbb{C}\cong\mathbb{R}^2$ 上，$g\in\vec{\mathscr{E}}(\mathbf{D}_3)$ 为分岔问题. 据例4.2.7，g 可表为

$$g(z,\lambda) = p(u,v,\lambda)z + q(u,v,\lambda)\bar{z}^2 \equiv [p,q], \tag{3.12}$$

其中 p 满足

$$p(0,0,0) = 0, \tag{3.13}$$

且 $RT(g,\mathbf{D}_3)$ 的生成元为

$$\begin{aligned}&[p,q],[2up + vq,0],[uq,p],[vp + 2u^2q,0],\\&[2up_u + 3vp_v,q + 4uq_u + 3vq_v],\\&[vp_u + 6u^2p_v + uq + 2u^2q_u,vq_u + 6u^2q_v].\end{aligned} \tag{3.14}$$

设(3.12)中的 p,q 满足非退化条件

$$p_\lambda(0,0,0)q(0,0,0) \neq 0, \tag{3.15}$$

我们来证明 g $\mathbf{D}_3$等价于

$$h(z,\lambda) = \varepsilon\lambda z + \delta\bar{z}^2,$$

其中 $\varepsilon=\operatorname{sgn}p_\lambda(0,0,0)$，$\delta=\operatorname{sgn}q(0,0,0)$.

证明 记 $\mathscr{J}=[\mathscr{M},\mathscr{E}]$，这里 $\mathscr{M}=\mathscr{M}_{u,v,\lambda}$，$\mathscr{E}=\mathscr{E}_{u,v,\lambda}$，而$[\mathscr{M},\mathscr{E}]$表示满足 $\varphi\in\mathscr{M}$，$\psi\in\mathscr{E}$，的芽$[\varphi,\psi]$的全体. 我们先证明

$$RT(g,\mathbf{D}_3) = \mathscr{J}. \tag{3.16}$$

事实上，由(3.13)和(3.14)易知 $RT(g,\mathbf{D}_3)\subset\mathscr{J}$. 另一方面，由(3.13—15)式可见 $RT(g,\mathbf{D}_3)/\mathscr{M}\mathscr{J}$ 中的元素可由 $\mathscr{J}/\mathscr{M}\mathscr{J}$ 的基 $[u,0]$，$[v,0]$，$[\lambda,0,]$，$[0,1]$线性表出. 进而，

$$\mathscr{J} \subset RT(g,\mathbf{D}_3) + \mathscr{M}\mathscr{J}.$$

由中山引理，$\mathscr{J}\subset RT(g,\mathbf{D}_3)$，因此(3.16)成立.

注意到上述对于 g 的 $\mathbf{D}_3$限制切空间的分析只依赖于 $p_\lambda(0)\lambda$ 和 $q(0)\lambda$ 两项，也就是说，若 $\varphi=[\varphi_1,\varphi_2]$使 $\varphi_1\in\langle u,v\rangle$，$\varphi_2\in\mathscr{M}$，则

$$\mathrm{RT}(g+\varphi)=\mathrm{RT}(g).$$

利用定理4.3.1(b)可见 g 强 $\mathbf{D}_3$等价于

$$\tilde{g}(z,\lambda)=p_\lambda(0)\lambda z+q(0)\bar{z}^2.$$

于是，经改变 z 和 λ 的尺度可知，$\tilde{g}$ 与 h 为 $\mathbf{D}_3$等价.

4.3.3 内蕴理想和内蕴子模

为了解决一般的识别问题，我们象第二章中所作的那样，引进内蕴理想和内蕴子模的概念. 仍设紧 Lie 群 Γ 作用在 $V(=\mathbb{R}^n)$ 上，为简单起见，记 $\mathscr{E}(\Gamma)=\mathscr{E}_{x,\lambda}(\Gamma)$，$\vec{\mathscr{E}}(\Gamma)=\vec{\mathscr{E}}_{x,\lambda}(\Gamma)$，并记 Γ 等价和强 Γ 等价为 $\sim$ 和 $\overset{s}{\sim}$.

定义4.3.1 称环 $\mathscr{E}(\Gamma)$的理想 $\mathscr{I}$ 是内蕴的，指对任意 $f\in\mathscr{I}$，若有 $X\in\vec{\mathscr{E}}(\Gamma)$及 $\Lambda\in\mathscr{E}_\lambda$，使 $(dX)_{0,0}\in\mathscr{L}(\Gamma)^\circ$和 $\Lambda'(0)>0$，则由

$$h(x,\lambda)=f(X(x,\lambda),\Lambda(\lambda)) \tag{3.17}$$

定义的 $h\in\mathscr{E}(\Gamma)$也在中，$h\in\mathscr{I}$. 若在上述定义中附加 $\Lambda(\lambda)\equiv\lambda$ 的条件，则得到“强内蕴理想”的概念. 称模 $\vec{\mathscr{E}}(\Gamma)$的子模 $\mathscr{J}$ 是(强)内蕴的，指 $\mathscr{D}(\Gamma)\mathscr{J}\subset\mathscr{J}$($\mathscr{D}^s(\Gamma)\mathscr{J}\subset\mathscr{J}$). 即与 $\mathscr{J}$ 中元素(强)Γ 等价的元素也在 $\mathscr{J}$ 中.

易验证，内蕴理想和内蕴子模必是强内蕴的，而(强)内蕴理想的和与积仍为(强)内蕴理想；而且 $\mathscr{E}(\Gamma)$的最大理想

$$\mathscr{M}=\{f\in\mathscr{E}(\Gamma)\,|\,f(0,0)=0\}$$

和理想 $\langle\lambda\rangle$ 都是内蕴的，因而

$$\mathscr{M}^k+\mathscr{M}^{k_1}\langle\lambda\rangle^{l_1}+\cdots+\mathscr{M}^{k_s}\langle\lambda\rangle^{l_s} \tag{3.18}$$

是内蕴理想. 若 $\mathscr{I}\subset\mathscr{E}(\Gamma)$为(强)内蕴理想，$\mathscr{J}\subset\vec{\mathscr{E}}(\Gamma)$为(强)内蕴子模，则 $\mathscr{I}\mathscr{J}$ 为(强)内蕴子模. 特别 $\mathscr{I}\vec{\mathscr{E}}(\Gamma)$为(强)内蕴子模，如

$$(\mathscr{M}^k+\mathscr{M}^{k_1}\langle\lambda\rangle^{l_1}+\cdots+\mathscr{M}^{k_s}\langle\lambda\rangle^{l_s})\,\vec{\mathscr{E}}(\Gamma)$$

及 $\vec{\mathscr{M}}^k(\Gamma)=\mathscr{M}^k\vec{\mathscr{E}}(\Gamma)$，$k\geqslant 1$，为内蕴子模. 但并非每个内蕴子模(即使余维有限)都可表成(3.8)的形式(例如，参见命题2.5.5).

若 $\mathscr{J}\subset\vec{\mathscr{E}}_{x,\lambda}(\Gamma)$是(强)内蕴子模，则对每个 $g\in\mathscr{J}$ 及 $\Phi_t\in\mathscr{D}(\Gamma)(\mathscr{D}^s(\Gamma))$，$\Phi_t g\in\mathscr{J}$. 注意到 $\mathscr{J}$是线性空间，因此$\frac{d}{dt}(\Phi_t g)|_{t=0}\in\mathscr{J}$. 这说明

$$\tilde{\mathrm{T}}(g,\Gamma)\subset\mathscr{J},(\mathrm{RT}(g,\Gamma)\subset\mathscr{J}),\forall\ g\in\mathscr{J}. \quad (3.19)$$

反之，有

命题4.3.5 设 $\mathscr{J}\subset\vec{\mathscr{E}}_{x,\lambda}(\Gamma)$是余维有限的子模. 则 $\mathscr{J}$为内蕴子模的充要条件是 $\tilde{\mathrm{T}}(g,\Gamma)\subset\mathscr{J}$，$\forall\ g\in\mathscr{J}$. 而 $\mathscr{J}$为强内蕴子模的充要条件是 $\mathrm{RT}(g,\Gamma)\subset\mathscr{J}$，$\forall\ g\in\mathscr{J}$.

证明 记 $\mathscr{D}=\mathscr{D}(\Gamma)$或 $\mathscr{D}^s(\Gamma)$. 因 $\mathscr{J}\subset\vec{\mathscr{E}}(\Gamma)$余维有限，故存在 $k\geqslant 1$使$\vec{\mathscr{M}}^k(\Gamma)\subset\mathscr{J}$. 而$\vec{\mathscr{M}}^k(\Gamma)$是 $\mathscr{D}$ 不变的，故 $\mathscr{D}$ 是作用在有限维空间 $\vec{\mathscr{E}}(\Gamma)/\vec{\mathscr{M}}^k(\Gamma)$上的连通 Lie 群. $\mathscr{J}$ 是(强)内蕴子模当且仅当 $\mathscr{J}/\vec{\mathscr{M}}^k(\Gamma)$是$\mathscr{D}(\Gamma)(\mathscr{D}^s(\Gamma))$不变的. 而 $\mathrm{T}(g;\mathscr{D})\subset\mathscr{J}$，$\forall\ g\in\mathscr{J}$，说明 $\mathscr{J}$在 $\mathscr{D}$ 的 Lie 代数下不变. 由于连通 Lie 群和与之相应的 Lie 代数具有相同的不变子空间，因此 $\mathscr{J}$(强)内蕴当且仅当 $\tilde{\mathrm{T}}(g,\Gamma)\subset\mathscr{J}(\mathrm{RT}(g,\Gamma)\subset\mathscr{J})$，$\forall\ g\in\mathscr{J}$. □

4.3.4 高阶项

对 $g\in\vec{\mathscr{E}}_{x,\lambda}(\Gamma)$，定义

$$\mathscr{P}(g,\Gamma)=\{p\in\vec{\mathscr{E}}(\Gamma)\mid h\pm p\sim g,\forall\ h\sim g\}, \quad (3.20)$$

$$\mathscr{P}_s(g,\Gamma)=\{p\in\vec{\mathscr{E}}(\Gamma)\mid h\pm p\overset{s}{\sim}g,\forall\ h\overset{s}{\sim}g\}, \quad (3.21)$$

并称 $\mathscr{P}(g,\Gamma)$中的元素为 g 的**高阶项**.

命题4.3.6 设 $g\in\vec{\mathscr{E}}(\Gamma)$. 则 $\mathscr{P}(g,\Gamma)$是 $\vec{\mathscr{E}}(\Gamma)$的内蕴子模，而 $\mathscr{P}_s(g,\Gamma)$是 $\vec{\mathscr{E}}(\Gamma)$的强内蕴子模.

证明 先证 $\mathscr{P}(g,\Gamma)\subset\vec{\mathscr{E}}(\Gamma)$是子模. 设 $p_1,p_2\in\mathscr{P}(g,\Gamma)$，$h$

$\sim g$. 则

$$h\sim h\pm p_1\sim(h\pm p_1)\pm p_2=h\pm(p_1+p_2).$$

这说明 $p_1+p_2\in\mathscr{P}(g,\Gamma)$. 设 $p\in\mathscr{P}(g,\Gamma)$, $f\in\mathscr{E}(\Gamma)$. 若 $f(0,0)\neq 0$,则

$$h\pm fp\sim\frac{h}{|f|}\pm p\sim g.$$

这说明 $fp\in\mathscr{P}(g,\Gamma)$. 若 $f(0,0)=0$,记 $\tilde{f}(x,\lambda)=f(x,\lambda)-1$,则刚才已证得 $\tilde{f}p\in\mathscr{P}(g,\Gamma)$,故 $fp=\tilde{f}p+p\in\mathscr{P}(g,\Gamma)$. 可见 $\mathscr{P}(g,\Gamma)$为子模.

再证 $\mathscr{P}(g,\Gamma)$是内蕴的. 设 $p\in\mathscr{P}(g,\Gamma)$, $\Phi\in\mathscr{D}(\Gamma)$. 对 $h\sim g$,因 $\Phi^{-1}h\sim h\sim g$,故

$$h\pm\Phi p=\Phi(\Phi^{-1}h\pm p)\sim\Phi^{-1}h\pm p\sim g,$$

因而 $\Phi p\in\mathscr{P}(g,\Gamma)$.

类似可证 $\mathscr{P}_s(g,\Gamma)$是强内蕴子模. □

设 V 是 $\vec{\mathscr{E}}(\Gamma)$的子空间,记 ItrV (Itr_sV)为含于 V 中最大的(强)内蕴子模,即 V 中所有(强)内蕴子模之和. 下面的定理对 $\mathscr{P}_s(g,\Gamma)$作出一个估计.

定理4.3.7 设 $g\in\vec{\mathscr{M}}(\Gamma)$. 则

$$\mathrm{Itr}_s(\mathscr{M}\mathrm{RT}(g,\Gamma))\subset\mathscr{P}_s(g,\Gamma)\subset\mathrm{Itr}_s(\mathrm{RT}(g,\Gamma)).\tag{3.22}$$

证明 先证明第二个包含关系. 设 $p\in\mathscr{P}_s(g,\Gamma)$. 则有 $\Phi_t\in\mathscr{D}^s(\Gamma)$,使 $\Phi_0=Id$ 且 $\Phi_t g=g+tp$. 故 $p=\frac{d}{dt}(\Phi_t g)|_{t=0}\in\mathrm{RT}(g,\Gamma)$.

因而 $\mathscr{P}_s(g,\Gamma)\subset\mathrm{RT}(g,\Gamma)$. 由命题4.3.6, $\mathscr{P}_s(g,\Gamma)\subset\mathrm{Itr}_s(\mathrm{RT}(g,\Gamma))$.

对于第一个包含关系,我们只要先证明,若 $\vec{\mathscr{E}}_{x,\lambda}(\Gamma)$中的强内蕴子模 $\mathscr{J}$ 满足

$$\mathrm{RT}(g+p,\Gamma)=\mathrm{RT}(g,\Gamma),\qquad\forall\, p\in\mathscr{J}.\tag{3.23}$$

则 $\mathscr{J}\subset\mathscr{P}_s(g,\Gamma)$. 然后再指出 $\mathscr{J}=\mathrm{Itr}_s(\mathscr{M}\mathrm{RT}(g,\Gamma))$满足(3.23).

设 g 满足(3.23). 若 $p\in\mathscr{J}$, $\Phi\in\mathscr{D}^s(\Gamma)$, 则 $\Phi^{-1}p\in\mathscr{J}$. 由(3.23)及命题4.2.1,

$$\begin{aligned}\mathrm{RT}(\Phi g+tp,\Gamma)&=\Phi\mathrm{RT}(g+t\Phi^{-1}p,\Gamma)\\&=\Phi\mathrm{RT}(g,\Gamma)\\&=\mathrm{RT}(\Phi g,\Gamma),\qquad\forall\, t\in\mathbb{R}.\end{aligned}$$

再由定理4.3.1(b)知, $\Phi g+tp\overset{s}{\sim}\Phi g$, $\forall\, t\in\mathbb{R}$. 因而 $p\in\mathscr{P}_s(g,\Gamma)$, 可见 $\mathscr{J}\subset\mathscr{P}_s(g,\Gamma)$.

另一方面, 对于 $\mathscr{J}=\mathrm{Itr}_s(\mathscr{M}\mathrm{RT}(g,\Gamma))$ 及 $p\in\mathscr{J}$, 因 $\mathscr{J}$ 强内蕴, 由命题4.3.5,

$$\mathrm{RT}(p,\Gamma)\subset\mathscr{J}\subset\mathscr{M}\mathrm{RT}(g,\Gamma).$$

设 $h\in\mathrm{RT}(g+p,\Gamma)$, 则存在 $(S,X)\in\overleftrightarrow{\mathscr{E}}(\Gamma)\times\overrightarrow{\mathscr{M}}(\Gamma)$ 使

$$\begin{aligned}h&=S(g+p)+(d(g+p))X\\&=[Sg+(dg)X]+[Sp+(dp)X]\\&\in\mathrm{RT}(g,\Gamma)+\mathrm{RT}(p,\Gamma)\subset\mathrm{RT}(g,\Gamma).\end{aligned}$$

故 $\mathrm{RT}(g+p,\Gamma)\subset\mathrm{RT}(g,\Gamma)$. 另一方面, 对 $\tilde{h}\in\mathrm{RT}(g,\Gamma)$, 存在 $(\tilde{S},\tilde{X})\in\overleftrightarrow{\mathscr{E}}(\Gamma)\times\overrightarrow{\mathscr{M}}(\Gamma)$ 使

$$\begin{aligned}\tilde{h}&=\tilde{S}g+(dg)\tilde{X}\\&=[\tilde{S}(g+p)+(d(g+p))\tilde{X}]-[\tilde{S}p+(dp)\tilde{X}]\\&\in\mathrm{RT}(g+p,\Gamma)+\mathrm{RT}(p,\Gamma)\\&\subset\mathrm{RT}(g+p,\Gamma)+\mathscr{M}\mathrm{RT}(g,\Gamma).\end{aligned}$$

故 $\mathrm{RT}(g,\Gamma)\subset\mathrm{RT}(g+p,\Gamma)+\mathscr{M}\mathrm{RT}(g,\Gamma)$. 由中山引理, $\mathrm{RT}(g,\Gamma)\subset\mathrm{RT}(g+p,\Gamma)$. 因此 $\mathrm{RT}(g+p,\Gamma)=\mathrm{RT}(g,\Gamma)$, 这说明 $\mathscr{J}=\mathrm{Itr}_s\mathscr{M}\mathrm{RT}(g,\Gamma)$满足(3.23). □

4.3.5 识别问题

定理4.3.7中(3.22)的前一个包含关系可用于许多分岔问题的识别. 第二章曾用类似的关系讨论了单状态变量分岔问题的识别. 下面给出几个多变量情形的例子.

例4.3.8(山顶分岔) $\Gamma=\mathbb{1}$, $V=\mathbb{R}^2$. $g\in\overrightarrow{\mathscr{E}}_{x,y,\lambda}$为分岔问题.

故可设 $g=h+p$ 为分岔问题，其中 $h(x,y,\lambda)\in\mathbb{R}^2$ 为关于 x,y 二次，关于 λ 一次的多项式，而 $p\in\mathscr{J}=(\mathscr{M}^3+\mathscr{M}\langle\lambda\rangle)\vec{\mathscr{E}}_{x,y,\lambda}$. 我们对下述两种情形的 h 分别验证 $g\overset{s}{\sim}h$.

(a) $h=(x^2-y^2+\lambda,2xy)$.

注意到 $\mathscr{J}$ 是强内蕴子模，由定理4.3.7，只需验证 $\mathscr{J}\subset\mathscr{M}\times\mathrm{RT}(h,\Gamma)$. 由例4.2.2，$\mathrm{RT}(h,\Gamma)$ 的生成元为

$$(x^2-y^2+\lambda,0),(xy,0),(0,x^2-y^2+\lambda),(0,xy),(x^2,xy),$$
$$(xy,y^2),(\lambda x,\lambda y),(-xy,x^2),(-y^2,xy),(-\lambda y,\lambda x),$$

经线性组合可得

$$(x^2,0),(y^2,0),(xy,0),(0,x^2),(0,y^2),(0,xy),(\lambda,0),(0,\lambda).$$

因而

$$\mathrm{RT}(h,\Gamma)=(\mathscr{M}^2+<\lambda>)\vec{\mathscr{E}}_{x,\lambda,\lambda}. \tag{3.24}$$

由此可见 $\mathscr{J}\subset\mathscr{M}\mathrm{RT}(h,\Gamma)$. 于是，$p\in\mathscr{T}_s(h,T)$，即 $h\overset{s}{\sim}h+p=g$.

(b) $g=(x^2+\varepsilon_1\lambda,y^2+\varepsilon_2\lambda)$，$|\varepsilon_j|=1$.

$\mathrm{RT}(h,\Gamma)$ 的生成元为

$$(x^2+\varepsilon_1\lambda,0),(y^2+\varepsilon_2\lambda,0),(0,x^2+\varepsilon_1\lambda),(0,y^2+\varepsilon_2\lambda),$$
$$(x^2,0),(xy,0),(\lambda x,0),(0,y^2),(0,xy),(0,\lambda y).$$

类似可得(3.24)的结果，因而 $\mathscr{J}\subset\mathscr{M}\mathrm{RT}(h,\Gamma)$，有与(a)相同的结论. □

例4.3.9 $\Gamma=\mathbf{O}(2)$，$V=\mathbb{C}\cong\mathbb{R}^2$. $g\in\vec{\mathscr{E}}_{z,\lambda}(\mathbf{O}(2))$，$g(z,\lambda)=r(u,\lambda)z$，其中 $u=z\bar{z}$.

由例4.2.8，$\mathrm{RT}(g,\mathbf{O}(2))=\langle[p],[up_u]\rangle$，与§2.5中(5.6)式比较，有相同形式. 因而，其识别问题的解与§2.5中也有类似的结论.

比如，利用定理4.3.7，可与例2.5.8类似证明，若 r 在 $u=\lambda=0$ 处满足

$$r=\frac{\partial}{\partial u}r=\cdots=\left(\frac{\partial}{\partial u}\right)^{k-1}r=0,\quad\left(\frac{\partial}{\partial u}\right)^{k}r\,\frac{\partial}{\partial\lambda}r\neq 0,$$

$k\geqslant 1$，则 $rx\mathbf{O}(2)$ 等价于 $(\varepsilon\lambda+\delta u^k)x$，其中

$$\varepsilon = \operatorname{sgn} \frac{\partial}{\partial \lambda} r(0,0), \delta = \operatorname{sgn}\left(\frac{\partial}{\partial u}\right)^k r(0,0).$$

特别，由此也可得到例4.3.3中的结果.

我们上面看到，等变分岔问题 g 的识别可归结为求集合 $\mathscr{P}_s(g,\Gamma)$，事实上有比(3.22)更精细的估计.

设 $\vec{\mathscr{E}}_{x,\lambda}(\Gamma)$ 由齐次多项式映射 $X_1,\cdots,X_k$ 生成，$\overleftrightarrow{\mathscr{E}}(\Gamma)$ 由齐次矩阵值映射 $S_1,\cdots,S_l$ 生成，它们的次数用 deg 表示. 对 $g\in \vec{\mathscr{E}}_{x,\lambda}(\Gamma)$，记 $\mathscr{K}_s(g,\Gamma)\subset \vec{\mathscr{E}}_{x,\lambda}(\Gamma)$ 为由 $\mathscr{M}\mathrm{RT}(g,\Gamma)$，$(dg)X_i(\deg X_i\geqslant 2)$ 和 $S_jg(\deg S_j\geqslant 1)$ 生成的子模，并记

$$\mathscr{K}(g,\Gamma) = \mathscr{K}_s(g,\Gamma) + \mathscr{E}_\lambda\{\lambda^2 g_\lambda\}. \tag{3.25}$$

下面定理给出 $\mathscr{P}(g,\Gamma)$ 和 $\mathscr{P}_s(g,\Gamma)$ 的估计.

定理4.3.10 (a) $\mathrm{Itr}_s\mathscr{K}_s(g,\Gamma)\subset\mathscr{P}_s(g,\Gamma)$

(b) $\mathrm{Itr}\ \mathscr{K}(g,\Gamma)\subset\mathscr{P}(g,\Gamma)$，特别，若 $\mathrm{Fix}(\Gamma)=\{0\}$，则

$$\mathrm{Itr}\ \mathscr{K}(g,\Gamma) = \mathscr{P}(g,\Gamma). \qquad \square$$

该定理的证明要用到代数几何中的一些方法，这里不赘述了，读者可参考[Ga]和[BdPW].

§4.4 等变普适开折理论

本节介绍在等变分岔的奇点理论方法中占有核心地位的等变普适开折定理，它表明每个具有有限 Γ 余维的 Γ 等变映射总存在普适 Γ 开折. 我们还介绍普适开折的计算问题.

4.4.1 等变普适开折

设紧 Lie 群 Γ 作用在空间 $V=\mathbb{R}^n$ 上，$g\in \vec{\mathscr{E}}_{x,\lambda}(\Gamma)$. 引进 k 参数 $\alpha\in\mathbb{R}^k$，并记 $\vec{\mathscr{E}}_{x,\lambda,\alpha}(\Gamma)$ 是满足

$$F(\gamma x,\lambda,\alpha) = \gamma F(x,\lambda,\alpha), \quad \forall\, \gamma \in \Gamma,$$

的 C^∞ 函数芽 $F:(V\times\mathbb{R}\times\mathbb{R}^k,0)\to V$ 的全体.

定义4.4.1 称$G\in\vec{\mathscr{E}}_{x,\lambda,\alpha}(\Gamma)$是$g$的$k$参数$\Gamma$开折，若$G(x,\lambda,0)=g(x,\lambda)$.

记$\mathscr{E}_{\lambda,\alpha}$为$C^{\infty}$函数芽$\Lambda:(\mathbb{R}\times\mathbb{R}^k,0)\to\mathbb{R}$的全体，$\overleftrightarrow{\mathscr{E}}_{x,\lambda,\alpha}(\Gamma)$是满足

$$S(\gamma x,\lambda,\alpha)=\gamma S(x,\lambda,\alpha)\gamma^{-1},\quad \forall\,\gamma\in\Gamma,$$

的芽$S:(V\times\mathbb{R}\times\mathbb{R}^k,0)\to\mathscr{L}(V)$的全体，并记

$$\begin{aligned}\mathscr{G}_{\alpha}(\Gamma)=\{(S,X,\Lambda)\in\overleftrightarrow{\mathscr{E}}_{x,\lambda,\alpha}(\Gamma)\times\vec{\mathscr{E}}_{x,\lambda,\alpha}(\Gamma)\times\mathscr{E}_{\lambda,\alpha}\\ \mid S(x,\lambda,0)=I,\ X(x,\lambda,0)=x,\ \Lambda(\lambda,0)=\lambda\}.\end{aligned}\tag{4.1}$$

定义4.4.2 称g的两个k参数Γ开折$G_1,G_2\in\vec{\mathscr{E}}_{x,\lambda,\alpha}(\Gamma)$是$\Gamma$等价的，若存在$(S,X,\Lambda)\in\mathscr{G}_{\alpha}(\Gamma)$，使

$$G_2(x,\lambda,\alpha)=S(x,\lambda,\alpha)G_1(X(x,\lambda,\alpha),\Lambda(\lambda,\alpha),\alpha).\tag{4.2}$$

注4.4.1 $\mathscr{G}_{\alpha}(\Gamma)$作用在空间$\vec{\mathscr{E}}_{x,\lambda,\alpha}(\Gamma)$上为

$$((S,X,\Lambda)\cdot G)(x,\lambda,\alpha)=S(x,\lambda,\alpha)G(X(x,\lambda,\alpha),\Lambda(\lambda,\alpha),\alpha).$$

如果在$\mathscr{G}_{\alpha}(\Gamma)$上定义运算

$$(S_2,X_2,\Lambda_2)(S_1,X_1,\Lambda_1)=(S,X,\Lambda),$$

其中$(S_i,X_i,\Lambda_i)\in\mathscr{G}_{\alpha}(\Gamma)$，$i=1,2$，而

$$\begin{aligned}S(x,\lambda,\alpha)&=S_2(x,\lambda,\alpha)S_1(X_2(x,\lambda,\alpha),\Lambda_2(\lambda,\alpha),\alpha),\\ X(x,\lambda,\alpha)&=X_1(X_2(x,\lambda,\alpha),\Lambda_2(\lambda,\alpha),\alpha),\\ \Lambda(\lambda,\alpha)&=\Lambda_1(\Lambda_2(\lambda,\alpha),\alpha),\end{aligned}$$

则易验证$(S,X,\Lambda)\in\mathscr{G}_{\alpha}(\Gamma)$，且$\mathscr{G}_{\alpha}(\Gamma)$关于上述运算成为群. 而且$g$的$k$参数$\Gamma$开折的全体

$$\mathscr{U}_{\alpha}(g,\Gamma)=\{G\in\vec{\mathscr{E}}_{x,\lambda,\alpha}(\Gamma)\mid G(x,\lambda,0)=g(x,\lambda)\}$$

在$\mathscr{G}_{\alpha}(\Gamma)$的作用下保持不变；$G_1,G_2\in\mathscr{U}_{\alpha}(g,\Gamma)$等价当且仅当$G_1$，$G_2$属于同一条$\mathscr{G}_{\alpha}(\Gamma)$作用轨道.

定义4.4.3 设$G:(V\times\mathbb{R}\times\mathbb{R}^k,0)\to V$是$g\in\vec{\mathscr{E}}_{x,\lambda}(\Gamma)$的$k$参数$\Gamma$开折，$A:(\mathbb{R}^l,0)\to(\mathbb{R}^k,0)$是$C^{\infty}$映射芽. 则

$$A^*G:(V\times\mathbb{R}\times\mathbb{R}^l,0)\to V,$$

$$(A^*G)(x,\lambda,\beta)=G(x,\lambda,A(\beta)),$$

作为 g 的 l 参数 Γ 开折，称为是从 G 诱导的 Γ 开折. g 的 l 参数 Γ 开折 $H\in\vec{\mathscr{E}}_{x,\lambda,\beta}(\Gamma)$ 可由 G 代理，指 H 与一个从 G 诱导的 Γ 开折等价，即存在 $(S,X,\Lambda)\in\mathscr{G}_\beta(\Gamma)$ 及 C^∞ 映射芽 $A:(\mathbb{R}^l,0)\to(\mathbb{R}^k,0)$，使得

$$H(x,\lambda,\beta)=S(x,\lambda,\beta)G(X(x,\lambda,\beta),\Lambda(\lambda,\beta),A(\beta)). \tag{4.3}$$

特别，当(4.3)式中的 A 为微分同胚时，称 G 和 H 为 Γ 同构的. 称 $g\in\vec{\mathscr{E}}_{x,\lambda}(\Gamma)$ 的 Γ 开折 $G\in\vec{\mathscr{E}}_{x,\lambda,\beta}(\Gamma)$ 是通用的，指 g 的每个 Γ 开折都可由 G 代理；称 g 的通用 Γ 开折 G 是普适的，指其参数空间的维数为最小的可能值；称 g 的普适 Γ 开折的参数空间的维数(即参数个数)为 g 的 Γ 余维数，记作 $\operatorname{codim}_\Gamma g$.

容易看出，Γ 同构是等价关系. 事实上，在 Γ 同构意义下普适开折还是唯一的(见下面定理4.4.5).

4.4.2 等变切空间与等变普适开折定理

定义4.4.4 设 $\mathscr{G}_t(\Gamma)$ 为 $g\in\vec{\mathscr{E}}_{x,\lambda}(\Gamma)$ 的单参数 Γ 开折的等价关系群(见(4.1)). 记 g 的 Γ 等变切空间为

$$\mathrm{T}(g,\Gamma)=\left\{\frac{d}{dt}[(S,X,\Lambda)\cdot g]|_{t=0}\,\middle|\,(S,X,\Lambda)\in\mathscr{G}_t(\Gamma)\right\} \tag{4.4}$$

这里 $(S,X,\Lambda)\cdot g$ 可视为从 g(的零参数 Γ 开折)诱导的单参数 Γ 开折.

类似于§4.2中关于 Γ 等价轨道切空间 $\tilde{\mathrm{T}}(g,\Gamma)$ 和 Γ 等变限制切空间 $\mathrm{RT}(g,\Gamma)$ 的作法，可知

$$\mathrm{T}(g,\Gamma)=\{Sg+(dg)X+g_\lambda\cdot\Lambda\mid S\in\overleftrightarrow{\mathscr{E}}_{x,\lambda}(\Gamma),X\in\vec{\mathscr{E}}_{x,\lambda}(\Gamma),\Lambda\in\mathscr{E}_\lambda\}. \tag{4.5}$$

利用 Γ 等变切空间，我们可以研究 Γ 开折的普适性.

设 $G\in\vec{\mathscr{E}}_{x,\lambda,\alpha}(\Gamma)$ 是 $g\in\vec{\mathscr{E}}_{x,\lambda}(\Gamma)$ 的 k 参数通用 Γ 开折. 对于任意 $p\in\vec{\mathscr{E}}_{x,\lambda}(\Gamma)$，由于 $g+tp$ 为 g 的单参数 Γ 开折，因而 $g+tp$ 可

由 G 代理,即存在 $(S,X,\Lambda)\in\mathscr{G}_t(\Gamma)$ 及 C^∞ 芽 $A:(\mathbb{R},0)\to(\mathbb{R}^k,0)$ 使

$$g(x,\lambda)+tp(x,\lambda)=S(x,\lambda,t)G(X(x,\lambda,t),\Lambda(\lambda,t),A(t)),$$

在 $t=0$ 处对 t 求导得

$$p(x,\lambda)=\dot{S}(x,\lambda,0)g(x,\lambda)+(dg)_{x,\lambda}\dot{X}(x,\lambda,0)$$
$$+g_\lambda(x,\lambda)\cdot\dot{\Lambda}(\lambda,0)+\frac{\partial G}{\partial\alpha}\Big|_{\alpha=0}\cdot\dot{A}(0),$$

这说明

$$\vec{\mathscr{E}}_{x,\lambda}(\Gamma)=\mathrm{T}(g,\Gamma)+\mathbb{R}\left\{\frac{\partial G}{\partial\alpha_1}\bigg|_{\alpha=0},\cdots,\frac{\partial G}{\partial\alpha_k}\bigg|_{\alpha=0}\right\}. \tag{4.6}$$

下面定理指出(4.6)是 G 为 g 的通用 Γ 开折的充分必要条件.

定理4.4.2(等变普适开折定理) 设紧 Lie 群 Γ 作用在 V 上,$G\in\vec{\mathscr{E}}_{x,\lambda,\alpha}(\Gamma)$ 是 $g\in\vec{\mathscr{E}}_{x,\lambda}(\Gamma)$ 的 k 参数 Γ 开折. 则 G 为通用的 Γ 开折当且仅当(4.6)式成立;而且,G 为普适 Γ 开折当且仅当(4.6)为 $\vec{\mathscr{E}}_{x,\lambda}(\Gamma)$ 的直和分解.

本定理的证明在§4.5中给出.

注4.4.3(a) 称满足(4.6)的 Γ 开折 G 是无穷小通用的,因而上述定理指出,Γ 开折的无穷小通用性与通用性等价.

(b) 由上述定理知

$$\mathrm{codim}_\Gamma g=\mathrm{codim}\ \mathrm{T}(g,\Gamma).$$

推论4.4.4 设 $g\in\vec{\mathscr{E}}_{x,\lambda}(\Gamma)$ 的 Γ 余维有限,W 为 $\mathrm{T}(g,\Gamma)\subset\vec{\mathscr{E}}_{x,\lambda}(\Gamma)$ 的补空间,即 $\vec{\mathscr{E}}_{x,\lambda}(\Gamma)=\mathrm{T}(g,\Gamma)\oplus\mathrm{W}$. 若 $p_1,\cdots,p_k\in\vec{\mathscr{E}}_{x,\lambda}(\Gamma)$ 是 W 的一组基,则

$$G(x,\lambda,\alpha)=g(x,\lambda)+\sum_{j=1}^k\alpha_jp_j(x,\lambda) \tag{4.7}$$

是 g 的普适 Γ 开折. □

下面的结论还指出普适开折(在 Γ 同构意义下)的唯一性.

定理4.4.5 g 的两个通用 Γ 开折 $G(x,\lambda,\alpha)$ 和 $H(x,\lambda,\beta)$ 为 Γ 同构的充要条件是它们具有个数相同的开折参数.

本定理的证明也将在§4.5中给出.

4.4.3 普适开折的计算

由(4.7)知,对 Γ 余维有限的 $g\in\vec{\mathscr{E}}_{x,\lambda}(\Gamma)$,$g$ 的普适开折的计算最终归结为求 $\mathrm{T}(g,\Gamma)$ 及其补空间的一组基. 将 Γ 等变切空间 $\mathrm{T}(g,\Gamma)$ 的计算公式(4.5)与公式(2.2)作比较,可得

$$\mathrm{T}(g,\Gamma)=\mathrm{RT}(g,\Gamma)+(dg)\cdot\mathrm{Fix}(\Gamma)+\mathscr{E}_\lambda\{g_\lambda\}, \tag{4.8a}$$

$$\mathrm{T}(g,\Gamma)=\tilde{\mathrm{T}}(g,\Gamma)+(dg)\cdot\mathrm{Fix}(\Gamma)+\mathbb{R}\{g_\lambda\}. \tag{4.8b}$$

特别是,若 $\mathrm{Fix}(\Gamma)=\{0\}$,由命题3.4.1知 $\vec{\mathscr{E}}_{x,\lambda}(\Gamma)=\vec{\mathscr{M}}_{x,\lambda}(\Gamma)$,因而(4.8)公式中的 $(dg)\mathrm{Fix}(\Gamma)$ 已包含在前一项中,可略去,而为

$$\begin{aligned}\mathrm{T}(g,\Gamma)&=\mathrm{RT}(g,\Gamma)+\mathscr{E}_\lambda\{g_\lambda\}\\&=\tilde{\mathrm{T}}(g,\Gamma)+\mathbb{R}\{g_\lambda\}.\end{aligned} \tag{4.9}$$

下面的命题4.4.6给出 $g\in\vec{\mathscr{E}}_{x,\lambda}(\Gamma)$ 具有有限 Γ 余维的条件.

命题4.4.6 设 $g\in\vec{\mathscr{E}}_{x,\lambda}(\Gamma)$. 则 $\mathrm{codim}\ \mathrm{RT}(g,\Gamma)<\infty$ 当且仅当 $\mathrm{codim}\ \mathrm{T}(g,\Gamma)<\infty$. □

我们不证明命题4.4.6,只是指出,若 $\mathrm{RT}(g,\Gamma)$ 余维有限,则显然有 $\mathrm{T}(g,\Gamma)$ 余维有限,事实上,下面的计算也只用到这个结论.

据命题4.4.6,对余维有限的限制切空间存在 k,使(4.8)式中的 $\mathscr{E}_\lambda\{g_\lambda\}$ 可用 $\mathbb{R}\{g_\lambda,\lambda g_\lambda,\cdots,\lambda^{k-1}g_\lambda\}$ 代替.

例4.4.7 对山顶分岔,考虑 $g(x,y,\lambda)=(x^2-y^2+\lambda,2xy)$. $\Gamma=\mathbb{1}$ 作用在 $\mathbb{R}^2$ 上,由(4.8)式,并利用例4.3.8的结果,不难得到

$$\mathrm{T}(g,\mathbb{1})=(\mathscr{M}^2+\langle\lambda\rangle)\vec{\mathscr{E}}_{x,\lambda}\oplus\mathbb{R}\{(x,y),(-y,x),(1,0)\}$$

因而 $\mathrm{T}(g,\mathbb{1})$ 的补空间为 $\mathbb{R}\{(x,0),(y,0),(0,1)\}$,这表明 g 的余维数为3,而且其 g 的普适开折为

$$G(x,y,\alpha)=(x^2-y^2+\lambda+\alpha_1x+\alpha_2y,2xy+\alpha_3).$$

类似地可得 $h=(x^2+\delta\lambda,y^2-\lambda)$,$|\delta|=1$,的普适开折为

$$H=(x^2+\delta\lambda+2\alpha_1y+\alpha_3,y^2-\lambda+2\alpha_2x+\alpha_2).$$

我们已在§2.6中讨论过$\Gamma=\mathbf{Z}_2$作用在在$V=\mathbb{R}$上的普适开折问题，下面指出一种类似情形.

例4.4.8 设$\Gamma=\mathbf{O}(2)$(标准)作用在$V=\mathbb{C}^2$上，$u=z\bar{z}$. 对于$\mathbf{O}(2)$等变分岔问题

$$g(z,\lambda)=p(u,\lambda)z,$$

其中$p(0,0)=0$. 利用例4.2.8及(4.8)式可知其切空间为

$$\mathrm{T}(g,\mathbf{O}(2))=\langle p,up_u\rangle\{z\}. \tag{4.10}$$

由于(4.10)与§2.5中关于$\mathbf{Z}_2$等变分岔问题的切空间(5.10)在形式上的一致性，g的普适开折也有与§2.6中相类似的结果. 比如，设$g(z,\lambda)=(au+b\lambda)z$，$|a|=|b|=1$. 由(4.10)，

$$\mathrm{T}(h,\mathbf{O}(2))=\langle u,\lambda\rangle\{z\}+\mathbb{R}\{z\}=\mathscr{E}_{u,\lambda}\{z\}=\vec{\mathscr{E}}(\mathbf{O}(2)).$$

这说明h的$\mathbf{O}(2)$余维数为0，其$\mathbf{O}(2)$等变普适开折即为其自身.

例4.4.9 对$\Gamma=\mathbf{D}_3$，$V=\mathbb{C}=\mathbb{R}^2$，设$g=p,q\in\mathscr{E}(\mathbf{D}_3)$如例4.3.3所给出，即$p$和$q$满足(3.13和3.15)，则易见

$$\mathrm{T}(h,\mathbf{D}_3)=\mathrm{RT}(h,\mathbf{D}_3)+\mathscr{E}\{h_\lambda\}=[\mathscr{M},\mathscr{E}]+[\mathscr{E},0]=\vec{\mathscr{E}}(\mathbf{D}_3)$$

因而$\mathrm{codim}_{\mathbf{D}_3}h=0$，$h$的$\mathbf{D}_3$等变普适开折为$h$自身. □

注4.4.10 运用等变分岔理论，我们可以对(标准作用于$\mathbb{R}^n$的)$\mathbf{O}(n)$等变分岔问题进行分类，而得到类似于第二章中定理2.6.1和2.6.6的结果(参见[WTW])，进而，还可建立起不同的等变系统之间的同构关系(参见[WWT]).

4.4.4 普适开折的识别

由定理4.4.2，$G\in\vec{\mathscr{E}}_{x,\lambda,\alpha}(\Gamma)$是$g\in\vec{\mathscr{E}}_{x,\lambda}(\Gamma)$的通用$\Gamma$开折的充要条件是(4.6)式成立，即

$$\vec{\mathscr{E}}_{x,\lambda}(\Gamma)=\mathrm{T}(g,\Gamma)+\mathbb{R}\left\{\left.\frac{\partial G}{\partial\alpha_1}\right|_{\alpha=0},\cdots,\left.\frac{\partial G}{\partial\alpha_k}\right|_{\alpha=0}\right\}.$$

但上述条件中$\mathrm{T}(g,\Gamma)$的形式一般比较复杂，从而导致$\mathrm{T}(g,\Gamma)$的补空间的计算是比较困难的. 我们将设法用与g(强)Γ等价的某个正规形h来代替上面等式中的g，由此可得到G是g的通用Γ

开折的条件. 由于 h 通常是多项式,相应的计算要容易一些. 首先我们指出

定理4.4.11 设 $g,h\in\vec{\mathscr{E}}_{x,\lambda}(\Gamma)$ 为 Γ 等价, $g=\Phi h$, $\Phi=(S,X,\Lambda)\in\mathscr{D}(\Gamma)$. 则

(a) 对 h 的通用(普适)Γ 开折 $H\in\vec{\mathscr{E}}_{x,\lambda,\alpha}(\Gamma)$,

$$G(x,\lambda,\alpha)=S(x,\lambda)H(X(x,\lambda),\Lambda(\lambda),\alpha)$$

是 g 的通用(普适)Γ 开折;

(b) $\mathrm{T}(g,\Gamma)=\Phi\mathrm{T}(h,\Gamma)$,且 $\mathrm{T}(g,\Gamma)$ 与 $\mathrm{T}(h,\Gamma)$ 线性同构;

(c) $\mathrm{Itr}\ \mathrm{T}(g,\Gamma)=\mathrm{Itr}\ \mathrm{T}(h,\Gamma)$;

(d) 若 $g\overset{s}{\sim}_{\Gamma}h$,即 $\Phi\in\mathscr{D}^{s}(\Gamma)$,则 $\mathrm{Itr}_s\mathrm{T}(h,\Gamma)=\mathrm{Itr}_s\mathrm{T}(g,\Gamma)$.

证明 (a) 易见 $G\in\vec{\mathscr{E}}_{x,\lambda,\alpha}(\Gamma)$ 是 g 的 Γ 开折. 设 $G_1\in\vec{\mathscr{E}}_{x,\lambda,\beta}(\Gamma)$ 是 g 的 Γ 开折,并记 $\Phi^{-1}=(S_1,X_1,\Lambda_1)\in\mathscr{D}(\Gamma)$. 则

$$H_1(x,\lambda,\beta)=S_1(x,\lambda)G_1(X_1(x,\lambda),\Lambda_1(\lambda),\beta)$$

是 $\Phi^{-1}g=h$ 的 Γ 开折,从而可由通用 Γ 开折 H 代理,

$$H_1(x,\lambda,\beta)=S_2(x,\lambda,\beta)H(X_2(x,\lambda,\beta),\Lambda_2(\lambda,\beta),A(\beta)),$$

其中 $(S_2,X_2,\Lambda_2)\in\mathscr{G}_{a}(\Gamma)$(参见(4.1)式),且 $A(0)=0$. 于是

$$\begin{aligned}G_1(x,\lambda,\beta)&=S(x,\lambda)H_1(X(x,\lambda),\Lambda(\lambda),\beta)\\&=S_3(x,\lambda,\beta)G(X_3(x,\lambda,\beta),\Lambda_3(\lambda,\beta),A(\beta)),\end{aligned}$$

其中方程

$$\begin{aligned}\Lambda_3(\lambda,\beta)&=\Lambda_1(\Lambda_2(\Lambda(\lambda),\beta)),\\X_3(x,\lambda,\beta)&=X_1(X_2(X(x,\lambda),\Lambda(\lambda),\beta),\Lambda_2(\Lambda(\lambda),\beta)),\\S_3(x,\lambda,\beta)&=S(x,\lambda)S_2(X(x,\lambda),\Lambda(\lambda),\beta)S_1(X_2(X(x,\lambda),\\&\quad\Lambda(\lambda),\beta),\Lambda_2(\Lambda(\lambda),\beta)).\end{aligned}$$

不难验证 $(S_3,X_3,\Lambda_3)\in\mathscr{G}_{a}(\Gamma)$,因而 G_1 由 G 代理,可见 G 是 g 的通用 Γ 开折. 特别,当 H 普适时 G 是普适的.

(b) 仍记 $\Phi^{-1}=(S_1,X_1,\Lambda_1)$. 设 $p\in\mathrm{T}(g,\Gamma)$. 则有 $g=\Phi h$ 的单参数 Γ 开折 $G\in\vec{\mathscr{E}}_{x,\lambda,t}(\Gamma)$ 使

$$G(x,\lambda,t)=S_2(x,\lambda,t)h(X_2(x,\lambda,t),\Lambda_2(\lambda,t)),$$

其中$(S_2, X_2, \Lambda_2) \in \mathscr{G}_t(\Gamma)$，而 $p = \frac{d}{dt}G(x, \lambda, t)|_{t=0}$. 于是，由于 $h = \Phi^{-1}g$，有

$$\Phi^{-1}p = S_1(x, \lambda)\frac{d}{dt}G(X_1(x, \lambda), \Lambda_1(\lambda), t)|_{t=0}$$
$$\in \mathrm{T}(h, \Gamma).$$

故 $T(\Phi h, \Gamma) \subset \Phi T(h, \Gamma)$. 类似有

$$T(h, \Gamma) = T(\Phi^{-1}\Phi h, \Gamma) \subset \Phi^{-1}T(\Phi h, \Gamma),$$

因此 $\mathrm{T}(\Phi h, \Gamma) = \Phi \mathrm{T}(h, \Gamma)$.

(c)我们有

$$\mathrm{Itr}\ \mathrm{T}(g, \Gamma) = \mathrm{Itr}\ \mathrm{T}(\Phi h, \Gamma) = \mathrm{Itr}\Phi \mathrm{T}(h, \Gamma) = \mathrm{Itr}\ \mathrm{T}(h, \Gamma),$$

最后一个等式是因为集合在 Φ 作用下，其最大内蕴理想不变.

(d) 若 $\Phi \in \mathscr{D}(\Gamma)$，则类似于(c)，

$$\mathrm{Itr}_s \mathrm{T}(g, \Gamma) = \mathrm{Itr}_s \Phi \mathrm{T}(h, \Gamma)$$
$$= \mathrm{Itr}_s\ \mathrm{T}(h, \Gamma).$$ □

当 $\mathrm{codim}_\Gamma g < \infty$时，有 $k \geq 1$使$\vec{\mathscr{M}}^k_{x,\lambda}(\Gamma) \subset \mathrm{T}(g, \Gamma)$，因而

$$\vec{\mathscr{M}}^k_{x,\lambda}(\Gamma) \subset \mathrm{Itr}\ \mathrm{T}(g, \Gamma) = \mathrm{Itr}\ \mathrm{T}(h, \Gamma) \subset \mathrm{T}(h, \Gamma),$$

且 $\mathrm{codim}_\Gamma h = \mathrm{codim}_\Gamma g < \infty$. 记$(\mathrm{Itr}\mathrm{T}(h, \Gamma))^\perp$为由次数$<k$ 的等变多项式映射组成的 $\mathrm{Itr}\mathrm{T}(h, \Gamma))$的补空间，

$$\mathrm{V}_g = \mathrm{T}(g, \Gamma) \cap (\mathrm{Itr}\ \mathrm{T}(h, \Gamma))^\perp,$$

$J: \vec{\mathscr{E}}(\Gamma) \to (\mathrm{Itr}\ \mathrm{T}(h, \Gamma))^\perp$为对应于分解

$$\vec{\mathscr{E}}(\Gamma) = \mathrm{Itr}\ \mathrm{T}(h, \Gamma) \oplus (\mathrm{Itr}\ \mathrm{T}(h, \Gamma))^\perp$$

的投射，因而有

定理4.4.12 $g \in \vec{\mathscr{E}}_{x,\lambda}(\Gamma)$的 k 参数 Γ 开折 $G \in \vec{\mathscr{E}}_{x,\lambda,\alpha}(\Gamma)$为通用 Γ 开折的充要条件是

$$(\mathrm{Itr}\ \mathrm{T}(h, \Gamma))^\perp = \mathrm{V}_g + \mathbb{R}\left\{J \cdot \frac{\partial G}{\partial \alpha_1}\bigg|_{\alpha=0}, \cdots, J \cdot \frac{\partial G}{\partial \alpha_k}\bigg|_{\alpha=0}\right\},$$

其中 $h \sim_\Gamma g$. □

第二章中曾用这一小节的推论得到单变量分岔普适开折的识别问题的解. 对于一般的识别问题的解这里就不多提了. 此外，第

二章曾提到过的持久性理论在等变情形下也有相应的结果，这里也不提了. 可参看，如[FGe].

§4.5 等变普适开折定理的证明

在这一节中我们证明§4.4中关于等变普适开折的重要定理，即定理4.4.2和4.4.5. 首先我们介绍在前一个定理的证明中要用到的等变预备定理，它是§1.4中的 Malgrange 预备定理的推广.

4.5.1 等变预备定理

设紧 Lie 群 Γ 作用在有限维空间 V 和 W 上，$\varphi:(V,0)\to(W,0)$是 Γ 是等变的映射芽，$y=\varphi(x)$. 则由 $\varphi^*(f)=f\cdot\varphi$，$f\in\mathscr{E}_y$，给出环同态 $\varphi^*:\mathscr{E}_y(\Gamma)\to\mathscr{E}_x(\Gamma)$. 下面的定理是经典的 Malgrange 预备定理（定理1.4.10）在等变问题中的推广.

定理4.5.1（等变的 Malgrange 预备定理） 设 N 是有限生成的 $\mathscr{E}_x(\Gamma)$模. 则 N（通过 φ）作为 $\mathscr{E}_y(\Gamma)$模是有限生成的当且仅当

$$\dim(N/\varphi^*\mathscr{M}_y(\Gamma)N)<\infty.$$

而且，若 $\pi n_1,\cdots,\pi n_k$ 是 $N/\varphi^*\mathscr{M}_y(\Gamma)N$ 的一组基，其中 $\pi:N\to N/\varphi^*\mathscr{M}_y(\Gamma)N$是自然投射，则 $n_1,\cdots,n_k$ 在环 $\mathscr{E}_y(\Gamma)$上生成 N.

证明 必要性是显然的. 充分性的证明只需证本定理中的后一半结论，为此，设 $n_1,\cdots,n_k\in N$ 使 $\pi n_1,\cdots,\pi n_k$ 是 $N/\varphi^*\mathscr{M}_y(\Gamma)N$ 的一组基.

设齐次多项式 $v_1,\cdots,v_s$ 和 $w_1,\cdots,w_t$ 分别是 $\mathscr{E}_x(\Gamma)$和 $\mathscr{E}_y(\Gamma)$的 Hilbert 基. 令

$$\rho_V:V\to\mathbb{R}^s,\qquad \rho_V(x)=(v_1(x),\cdots,v_s(x)),$$

$$\rho_W:W\to\mathbb{R}^t,\qquad \rho_W(y)=(w_1(y),\cdots,w_t(y)).$$

由 Schwarz 定理（定理3.5.2），存在 C^∞函数 $\psi:\mathbb{R}^s\to\mathbb{R}^t$ 使

$$\psi\rho_V=\rho_W\varphi,\qquad \psi(0)=0,$$

并且 $\rho_W^*\mathscr{M}_w=\mathscr{M}_y(\Gamma)$. 故

$$\varphi^*\mathscr{M}_y(\Gamma)N=\varphi^*\rho_W^*\mathscr{M}_wN=\rho_v^*\psi^*\mathscr{M}_wN.$$

由 $\dim N/\varphi^*\mathscr{M}_y(\Gamma)N<\infty$ 知 $\dim N/\rho_V^*\psi^*\mathscr{M}_w N<\infty$. 由 Malgrange 预备定理知，N(通过 $\rho_V^*\psi^*$)作为 $\mathscr{E}_w$ 模由 $n_1,\cdots,n_k$ 生成,这表明 N(通过 φ^*)作为 $\mathscr{E}_y(\Gamma)$模由 $n_1,\cdots,n_k$ 生成. □

4.5.2 等变普适开折定理的证明

由§4.4.2中分析知,只需证明定理4.4.2前一个结论的充分性部分,该定理后一结论也可从前一个直接推得.

设 $g\in\vec{\mathscr{E}}_{x,\lambda}(\Gamma)$的 k 参数 Γ 开折 $G\in\vec{\mathscr{E}}_{x,\lambda,\alpha}$满足(4.6)式,即

$$\vec{\mathscr{E}}_{x,\lambda}(\Gamma)=\mathrm{T}(g,\Gamma)+\mathbb{R}\{\partial G/\partial\alpha_1|_{\alpha=0},\cdots,\partial G/\partial\alpha_k|_{\alpha=0}\},\tag{5.1}$$

其中根据切空间的定义

$$\begin{aligned}\mathrm{T}(g,\Gamma)=\{Sg+(dg)X+g_\lambda\Lambda|S\in\overleftrightarrow{\mathscr{E}}_{x,\lambda}(\Gamma),\\ X\in\vec{\mathscr{E}}_{x,\lambda}(\Gamma),\Lambda\in\mathscr{E}_\lambda\},\end{aligned}\tag{5.2}$$

这里 dg 仍为 g 关于 x 的导数. 我们将利用下面的约化引理来证明 G 是通用的.

引理4.5.2 设 g 的 k 的参数 Γ 开折 G 满足(5.1). 若 $\Phi:(\mathbb{R}^n\times\mathbb{R}\times\mathbb{R}^k\times\mathbb{R},0)\to\mathbb{R}^n$ 为 G 的具有参数 u 的单参数开折,

$$\Phi(x,\lambda,\alpha,0)=G(x,\lambda,\alpha),\tag{5.3}$$

则 Φ 可由 G 代理.

证明 由于 g 有有限 Γ 余维,存在 $s\geqslant0$,使得(5.2)可写成

$$\begin{aligned}\mathrm{T}(g,\Gamma)=\{Sg+(dg)X\mid S\in\overleftrightarrow{\mathscr{E}}_{x,\lambda}(\Gamma),X\in\vec{\mathscr{E}}_{x,\lambda}(\Gamma)\}\\ +\mathbb{R}\{g_\lambda,\lambda g_\lambda,\cdots,\lambda^{s-1}g_\lambda\}.\end{aligned}$$

设 $P\in\vec{\mathscr{E}}_{x,\lambda,\alpha,u}(\Gamma)$. 由(5.1)知在 $\alpha=0,u=0$处,P 可表成

$$\begin{aligned}P(x,\lambda,0,0)=S(x,\lambda)g+(dg)X(x,\lambda)\\ +g_\lambda\Lambda(\lambda)+D_\alpha G(x,\lambda,0)\xi,\end{aligned}$$

上式 $\Lambda(\lambda)$是关于 λ 的次数小于 s 的多项式,$\xi\in\mathbb{R}^k$. 命

$$\begin{aligned}Q(x,\lambda,\alpha,u)=P(x,\lambda,\alpha,u)-[S(x,\lambda)\Phi+(d\Phi)X(x,\lambda)\\ +\Phi_\lambda\Lambda(\lambda)+D_\alpha\Phi\xi].\end{aligned}$$

则 $Q(x,\lambda,0,0)=0$. 这说明 P 可表成

$$P(x,\lambda,\alpha,u)=S(x,\lambda)\Phi+(d\Phi)X(x,\lambda)+\Phi_\lambda\Lambda(\lambda)$$
$$+D_\alpha\Phi\xi+[up_0(x,\lambda,\alpha,u)+\Sigma\alpha_i p_i(x,\lambda,\alpha,u)]. \tag{5.4}$$

取有限生成 $\mathscr{E}_{x,\lambda,\alpha,u}(\Gamma)$ 模

$$\mathrm{N}=\vec{\mathscr{E}}_{x,\lambda,\alpha,u}(\Gamma)/\{S_i(x,\lambda,\alpha,u)\Phi,(d\Phi)X_j(x,\lambda,\alpha,u)\},$$

其中 $\{S_i\}$ 和 $\{X_j\}$ 分别是 $\overleftrightarrow{\mathscr{E}}_{x,\lambda,\alpha,u}(\Gamma)$ 和 $\vec{\mathscr{E}}_{x,\lambda,\alpha,u}(\Gamma)$ 的生成元. 设

$$\psi:\mathbb{R}^n\times\mathbb{R}\times\mathbb{R}^k\times\mathbb{R}\to\mathbb{R}^k\times\mathbb{R},\quad \psi(x,\lambda,\alpha,u)=(\alpha,u).$$

并记 $\varphi_j=\partial\Phi/\partial\alpha_j, 1\leqslant j\leqslant k$, 及 $\varphi_{k+i}=\lambda^{i-1}\Phi_\lambda, 1\leqslant i\leqslant s$. (5.4)式表明 $\{\varphi_1,\cdots,\varphi_{k+s}\}$ 是 $\mathrm{N}/\psi^*\mathscr{M}_{\alpha,u}\mathrm{N}$ 的一组生成元. 由定理4.5.1知 N(通过 ψ^*)作为 $\mathscr{E}_{\alpha,u}$ 模由 $\{\varphi_1,\cdots,\varphi_{k+s}\}$ 生成. 因此存在 $\widetilde{S}\in\overleftrightarrow{\mathscr{E}}_{x,\lambda,\alpha,u}(\Gamma)$, $\widetilde{X}\in\vec{\mathscr{E}}_{x,\lambda,\alpha,u}(\Gamma)$, λ 的多项式 $\widetilde{\Lambda}\in\mathscr{E}_{\lambda,u,\alpha}$ 及 $\widetilde{L}_i\in\mathscr{E}_{\alpha,u}, 1\leqslant i\leqslant k$, 使

$$P(x,\lambda,\alpha,u)=\widetilde{S}\Phi+(d\Phi)\widetilde{X}+\Phi_\lambda\widetilde{\Lambda}+\frac{\partial\Phi}{\partial\alpha}\widetilde{L}, \tag{5.5}$$

这里 $\widetilde{L}=(\widetilde{L}_1,\cdots,\widetilde{L}_k)$. 特别, 取 $P=-\dfrac{\partial\Phi}{\partial u}$, 得到相应的 $\widetilde{S},\widetilde{X},\widetilde{\Lambda},\widetilde{L}$, 即有

$$\frac{\partial\Phi}{\partial u}+\widetilde{S}\Phi+(d\Phi)\widetilde{X}+\varphi_\lambda\widetilde{\Lambda}+\frac{\partial\Phi}{\partial\alpha}\widetilde{L}=0. \tag{5.6}$$

考虑 (x,λ,α,u) 空间中的方程

$$\dot{x}=\widetilde{X}(x,\lambda,\alpha,u),\ \dot{\lambda}=\widetilde{\Lambda}(\lambda,\alpha,u),$$
$$\dot{\alpha}=\widetilde{L}(\alpha,u),\ \dot{u}=1. \tag{5.7}$$

设 $Y(t)=(x(t),\lambda(t),\alpha(t),u(t))$ 为方程(5.7)满足 $Y(0)=(x,\lambda,\alpha,u)$ 的解. 则 $u(t)=u+t$, 且 $Y(-u)$ 可表示为

$$Y(-u)=(X(x,\lambda,\alpha,u),\Lambda(\lambda,\alpha,u),A(\alpha,u),0)$$

的形式. 由方程(5.7)解的唯一性易知 X 关于 x 为 Γ 等变.

由(5.5)式及 $P=-\partial\Phi/\partial u$ 可见 Φ 满足

$$\frac{d}{dt}\Phi(Y(t))=-\widetilde{S}(Y(t))\Phi(Y(t)). \tag{5.8}$$

设 $Z(x,\lambda,\alpha,u,t)$ 为线性方程组

$$\dot{z}=-\widetilde{S}(Y(t))z$$

的基本矩阵, 使 $Z(x,\lambda,\alpha,u,0)=I_n$. 则 $\Phi(Y(t))$ 作为方程(5.8)的

解应满足

$$\Phi(Y(t)) = Z(x,\lambda,\alpha,u,t)\Phi(x,\lambda,\alpha,u).$$

命 $S(x,\lambda,\alpha,u)=(Z(x,\lambda,\alpha,u,-u))^{-1}$. 由于 $\tilde{S}(x,\lambda,\alpha,u)$是关于 x 的 Γ 等变矩阵值映射，不难推知 Z，因而 S 具有同样性质. 我们有

$$\begin{aligned}&\Phi(x,\lambda,\alpha,u)\\&=S(x,\lambda,\alpha,u)\Phi(Y(-u))\\&=S(x,\lambda,\alpha,u)\Phi(X(x,\lambda,\alpha,u),\Lambda(\lambda,\alpha,u),A(\alpha,u),0)\\&=S(x,\lambda,\alpha,u)G(X(x,\lambda,\alpha,u),\Lambda(\lambda,\alpha,u),A(\alpha,u)),\end{aligned}$$

这表明 Φ 可由 G 代理. □

定理4.4.2的证明 设 H 是 g 的一个 l 参数 Γ 开折，$\beta\in\mathbb{R}^l$，且设 g 的 k 参数开折 G 满足(5.1)式. 如本小节开头所说，只要证命 H 可由 G 代理. 令

$$G_j(x,\lambda,\alpha,\beta_1,\cdots,\beta_j) = G(x,\lambda,\alpha) + H(x,\lambda,\beta_1,\cdots,\beta_j,0,\cdots,0) - g(x,\lambda),$$

$1\leqslant j\leqslant l$. 易见 G_j 是 g 的$(k+j)$参数 Γ 开折，且关于这些参数满足(5.1)式. 命 $G_0=G$. 对于 $j,1\leqslant j\leqslant l$，由于 G_j 是 G_{j-1}的单参数 Γ 开折，按引理4.5.2，G_j 可由 G_{j-1}代理，$j=1,\cdots,l$，因而 G_l 可由 G 代理. 进而 $H(x,\lambda,\beta)=G_l(x,\lambda,0,\beta)$可由 G 代理，这表明 G 是通用 Γ 开折. □

4.5.3 普适开折的唯一性

最后我们来验证定理4.4.5指出的，在 Γ 同构意义下普适开折的唯一性问题，这里 Γ 同构的概念见定义4.4.3.

定理4.4.5的证明 该定理是说，g 的两个通用 Γ 开折 $G(x,\lambda,\alpha)$和 $H(x,\lambda,\beta)$为 Γ 同构的充要条件是它们具有个数相同的开折参数. 必要性是显然的，下证充分性.

设 g 的通用 Γ 开折 G 和 H 的开折参数都有 k 个，$\alpha\in\mathbb{R}^k$，而 g 的 Γ 余维数为 l. 首先考虑 $k=l$ 情形. 因 G 通用，H 可由 G 代理，

$$H(x,\lambda,\alpha) = S(x,\lambda,\alpha)G(X(x,\lambda,\alpha),\Lambda(\lambda,\alpha),A(\alpha)),$$

这里 $S\in\overleftrightarrow{\mathscr{E}}_{x,\lambda,\alpha}(\Gamma)$，$X\in\overleftrightarrow{\mathscr{E}}_{x,\lambda,\alpha}(\Gamma)$. 这时

$$K(x,\lambda,\alpha)=G(x,\lambda,A(\alpha))\equiv A^{*}G(x,\lambda,\alpha)$$

与 $H(x,\lambda,\alpha)$ 为 Γ 同构，因而 K 是通用的. 我们有

$$\partial K/\partial\alpha_i|_{\alpha=0}=\sum_{j=1}^{l}\frac{\partial G}{\partial\alpha_j}\bigg|_{\alpha=0}\frac{\partial A_j}{\partial\alpha_i}\bigg|_{\alpha=0}.$$

由定理4.4.2及 $l=\operatorname{codim}_{\Gamma}g$ 知 $\{\partial K/\partial\alpha_i|_{\alpha=0}\}$ 和 $\{\partial G/\partial\alpha_i|_{\alpha=0}\}$ 都是 $T(g,\Gamma)$ 的补空间的基，因而 $l\times l$ 矩阵 $(dA)_0=(\partial A_j/\partial\alpha_i)|_{\alpha=0}$ 可逆，A 是(局部)微分同胚，这说明，H 与 G 为 Γ 同构.

对一般情形，设 L 是 l 参数普适开折，$l=\operatorname{codim}_{\Gamma}g$；$G$ 仍为 $k(\geqslant l)$ 参数通用开折. 由 L 代理 G 知

$$G(x,\lambda,\alpha)=S(x,\lambda,\alpha)L(X(x,\lambda,\alpha),\Lambda(\lambda,\alpha),A(\alpha)),$$

这时 $\operatorname{rank}(dA)_0=l$，$A:\mathbb{R}^k\to\mathbb{R}^l$ 是浸没，而 $G(x,\lambda,\alpha)$ 与 $L(x,\lambda,A(\alpha))=A^{*}L(x,\lambda,\alpha)$ 为 Γ 同构. 同理，H 与 $B^{*}L$ 为 Γ 同构，这里 $B:\mathbb{R}^k\to\mathbb{R}^l$ 是浸没. 由隐函数定理可推知，存在微分同胚 $\sigma:\mathbb{R}^k\to\mathbb{R}^k$ 使 $B\circ\sigma=A$，因而 $A^{*}L$ 与 $B^{*}L$ 为 Γ 同构. □

注4.5.3(a) 任意两个普适开折是 Γ 同构的.

(b) 每个通用开折都可视为普适开折附加了傀参数. 确切地说，设 H 是 l 参数通用 Γ 开折，G 是(k 参数)普适 Γ 开折，若 $A:\mathbb{R}^l\to\mathbb{R}^k$ 是投射，则 H 与 $A^{*}G$ 为 Γ 同构.

习 题 四

4.1 设紧 Lie 群 Γ 作用在空间 V 上，$\vec{\mathscr{M}}_{x,\lambda}(\Gamma)$ 为 $\vec{\mathscr{E}}_{x,\lambda}(\Gamma)$ 中将原点映为原点的芽体的全体. 证明 $\vec{\mathscr{M}}_{x,\lambda}(\Gamma)$ 和 $\vec{\mathscr{E}}_{x,\lambda}(\Gamma)$ 均为有限生成的 $\mathscr{E}_{x,\lambda}(\Gamma)$ 模.

4.2 设平凡群1作用在 $\mathbb{R}^n$ 上.

(a) 证明 $\mathscr{E}_{x,\lambda}$ 的每个强内蕴理想是内蕴的，并且在有有限余维时可表成

$$\mathscr{M}^{k}+\mathscr{M}^{k_1}\langle\lambda\rangle^{l_1}+\cdots+\mathscr{M}^{k_s}\langle\lambda\rangle^{l_s}$$

的形式，这里 $\mathscr{M}=\{f\in\mathscr{E}_{x,\lambda}\,|\,f(0)=0\}$.

(b) 证明 $\vec{\mathscr{E}}_{x,\lambda}$的强内蕴子模 $\mathscr{J}$ 是内蕴的，并且可表成 $\mathscr{J}=\mathscr{I}\cdot\vec{\mathscr{E}}_{x,\lambda}$的形式，这里 $\mathscr{I}$ 是内蕴理想.

4.3 直接证明第二章中的定理2.1.6和2.3.2.

4.4 设 $\Gamma=\mathbf{O}(2)$作用在$\mathbb{C}$上. 利用例4.2.3的结果，对于 $\mathbf{O}(2)$余维数≤4的 $\mathbf{O}(2)$等变的初等分岔问题建立与 § 2.6相应的分类定理.

4.5 设 $\mathbf{D}_3$等变分岔的正规形为

$$g(z,\lambda)=(\varepsilon_1 u+\varepsilon_2\lambda)z+(\varepsilon_3 u+mv)\bar{z}^2,$$

其中 $\varepsilon_i=\pm1, i=1,2,3, m\neq0$. 求 g 的识别问题和普适开折的解.

第五章　向量场的局部分岔理论方法

上一章介绍的是静态分岔，本章起进入关于微分方程的动态问题的讨论. §5.1和§5.2通过 Liapunov-Schmidt 简约把演化方程的简单分岔和向量场的 Hopf 分岔问题分别化成第二章中介绍过的单变量分岔和 $\mathbf{Z}_2$等变分岔问题. 为研究 Hopf 分岔周期解的稳定性，§5.3引进 Floquet 理论. 对于一般的向量场的局部分岔问题，常可通过中心流形和 Birkhoff 正规形理论方法把它们简约成维数较低的正规形式来研究，对此，§5.4予以介绍. 最后，§5.5介绍 Hopf 和定态这两种不同模态的相互作用的问题. 本章的一些结果对下一章是有用的.

§5.1　简单分岔

我们已在§1.3中遇到过有限维空间的简单分岔问题，其特点是在系统的分岔点处线性化算子的零空间维数和值空间余维数都为1. 本节考虑一般演化方程的简单分岔，通过 Liapunov-Schmidt 简约把这类分岔问题化成单变量分岔方程，并特别对其稳定性进行讨论.

5.1.1　简单分岔的 Liapunov-Schmidt 简约

考虑方程

$$\frac{du}{dt}=F(u,\alpha),\tag{1.1}$$

其中 F：$\mathscr{X}\times\mathbb{R}^{k+1}\to\mathscr{Y}$ 为充分光滑，$\mathscr{X}$ 和 $\mathscr{Y}$ 为适当的 Hilbert 空间，$\mathscr{X}\subset\mathscr{Y}$. 在参数组 $\alpha=(\alpha_0,\alpha_1,\cdots,\alpha_k)$中我们取 $\alpha_0=\lambda$ 为分岔参数 $\alpha'=(\alpha_1,\cdots\alpha_k)$为附加参数. 设

$$F(0,\ \alpha)\equiv 0, \tag{1.2}$$

并记 F 在(u,α)处关于 u 的导数 $A(u,\ \alpha)=(dF)_{u,\alpha}$，及 $A=A(0,\ 0)$. 还设 A 为具有零指标的 Fredholm 算子.

为考虑演化方程(1.1)的简单分岔，我们假定

(S_1) A 有一孤立的单本征值0，且 A 的其余本征值实部均非零.

这里，0为 A 的单本征值是指 $\dim\mathscr{N}(A^k)=1$，$k=1,\ 2,\ \cdots$，而0是孤立的指0为其一个邻域中唯一的本征值. 下面通过 Liapunov-Schmidt 简约把(1.1)化成分岔方程来讨论.

由于 A 满足(S_1)，我们可以假定在 $\mathscr{X}\times\mathbb{R}^{k+1}$的原点附近 $A(u,\ \alpha)$有一单本征值 $\mu(u,\ \alpha)$，使 $\mu(0,\ 0)=0$，而 $A(u,\ \alpha)$的其余本征值实部均不为零. 并且，由于我们仅考虑平衡解的分岔，只需讨论映射 F 的零点集.

先对空间 $\mathscr{X}$ 作分解. 设 A 的伴随算子为 A^*，零空间$\mathscr{N}(A)$和 $\mathscr{N}(A^*)$分别由 e_0和 e_0^* 张成，

$$\mathscr{N}(A)=\operatorname{span}\{e_0\},\quad \mathscr{N}(A^*)=\operatorname{span}\{e_0^*\},$$

且$\|e_0\|=1=\|e_0^*\|$. 我们指出 $e_0\notin\mathscr{R}(A)$. 因若 $e_0\in\mathscr{R}(A)$，则存在 $w\in\mathscr{X}$ 使 $Aw=e_0\neq 0$，而 $A^2w=0$，这说明 $\dim\mathscr{N}(A^2)\geqslant 2$，与0为 A 的单本征值矛盾. 于是$\langle e_0,\ e_0^*\rangle\neq 0$. 适当取 e_0，e_0^* 可使$\langle e_0,\ e_0^*\rangle>0$，同时有分解

$$\mathscr{X}=\mathscr{N}(A)\oplus\mathscr{R}(A^*),\ \mathscr{Y}=\mathscr{R}(A)\oplus\mathscr{N}(A^*). \tag{1.3}$$

作 $\mathscr{Y}$ 到 $\mathscr{N}(A^*)$上的投射 P，

$$Pv=\langle v,\ e_0^*\rangle e_0^*, \tag{1.4}$$

并记 $Q=I-P$. 则通过§1.3中引进的 Liapunov-Schmidt 简约可把方程 $F(u,\ \alpha)=0$化成分岔方程

$$PF(xe_0+W(x,\ \alpha),\ \alpha)=0, \tag{1.5}$$

其中映射 W: $\mathbb{R}\times\mathbb{R}^{k+1}\to\mathscr{R}(A^*)$由下式据隐函数定理确定

$$QF(xe_0+W(x,\ \alpha),\ \alpha)=0\ . \tag{1.6}$$

记

$$g(x,\ \alpha)=\langle F(xe_0+W(x,\ \alpha),\ \alpha),\ e_0^*\rangle. \tag{1.7}$$

由§1.3中的结果知 g: $\mathbb{R}\times\mathbb{R}^{k+1}\to\mathbb{R}$ 满足

$$g(0,0)=0,\ g_x(0,0)=0, \tag{1.8}$$

并可得到下面的结果.

定理5.1.1(简单分岔) 设方程(1.1)满足(1.2),且 F 的线性化算子 $A=(dF)_{0,0}$ 满足条件(S_1). 则存在光滑函数 g: $\mathbb{R}\times\mathbb{R}^{k+1}\to\mathbb{R}$ 满足(1.8),且使得方程

$$g(x,\alpha)=0 \tag{1.9}$$

在原点附近的每个解(x,α)与方程(1.1)在原点附近的平衡解(u,α)一一对应. □

注5.1.2 利用(1.6),(1.7)式及§1.3中的结果可以从映射 F 得到函数 g 在原点附近的 Taylor 展式. 不妨设 $\alpha=\lambda\in\mathbb{R}$,且记 $L=QA|\mathscr{R}(A^*)$ 及 $F(u,\lambda)=Au+h(u,\lambda)$. 则据§1.3中的公式(3.15),由(1.7)给出的 g 在(0,0)处应满足(1.8)及

$$g_{xx}=\langle d^2h(e_0,e_0),e_0^*\rangle, \tag{1.10a}$$

$$g_{xxx}=\langle -3d^2h(e_0L^{-1}Qd^2(e_0,e_0)) + d^3h(e_0,e_0,e_0),e_0^*\rangle, \tag{1.10b}$$

$$g_\lambda=\langle h_\lambda,e_0^*\rangle, \tag{1.10c}$$

$$g_{\lambda x}=\langle -d^2h(e_0,L^{-1}Qh_\lambda)+dh_\lambda(e_0),e_0^*\rangle. \tag{1.10d}$$

为讨论方程(1.1)的稳定性态,我们进一步把条件(S_1)加强为

(S_2) A 有一孤立的单本征值0,且 A 的其余本征值实部均为负.

下面的定理指出,映射 g 还可用来描述方程(1.1)平衡解的稳定性问题.

定理5.1.3 设方程(1.1)满足(1.2),且 A 满足条件(S_2). 设经 Liapunov-Schmidt 简约得到的映射 g 由(1.7)给出,且在原点附近 g 的零点(x,α)与方程(1.1)的平衡解(u,α)对应. 则平衡解(u,α)当 $g_x(x,\alpha)<0$时稳定,当 $g_x(x,\alpha)>0$时不稳定.

定理5.1.3的证明放在下面一些引理之后进行.

5.1.2 一些引理

引理5.1.4 设原点附近的光滑函数 ψ: $\mathbb{R}^n\to\mathbb{R}$ 使 $\psi(0)=0$,

$\nabla\psi(0)\neq 0$. 则在原点附近存在局部微分同胚 Y，使 $Y(0)=0$，且对 $y=(y_1,\cdots,y_n)$，$\psi(Y(y))=y_n$.

证明 由 $\nabla\psi(0)\neq 0$ 知存在 k 使 $(\partial\psi/\partial y_k)(0)\neq 0$. 经坐标变换，可设 $(\partial\psi/\partial y_n)(0)\neq 0$. 设 Ψ: $\mathbb{R}^n\to\mathbb{R}^n$ 由

$$\Psi(y)=(y_1,\cdots,y_{n-1},\psi(y))$$

给定. 则 $\Psi(0)=0$，$\det D\Psi(0)\neq 0$. 利用反函数定理(定理1.2.5)，知存在 $Y:\mathbb{R}^n\to\mathbb{R}^n$ 使 $\Psi(Y(y))=y$，进而 $\psi(Y(y))=y_n$. □

引理5.1.5 设原点附近的光滑函数 φ,ψ: $(\mathbb{R}^n,0)\to\mathbb{R}$ 使

$$\psi(0)=0,\nabla\psi(0)\neq 0,\ \nabla\varphi(0)\neq 0,$$

且 $\psi(y)=0$ 蕴涵 $\varphi(y)=0$. 记 $a(y)=\varphi(y)/\psi(y)$. 则 $a:\mathbb{R}^n\to\mathbb{R}$ 为 C^∞，且 $\operatorname{sgn}a(0)=\operatorname{sgn}\langle\nabla\varphi(0),\nabla\psi(0)\rangle$.

证明 由引理5.1.4，可设 $\psi(y)=y_n$. 记 $\tilde{y}=(y_1,\cdots,y_{n-1})$，则 $\psi(\tilde{y},0)\equiv 0$. 由假设，$\varphi(\tilde{y},0)\equiv 0$，于是

$$\varphi(y)=\varphi(\tilde{y},y_n)-\varphi(\tilde{y},0)=\int_0^1\frac{d}{dt}(\tilde{y},ty_n)dt$$

$$=y_n\int_0^1\frac{\partial\varphi}{\partial y_n}(\tilde{y},ty_n)dt.$$

命 $a(y)=\int_0^1\frac{\partial\varphi}{\partial y_n}(\tilde{y},ty_n)dt$，则 $\varphi(y)=a(y)\psi(y)$，且 $a:\mathbb{R}^n\to\mathbb{R}$ 为 C^∞. 由 $\nabla\varphi(0)=a(0)\nabla\psi(0)$ 知 $a(0)\neq 0$，进而

$$\operatorname{sgn}a(0)=\operatorname{sgn}\langle\nabla\varphi(0),\nabla\psi(0)\rangle.$$

□

5.1.3 定理5.1.3的证明

记

$$\Omega(x,\alpha)=xe_0+W(x,\alpha),$$

其中 W 为方程(1.6)的解. 则 (x,α) 为 g 的零点当且仅当 $(\Omega(x,\alpha),\alpha)$ 为 F 的零点，或方程(1.1)的平衡解. 命 $u=\Omega(x,\alpha)$. 回忆 F 的线性化算子 $A(u,\alpha)$ 有一单本征值 $\mu(u,\alpha)$，使 $\mu(0,0)=0$，而 $A(u,\alpha)$ 的其余本征值实部均为负. 根据线性稳定性原理(定理1.1.6)，我们只要证明 $\mu(u,\alpha)$ 与 $g_x(x,\alpha)$ 同号.

断言1 若 $g_x(x,\alpha)=0$，则 $\mu(\Omega,\alpha)=0$.

证明 由 g 的表式(1.7)，$g_x(x, \alpha)=\langle F_u(\Omega, \alpha)\Omega_x, e_0^*\rangle$，这里 $F_u=D_uF$. 故

$$PF_u(\Omega, \alpha)\Omega_x = 0 . \tag{1.11}$$

对(1.6)式关于 x 求导

$$QF_u(\Omega, \alpha)\Omega_x = 0,$$

结合(1.11)式，有 $F_u(\Omega, \alpha)\Omega_x=0$. 注意到在 $x=0$附近 $\Omega_x\neq 0$,则 Ω_x 为 $F_u(\Omega,\alpha)$的本征向量，而相应的本征值即为 $\mu(\Omega,\alpha)=0$，因为 $F_u(\Omega,\alpha)$的其他本征值实部均为负. 断言1得证.

现在利用引理5.1.5来证明 μ 和 g_x 同号，为此,还需检验它们是否满足该引理的其他条件，但这些条件不一定都满足. 因此，我们对原来的映射 F 添加一项. 命

$$\widetilde{F}: \mathscr{X} \times \mathbb{R}^{k+1} \times \mathbb{R} \to \mathscr{Y}$$

由 $\widetilde{F}(u, \alpha, \beta)=F(u, \alpha)+\beta u$ 给定，则仍有 $\widetilde{F}_u(0, 0, 0)=A$. 设 $\widetilde{\mu}(u, \alpha, \beta)$为 $\widetilde{F}_u(u, \alpha, \beta)$在原点附近的本征值,使 $\widetilde{\mu}(0,0,0)=0$. 对 $\widetilde{F}$ 经 Liapunov-Schmidt 简约，得到映射

$$\widetilde{g}(x,\alpha,\beta) = \langle\widetilde{F}(\widetilde{\Omega}(x,\alpha,\beta),\alpha,\beta),e_0^*\rangle.$$

断言1告诉我们，$\widetilde{g}_x(x, \alpha, \beta)=0$蕴涵 $\widetilde{\mu}(\widetilde{\Omega}, \alpha, \beta)=0$.

断言2 $\widetilde{g}_{x,\beta}(0, 0, 0)>0$, $\frac{\partial}{\partial\beta}\widetilde{\mu}(\widetilde{\Omega}, 0, 0)>0$.

证明 利用第一章中(3.15e)式，有

$$\widetilde{g}_{x,\beta}(0,0,0) = \langle d\widetilde{F}_\beta e_0 - d^2\widetilde{F}_\beta(e_0, L^{-1}Q\widetilde{F}_\beta), e_0^*\rangle,$$

这里 $\widetilde{F}$ 的各阶导数均在原点取值. 因 $\widetilde{F}_\beta(0, 0, 0)=0$和 $d\widetilde{F}_\beta e_0=e_0$，故 $\widetilde{g}_{x,\beta}(0, 0, 0)=\langle e_0, e_0^*\rangle>0$. 另一方面，由于

$$d\widetilde{F}(0, 0, \beta)e_0 = Ae_0 + \beta e_0 = \beta e_0,$$

β 为 $\widetilde{F}_u(0, 0, \beta)$的本征值，其本征向量为 e_0，这说明

$$\widetilde{\mu}(0, 0, \beta) = \beta. \tag{1.12}$$

而由 $Q\widetilde{F}(\widetilde{\Omega}(x, \alpha, \beta), \alpha, \beta)=0$及 $\widetilde{F}(0, 0, \beta)\equiv 0$，利用隐函数定理的唯一性可得 $\widetilde{\Omega}(0, 0, \beta)\equiv 0$. 于是(1.12)式可写成 $\widetilde{\mu}(\widetilde{\Omega}(0, 0, \beta), 0, \beta)\equiv\beta$，可见$\frac{\partial}{\partial\beta}\widetilde{\mu}(\widetilde{\Omega}, 0, \beta)=1>0$. 断言2得证.

于是，利用引理5.1.5可得

$$\tilde{\mu}(\tilde{\Omega}, a, \beta) = \tilde{a}(x, \alpha, \beta)\tilde{g}_x(x,\alpha,\beta), \qquad (1.13)$$

其中 $\tilde{a}$ 为光滑函数，且

$$\tilde{a}(0, 0, 0) = \frac{\partial}{\partial\beta}\tilde{\mu}(\tilde{\Omega}, 0, 0)/\tilde{g}_{x\beta}(0, 0, 0) > 0.$$

在(1.13)式中命 $\beta=0$即知 $\tilde{\mu}(\tilde{\Omega}, \alpha, 0)=\mu(\Omega, \alpha)$与 $\tilde{g}_x(x, \alpha, 0) = g_x(x, \alpha)$同号，这证明了定理5.1.3. □

5.1.4 应用

我们举例来说明本节理论的应用.

例5.1.6 考虑下列积分微分方程在零解处的稳定性与分岔问题

$$\partial u/\partial t = (\lambda - 1)u + \frac{2}{\pi}\int_0^\pi (\sin\xi\sin\eta + \sin2\xi\sin2\eta)(u + u^3)d\eta, \qquad (1.14)$$

其中 u 为在 $t\geqslant0, 0\leqslant\eta\leqslant\pi$,上连续,且关于 t 连续可微的实函数, $0<b<1$. 将(1.14)的右边记为 $F(u,\lambda)$,则 $F:\mathscr{X}\times\mathbb{R}\to\mathscr{Y}$,其中

$$\mathscr{X} = \mathscr{Y} = L^2(0,\pi).$$

为考虑算子 $dF(0,\lambda)$的零本征值,或方程

$$dF(0,\lambda)v \equiv (\lambda - 1)v + \frac{2}{\pi}\int_0^\pi (\sin\xi\sin\eta + \sin2\xi\sin2\eta)vd\eta = 0 \qquad (1.15)$$

的非零解,我们把 v 表成

$$v = x\sin\xi + y\sin2\xi + v_1, \qquad (1.16)$$

其中 v_1在空间

$$V = \{\varphi\in L^2(0,\pi) \mid \int_0^\pi \varphi(\xi)\sin\xi d\xi = \int_0^\pi \varphi(\xi)\sin2\xi d\xi = 0\}$$

中. 将(1.16)代入(1.15),并投射在空间$\mathbb{R}\{\sin\xi,\sin2\xi\}$和 V 上,得

$$\lambda x = 0, \qquad (1.17a)$$

$$(1 - \lambda - b)y = 0, \qquad (1.17b)$$

$$(1 - \lambda)v_1 = 0. \qquad (1.17c)$$

可见(1.15)有非零解的条件是 $\lambda=0, 1-b$ 或1. 其中当 λ 在$1-b$

(或1)附近时,方程(1.15)在$1-b$(或1)附近有正本征值,其零解总不稳定.因而只须考虑 $\lambda=0$处的分岔问题.

记

$$Au=-u+\frac{2}{\pi}\int_0^\pi(\sin\xi\sin\eta+\sin2\xi\sin2\eta)u(\eta)d\eta,$$

$$h(u,\lambda)=\lambda u+\frac{2}{\pi}\int_0^\pi(\sin\xi\sin\eta+\sin2\xi\sin2\eta)(u(\eta))^3d\eta.$$

则 $F(u,\lambda)=Au+h(u,\lambda)$,且

$$\mathscr{N}(A)=\{a\sin\xi\,|\,a\in\mathbb{R}\}. \tag{1.18}$$

引进空间

$$\mathrm{M}=\left\{\varphi\in L^2(0,\pi)\,\middle|\,\int_0^\pi\varphi(\xi)\sin\xi=0\right\},$$

并记 $u=x\sin\xi+W(x,\lambda)$,$W\in\mathrm{M}$.则由定理5.1.3,(1.14)的分岔问题可简化为由

$$g(x,\lambda)=\langle F(x\sin\xi+W(x,\lambda),\lambda),\sin\xi\rangle$$

给出的C^∞映射 $g:\mathbb{R}\times\mathbb{R}\to\mathbb{R}$ 在原点附近的分岔问题,其中$W\in\mathrm{M}$满足方程

$$(I-P)F(x\sin\xi+W(x,\lambda),\lambda)=0.$$

利用公式(1.8)和(1.10)可得到 g 在原点处的前几阶导数的估计,它们是

$$g=g_x=g_\lambda=g_{xx}=0,$$

$$g_{\lambda x}=1,$$

$$g_{xxx}=\frac{24}{\pi^2}\int_0^\pi\int_0^\pi(\sin\xi\sin\eta+\sin2\xi\sin2\eta)\sin\xi d\eta d\xi$$

$$=\frac{24}{\pi}.$$

于是,由§2.2中的结果知 g 等价于树枝分岔 $\lambda x+x^3$.

§5.2 Hopf分岔理论

我们曾在§1.1指出,常微系统出现Hopf分岔的一个基本条

件是其线性化矩阵有一对纯虚本征值. 这一节我们先对该类系统通过 Liapunov-Schmidt 简约化为 $\mathbf{Z}_2$等变的分岔方程,然后讨论其系数计算公式. 最后,我们还提一下稳定性问题,它的证明要用到下一节的 Floquet 理论.

5.2.1 Hopf 定理

考虑一般的常微系统

$$\frac{du}{dt} = f(u,\alpha), \tag{2.1}$$

其中 $f:\mathbb{R}^n\times\mathbb{R}^{k+1}\to\mathbb{R}^n$ 在原点附近光滑,满足 $f(0,\alpha)\equiv 0$,而 $\alpha=(\alpha_0,\alpha_1,\cdots,\alpha_k)$含分岔参数 $\lambda=\alpha_0$和 $k(\geqslant 0)$个附加参数 $\alpha'=(\alpha_1,\cdots,\alpha_k)$. 记

$$df(0,\alpha) = A_\alpha \text{ 及 } A_0 = A. \tag{2.2}$$

则(5.2.1)在 $\alpha=0$附近存在 Hopf 分岔的一个必要条件是 A 有一对纯虚本征值$\pm i\omega$. 经改变时间尺度,可设 $\omega_0=1$. 因而,我们假定

(H_1) 对于原点附近的 α, A_α 有一对复本征值 $\sigma(\alpha)\pm i\omega(\alpha)$,满足 $\sigma(0)=0,\omega(0)=1$;

(H_2) A 的其余 $n-2$个本征值都不是 i 的整数倍.

如果考虑到稳定性,则可以把条件(H_2)换成经典的 Hopf 定理所要求的条件:

(H'_2) A 的其余 $n-2$个本征值的实部都小于0.

本节通过 Liapunov-Schmidt 简约来证明,在条件(H_1)和(H_2)下,可把系统(2.1)的周期解问题归结为 $\mathbf{Z}_2$等变的振幅方程

$$g(x,\alpha) = 0, x \geqslant 0, \tag{2.3}$$

关于 x 的解,这里

$$g(x,\alpha) = a(x^2,\alpha)x, a(0,0) = 0. \tag{2.4}$$

定理5.2.1 设方程(2.1)满足条件(H_1)和(H_2),则存在形如(2.4)的芽 $g:(\mathbb{R}\times\mathbb{R}^{k+1},0)\to\mathbb{R}$,使得(2.3)的每个局部解与(2.1)周期在$2\pi$ 附近的小振幅周期解的轨道一一对应.

我们下面将指出,如果将定理5.2.1中的 g 展开成幂级数

$$g(x,\alpha) = x(c_0 + c_2x^2 + c_4x^4 + \cdots), \tag{2.5}$$

则系数 $c_0, c_2, \cdots$ 为 α 的函数，其计算公式则可通过原方程(2.1)中 f 的系数来确定. 比如，有 $\frac{\partial}{\partial\lambda}c_0(0)=\sigma_\lambda(0)$. 因而当满足条件

(H_3)　$\sigma_\lambda(0)\neq 0$

时，由隐函数定理可从振幅方程解得 $\lambda=\lambda(x,\alpha')$. 特别，当满足

(H_4)　$c_2(0)\neq 0$

时，(2.2)有唯一的非零解，或者说，(2.1)有唯一的周期解族，这就是下面经典的 Hopf 定理.

定理5.2.2(Hopf 定理)　设方程(2.1)中 f 满足上述条件(H_1—H_4). 则(2.1)有(唯一的)周期解族$(u(t,\varepsilon),\lambda,(\varepsilon))$.

定理5.2.2的证明放在本节系数计算部分中.

在下节我们还要通过运用 Floquet 理论来建立 Hopf 分岔解的稳定性判断准则，即

定理5.2.3　在条件(H_1)和(H_2')下，设(u,α)为(2.1)的周期解，(x,α)为(2.3)的相应解. 则 u 当 $g_x(x,\alpha)<0$时渐近稳定，当 $g_x(x,\alpha)>0$时不稳定.

5.2.2 定理5.2.1的证明

现在设 f 的线性化矩阵 A 满足上述条件(H_1)和(H_2)，我们通过 Liapunov-Schmidt 简约来寻求系统(2.1)相应的振幅方程(2.3). 命 $s=(1+\tau)t$，则(2.1)变为

$$F(u,\alpha,\tau) \equiv -(1+\tau)du/ds + f(u,\alpha) = 0. \tag{2.6}$$

引进空间

$$C_{2\pi} = \{\varphi\in C(\mathbb{R},\mathbb{R}^n)\,|\,\varphi(s+2\pi)=\varphi(s),\forall\, s\in\mathbb{R}\},$$

$$C^1_{2\pi} = \{\varphi\in C_{2\pi}\,|\,\varphi\text{可微}\},$$

并分别取范数$\|\varphi\|=\max|\varphi(s)|$和$\|\varphi\|_1=\|\varphi\|+\|d\varphi/ds\|$，这使 $C_{2\pi}$和 $C^1_{2\pi}$成为 Banach 空间. 设映射

$$F: C^1_{2\pi}\times\mathbb{R}^{k+1}\times\mathbb{R}\to C_{2\pi}$$

由(2.6)给出. 易见，$F(u,\alpha,\tau)=0$的解对应于(2.1)的$2\pi/(1+\tau)$

周期解，且在圆周群$\mathbf{S}^1$对$C_{2\pi}$的作用

$$\theta \cdot u(s) = u(s-\theta)$$

下，F 为$\mathbf{S}^1$等变，即

$$F(\theta \cdot u, \alpha, \tau) = \theta \cdot F(u, \alpha, \tau), \forall\, \theta \in \mathbf{S}^1. \tag{2.7}$$

F 在零解处的线性化算子 $L_0: C^1_{2\pi} \to C_{2\pi}$为

$$L_0 v \equiv F_u(0,0,0)v = -\,dv/ds + Av. \tag{2.8}$$

为方便起见，我们在复空间中处理，对空间$C_{2\pi}$复化$\widetilde{C_{2\pi}} = C_{2\pi} \oplus iC_{2\pi}$，并引进内积

$$\langle u, v\rangle = (2\pi)^{-1}\int_0^{2\pi} \bar{v}(s)^T u(s) ds, \tag{2.9}$$

易见它为$\mathbf{S}^1$不变，$\langle \theta\cdot u, \theta\cdot v\rangle = \langle u, v\rangle$，且 L_0的的伴算子为

$$L_0^* v = dv/ds + A^T v. \tag{2.10}$$

断言1 存在向量 $c, d \in \mathbb{C}^n$ 使

$$Ac = ic, A^T d = -\,id, d^T c = 0, \bar{c}^T c = 2 = \bar{d}^T c. \tag{2.11}$$

证明 对于 A 和 A^T 的(单)本征值$\pm i$ 可取 A 和 A^T 的本征向量 c 和 d，使 $Ac = ic, A^T d = -id$. 由于

$$id^T c = d^T(ic) = d^T Ac = -\,id^T c,$$

有 $d^T c = 0$. 只要证明 $\bar{d}^T c \neq 0$，适当改变 c 和 d 的尺度使它们满足(2.11)中最后的等式，就可得到断言1. 若 $\bar{d}^T c = 0$，则对于 A^T 的任一广义本征向量 a，$(A^T - \mu I)^k a = 0$，对某个 $k \geqslant 1$，当 $\mu \neq i$ 时由

$$0 = -\,a^T(A-\mu I)^k c = a^T(A-\mu I)^{k-1}(i-\mu)c$$

可递推得$(i-\mu)^k a^T c = 0$，即 $a^T c = 0$；当 $\mu = i$ 时，由 $A^T \bar{d} = i\bar{d}$ 及 i 为单知 $a = \nu \bar{d}, \nu \in \mathbb{C}$，故仍有 $a^T c = \nu \bar{d}^T c = 0$. 这说明 c 垂直于 A^T 的所有广义本征向量，于是 $c = 0$，得出矛盾，断言1得证.

考虑算子 L_0和 L_0^* 的零空间. 对于满足(2.11)的 c 和 d，记

$$c(s) = e^{is}c, \quad c^*(s) = e^{is}d, \tag{2.12a}$$

$$v_1(s) = \mathrm{Re}\, c(s), \quad v_2(s) = \mathrm{Im}\, c(s), \tag{2.12b}$$

$$v_1^*(s) = \mathrm{Re}\, c^*(s), \quad v_2^*(s) = \mathrm{Im}\, c^*(s). \tag{2.12c}$$

则易验证$\{v_1, v_2\}$为 $\mathscr{N}(L_0)$的基，$\{v_1^*, v_2^*\}$为 $\mathscr{N}(L_0^*)$的基，且将(2.12)代入内积(2.9)，有

$$\langle v_j^*, v_k^* \rangle = \frac{1}{2}\bar{d}^T d\delta_{jk},$$
$$\langle v_j^*, v_k \rangle = \langle v_j, v_k \rangle = \delta_{jk}, \quad j,k = 1,2. \tag{2.13}$$

断言2 存在不变分解

$$C_{2\pi} = \mathscr{N}(L_0) \oplus \mathscr{R}(L_0) \text{ 和 } C_{2\pi}^1 = \mathscr{N}(L_0) \oplus \mathscr{W},$$

其中

$$\mathscr{W} = \{v \in C_{2\pi}^1 \mid \langle v, v_j^* \rangle = 0, j = 1,2\} = C_{2\pi}^1 \cap \mathscr{N}(L_0^*)^{\perp}.$$

证明 先来验证

$$\mathscr{N}(L_0) \cap \mathscr{R}(L_0) = \{0\}. \tag{2.14}$$

若 v 属于(2.14)的左边,记 $v=\alpha v_1+\beta v_2\in\mathscr{N}(L_0)$. 利用 Fredholm 择一律(参见§1.3),$\mathscr{R}(L_0)=\mathscr{N}(L_0^*)^{\perp}$,有$\langle v,v_j^*\rangle=0, j=1,2$. 利用(2.13)得 $\alpha=\beta=0$,这验证了(2.14)式. 于是,由于 L_0是具有零指标的 Fredholm 算子,codim$\mathscr{R}(L_0)=\dim\mathscr{N}(L_0)=2$,由(2.14)即可得断言2.

作 $C_{2\pi}=\mathscr{R}(L_0)\oplus\mathscr{N}(L_0)$到 $\mathscr{N}(L_0)$上的投射

$$Pv = \langle v, v_1^* \rangle v_1 + \langle v, v_2^* \rangle v_2, \tag{2.15}$$

并命 $Q=P-I$. 则通过 Liapunor-Schmidt 简约,可把系统(2.6)的分岔解归结为求下面的分岔方程的解

$$\Phi \equiv PF(xv_1 + y\, v_2 + w(x,y;\alpha,\tau),\alpha,\tau) = 0, \tag{2.16}$$

其中 $x,y\in\mathbb{R}$,而 $w\in\mathscr{W}$ 由方程

$$QF(xv_1 + yv_2 + w(x,y;\alpha,\tau),\alpha,\tau) = 0 \tag{2.17}$$

据隐函数定理唯一确定.

由(2.15),Φ 可写成 $\Phi=h_1v_1+h_2v_2$,其中

$$h_j(x,y;\alpha,\tau) = \langle F, v_j^* \rangle$$
$$= \langle -(1+\tau)\frac{du}{ds} + f(u,\alpha), v_j^* \rangle, \tag{2.18}$$

$j=1,2$,而

$$u = xv_1 + yv_2 + w(x,y;\alpha,\tau) \equiv \Omega(x,y;\alpha,\tau). \tag{2.19}$$

断言3 $h=(h_1,h_2)^T$ 可写成下列形式

$$h = p(x^2+y^2,\alpha,\tau)\begin{pmatrix} x \\ y \end{pmatrix} + q(x^2+y^2,\alpha,\tau)\begin{pmatrix} -y \\ x \end{pmatrix}. \tag{2.20}$$

证明 记 $z=x+iy$，则由(2.12)，

$$xv_1+yv_2=\frac{1}{2}(\bar{z}e^{is}c+ze^{-is}\bar{c})\equiv v(z,s),$$

进而

$$\begin{aligned}\theta\cdot v(z,s)&=v(z,s-\theta)\\&=\frac{1}{2}(e^{-i\theta}\bar{z}e^{is}c+e^{i\theta}z\,e^{-is}\bar{c})\\&=\frac{1}{2}((\overline{\theta\cdot z})e^{is}c+(\theta\cdot z)\,e^{-is}\bar{c})\\&=v(\theta\cdot z,s).\end{aligned}$$

对于 $xv_1^*+yv_2^*$ 也有类似情形．据定理4.1.2，θ 的作用与 Φ 交换．于是由例3.5.9(b)中的结果知 h 具有(2.20)形式．断言3得证．

令 $x+iy=re^{i\theta}$．则 $\Phi=0$ 等价于：或者 $r=0$，或者

$$p(r^2,\alpha,\tau)=q(r^2,\alpha,\tau)=0. \tag{2.21}$$

注意到

$$h_1(x,0;\alpha,\tau)=p(x^2,\alpha,\tau)x,\ h_2(x,0;\alpha,\tau)=q(x^2,\alpha,\tau)x,$$

及 Liapunov-Schmidt 简约式，即定理4.1.2的结果，有

$$p(0,0,0)=0,\ q(0,0,0)=0. \tag{2.22}$$

另一方面，对 $c(s)=v_1(s)+iv_2(s)$，有 $dc(s)/ds=ic(s)$，即

$$dv_1/ds=-v_2,\ dv_2/ds=v_1. \tag{2.23}$$

由(2.15)，(2.16)和(2.23)式

$$\Phi_x(0,0,0,\tau)=-P\tau\,dv_1/ds=\tau v_2. \tag{2.24}$$

再利用(2.17)式可得

$$p_\tau(0,0,\tau)=0,\quad q_\tau(0,0,\tau)=-1. \tag{2.25}$$

由隐函数定理，$q(r^2,\alpha,\tau)=0$ 在 $(r,\alpha)=(0,0)$ 附近有解 $\tau=\tau(r^2,\alpha)$，使

$$q(r^2,\alpha,\tau(r^2,\alpha))\equiv 0. \tag{2.26}$$

将 $\tau=\tau(r^2,\alpha)$ 代入 p 式得

$$a(r^2,\alpha)\equiv p(r^2,\alpha,\tau(r^2,\alpha)). \tag{2.27}$$

故(2.21)式等价于振幅方程

$$g(r,\alpha) \equiv \alpha(r^2,\alpha)r = 0,$$

从而定理5.2.1得证. □

5.2.3 系数的计算

这一小节我们给出 Hopf 分岔振幅方程展式(2.5)的前几项系数计算公式,同时也给出定理5.2.2的证明,这其中要用到定理5.2.1证明中的某些公式.

只需考虑 $\alpha=\lambda\in\mathbb{R}$ 情形. 记 $z=r^2$,

$$a(z,\lambda) = \sum a_{jk}z^j\lambda^k, \qquad \tau(z,\lambda) = \Sigma\tau_{jk}z^j\lambda^k,$$

$$p(z,\lambda,\tau) = \sum p_{ijk}z^i\lambda^j\tau^k, \quad q(z,\lambda,\tau) = \sum q_{ijk}z^i\lambda^j\tau^k. \tag{2.28}$$

由(2.22)和(2.25)知

$$p_{00l} = 0,\ q_{00j} = -\delta_{1l},\ l = 0,1,2,\cdots.$$

类似有

$$p_{01l} = 0 = q_{01l},\ l = 1,2,\cdots.$$

因而,由(2.26)和(2.27)式求各阶导数,并比较(2.28)式可得

$$\begin{aligned}
&a_{00} = 0, \quad a_{10} = p_{100}, \quad a_{01} = p_{010}, \\
&a_{02} = p_{020}, \quad a_{11} = p_{110} + p_{101}q_{010}, \\
&a_{20} = p_{200} + p_{101}q_{100}, a_{03} = p_{030} + p_{021}q_{010}, \\
&a_{30} = p_{300} + p_{101}(q_{200} + q_{101}q_{100}) \\
&\qquad + p_{201}q_{100} + p_{102}q_{100}^2.
\end{aligned} \tag{2.29}$$

为进一步计算 p 和 q 的展式系数,记

$$f^k = D_u^k f(0),\ f^{k,l} = D_u^k D_\lambda^l f(0),$$

并回忆 $A=df(0)$. 我们主要来计算 a_{10} 和 a_{10},其余可类推. 由(2.20),(2.18)和(2.12)式,

$$\begin{aligned}
P_{010} &= D_x D_\lambda h_1(0) \\
&= \langle -\frac{d}{ds}w_{x\lambda} + Aw_{x\lambda} + f^{1,1}(v_1 + w_x), v_1^* \rangle \\
&= \langle f^{1,1}v_1, v_1^* \rangle
\end{aligned}$$

$$= \mathrm{Re}\langle f^{1,1}v_1, e^{is}d\rangle$$

$$= \frac{1}{2}\mathrm{Re}(\bar{d}^T f^{1,1}(c)).$$

另一方面，由(H_1)，

$$(df)_{(0,\lambda)}c(\lambda) = (\sigma(\lambda) + i\omega(\lambda))c(\lambda).$$

两边对λ求导，并注意到$c(0)=c$，有

$$\bar{d}^T f^{1,1}(c) = [\sigma'(0) + i\omega'(0)]\bar{d}^T c - \bar{d}^T(A - iI)c'(0)$$
$$= 2[\sigma'(0) + i\omega'(0)].$$

故得

$$a_{01} = p_{010} = \frac{1}{2}\mathrm{Re}(\bar{d}^T f^{1,1}c) = \sigma'(0). \tag{2.30}$$

现来计算p_{100}. 将(2.19)代入F的表式(2.6)，并求导

$$F_{xx}(0) = (-\frac{d}{ds} + A)w_{xx} + f^2(v_1, v_1) = 0, \tag{2.31}$$

$$F_{xxx}(0) = (-\frac{d}{ds} + A)w_{xxx} - 3f^2(v_1, w_{xx}) - f^3(v_1, v_1, v_1)$$
$$= 0. \tag{2.32}$$

由对称性$Pf^2(v_1, v_2)=0$. 故由(2.31)，w_{xx}满足

$$(-\frac{d}{ds} + A)w_{xx} = \frac{1}{4}(e^{2is}f^2(c,c) + 2f^2(c,\bar{c}) + e^{-2is}f^2(\bar{c},\bar{c})).$$

这在$\mathscr{W}$中有唯一解，为

$$w_{xx} = a_0 + e^{2is}a_2 + e^{-2is}\bar{a}_2, \tag{2.33}$$

其中$a_0 \in \mathbb{R}$和$a_2 \in \mathbb{C}^n$由下面方程确定

$$Aa_0 = -\frac{1}{2}f^2(c,\bar{c}), (A - 2iI)a_2 = -\frac{1}{4}f^2(c,c).$$

将(2.33)代入(2.32)，并利用投射P，即可得

$$a_{10} = p_{100}$$
$$= \frac{1}{4}\mathrm{Re}[\bar{d}^T(f^2(c,a_0) + f^2(\bar{c},a_2) + \frac{1}{4}f^3(c,c,\bar{c}))]. \tag{2.34}$$

类似又有

$$a_{02} = p_{020} = \frac{1}{2}\mathrm{Re}[\bar{d}^T(f^{1,1}(c_1) + \frac{1}{2}f^{1,2}(c))],$$

其中 c_1 由下式唯一确定

$$(A - iI)c_1 = - f^{1,1}(c) + \frac{1}{2}(\overline{d}^T \mathrm{Re} f^{1,1}(c))c_1\overline{d}^T c_1 = 0.$$

定理5.2.2的证明 由(2.29)，若 Hopf 定理中条件(iii)满足，$\partial a(0,0)/\partial\lambda = a_{01} = \sigma'(0) \neq 0$. 由隐函数定理，存在唯一的 $\lambda = \lambda(z)$ 使 $a(\lambda(z), z) = 0$. 同样又若条件(iv)满足 $a_{10} \neq 0$，即 $\partial a(0,0)/\partial z \neq 0$，则 Hopf 定理的结论成立. □

5.2.4 关于对 Hilbert 第16问题的应用

我们将本节理论应用于平面上多项式系统在焦点附近性态的研究. 考虑 m 次多项式系统

$$\begin{aligned} \dot{x} &= \sum\nolimits_{i+j=0}^{m} B_{ij} x^i y^j, \\ \dot{y} &= \sum\nolimits_{i+j=0}^{m} C_{ij} x^i y^j. \end{aligned} \tag{2.35}$$

记 $B = \{B_{ij}\}$, $C = \{C_{ij}\}$，并用 $H_m(B,C)$ 表示方程(2.35)的极限圈个数. Dulac 曾称 $H_m(B,C) < \infty$. Hilbert 第16问题是要对所有 B 和 C，确定数 $H_m(B,C)$ 的上界 H_m.

我们来讨论原点为焦点或中心时方程(2.35)的性态. 据条件(H_1)，可设 B_{ij}, C_{ij} 为参数 λ 的函数，满足 $B_{00}(0) = C_{00}(0) = 0$，且线性化矩阵

$$A_\lambda = \begin{bmatrix} B_{10}(\lambda) & B_{01}(\lambda) \\ C_{10}(\lambda) & C_{01}(\lambda) \end{bmatrix}$$

有一对本征值 $\sigma(\lambda) \pm i\omega(0)$，满足 $\sigma(0) = 0$, $\omega(0) = 1$. 由定理5.2.1，可得(2.35)的振幅方程

$$r(c_0 + c_2 r^2 + c_4 r^4 + \cdots) = 0, \tag{2.36}$$

其中 $r = (x^2 + y^2)^{1/2}$, $c_{2j} = c_{2j}(\lambda)$, $j = 0, 1, \cdots$.

定义5.2.1 (2.36)中的 $c_{2j}(0)$ 称为方程(2.35)的第 j 个**焦点量**，而若

$$c_0(0) = \cdots = c_{2(k-1)}(0) = 0,\ c_{2k}(0) \neq 0,$$

则称(5.35)有 k 阶**细焦点**.

现在考虑二次系统，即(2.35)中 $m=2$情形. Bautin 曾把它表成下面形式

$$\dot{x} = -y + \lambda_1 x - \lambda_3 x^2 + (2\lambda_2 + \lambda_5)xy + \lambda_6 y^2,$$
$$\dot{y} = x + \lambda_1 y + \lambda_2 x^2 + (2\lambda_3 + \lambda_4)xy - \lambda_2 y^2. \tag{2.37}$$

这样，(2.36)中的焦点量 $c_0(0)=\lambda_1$. 为求第一个焦点量 $c_2(0)$，可设 $\lambda_1=0$. 据(2.34)，

$$\begin{aligned} a_{10} &= \frac{1}{4}\mathrm{Re}[\bar{d}^T(f^2(c,a_0) + f^2(\bar{c},a_2))] \\ &= -\frac{1}{8}\lambda_5(\lambda_3 - \lambda_6). \end{aligned} \tag{2.38}$$

对于方程(2.35)的更高的焦点量的计算可参看[FLLL].

§5.3 Floquet 理论及应用

本节我们引进关于线性周期系统的经典的 Floquet 理论，并把它用于上一节关于 Hopf 分岔周期解的稳定性的证明中.

5.3.1 线性周期系统的 Floquet 理论

设 $B(s)$，$s\in\mathbb{R}$，为 $n\times n$ 矩阵值连续映射，且具有周期2π，$B(s+2\pi)=B(s)$，$\forall\ s\in\mathbb{R}$. 考虑线性周期系统

$$dy/ds = B(s)y. \tag{3.1}$$

Floquet 的基本理论包含在下面的定理中.

定理5.3.1(Floquet) 设 $\Psi(s)$为周期系数(3.1)的一个基本矩阵，则存在可微的2π 周期的 $n\times n$ 矩阵值映射 $P(s)$和 $n\times n$ 常值矩阵 Q，使

$$\Psi(s) = P(s)e^{sQ}, \tag{3.2}$$

且(3.1)经变换 $y=P(s)z$ 可化成

$$\dot{z} = Qz. \tag{3.3}$$

证明 由于

$$\frac{d}{ds}\Psi(s+2\pi) = B(s+2\pi)\Psi(s+2\pi) = B(s)\Psi(s+2\pi)$$

及 $\det\Psi(s+2\pi)\neq 0$，$\Psi(s+2\pi)$仍为(3.1)的基本矩阵．因而有 $\Psi(s+2\pi)=\Psi(s)C$，其中 C 为 $n\times n$ 非奇异矩阵，$\det C\neq 0$．根据线性代数的结果(例如见[Lu1])，存在常值矩阵 Q 使 $C=e^{2\pi Q}$．命 $P(s)=\Psi(s)e^{-sQ}$，则得(3.2)式，且由

$$P(s+2\pi)=\Psi(s+2\pi)e^{-(s+2\pi)Q}$$
$$=\Psi(s)Ce^{-2\pi Q}e^{-sQ}=\Psi(s)e^{-sQ}=P(s),$$

知 $P(s)$具有周期2π．最后，将 $y=P(s)z$ 代入(3.1)式，经直接验证可得(3.3)式． □

注5.3.2 设(3.1)又有基本矩阵 $\tilde{\Psi}(s)$，$\tilde{\Psi}(s)=\Psi(s)S$，并设 $\tilde{\Psi}(s+2\pi)=\tilde{\Psi}(s)\tilde{C}$．则利用定理5.3.1证明中的矩阵 C，有

$$\tilde{\Psi}(s)\tilde{C}=\tilde{\Psi}(s+2\pi)=\Psi(s+2\pi)S=\Psi(s)CS$$
$$=\tilde{\Psi}(s)S^{-1}CS.$$

可见 $\tilde{C}=S^{-1}CS$，即 $\tilde{C}$ 与 C 相似，它们的本征值相同．

定义5.3.1 称定理5.3.1中的矩阵 $C=e^{2\pi Q}$的 本征值 $\mu_1,\cdots,\mu_n$ 为系统(3.1)的特征乘数，而矩阵 Q 的本征值 $\rho_1,\cdots,\rho_n$ 为系统(3.1)的特征指数．

易验证，经适当排序，特征乘数和特征指数有关系

$$\mu_j=e^{2\pi\rho_j},j=1,\cdots,n. \tag{3.4}$$

因而，特征指数中的每一个可相差 i 的整数倍，它们组成集合

$$\{\frac{1}{2\pi}\log\mu_j+mi\mid j=1,\cdots,n;m\in\mathbb{Z}\}. \tag{3.5}$$

注5.3.3 设 $\Psi(s)$为(3.1)的基本矩阵，使 $\Psi(0)=I_n$．记 $M=\Psi(2\pi)$．则 M 即为(3.1)的 Poincarè 映射(参见[HSm])，而且(3.1)的特征乘数即为矩阵 M 的本征值．特别，若(3.1)有非0的 2π 周期解 $y(s)$，$y(s+2\pi)=y(s)$，则 $y(0)=y(2\pi)=My(0)$．这说明(3.1)至少有一个特征乘数为1．

把方程(3.1)写成

$$L(y)\equiv-\frac{dy}{ds}+B(s)y=0, \tag{3.6}$$

则 $L:C^1_{2\pi}\to C_{2\pi}$为线性算子．下面的命题指出特征指数的意义．

命题5.3.4 $L:C_{2\pi}^{1}\to C_{2\pi}$的谱为系统(3.1)的特征指数集.

证明 设$\rho\in\mathbb{C}$. 由于

$$L(e^{s\rho}z(s)) = e^{s\rho}(Lz - \rho z),$$

故ρ为L的谱,当且仅当存在$0\neq z\in C_{2\pi}^{1}$使$y=e^{s\rho}z$满足$Ly=0$,即

$$e^{s\rho}z(s) = \Psi(s)z(0), \tag{3.7}$$

其中Ψ为方程(3.1)的基本矩阵,使$\Psi(0)=I_n$. 按定理5.3.1,记$\Psi(s)=P(s)e^{sQ}$,则$P(2\pi)=P(0)=I_n$. 于是,利用(3.7)式

$$e^{2\pi\rho}z(0) = e^{2\pi\rho}z(2\pi) = P(2\pi)e^{2\pi Q}z(0) = e^{2\pi Q}z(0),$$

这说明$e^{2\pi\rho}$为(3.1)的特征乘数,或ρ为(3.1)的特征指数. 反之也可推得(3.1)的特征指数必为L的谱. □

利用特征乘数和特征指数的概念可得到方程(3.1)的稳定性判据. 我们注意,按定理5.3.1,方程(3.1)与(3.3)的解相差一个有界矩阵因子$P(s)$. 由此观察可得下面稳定性的结论.

命题5.3.5 对于方程(3.1),若它的特征指数实部都为负(或特征乘数的模都小于1),则零解渐近稳定;若它有一个特征指数的实部为正(或有一个特征乘数的模大于1),则零解不稳定. □

5.3.2 非线性方程周期解的稳定性

现在来考虑非线性系统

$$du/ds = g(u), \tag{3.8}$$

其中$g:\mathbb{R}^n\to\mathbb{R}^n$光滑. 设(3.8)有一个$2\pi$周期解$u(s)$,$u(s+2\pi)=u(s)$,$\forall\ s\in\mathbb{R}$. 则(3.8)在$u(s)$处的线性化

$$dv/ds = Dg(u(s))v \tag{3.9}$$

为线性2π周期系统.

定义5.3.2 我们把(3.9)的特征乘数(特征指数)称为(3.8)的2π周期解$u(s)$的**特征乘数**(**特征指数**).

设$\tilde{v}(s)$为(3.9)满足$\tilde{v}(0)=v$的解. 则由$M_uv=\tilde{v}(2n)$给出$M_u:\mathbb{R}^n\to\mathbb{R}^n$称为$u$的Floquet算子.

易见,Floquet算子M_u是线性的. 事实上,若$\Phi(s)$为(3.9)的基本矩阵,使$\Phi(0)=I$. 则$M_u=\Phi(2\pi)$. 且M_u的本征值恰是$u(s)$

的特征乘数.

将(3.9)的2π周期解$u(s)$代入(3.8),并在(3.8)两边对s求导可知$v(s)=du(s)/ds$是(3.9)的一个2π周期解. 故(3.9)至少有一个特征乘数为1(参见注5.3.3),即(3.9)的2π周期解$u(s)$至少有一个特征乘数为1.

命题5.3.6 设$u(s)$为(3.8)的周期为2π的周期解,$\mu_1=1$,$\mu_2,\cdots,\mu_n$为与$u(s)$相联的特征乘数. 若$|\mu_2|,\cdots,|\mu_n|<1$,则解$u(s)$渐近稳定;若$|\mu_j|$中至少有一个大于1,则$u(s)$不稳定.

本命题的证明,例如参见[CL]. □

5.3.3 定理5.2.3的证明

现在我们利用Floquet理论来证明上一节关于Hopf分岔周期解稳定性的定理5.2.3.

回忆$F:C^1_{2\pi}\times\mathbb{R}^{k+1}\times\mathbb{R}\to C_{2\pi}$如(2.6)式定义. 对于方程

$$F(u,\alpha,\tau)\equiv-(1+\tau)\frac{du}{ds}+f(u,\alpha)=0 \tag{3.10}$$

在$C^1_{2\pi}\times\mathbb{R}^{k+1}\times\mathbb{R}$的原点附近的解$(u,\alpha,\tau)$,设它与方程

$$g(x,\alpha)\equiv\langle F(\Omega(x,\alpha),\alpha,\tau(x^2,\alpha),v_1^*)\rangle=0 \tag{3.11}$$

的解(x,α)相对应,这里$\tau=\tau(x^2,\alpha)$和$\Omega=u=xv_1+w(xv_1,\alpha,\tau(x^2,\alpha))$满足

$$(I-P)F(\Omega(x,\alpha),\alpha\tau(x^2,\alpha))=0, \tag{3.12}$$

$$\langle F(\Omega(x,\alpha),\alpha,\tau(x^2,\alpha),v_2^*\rangle=0. \tag{3.13}$$

我们来证明,解$u(s)$当$g_x(x,\alpha)<0$时渐近稳定,当$g_x(x,\alpha)>0$时不稳定.

考虑F在(u,α,τ)处的线性化算子

$$(dF)_{u,\alpha,\tau}v=-(1+\tau)\frac{dv}{ds}+D_uf(u(s),\alpha)v \tag{3.14}$$

将方程$(dF)_{u,\alpha,\tau}v=0$写成

$$\frac{du}{ds}=\frac{1}{1+\tau}D_uf(u(s),\alpha)v. \tag{3.15}$$

设(3.15)的特征乘数为$\gamma_1,\cdots,\gamma_n$,可以验证,它们都是(u,α,τ)的连续函数.

另一方面,注意到在$C^1_{2\pi}\times\mathbb{R}^{k+1}\times\mathbb{R}$的原点处方程(3.15)为常系数组

$$\frac{dv}{ds}=Av,\ A=df(0,0),\tag{3.16}$$

而按§5.2中的条件(i)和(ii′),A的本征值$\zeta_1,\cdots,\zeta_n$,可取为$\zeta_1=i$,$\zeta_2=-i$,$\mathrm{Re}\zeta_j<0,j\geqslant 3$. 因而,方程(3.16)的特征乘数$\{\gamma_j\}$即为$e^{2\pi A}$的本征值,必满足$\gamma_1=\gamma_2=1$,$|\gamma_j|<1$,$j\geqslant 3$. 这样,对于方程(3.10)在原点附近的解$(u,\alpha,\tau)$,我们可以假定$u(s)$(即方程(3.15)的)特征乘数$\{\gamma_j\}$满足$\gamma_1=1$,$|\gamma_j|<1$,$j\geqslant 3$,而$|\gamma_2|$在1附近. 利用命题5.3.6,我们只要证明值$g_x(x,\alpha)$与$\log|\gamma_2|$同号. 我们将利用引理5.1.5来证明本结论,为此要作些准备.

我们先来看$g_x(x,\alpha)=0$意味着什么.

断言1 对于(3.11)的解(x,α)及F在相应解$(\Omega(x,\alpha),\alpha,\tau(x^2,\alpha))$处的线性化算子$dF$,若$g_x(x,\alpha)=0$,则

$$dF\cdot\Omega_x(x,\alpha)-2x\tau_z(x^2,s)\dot{\Omega}=0,\tag{3.17}$$

这里$z=x^2$,$\dot{\Omega}$为Ω对s求导.

证明 利用g的表式(3.11),并注意到$\frac{\partial}{\partial\tau}F=-\dot{\Omega}$,有

$$g_x(x,\alpha)=\langle dF\cdot\Omega_x-2x\tau_z\dot{\Omega},v_1^*\rangle=0.\tag{3.18}$$

将等式(3.13)和(3.12)对x求导

$$\langle dF\cdot\Omega_x-2x\tau_z\dot{\Omega},v_2^*\rangle=0,\tag{3.19a}$$

$$(I-P)(L\cdot\Omega_x-2x\tau_z\dot{\Omega})=0.\tag{3.19b}$$

由(3.19)即可推知(3.17)成立.

现在我们来看与$\log|\gamma_2|$有关的量. 由命题5.3.4,$\frac{1}{1+\tau}dF$的谱由(3.15)的特征指数组成,因而dF的谱为

$$\{(1+\tau)(\frac{1}{2\pi}\log\gamma_j+mi)\,|\,j=1,\cdots,n,m\in\mathbf{Z}\},\tag{3.20a}$$

它们分布在n条直线

$$\bigcup_{j=1}^{n}\{\zeta\in\mathbf{C}\,|\,\mathrm{Re}\zeta=\mu_j\},\mu_j=\frac{1+\tau}{2\pi}\log|\gamma_j| \qquad (3.20b)$$

上,特别是,μ_2与$\log|\gamma_2|$同号.

断言2 设dF如断言1所给,则存在C^∞函数$\mu(x,\alpha)$满足

$$dF(v_1+w)+\eta(\dot{\Omega}/x)=\mu(v_1+w), \qquad (3.21)$$

其中$v_1\in\mathscr{N}(L)$如§5.2中所给出,$w\in\mathscr{R}(L)\cap C_{2\pi}^1=M$. L为dF在原点处的算子.

证明 命$\Psi:\mathbb{R}\times\mathbb{R}\times M\times\mathbb{R}\times\mathbb{R}^{k+1}\to C_{2\pi}$. 由

$$\Psi(\mu,\eta,w;x,\alpha)=dF(v_1+w)+\eta(\dot{\Omega}/x)-\mu(v_1+w)$$

给定. 则(3.21)变为方程

$$\Psi(\mu,\eta,w;x,\alpha)=0, \qquad (3.22)$$

此时$\Psi(0,0,0;0,0)=Lv_1=0$. 对Ψ在原点处关于μ,η和w求导,有

$$\partial\Psi/\partial\mu=-v_1,\partial\Psi/\partial\eta=\lim_{x\to 0}\frac{\dot{\Omega}(x,0)}{x}=v_2,$$

及

$$\mathscr{R}(D_w\Psi)=\mathscr{R}(L|M)=\mathscr{R}(L),$$

而$C_{2\pi}=\mathbb{R}\{v_1,v_2\}\oplus\mathbb{R}\{v_2\}\oplus\mathscr{R}(L)$. 于是,可用隐函数定理从方程(3.22)解出$(\mu,\eta,w)$,特别,$\mu$为$(x,\alpha)$的$C^\infty$函数.

断言3 对于断言2中的μ,当$g(x,\alpha)=0$时,为

$$\mu(x,\alpha)=\frac{1+\tau(x^2,\alpha)}{2\pi}\log|\gamma_2|. \qquad (3.23)$$

证明 对F关于s求导,有

$$dF\cdot\dot{\Omega}=0. \qquad (3.24)$$

我们指出$\mu(x,\alpha)$为dF的本征值. 这是因为,当$\mu\neq 0$时利用(3.24),有

$$dF\cdot(v_1+w-\frac{\eta}{\mu}\dot{\Omega})=-\eta\frac{\dot{\Omega}}{x}+\mu(v_1+w)$$

$$=\mu(v_1+w-\frac{\eta}{\mu}\dot{\Omega}),$$

$v_1+w-\frac{\eta}{\mu}\dot{\Omega}$为$\mu$的本征函数;而当$\mu=0$时,由

$$(dF)^2(v_1 + w) = 0$$

知0为 dF 的二重本征值，v_1+w 为相应的广义本征函数.

于是，$\mu(x,\alpha)$ 作为 dF 的谱点，必含在由(3.20b)给出的直线族上. 由于(3.19a)中 $\mu_1=0$及 $\mu_j<0, j\geqslant 3$. μ 必含在直线 $\mathrm{Re}\zeta=\mu_2$ 上. 这就得到(3.23)式，$\pi=\dfrac{1+\tau(x^2,\alpha)}{2\pi}\log|\gamma_2|$. 断言3得证.

设 $g_x(x,\alpha)=0$. 比较断言1中的(3.17)式和断言2中的方程(3.21)，可见 $\mu(x,\alpha)=0$.

现在我们定义

$$\mathcal{F}(u,\alpha,\beta) = f(u;\alpha) + \beta u, \tag{3.25}$$

$$\widetilde{F}(u,\alpha,\beta) = -(1+\tau)\frac{du}{ds} + \mathcal{F}(u,\alpha,\beta). \tag{3.26}$$

只要证明，用以上方法得到的 $\widetilde{g}(x,\alpha,\beta)$和 $\widetilde{\mu}(x,\alpha,\beta)$满足

$$\widetilde{\mu}_\beta(0,0,0) > 0, \tag{3.27a}$$

$$\widetilde{g}_{x\beta}(0,0,0) > 0, \tag{3.27b}$$

就可由引理5.1.5得到本定理的结论.

首先，由(3.12)式看出 $\Omega(0,0,\beta)=0$. 而由(3.26)式

$$D_u\widetilde{F}(0,0,\beta,\tau)v = d\widetilde{F}(0,0,0,0)v + \tau\dot{v} + \beta v. \tag{3.28}$$

在(3.28)式中命 $v=v_1, \tau=\tilde{\tau}(0,0,\beta)$，得到

$$D_u\widetilde{F}(0,0,\beta,\tau(0,0,\beta))v_1 - \tilde{\tau}(0,0,\beta)\dot{v}_1 = \beta v_1,$$

与(3.21)式比较可知 $\widetilde{\mu}(0,0,\beta)=\beta$. 这得到(3.27a)式.

其次，设 $\tilde{\sigma}(\alpha,\beta)\pm i\,\tilde{\omega}(\alpha,\beta)$为 $A_{\alpha,\beta}=D_u\mathcal{F}(0,\alpha,\beta)$的本征值，使在原点处为$\pm i$. 利用§5.2中可知 $g_{x\beta}(0,0,0)=\tilde{\sigma}_\beta(0,0)$. 而由(3.25)式，$\tilde{\sigma}(0,\beta)\equiv\beta$. 这得到(3.27b)式，同时也完成定理5.2.3的证明. □

5.3.4 关于等变形式的 Floquet 算子

现在我们把上面某些内容推广到等变情形. 在§6.2讨论等变系统周期解的稳定性时还要进一步介绍这个理论.

设紧 Lie 群 Γ 作用在$\mathbb{R}^n$ 上. 先考虑线性系统. 设

$$\frac{dy}{ds} = B(s)y, \tag{3.29}$$

其中 $B(s) \in \mathscr{L}(n)$ 为 Γ 等变，即 $B(s)\gamma = \gamma B(s)$，对任一 $\gamma \in \Gamma$ 和 $s \in \mathbb{R}$.

命题5.3.7 设 $\Phi(s)$ 为(3.29)的基本矩阵. 则 $\Phi(s)$ 为 Γ 等变当且仅当 $\Phi(0)$ 为 Γ 等变. 特别，若 $\Phi(0) = I$，则 $\Phi(s)$ 为 Γ 等变.

证明 由于 $\Phi(s)$ 满足

$$\frac{d}{ds}\Phi(s) = B(s)\Phi(s),$$

对于 $\gamma \in \Gamma$，我们有

$$\frac{d}{ds}\gamma^{-1}\Phi(s)\gamma = \gamma^{-1}B(s)\Phi(s)\gamma = B(s)\gamma^{-1}\Phi(s)\gamma.$$

可见 $\gamma^{-1}\Phi(s)\gamma$ 也是(3.29)的基本矩阵. 于是 $\gamma^{-1}\Phi(s)\gamma = \Phi(s)$ 当且仅当 $\gamma^{-1}\Phi(0)\gamma = \Phi(0)$. □

对于非线性情形，我们要用到等变微分方程中的一个结论.

命题5.3.8 设可微映射 $f: \mathbb{R}^n \to \mathbb{R}^n$ 为 Γ 等变，$x \in \mathbb{R}^n$. 若 $\tilde{x}(t, x)$ 是方程

$$x = f(x) \tag{3.30}$$

满足 $x(0) = x$ 的解，则

(a) $\tilde{x}(t,x)$ 关于 x 为 Γ 等变.

(b) $\tilde{x}(t,x) \in \mathbb{R}^n$ 的迷向子群

$$\Sigma = \{\gamma \in \Gamma \mid \gamma\tilde{x}(t,x) = \tilde{x}(t,x)\}$$

与 t 无关.

(c) 矩阵 $A(t) = Df(\tilde{x}(t,x))$ 为 Σ 等变，其中 Σ 为 $\tilde{x}(t,x)$ 的迷向子群.

证明 (a) 设 $\gamma \in \Gamma$. 易验证 $\tilde{x}(t, \gamma x)$ 和 $\gamma\tilde{x}(t,x)$ 是(3.30)的具有相同初值 γx 的两个解. 由唯一性知 $\tilde{x}(t,\gamma x) = \gamma\tilde{x}(t,x)$.

(b) 由(a)得.

(c) 设 $\gamma \in \Sigma$. 对 $f(\gamma x) = \gamma f(x)$ 两边求导，$Df(\gamma x)\gamma = \gamma Df(x)$. 用 $\tilde{x}(t,x)$ 代替 x，得

$$\gamma A(t) = Df(\gamma\tilde{x}(t,x))\gamma = Df(\tilde{x}(t,x))\gamma = A(t)\gamma.$$

故 $A(t)$ 为 Σ 等变. □

现在设 $x(s)$ 为方程(3.30)的一个 2π 周期解,且设 $\Phi_x(s)$ 为(3.30)关于 $x(s)$ 的线性化方程

$$\frac{du}{ds} = Df(x(s))u \tag{3.31}$$

的基本矩阵,使 $\Phi_x(0)=I$. 则可以得到 $x(s)$ 的 Floquet 算子 $M_x = \Phi_x(2\pi)$. 上面的讨论表明

命题5.3.9 M_x 与 $x(s)$ 的迷向子群 Σ 交换. □

注5.3.10 对于(3.30)的解 $\tilde{x}(t,x)$,容易验证,$\Phi(t)=d\tilde{x}(t,x)$ 为(3.31)的基本矩阵,且 $\Phi(0)=I$.

§5.4 向量场的中心流形和正规形理论

Liapunov-Schmidt 简约在降低分岔问题的维数及讨论 Hopf 分岔问题时是很有用的,但却难以用于研究向量场在平衡点附近的更复杂的动态和分岔性质,对此,中心流形和正规形理论提供了较有效的工具. 对于中心流形理论,我们在本节只介绍一些基本结论,而对于向量场的正规形理论,因与以后的研究直接相关,我们将作较详细地讨论.

5.4.1 中心流形理论

中心流形理论可以使我们将向量场在平衡点附近的分岔情形限制在一个维数较低的不变流形上来讨论.

为简单起见,我们这里省略参数. 设 $f:\mathbb{R}^n\to\mathbb{R}^n$ 为 C^k 向量场,$k\geqslant 1$,且设 $f(0)=0$. 考虑方程

$$\frac{dx}{dt} = f(x). \tag{4.1}$$

记 $\tilde{x}(t,x)$ 为(4.1)满足 $x(0)=x$ 的解,且 t 所在的最大存在区间记为 $I(x)$. 记 $A=Df(0)$,并将 A 的本征值集 $\sigma(A)$ 分成 σ_s,σ_c 和 σ_u 三部分,它们分别由 $\sigma(A)$ 中实部小于0,等于0和大于0的本征值组

成. 记 V_s 为由 A 的对应于 σ_s 中本征值的广义本征向量张成的$\mathbb{R}^n$的子空间,类似可定义 V_c 和 V_u,因而有

$$\mathbb{R}^n = V_s \oplus V_c \oplus V_u. \tag{4.2}$$

记 $V_h = V_s \oplus V_u$,并设 π_c 和 π_h 分别是$\mathbb{R}^n$ 到 V_c 和 V_h 上的投射.

中心流形是指$\mathbb{R}^n$ 中与子空间 V_c 相切的某个不变流形. 比如,若(4.1)为线性系统,即 $f(x)=Ax$,则其**中心流形**为

$$W_0^c = \{x \in \mathbb{R}^n \mid \sup_{t\in\mathbb{R}} \|\pi_h \widetilde{x}(t,x)\| < \infty\},$$

它在整个空间存在. 对一般情形,中心流形则有局部和全局之分. 局部中心流形通常不是唯一的. 但按[Va2]的结果,全局的中心流形是唯一的,而且还可由它得到局部中心流形的存在性. 因此,我们从全局中心流形讲起.

为得到全局的中心流形,需要对向量场 f 作全局有界性的限制. 首先要求 f 满足全局的 Lipschitz 条件,即

$$\mathrm{Lip}(f) \equiv \sup_{\substack{x,y\in\mathbb{R}^n \\ x\neq y}} \frac{\|f(x)-f(y)\|}{\|x-y\|} < \infty.$$

我们引进 Banach 空间:

$$C_b^k(\mathbb{R}^n) = \{w \in C^k(\mathbb{R}^n,\mathbb{R}^n) \mid \|w\|_{C^k} \equiv \sup_{\substack{x\in\mathbb{R}^n \\ 0\leqslant j\leqslant k}} \|D^j w(x)\| < \infty\}.$$

把 $f(x)$记成

$$f(x) = Ax + g(x), \tag{4.3}$$

则 $g(0)=0, Dg(0)=0$.

定理5.4.1 设 $f:\mathbb{R}^n\to\mathbb{R}^n$ 为 C^k 向量场,$k\geqslant 1$,g 如(4.3)所给. 设 $g\in C_b^k(\mathbb{R}^n)$. 则存在 $\delta>0$,使 g 满足$\|g\|_1<\delta$ 时,

(i) $W^c=\{x\in\mathbb{R}^n \mid \sup_{t\in\mathbb{R}}\|\pi_h\widetilde{x}(t,x)\|<\infty\}$是关于(4.1)的流的不变集;

(ii) 存在 Lipschitz 映射 $\psi\in C_b^0(V_c,V_b)$,使得

$$W_\psi = \{x_c + \psi(x_c) \mid x_c \in V_c\} = W^c,$$

且在原点处与 V_c 相切;

(iii) 若又有 $\varphi\in C_b^0(V_c,V_b)$使 $W_\varphi=\{x_c+\varphi(x_c) \mid x_c\in V_c\}$关于

(4.1)的流不变，则 $\varphi=\psi$，$W_\varphi=W^c$.

证明 见[Va2]. □

定义5.4.1 定理5.4.1(i)中的 W^c 称为**全局中心流形**.

该定理表明全局中心流形的存在唯一性. 如果要求向量场 $f\in C_b^k(\mathbb{R}^n)$，$k\geqslant 1$，则还可得到流形 W^c 的光滑性结论，进一步的表述和证明也可在文献[Va2]中找到.

现在我们将上述结果推广到等变情形. 设紧 Lie 群 $\Gamma\subset\mathbf{O}(n)$ 作用在$\mathbb{R}^n$上，且向量场(4.1)为 Γ 变，即 $f(\gamma x)=\gamma f(x)$，$\forall\ \gamma\in\Gamma$. 下面的引理说明(4.2)为 Γ 不变分解.

引理5.4.2 A 的本征值 μ 所对应的本征子空间 $V_\mu=\{x\in\mathbb{R}^n\mid Ax=\mu x\}$ 为 Γ 不变.

证明 设 $x\in V_\mu$，对$\forall\ \gamma\in\Gamma$. 由 f 为 Γ 等变知 A 与 Γ 交换，即

$$A\gamma x=\gamma Ax=\gamma\mu x=\mu\gamma x.$$

可见 $\gamma x\in V_\mu$. □

现在我们引进等变系统的全局中心流形定理.

定理5.4.3 设向量场 f 满足定理5.4.1的假定. 若 f 为 Γ 等变，则由定理5.4.1(i)给出的全局中心流形 W^c 为 Γ 不变，即 $\gamma(W^c)\subset W^c$，$\forall\ \gamma\in\Gamma$，且由(ii)给出的映射 ψ 为 Γ 等变，即

$$\psi(\gamma x_c)=\gamma\psi(x_c),\quad \text{对 } \gamma\in\Gamma, x_c\in V_c.$$

证明 设 $x\in W^c=\gamma\in\Gamma$. 由命题5.3.8及引理5.4.2知

$$\begin{aligned}\|\pi_h\widetilde{x}(t,\gamma x)\| &= \|\pi_h\gamma\widetilde{x}(t,x)\|\\ &= \|\gamma\pi_h\widetilde{x}(t,x)\| = \|\pi_h\widetilde{x}(t,x)\|.\end{aligned}$$

故 $\gamma\in W^c$. 进而，对于定理5.4.1(ii)中的 ψ，及 $x_c\in V_c$，我们有

$$\gamma x_c+\gamma\psi(x_c)\quad \text{及}\quad \gamma x_c+\psi(\gamma x_c)\in W^c.$$

而由(iii)的唯一性知 $\gamma\psi(x_c)=\psi(\gamma x_c)$. □

下面给出等变的局部中心流形定理.

定理5.4.4 设 C^k 向量场 f 是 Γ 等变的，$f(0)=0$. 则存在$0\in\mathbb{R}^n$ 的 Γ 不变邻域 U 及 C^k 的 Γ 等变映射 $\psi: V_c\to V_h$，满足

(i) $\psi(0)=0$, $D\psi(0)=0$;

(ii) 流形

$$\mathrm{W}_{\psi} = \{x_c + \psi(x_c) \in \mathrm{V}_c \oplus \mathrm{V}_h \mid x_c \in \mathrm{V}_c\}$$

为 Γ 不变，且关于方程(4.1)的流局部不变，即对每个 $x \in \mathrm{W}_{\psi} \cap \mathrm{U}$ 及 $t \in \mathrm{I}_{\mathrm{U}}(x)$，有 $\tilde{x}(t,x) \in \mathrm{W}_{\psi}$，这里

$$\mathrm{I}_{\mathrm{U}}(x) = \{t \in \mathrm{I}(x) \mid \tilde{x}(t,x) \in \mathrm{U}\};$$

(iii) 若 $x \in \mathrm{U}$ 且 $\mathrm{I}_{\mathrm{U}}(x) = \mathbb{R}$，则 $x \in \mathrm{W}_{\psi}$.

证明 取 $\delta > 0$ 如定理5.4.1中. 取 C^{∞} 函数 $\chi_0 : \mathbb{R} \to \mathbb{R}$ 使

$$\chi_0(s) = \begin{cases} 1, & |s| \leqslant 1 \\ 0, & |s| > 2. \end{cases}$$

再取 $\chi(x) = \chi_0(\|x\|^2)$，对 $x \in \mathbb{R}^n$. 则 χ 为 Γ 不变函数. 对 $\rho > 0$ 及由(4.3)给出的 g，命

$$g_{\rho}(x) = g(x)\chi(\rho^{-1}x).$$

则 g_{ρ} 为 Γ 等变，且不难验证 $\lim\limits_{\rho \to 0} \|g_{\rho}\|_{C_1} = 0$. 故当 $\rho > 0$ 充分小时 $\|g_{\rho}\|_{C_1} < \delta$. 于是方程

$$\dot{x} = Ax + g_{\rho}(x) \tag{4.4}$$

在 Γ 不变区域 $\mathrm{U} = \{x \in \mathbb{R}^n \mid \|x\| < \rho\}$ 中与(4.2)一致，且其解 $\tilde{x}_{\rho}(t,x)$ 当 $x \in \mathrm{U}, t \in \mathrm{I}_{\mathrm{U}}(x)$ 时也与(4.1)的解一致. 由定理5.4.3，(4.4)存在(唯一的)全局中心流形 W^c，并且可由 Γ 等变映射 $\psi \in C_b^k(\mathrm{V}_c, \mathrm{V}_h)$ 确定. 由 $g_{\rho}(0) = 0, Dg_{\rho}(0) = 0$ 知 $\psi(0) = 0, D\psi(0) = 0$. ψ 所满足的性质(ii)和(iii)也可由定理5.4.3推得 □

上述流形 W_{ψ} 称为(4.1)的**局部中心流形**. 条件(i)表明它在原点处与空间 V_c 相切.

注5.4.5 为计算中心流形，可把矩阵 A 写成对角形式，$A = \begin{pmatrix} C & 0 \\ 0 & B \end{pmatrix}$，使矩阵 C 和 B 的本征值集合分别为 σ_c 和 $\sigma_s \cup \sigma_u$(通过对方程(4.1)作适当的线性变换是不难做到这一点的). 记 $x = x_c + x_h \in \mathrm{V}_c \oplus \mathrm{V}_h$，并把方程(4.1)写成

$$\dot{x}_c = Cx_c + g_c(x_c + x_h) \equiv f_c(x_c + x_h), \tag{4.5a}$$

$$\dot{x}_h = Bx_h + g_h(x_c + x_h) \equiv f_h(x_c + x_h). \tag{4.5b}$$

则映射 ψ 应满足方程

$$D\psi(x_c)f_c(x_c+\psi(x_c)) = f_h(x_c+\psi(x_c)) \qquad (4.5c)$$

及定理5.4.4中的(i).

例5.4.6 考虑二维系统

$$\dot{x} = -x^3, \dot{y} = -y.$$

按(4.5c),映射 $y=\psi(x)$ 应满足 $-x^3\psi'(x)=-\psi(x)$,解得 $\psi(x)=c\exp(-\frac{1}{2}x^{-2})$. 故为

$$y=\psi(x)=\begin{cases} c_1\exp(-\frac{1}{2}x^{-2}), & x<0, \\ 0, & x=0, \\ c_2\exp(-\frac{1}{2}x^{-2}), & x>0, \end{cases}$$

其中 c_1,c_2 为任意常数,可见所得到的局部中心流形 $W_\psi=\{(x,\psi(x)\}$ 并不唯一. 而且,虽然原方程的向量场 $g(x,y)=(-x^3,-y)^T$ 是 $\Gamma=\mathbf{Z}_2$ 等变的,即 $g(-x,-y)=-g(x,y)$,所得到的局部中心流形 W_ψ 也不必是 Γ 等变的. 但如果我们像定理5.4.4的证明中那样,对向量场作全局有界性的限制,即适当取定 $\rho>0$ 使 $g_\rho(x,y)=\chi(\rho^{-1}x,\rho^{-1}y)g(x,y)$ 满足定理5.4.3的要求. 则不难验证,上述映射 ψ 中常数满足 $c_1=-c_2$,且由 ρ 唯一确定. 可见相应的局部中心流形为 Γ 等变,且仅依赖于 ρ.

注5.4.7 上述中心流形的结果可推广到带参数的系统. 设

$$\frac{dx}{dt}=g(x,\alpha), \qquad (4.6)$$

其中 $g:\mathbb{R}^n\times\mathbb{R}^k\to\mathbb{R}^n$ 为含参数 $\alpha\in\mathbb{R}^k$ 的 C^k 向量场. 只要引进变量 $x_{n+j}=\alpha_j, j=1,\cdots,k$,并命

$$y=(x_1\cdots,x_{n+k}), \quad \tilde{g}(y)=(g(y),0)\in\mathbb{R}^n\times\mathbb{R}^k,$$

则(4.6)变为 $dy/dt=\tilde{g}(y)$,这就可归结为上面的情形讨论.

将定理5.4.1中的 $x_h=\psi(x_c)$ 代入(4.5a),得到方程

$$\dot{x}_c=f_c(x_c,\psi(x_c)). \qquad (4.7)$$

下面的定理表明(4.1)和(4.7)的解具有同样的稳定性质.

定理5.4.8 在定理5.4.1的条件下,设 $\sigma_u=\Phi$,且设 $x\in W_\psi\cap$

U 满足闭包 $\mathrm{Cl}\{\tilde{x}(t,x)\mid t\geqslant 0\}\subset \mathrm{U}$. 则方程(4.1)的流 $x_c(t)=\pi_c\tilde{x}(t,x)$ 对应方程(4.6)的流 $x_c(t)=\pi_c\tilde{x}(t,x)$. $\tilde{x}(t,x)$ 是稳定的(渐近稳定的,不稳定的)当且仅当 $x_c(t)$ 是稳定的(渐近稳定的,不稳定的).

证明 参见[Va2]. □

最后,我们指出,虽然局部中心流形的不是唯一的,但下面的命题表明,不同中心流形上的流是共轭的. 记

$$C_b^{k,1}(\mathbb{R}^n)=\{w\in C_b^k(\mathbb{R}^n)\mid \mathrm{Lip}(D^k w)<\infty\}. \tag{4.8}$$

命题5.4.9 设(4.1)中的 $f\in C_b^{k,1}$, $f(0)=0$, 且 W_1^c 和 W_2^c 是(4.1)的两个局部中心流形. 则存在原点的一邻域 U 及 C^{k-1} 微分同胚 $\varphi: W_1^c\cap U\to W_2^c\cap C$, 使 $\tilde{x}(t,\varphi(x))=\varphi(\tilde{x}(t,x))$, 对所有 $x\in W_1^c\cap V$ 和 $t\in\mathbb{R}$, 只要 $\tilde{x}(t,x)\in W_1^c\cap V$.

证明 见[BDL]. □

5.4.2 向量场的正规形

向量场的正规形,又称 Poincaré-Birkhoff 正规形,其理论使我们能在平衡点附近通过近恒等变换把向量场的级数展式尽可能地化简. 这里讨论的向量场仍为 Γ 等变向量场,但若取 Γ 为平凡群 $\mathbb{1}$,则与通常的正规形理论一致,如[Va2]和[CLW].

设紧 Lie 群 Γ 作用在空间 $\mathbb{R}^n$ 上,仍省略参数,即设 $f:(\mathbb{R}^n,0)\to\mathbb{R}^n$ 为 Γ 等变映射, $f\in\vec{\mathscr{E}}_x(\Gamma)$, $f(0)=0$, 并记 $A=df(0)$. 考虑方程

$$\dot{x}=f(x). \tag{4.9}$$

记 $\mathscr{P}^k(\Gamma)$ 为 $\vec{\mathscr{E}}_x(\Gamma)$ 中的齐 k 次多项式组成的空间,则(4.9)可写成级数形式

$$\dot{x}=Ax+f^2(x)+\cdots+f^m(x)+o(\|x\|^m), \tag{4.10}$$

其中 $f^k(x)\in\mathscr{P}^k(\Gamma)$, $k=2,\cdots,m$.

为将(4.10)的非线性项 f^k 项化简,我们引进伴算子 ad_A. 对 $g\in\vec{\mathscr{E}}_x(\Gamma)$,记

$$\mathrm{ad}_A g(x)=Dg(x)Ax-Ag(x), \tag{4.11}$$

则 $\mathrm{ad}_A g\in \vec{\mathscr{E}}_x(\Gamma)$. 事实上，对任 $\gamma\in\Gamma$，

$$\begin{aligned}\mathrm{ad}_A g(\gamma x) &= Dg(\gamma x)A\gamma x - Ag(\gamma x)\\ &= \gamma Dg(x)Ax - \gamma Ag(x) = \gamma\mathrm{ad}_A g(x).\end{aligned}$$

注意，$\mathscr{P}^k(\Gamma)$是有限维向量空间，且 ad_A 在 $\mathscr{P}^k(\Gamma)$上的限制 $\mathrm{ad}_A^k:\mathscr{P}^k(\Gamma)\to\mathscr{P}^k(\Gamma)$为线性映射. 记 $\mathscr{R}_\Gamma(\mathrm{ad}_A^k)=\mathrm{ad}_A^k\mathscr{P}^k(\Gamma)$，并取 $\mathscr{R}_\Gamma(\mathrm{ad}_A^k)$在 $\mathscr{P}^k(\Gamma)$中的一个补空间 $\mathscr{C}_\Gamma^k$，即有

$$\mathscr{P}^k(\Gamma) = \mathscr{R}_\Gamma(\mathrm{ad}_A^k)\oplus\mathscr{C}_\Gamma^k. \tag{4.12}$$

下面的命题表明可以对方程(4.9)作变换，使向量场中的非线性项都在 $\mathscr{C}_\Gamma^k$ 中.

定理5.4.10(Poincaré-Birkhoff 正规形定理) 设对方程(4.10)已作简约

$$\dot{x} = Ax + g^2(x) + \cdots ++ g^{k-1}(x) + f^k(x) + o(\|x\|^k), \tag{4.13}$$

其中 $g^j\in\mathscr{C}_\Gamma^j$, $j=1,\cdots,k-1$, 及 $f^k\in\mathscr{P}^k(\Gamma)$. 则存在变换 $x=y+p(y)$, $p\in\mathscr{P}^k(\Gamma)$，把(4.13)变为

$$\dot{y} = Ay + g^2(y) + \cdots + g^{k-1}(y) + g^k(y) + o(\|y\|^k), \tag{4.14}$$

其中 $g^k\in\mathscr{C}_\Gamma^k$.

证明 将 $x=y+p(y)$, $p\in\mathscr{P}^k(\Gamma)$，代入(4.13)，

$$\begin{aligned}(I + Dp(y))\dot{y} = Ay + g^2(y) + \cdots + g^{k-1}(y)\\ + f^k(y) + Ap(y) + o(|y|^k).\end{aligned}$$

利用$(I+Dp(y))^{-1}=I-Dg(y)+o(|y|^k)$，并乘在上式两边可得

$$\begin{aligned}\dot{y} = Ay + g^2(y) + \cdots + g^{k-1}(y) + f^k(y)\\ - \mathrm{ad}_A p(y) + o(|y|^k).\end{aligned}$$

对 f^k 按(4.12)分解，$f^k=g^k+\tilde{f}^k\in\mathscr{C}_\Gamma^k\oplus\mathscr{R}_\Gamma(\mathrm{ad}_A^k)$，并取 $p\in\mathscr{P}^k(\Gamma)$使 $\mathrm{ad}_A^k p=\tilde{f}^k$，即得(4.14)式. □

定理5.4.10告诉我们，经过一系列近恒等变换可把方程(4.9)的级数形式(4.10)化为(4.14)形式.

定义5.4.2 (4.14)称为方程(4.9)的**正规形**，而

$$\dot{y} = Ay + g^2(y) + \cdots + g^k(y), \tag{4.15}$$

$g^j \in \mathscr{C}_\Gamma^j, j=2,\cdots,k$,称为(4.9)的($k$ 阶)截断的正规形.

为了作出 $\mathscr{R}_\Gamma(\mathrm{ad}_A^k)$ 在 $\mathscr{P}^k(\Gamma)$ 中 Γ 不变的补空间 $\mathscr{C}_\Gamma^k$,我们在 $\mathscr{P}^k(\Gamma)$ 上引进 Γ 不变内积. 注意到 $\mathscr{P}^k(\Gamma)$ 中元可表成 $\{x^\alpha e_j\}$ 的元的线性组合,这里 $x^\alpha = x_1^{\alpha_1}\cdots x_n^{\alpha_n}$,$\{e_j\}$ 为 $\mathbb{R}^n$ 中的标准基. 我们定义

$$(x^\alpha e_i, x^\beta e_j) = \delta_{ij}\delta_{\alpha\beta}\alpha!, \tag{4.16}$$

其中 δ_{ij},$\delta_{\alpha\beta}$ 为 Kronecker 记号,并将(4.16)扩张为空间 $\mathscr{P}^k(\Gamma)$ 上的内积,仍记作 $\langle , \rangle$.

命题5.4.11 $\langle , \rangle$ 为 $\mathscr{P}^k(\Gamma)$ 上的 Γ 不变内积.

证明 设 $\mathscr{P}^k(\Gamma)$ 中元 $p = \sum_j p_j e_j$,$q = \sum_i q_i e_i$,p_j q_i 为齐 k 次多项式,则

$$\langle p,q\rangle = \langle \sum_j p_j e_j, \sum_j q_j e_j\rangle = \sum_j \langle p_j, q_j\rangle.$$

另一方面,对任一 $\gamma = (\gamma_{ij}) \in \Gamma(\subset \mathbf{O}(n))$,有

$$\begin{aligned}\langle \gamma p, \gamma q\rangle &= \sum_{i,j,k,l} \langle \gamma_{kj} p_j e_k, \gamma_{li} q_i e_l\rangle \\ &= \sum_{i,j,k} \gamma_{kj}\gamma_{ki}\langle p_j, q_i\rangle \\ &= \sum_j \langle p_j, q_j\rangle = \langle p,q\rangle. \qquad \square\end{aligned}$$

取 $\mathscr{C}_\Gamma^k$ 为 $\mathscr{R}_\Gamma(\mathrm{ad}_A^k)$ 在内积空间 $\mathscr{P}^k(\Gamma)$ 中的正交补,$\mathscr{C}_\Gamma^k = \mathscr{R}_\Gamma(\mathrm{ad}_A^k)^\perp$,则可保证截断的正规形(4.15)中每一非线性项具有 Γ 等变的良好性质.

5.4.3 补空间的计算

上面我们指出,规范形的 k 阶项可取在补空间 $\mathscr{R}_\Gamma(\mathrm{ad}_A^k)^\perp$ 中,现在我们来讨论这类补空间的计算.

命题5.4.12 设 $P,Q \in \mathscr{P}^k(\Gamma)$,则

$$\langle \mathrm{ad}_A^k P, Q\rangle = \langle P, \mathrm{ad}_{A^T}^k Q\rangle. \tag{4.17}$$

证明 根据 ad_A 的表达式(4.11),只要证

$$\langle AP, Q\rangle = \langle P, A^T Q\rangle, \tag{4.18}$$

$$\langle DP(y)Ay, Q(y)\rangle = \langle P(y), DQ(y)A^T y\rangle. \tag{4.19}$$

记 $A=(a_{ij}), P=(p_1,\cdots,p_n), Q=(q_1,\cdots,q_n)$. 则(4.18)式可以直接验证. (4.19)左边为

$$\sum_k \langle \sum_l \frac{\partial p_k(y)}{\partial y_l} \sum_j a_{lj} y_j, q_k(y)\rangle$$
$$= \sum_{j,k,l} a_{lj} \langle \frac{\partial p_k(y)}{\partial y_l} y_j, q_k(y)\rangle,$$

右边为

$$\sum_{j,k,l} a_{jl} \langle p_k(y), \frac{\partial q_k(y)}{\partial y_l} y_j\rangle$$
$$= \sum_{j,k,l} a_{jl} \langle p_k(y), \frac{\partial q_k(y)}{\partial y_j} y_l\rangle.$$

于是,等式(4.19)归结为它们的单项式相等,

$$\langle \frac{y^\alpha}{\partial y_l} y_j, y^\beta\rangle = \langle y^\alpha, \frac{y^\beta}{\partial y_j} y_l\rangle,$$

而该式可通过比较两边的次数和系数直接验证. □

由 命题5.4.12可知 $\mathscr{N}_\Gamma(\mathrm{ad}_{A^T}^k) = \{p\in\mathscr{P}_k(\Gamma) \mid \mathrm{ad}_{A^T} p = 0\}$ 为 $\mathscr{R}_\Gamma(\mathrm{ad}_{A^T}^k)$ 在 $\mathscr{P}_k(\Gamma)$ 中的正交补,由此可得 Γ 不变的直和分解

$$\mathscr{P}_k(\Gamma) = \mathscr{R}_\Gamma(\mathrm{ad}_A^k) \oplus \mathscr{N}_\Gamma(\mathrm{ad}_{A^T}^k). \tag{4.20}$$

而正规形的一般形式归结为空间 $\mathscr{N}_\Gamma(\mathrm{ad}_{A^T}^k)$ 的计算.

下例中当对称群取为平凡群时,我们将 Γ 省去.

例5.4.13 设 A 为对角矩阵, $A=\mathrm{diag}(\lambda_1,\cdots,\lambda_n)$. 单项式 $x^\alpha e_j = x_1^{\alpha_1}\cdots x_n^{\alpha_n} e_j$ 称为是k**阶共振**的,若

$$|\alpha| = k \text{ 且 } \lambda\cdot\alpha \equiv \lambda_1\alpha_1 + \cdots + \lambda_n\alpha_n = \lambda_j, \tag{4.21}$$

由于 $\mathrm{ad}_A x^\alpha e_j = (\lambda\cdot\alpha - \lambda_j)x^\alpha e_j$, 则 $\mathscr{N}(\mathrm{ad}_{A^T}^k)$ 由 k 阶共振单项式张成.

例5.4.14 设 A 为幂零形,

$$A = \begin{pmatrix} 0 & 1 & & & 0 \\ & 0 & 1 & & \\ & & \ddots & \ddots & \\ 0 & & & 0 & 1 \\ & & & & 0 \end{pmatrix}_{n\times n}$$

对于 $g=(g_1,\cdots,g_n)^T$, 由于

$$\mathrm{ad}_{A^T} g(x) = (\partial g_i(x)/\partial x_j) \begin{pmatrix} 0 \\ x_1 \\ \cdots \\ x_{n-1} \end{pmatrix} - \begin{pmatrix} 0 \\ g_1(x) \\ \cdots \\ g_{n-1}(x) \end{pmatrix}$$

可见 k 阶多项式组 g 在 $\mathscr{N}(\mathrm{ad}_{A^T}^k)$ 中当且仅当其分量 $g_1, \cdots, g_n$，为下列偏微分方程组的解

$$\begin{cases} x_1 \partial g_1(x)/\partial x_2 + \cdots + x_{n-1} \partial g_1(x)/\partial x_n = 0, \\ x_1 \partial g_2(x)/\partial x_2 + \cdots + x_{n-1} \partial g_2(x)/\partial x_n = g_1(x), \\ \cdots\cdots\cdots\cdots\cdots\cdots\cdots\cdots\cdots\cdots\cdots\cdots, \\ x_1 \partial g_n(x)/\partial x_2 + \cdots + x_{n-1} \partial g_n(x)/\partial x_n = g_{n-1}(x), \end{cases} \tag{4.22}$$

这归结为计算相应常微组的第一积分.

特别，$n=2$时由

$$x_1 \partial g_1(x)/\partial x_2 = 0, x_1 \partial g_1(x)/\partial x_2 = g_1(x)$$

解得

$$g_1(x) = x_1 \varphi_1(x_1), g_2(x) = x_2 \varphi_1(x_1) + \varphi_2(x_1). \tag{4.23}$$

分别取 $\varphi_1 = 0, \varphi_2 = x_1^k$ 和 $\varphi_1 = x_1^{k-1}, \varphi_2 = 0$ 得 $\mathscr{N}(\mathrm{ad}_{A^T}^k)$ 中的一组基

$$(0, x_1^k)^T, (x_1^k, x_1^{k-1} x_2)^T.$$

注5.4.15 (a) 需指出的是上述关于正规形的理论方法对于复域上的微分方程也适用，而且在复域上讨论有时会更方便(见下面例5.4.16).

(b) 还可对上述正规形理论行进参数，并用中心流形理论中的类似方法进行处理(见注5.4.6).

例5.4.16 我们在 Hopf 分岔问题中曾遇到下面的方程

$$\dot{x}_1 = -x_2 + g_1(x_1, x_2), \quad \dot{x}_2 = x_1 + g_2(x_1, x_2), \tag{4.24}$$

其中 g_1, g_2 为 $O(|x|^2)$. 引进复数表示

$$z_1 = x_1 + i x_2, \ z_2 = x_1 - i x_2 (= \bar{z}_1),$$

可将(x_1, x_2)写成(z_1, z_2)，而(4.24)变为

$$\dot{z}_1 = i z_1 + h_1(z_1, z_2), \tag{4.25a}$$

$$\dot{z}_2 = -i z_2 + h_2(z_1, z_2), \tag{4.25b}$$

其中 $h_1=g_1+ig_2$，$h_2=g_1-ig_2$.（4.25）的线性部分为对角形 $A=\begin{pmatrix} i & 0 \\ 0 & -i \end{pmatrix}$. 按例5.4.13，只要考虑其（$l$ 阶的）共振多项式 $z_1^{\alpha_1}\bar{z}_2^{\beta_1}e_1$ 和 $z_1^{\alpha_2}\bar{z}_2^{\beta_2}e_2$，其中 α_j，β_j 满足

$$i\alpha_1-i\beta_1=i,\ i\alpha_2-i\beta_2=-i,\ \alpha_j+\beta_j=l,\ j=1,2.$$

可见 l 为奇数，$l=2m+1$，$m\geqslant 1$，而共振单项式为 $(z_1z_2)^m z_j e_j$，$j=1,2$. 于是，（4.25）的（k 阶）正规形为

$$\dot{z}_1=(i+p(z_1z_2))z_1, \tag{4.26a}$$

$$\dot{z}_2=(-i+p(z_1z_2))z_2, \tag{4.26b}$$

其中 $p(u)=O(|u|^2)$ 为 u 的 k 阶多项式. 注意到 $z_2=\bar{z}_1$，而且（4.26）中两个方程互相共轭，只要考虑其中一个，比如（4.26a）. 命 $z=z_1$，则（4.26a）为

$$\dot{z}=(i+p(z\bar{z}))z. \tag{4.27}$$

又若命 $z=re^{i\theta}$，则（4.27）可写成

$$\dot{r}=p(r^2)r, \tag{4.28a}$$

$$\dot{\theta}=1. \tag{4.28b}$$

振幅方程（4.28a）与§5.1中的结果一致.

5.4.4 补空间的另一种描述

为便于计算和讨论，下面对空间 $\mathscr{N}_\Gamma(\mathrm{ad}_{A^T}^k)$ 作另一种描述. 设 S_A 为集 $\{\exp(sA^T)\mid s\in\mathbb{R}\}\subset\mathscr{L}(n)$ 的闭包. 则 $\mathrm{S}_A\subset\mathbf{GL}(n)$ 为闭的 Abel 群. 下面我们会看到 S_A 实际上是个 Lie 群，但它可能非紧.

例5.4.17 (a) 设

$$A=\begin{pmatrix} J & 0 \\ 0 & \sqrt{2}J \end{pmatrix},\quad J=\begin{pmatrix} 0 & -1 \\ 1 & 0 \end{pmatrix}.$$

注意到

$$e^{sJ}=(\cos s)I+(\sin s)J=\begin{pmatrix} \cos s & -\sin s \\ \sin s & \cos s \end{pmatrix}=R_s,$$

则 $\exp(sA^T)=\begin{pmatrix} R_s & 0 \\ 0 & R_{\sqrt{2}s} \end{pmatrix}$，其轨道在环面 $\mathbf{T}^2=\mathbf{S}^1\times\mathbf{S}^1$ 稠密，因而

$S_A=\mathbf{T}^2$.

(b) 设 $A=\begin{pmatrix}0&1\\0&0\end{pmatrix}$. 则 $\exp(sA^T)=\begin{pmatrix}1&0\\s&1\end{pmatrix}$, $s\in\mathbb{R}$. 相应的 $S_A\cong\mathbb{R}$ 为非紧.

记 $\mathscr{P}^k(\Gamma\times S_A)$ 为 $\vec{\mathscr{E}}_x(\Gamma)$ 中与 S_A 交换的齐 k 次多项式组. 下面的命题指出它即为 $\mathscr{N}_\Gamma(\mathrm{ad}^k_{A^T})$.

命题5.4.18 $\mathscr{P}^k(\Gamma\times S_A)=\mathscr{N}_\Gamma(\mathrm{ad}^k_{A^T})$.

证明 设 $P:\mathbb{R}^n\to\mathbb{R}^n$ 为齐 k 次多项式组. 则

$$\begin{aligned}&\frac{d}{ds}[e^{-sA^T}P(e^{sA^T}x)]\\&=[e^{-sA^T}[-A^TP(e^{sA^T}x)+DP(e^{sA^T}x)A^Te^{sA^T}x]\\&=e^{-sA^T}\mathrm{ad}_{A^T}P(e^{sA^T}x).\end{aligned}\tag{4.29}$$

若 $P\in\mathscr{P}^k(\Gamma\times S_A)$, 则(4.29)式左边微分号中的式与 s 无关, 故 $\mathrm{ad}_{A^T}P(e^{sA^T}x)=0$. 取 $s=0$, 可见 $P\in\mathscr{N}_\Gamma(\mathrm{ad}^k_{A^T})$. 反之, 若 $P\in\mathscr{N}_\Gamma(\mathrm{ad}^k_{A^T})$, 则(4.29)右边为0, 左边微分号中的式与 s 无关,

$$e^{-sA^T}P(e^{sA^T}x)=P(x).$$

这说明 P 与 e^{sA^T} 交换, $P\in\mathscr{P}_k(\Gamma\times S_A)$. □

命题5.4.18表明分解(4.20)又可写成

$$\mathscr{P}^k(\Gamma)=\mathscr{R}_\Gamma(\mathrm{ad}^k_a)\oplus\mathscr{P}^k(\Gamma\times S_A).\tag{4.30}$$

我们还可以写出 S_A 的一般形式. 注意, 可以把矩阵 A 唯一分解成

$$A=S+N,\tag{4.31}$$

其中 S 为半单(即在复域上可化成对角形)的, N 为幂零的(即存在 l 使 $N^l=0$), 而且 $SN=NS$(参见[HSm]).

命题5.4.19 设 A 具有(4.31)形式. 则

(a) $S_A=\begin{cases}\mathbf{T}^k, & \text{当 } N=0 \text{ 时},\\ \mathbf{T}^k\times\tilde{\mathbb{R}}, & \text{当 } N\neq 0 \text{ 时},\end{cases}$

这里 $\mathbf{T}^k$ 为集 $\{\exp(sS)\mid s\in\mathbb{R}\}$ 的闭包, 而 $\tilde{\mathbb{R}}=\{\exp(sN^T)\mid s\in\mathbb{R}\}$;

(b) 截断的正规形与 $\mathbf{T}^k$ 交换.

证明 只要证(a), 结论(b)可由(a)直接推得. 首先来证明

$$\mathscr{N}(A)=\mathscr{N}(S)\cap\mathscr{N}(N).\tag{4.32}$$

因由(4.31)，$\mathscr{N}(A)\supset\mathscr{N}(S)\cap\mathscr{N}(N)$. 设 $x\in\mathscr{N}(A)$. 由于有 l 使 $\mathbf{N}^l=0$，及 $SN=NS$，有

$$S^l x = (A - N)^l x = (-N)^l x = 0.$$

而 S 是半单的，故 $Sx=0$，进而 $Nx=Ax-Sx=0$. 这验证了(4.32)式.

再来证明 ad_{A^T} 有半单 ad_{S^T} 和幂零 ad_{N^T} 的分解

$$\mathrm{ad}_{A^T} = \mathrm{ad}_{S^T} + \mathrm{ad}_{N^T}. \tag{4.33}$$

经直接计算，有

$$\mathrm{ad}_{A_1}\mathrm{ad}_{A_2} = \mathrm{ad}_{A_2}\mathrm{ad}_{A_1}, \tag{4.34a}$$

$$\mathrm{ad}_{A_1^k} = (\mathrm{ad}_{A_1})^k, \tag{4.34b}$$

其中 A_1 与 A_2 交换. 则由(4.34a)，ad_{S^T} 和 ad_{N^T} 交换. 再由(4.34b)，$\mathrm{ad}_N{}^T$ 为幂零，进而 ad_{S^T} 为半单，这就证明了(4.33).

将(4.32)用到(4.33)式，得

$$\mathscr{N}_r(\mathrm{ad}_{A^T}^k) = \mathscr{N}_r(\mathrm{ad}_{S^T}) \cap \mathscr{N}_r(\mathrm{ad}_{N^T}^k) = \mathscr{N}_r(\mathrm{ad}_S) \cap \mathscr{N}_r(\mathrm{ad}_N).$$

于是由命题5.4.18即可得(a). □

例5.4.20 设 A 为 $2m\times 2m$ 对角矩阵

$$A = \mathrm{diag}(\omega_1 J, \cdots, \omega_m J),\ \omega_j \neq 0, j = 1,\cdots,m, \tag{4.35a}$$

其中

$$J = \begin{pmatrix} 0 & -1 \\ 1 & 0 \end{pmatrix}. \tag{4.35b}$$

则 S_A 为集 $\{\mathrm{diag}(R_{\omega_1 s},\cdots,R_{\omega_m s})\,|\,s\in\mathbb{R}\}$ 的闭包，这是紧 Lie 群. 把 $\mathbb{R}^{2m}$ 中元 $(x_1,y_1,\cdots,x_m,y_m)$ 记作

$$z = (z_1,\bar{z}_1,\cdots,\cdots z_m,\bar{z}_m),\ z_j = x_j + iy_j \in \mathbb{C}, j = 1,\cdots,m.$$

则 S_A 的表示可记为

$$\rho_\theta z = (e^{i\omega_1\theta}z_1, e^{-i\omega_1\theta}\bar{z}_1,\cdots,e^{i\omega_m\theta}z_m, e^{-i\omega_m\theta}\bar{z}_m).$$

记 $z^\alpha = z_1^{\alpha_1}\cdots z_m^{\alpha_m}$. 设 $g(z)=\Sigma a_{\alpha\beta}z^\alpha\bar{z}^\beta\in\mathscr{E}_z(\mathrm{S}_A)$. 则

$$g(\rho_\theta z) = \Sigma a_{\alpha\beta}e^{i(\alpha-\beta)\cdot\omega\theta}z^\alpha\bar{z}^\beta = \Sigma a_{\alpha\beta}z^\alpha\bar{z}^\beta.$$

故得

$$(\alpha - \beta)\cdot\omega \equiv (\alpha_1 - \beta_1)\omega_1 + \cdots + (\alpha_m - \beta_m)\omega_m = 0. \tag{4.36}$$

又若设

$$f(z) = (f_1(z), \overline{f_1(z)}, \cdots, f_m(z), \overline{f_m(z)}) \in \vec{\mathscr{E}}_z(S_A), \tag{4.37}$$

$$f_j(z) = \sum\nolimits_{\alpha,\beta} a^j_{\alpha\beta} z^\alpha \bar{z}^\beta, j = 1, \cdots, m.$$

则由 $f(\rho_\theta z) = \rho_\theta f(z)$ 知

$$f_j(\rho_\theta z) = \sum a^j_{\alpha\beta} e^{i(\alpha-\beta)\cdot\omega\theta} z^\alpha \bar{z}^\beta = e^{i\omega_j\theta} \sum a^j_{\alpha\beta} z^\alpha \bar{z}^\beta.$$

故得第 $j(\leqslant j \leqslant m)$ 个分量应满足

$$(\alpha - \beta) \cdot \omega = \omega_j. \tag{4.38}$$

定义5.4.3 由(4.35a)给出的 A,或 $\{\omega_1, \cdots, \omega_m\}$ 称为共振的,若存在一组不全为零的整数 $k_1, \cdots, k_m$ 使

$$k_1\omega_1 + \cdots + k_m\omega_m = 0; \tag{4.39}$$

否则就称为非共振的.

若 $\{\omega_j\}$ 为非共振,则由(4.36),$\alpha=\beta$,

$$g(z) = \Sigma a_{\alpha\alpha} z^\alpha \bar{z}^\alpha = p(u_1, \cdots, u_m) \in \mathbb{R},$$

这里

$$u_j = z_j \bar{z}_j, j = 1, \cdots, m.$$

而由(4.38),$(\alpha-\beta)\cdot\omega=\omega_j$. 故得 $f_j(z)=(p_j+iq_j)z_j$, 其中 p_j 和 q_j 为 $u_1, \cdots, u_m$ 的实函数,$j=1, \cdots, m$. 可见 A 的截断的正规形具有形式

$$\dot{z}_j = z_j p_j + i z_j q_j, \ i = 1, \cdots, m. \tag{4.40}$$

或命 $z_j = r_j e^{\theta_j}, j=1, \cdots, m$,则(4.40)为

$$\begin{aligned} &\dot{r}_j = p_j(r_1^2, \cdots, r_m^2) r_j, \\ &\dot{\theta}_j = q_j(r_1^2, \cdots, r_m^2), \ j = 1, \cdots, m. \end{aligned} \tag{4.41}$$

特别,在 Hopf 分岔情形,$m=1$,由(4.41),为

$$\dot{r} = p(r^2, \lambda) r, \qquad \dot{\theta} = q(r^2, \lambda), \tag{4.42}$$

这又与§5.2中的结果一致.

§5.5 模态相互作用

我们已经看到,向量场的线性化矩阵 A 决定了正规形非线性

项的一般形式. 所谓模态,这里是指矩阵 A 的本征值所对应的本征空间. 为研究分岔问题,我们主要讨论实部为零的本征值所对应的临界模态. 本章前两节介绍的简单分岔和 Hopf 分岔中出现的单零本征值和一对纯虚本征值分别对应定态和 Hopf 态,这是两种基本模态. 当有多个临界模态同时出现,就会产生复杂的非线性效应,称为模态相互作用. 基本的模态相互作用有三种,即(i) 定态-定态;(ii) 定态-Hopf;(iii)Hopf-Hopf. 本节我们介绍这三种基本的模态相互作用. 第一种模态可归结为上一节例5.4.14的讨论. 为讨论后两种模态形式,我们将引进平面上的 $\mathbf{Z}_2$和 $\mathbf{Z}_2\oplus\mathbf{Z}_2$等变分岔理论.

本节内容级较少涉及群的作用,仅在最后介绍在群 $\mathbf{Z}_m$ 的作用下平面系统的定态-定态相互作用问题. 下一章在§6.4中还要进一步讨论等变情形模态相互作用中的对称破缺问题.

5.5.1 基本的模态相互作用

考虑方程

$$\dot{u} = f(u,\lambda), \tag{5.1}$$

这里 $f(0,0)=0$. 经中心流形的约化,我们假定线性化矩阵 $A=df(0,0)$的本征值都在虚轴上. 这样,三类基本的模态相互作用所对应的矩阵 A 可取下列形式

$$\text{(i)} \begin{pmatrix} 0 & 1 \\ 0 & 0 \end{pmatrix}_{2\times 2}, \quad \text{(ii)}\begin{pmatrix} 0 & 0 \\ 0 & J \end{pmatrix}_{3\times 3}, \quad \text{(iii)} \begin{pmatrix} \omega_1 J & 0 \\ 0 & \omega_2 J \end{pmatrix}_{4\times 4},$$

这里 J 如(4.35b)式. 利用正规形理论,不难写出这三种模态相互作用的正规形.

对于(i),由例5.4.14中的(4.23)式,为

$$\begin{aligned} \dot{x}_1 &= x_2 + x_1\varphi_1(x_1), \\ \dot{x}_2 &= x_2\,\varphi_1(x_1) + \varphi_2(x_2), \end{aligned} \tag{5.2}$$

其中 $\varphi_1(0)=\varphi_2(0)=\phi_2(0)=0$.

对于(ii),$u=(u_0,u_1,u_2)\in\mathbb{R}^3$. 由命题5.4.19,$A$ 所对应的 S_A 为圆周群 $\mathbf{S}^1$. 因而方程(5.1)的正规形可取与 $\mathbf{S}^1$交换,其中 $\mathbf{S}^1$作用

在(u_1,u_2)平面上为旋转，且保持u_0不动. 于是，相应的正规形为

$$\dot{u}_0 = p, \dot{u}_1 = qu_1 - ru_2, \ \dot{u}_2 = qu_2 + ru_1, \tag{5.3}$$

其中p,q,r为u_0, $u_1^2+u_2^2,\lambda$的函数，满足

$$p(0) = p_{u_0}(0) = q(0) = 0, \quad r(0) = 1. \tag{5.4}$$

或记$x_1=u_0$, $u_1+iu_2=x_2 e^{i\theta}$, 则方程(5.3)为

$$\dot{x}_1 = p, \quad \dot{x}_2 = q\, x_2, \ \dot{\theta} = r. \tag{5.5}$$

考虑到$r(0)=1$，方程(5.5)的分岔特性可由

$$\dot{x} = g(x,\lambda) \tag{5.6}$$

确定，其中

$$x = (x_1,x_2)^T, \ g(x,\lambda) = (p(x_1,x_2^2,\lambda), \ q(x_1,x_2^2,\lambda)x_2)^T.$$

可见，g可看作$\mathbf{Z}_2$作用在$\mathbb{R}^2$上的等变映射. 因而$x_2=0$时，$p(x_1, 0,\lambda)=0$对应着定态解，而$x_2\neq 0$时，$p(x_1,x_2^2,\lambda)=q(x_1,x_2^2,\lambda)=0$对应着周期解.

(iii) 中的矩阵A是例5.4.20中当$m=2$时的特例. 在非共振情形，方程(4.41)告诉我们，其振幅方程可归结为$\mathbf{Z}_2\oplus\mathbf{Z}_2$作用在$\mathbb{R}^2$上的等变分岔问题.

我们将主要介绍后两种模态相互作用，因而下面先来讨论作用在$\mathbb{R}^2$上的$\mathbf{Z}_2$和$\mathbf{Z}_2\oplus\mathbf{Z}_2$等变分岔问题.

5.5.2 $\mathbf{Z}_2$等变分岔问题

设$\mathbf{Z}_2=\left\{\begin{pmatrix}1 & 0\\ 0 & \varepsilon\end{pmatrix} \middle| \varepsilon=\pm 1\right\}$作用在$\mathbb{R}^2$上. 由例4.2.5，$\mathbf{Z}_2$等变分岔问题$g\in\vec{\mathscr{M}}\mathscr{E}_{x,\lambda}(\mathbf{Z}_2)$可表为

$$g(x_1,x_2,\lambda) = (p(u,v,\lambda),q(u,v,\lambda)x_2) \equiv [p,q], \tag{5.7}$$

其中$u=x_1,v=x_2^2$，且

$$p(0) = p_u(0) = q(0) = 0. \tag{5.8}$$

而$\mathrm{RT}(g,\mathbf{Z}_2)$的生成元为

$$[p,0],[vq,0],[0,p],[0,q],[vp_v,vq_v],[wp_u,wq_u],$$

其中$w=u,v,\lambda$.

回忆§4.3中提到过$\mathscr{M}$和$\langle\lambda\rangle$是内蕴理想. 易证$\langle v\rangle$是内蕴理

想，而且这些理想的和与积也是内蕴的. 对 $\mathscr{E}_{u,\lambda}(\mathbf{Z}_2)$ 中的理想 $\mathscr{I}_1$ 和 $\mathscr{I}_2$，记子模

$$[\mathscr{I}_1,\mathscr{I}_2] = \{[h_1,h_2] \mid h_j \in \mathscr{I}_j ,\ j = 1,2\}.$$

引理5.5.1 若 $\mathscr{J}_1,\mathscr{J}_2 \subset \mathscr{E}_{u,\lambda}(\mathbf{Z}_2)$ 是内蕴理想，且

$$\langle v\rangle \mathscr{J}_2 \subset \mathscr{J}_1 \subset \mathscr{J}_2, \tag{5.9}$$

则子模 $[\mathscr{J}_1,\mathscr{J}_2]$ 是内蕴的.

证明 设 $g=[p,q]\in[\mathscr{J}_1,\mathscr{J}_2]$. 为证 $[\mathscr{J}_1,\mathscr{J}_2]$ 是内蕴子模，只要验证 g 经 $\Phi=(S,X,\Lambda)\in\mathscr{D}(\mathbf{Z}_2)$ 作用后仍有 $\Phi g\in[\mathscr{J}_1,\mathscr{J}_2]$，这里

$$X(x_1,x_2,\lambda) = (A(u,v,\lambda),B(u,v,\lambda)x_2),$$

$$S = \begin{bmatrix} C & Dx_2 \\ Ex_2 & F \end{bmatrix}, \tag{5.10a}$$

且 $A,B,C,D,E,F\in\mathscr{E}_{u,v,\lambda}(\mathbf{Z}_2)$ 为 $u=x_1, v=x_2^2$ 和 λ 的函数，$\Lambda=\Lambda(\lambda)$，它们满足

$$A(0)=0,\Lambda(0)=0,A_u(0)>0,B(0)>0,$$
$$C(0)>0,F(0)>0,\Lambda'(0)>0. \tag{5.10b}$$

我们有

$$\Phi g = Sg(X,\Lambda) = [Cp+Dvq,Ep+Fq], \tag{5.11a}$$

这里

$$p = p(A,vB^2,\Lambda),q = q(A,vB^2,\Lambda). \tag{5.11b}$$

因 $\mathscr{J}_1,\mathscr{J}_2$ 内蕴，利用(5.10b)知由(5.11b)给出的 $p\in\mathscr{J}_1$，$q\in\mathscr{J}_2$. 于是，由(5.9)知 $Cp+Dvq\in\mathscr{J}_1$，$Ep+Fq\in\mathscr{J}_2$. 而由(5.11a)知，$\Phi g\in[\mathscr{J}_1,\mathscr{J}_2]$，可见 $[\mathscr{J}_1,\mathscr{J}_2]$ 是内蕴子模. □

命题5.5.2 设 $g=[p,q]\in\vec{\mathscr{E}}(\mathbf{Z}_2)$ 满足(5.8)及

$$p_v(0)p_\lambda(0)p_{uu}(0)q_u(0)\neq 0. \tag{5.12}$$

则 g 强 $\mathbf{Z}_2$ 等价于

$$h(x_1,x_2,\lambda) = [\varepsilon_1u^2+\varepsilon_2v+\varepsilon_3\lambda,\varepsilon_4u], \tag{5.13}$$

其中 $\varepsilon_1=\mathrm{sgn}p_{uu}(0)$，$\varepsilon_2=\mathrm{sgn}p_v(0)$，$\varepsilon_3=\mathrm{sgn}p_\lambda(0)$，$\varepsilon_4=\mathrm{sgn}q_u(0)$.

证明 设 $\Phi=(S,X,\lambda)\in\mathscr{D}(\mathbf{Z}_2)$ 由(5.10)和(5.11)给定. 记

$[P,Q]=\Phi g$. 则由(5.11a)知在 $x_1=x_2=\lambda=0$处

$$P = P_u = Q = 0,$$
$$P_{uu} = CA_u^2 p_{uu}, P_\lambda = Cp_\lambda,$$
$$P_v = CB^2 p_v, \quad Q_u = FA_u q_u,$$
$$Q_v = EB^2 p_v + FA_v q_u + FB^2 q_v,$$
$$Q_\lambda = Ep_\lambda + FA_\lambda q_u + Fq_\lambda.$$

因此,若取

$$C \equiv |p_\lambda(0)|^{\frac{1}{2}}, B \equiv (|p_\lambda(0)|/|p_v(0)|)^{\frac{1}{2}}, E \equiv 0,$$
$$A \equiv (|2p_\lambda(0)|/|p_{uu}(0)|)^{\frac{1}{2}} u,$$
$$- B^2(q_v(0)/q_u(0))v - (q_\lambda(0)/q_u(0))\lambda,$$
$$F \equiv |q_u(0)|^{-1} |p_{uu}(0)/2p_\lambda(0)|^{\frac{1}{2}},$$

则在 $u=v=\lambda=0$处

$$p_{uu} = 2\varepsilon_1, P_\lambda = \varepsilon_3, P_v = \varepsilon_2, Q_u = \varepsilon_4, Q_v = Q_\lambda = 0.$$

因此 g 强 $\mathbf{Z}_2$等价于 $h+\varphi$ 使 $\varphi \in \mathscr{J}$,这里

$$\mathscr{J} = [\mathscr{M}^3 + \mathscr{M}\langle v,\lambda\rangle, \mathscr{M}^2].$$

另一方面,对(5.13)的 h,由(5.3)可求得

$$\begin{aligned}&\mathrm{RT}(h,\mathbf{Z}_2)\\ &= \langle [v,0],[0,u],[0,v],[u^2,0],[\lambda,0],[0,\lambda]\rangle\\ &= [\mathscr{M}^2 + \langle v,\lambda\rangle, \mathscr{M}],\end{aligned}$$

则 $\mathscr{M}\mathrm{RT}(h,\mathbf{Z}_2)=\mathscr{J}$. 由引理4.5.1,$\mathscr{J}$ 是内蕴子模. 利用定理4.3.5可知

$$[\mathscr{M}^3 + \mathscr{M}\langle v,\lambda\rangle, \mathscr{M}^2] \subset \mathscr{P}_s(h,\mathbf{Z}_2).$$

故得 $g-h\in\mathscr{P}_s(h,\mathbf{Z}_2)$,这说明 $g=h+(g-h)\overset{s}{\sim}h$. □

对(5.13)中的 h,有

$$\begin{aligned}\mathrm{T}(h,\mathbf{Z}_2) &= \mathrm{RT}(h,\mathbf{Z}_2) + \mathbb{R}\{h_u\} + \mathscr{E}_\lambda\{h_\lambda\}\\ &= [\mathscr{M}^2 + \langle v,\lambda\rangle, \mathscr{M}] + \mathbb{R}\{[2\varepsilon_1 u, \varepsilon_4]\}, [1,0]\},\end{aligned}$$

由此可见 $\vec{\mathscr{E}}(\mathbf{Z}_2)=\mathrm{T}(h,\mathbf{Z}_2)\oplus\mathbb{R}\{[0,1]\}$,因而 h 的 $\mathbf{Z}_2$普适开折为

$$H(x_1,x_2,\lambda,\alpha)=h+\alpha[0,1]=h+\alpha x_2. \qquad (5.14)$$

这说明 h 的 $\mathbf{Z}_2$余维数为1. 这样,我们得到 $\mathbf{Z}_2$余维数为1时在识别条件(5.8)和(5.12)下分岔问题的解及其普适开折.

对于较高的 $\mathbf{Z}_2$余维数还可用类似的方法得到相应的结果(参见[GSS]).

5.5.3 关于定态-Hopf 模态相互作用

如前所述,可利用 $\mathbf{Z}_2$等变分岔问题的解来讨论定态-Hopf 模态相互作用. 我们将主要考虑 $\mathbf{Z}_2$余维数为1,且(5.13)式中 $\varepsilon_1=\varepsilon_2=1,\varepsilon_3=-1$情形. 记 $x=x_1,y=x_2$. 则相应的普适开析(5.14)为

$$H(x,y,\lambda,\alpha)=(x^1+y^2-\lambda,\varepsilon_4(x-\alpha)y),\ \varepsilon_4=\pm 1. \qquad (5.15)$$

而(5.15)的分岔图由下面两组解曲线组成

$$y=0,\quad \lambda=x^2, \qquad (5.16a)$$

$$x=\alpha,\quad y^2=\lambda-\alpha^2, \qquad (5.16b)$$

其稳定性可由矩阵

$$dH=\begin{pmatrix} 2x & 2y \\ \varepsilon_4 y & \varepsilon_4(x-\alpha)\end{pmatrix} \qquad (5.17)$$

的本征值符号来判定.

从§5.5.2中可见,对于 $\mathbf{Z}_2$等变分岔问题(5.7),

$$g(x,y,\lambda)=(p(x,y^2,\lambda),q(x,y^2,\lambda)y)$$

的解 $g=0$,"定态"解 $y=p(x,0,\lambda)=0$对应着 $\mathbf{Z}_2$对称,"周期"解 $p=q=0$对应着平凡迷向子群. 对于(5.15)式,dH 沿解曲线(5.16a)的两个本征值为实数$2x$ 和 $\varepsilon_4(\alpha-x)$. 在解曲线(5.16b)上,利用

$$\det dH=-2\varepsilon_4 y^2,\quad \operatorname{tr} dH=2\alpha,$$

可见 $\varepsilon_4=1$时有两实本征值,而 $\varepsilon_4=-1$时则可能出现非实本征值,即可能出现不变环面.

为讨论出现不变环面的可能性,我们对 H 作一扰动,比如说,添加一高阶项使之为

$$H = (x^2 + y^2 - \lambda, -(x + y^2 - \alpha)y). \tag{5.18}$$

在(5.18)的非平凡解

$$x = \alpha - y^2, \quad \lambda = x^2 + y^2 \tag{5.19}$$

上，利用

$$\det dH = 2(1 - 2x)y^2,$$
$$\mathrm{tr}\, dH = 2(x - y^2) = 2(2x - \alpha),$$

可见在原点附近 $\det dH > 0$，而 $\mathrm{tr}\, dH$ 在 $x = \frac{\alpha}{2}$ 附近会变号，且 dH 的本征值将横截穿过虚轴. 这说明会出现 Hopf 分岔，而在定态-Hopf 模态相互作用的振幅方程中则会出现周期解，它对应着原方程正规形中的一个不变的2维环面. 我们用 * 表示沿此分支可能分岔出不变环面，这样，可得到本问题的分岔图，如图5.5.1.

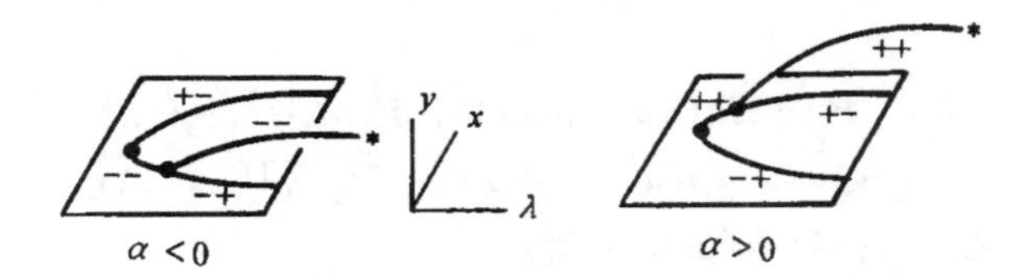

图5.5.1 正规形$(x^2+y^2-\lambda, \varepsilon_4(x-\alpha)y=0)$

运用类似方法，还可以讨论其他类型的定态-Hopf 模态相互作用.

5.5.4 $\mathbf{D}_2$等变分岔问题

设 $\Gamma = \mathbf{D}_2 \cong \mathbf{Z}_2 \oplus \mathbf{Z}_2$ 作用在 $V = \mathbb{R}^2$ 上的. 设 $g \in \vec{\mathscr{M}}(\mathbf{D}_2)$ 是等变分岔问题

$$g(x, y, \lambda) = (p(u, v, \lambda)x, q(u, v, \lambda)y) \equiv [p, q], \tag{5.20}$$

其中 $u = x^2, v = y^2, p(0) = q(0) = 0$. 记在$(u, v, \lambda) = (0, 0, 0)$处

$$A = p_u, B = p_v, \alpha = p_\lambda, C = q_u, D = q_v, \beta = q_\lambda. \tag{5.21}$$

命题5.5.3 设 $g \in \vec{\mathscr{M}}(\mathbf{D}_2)$ 如(5.20)，而 $A, B, C, D, \alpha, \beta$ 如(5.21)给定. 若这些系数还满足非退化条件

$$AD\alpha\beta(AD - BC)(A\beta - C\alpha)(B\beta - D\alpha) \neq 0, \tag{5.22}$$

则 g 强 $\mathbf{D}_2$等价于

$$h(x,y,\lambda)=[\varepsilon_1 u+av+\varepsilon_2\lambda, bu+\varepsilon_3 v+\varepsilon_4\lambda],$$

其中

$$\varepsilon_1=\operatorname{sgn}(A), \varepsilon_2=\operatorname{sgn}\alpha, \varepsilon_3=\operatorname{sgn}D, \varepsilon_4=\operatorname{sgn}\beta,$$

$$a\neq\varepsilon_2\varepsilon_3\varepsilon_4, b\neq\varepsilon_1\varepsilon_2\varepsilon_3, ab\neq\varepsilon_1\varepsilon_3.$$

证明 设 $\Phi=(S,X,\lambda)\in\mathscr{D}^s(\mathbf{D}_2)$，其中

$$X(x,y,\lambda)=(\tilde{p}(u,v,\lambda)x, \tilde{q}(u,v,\lambda)y),$$

$$S(x,y,\lambda)=\begin{pmatrix} E & Fxy \\ Gxy & H \end{pmatrix},$$

$E,F,G,H\in\mathscr{E}(\mathbf{D}_2)$，且

$$\tilde{p}(0)>0, \tilde{q}(0)>0, E(0)>0, H(0)>0.$$

记 $\Phi\mathbf{g}=[\mathbf{P},\mathbf{Q}]$. 则

$$P=Ep(u\tilde{p}^2, v\tilde{q}^2,\lambda)+Fvq(u\tilde{p}^2,v\tilde{q}^2,\lambda),$$

$$Q=Gup(u\tilde{p}^2,v\tilde{q}^2,\lambda)+Hq(u\tilde{p}^2,v\tilde{q}^2,\lambda).$$

因此，在$(x,y,\lambda)=(0,0,0)$处

$$P=Q=0,$$

$$P_u=Ep_u\tilde{p}^2, P_v=Ep_v\tilde{q}^2, P_\lambda=Ep_\lambda,$$

$$Q_u=Hq_u\tilde{p}^2, Q_v=Hq_v\tilde{q}^2, Q_\lambda=Hq_\lambda.$$

取

$$F=G\equiv 0, E\equiv|p_\lambda(0)|^{-1}, H\equiv|q_\lambda(0)|^{-1},$$

$$\tilde{p}\equiv|P_\lambda(0)/P_u(0)|^{\frac{1}{2}}, \tilde{q}\equiv|q_\lambda(0)/q_v(0)|^{\frac{1}{2}}.$$

则

$$P_u(0)=\varepsilon_1, P_v(0)=B\left|\frac{\beta}{\alpha D}\right|, P_\lambda(0)=\varepsilon_2,$$

$$Q_u(0)=C\left|\frac{\alpha}{\beta A}\right|, Q_v=\varepsilon_3, Q_\lambda(0)=\varepsilon_4.$$

令 $a=B\left|\frac{\beta}{\alpha D}\right|, b=C\left|\frac{\alpha}{\beta A}\right|$，则

$$\Phi g-h\in\mathscr{M}^2_{u,v,\lambda}\vec{\mathscr{E}}(\mathbf{D}_2).$$

于是，按定理4.3.7，只要证

$$\mathscr{M}^2_{u,v,\lambda}\vec{\mathscr{E}}_{u,v,\lambda}\subset\mathscr{M}_{u,v,\lambda}\mathrm{RT}(h,\mathbf{D}_2). \tag{5.23}$$

记(5.23)右边为$\mathscr{J}$. 回忆例4.2.4,$\mathrm{RT}(g,\mathbf{D}_2)$的生成元为

$$[p,0],[0,q],[0,up],[vq,0],[up_u,uq_u],[vp_v,vq_v], \tag{5.24}$$

而$\mathscr{M}_{u,v,\lambda}$. 只要证明(5.23)左边的生成元的基

$$[u^2,0],[uv,0],[v^2,0],[u\lambda,0],[v\lambda,0],[\lambda^2,0]$$

$$[0,u^2],[0,uv],[0,v^2],[0,u\lambda],[0,v\lambda],[0,\lambda^2]$$

都在$\mathscr{J}$中. 首先,由

$$v[up_u,uq_u]=[Auv,Cuv],$$

$$u[vp_v,vq_v]=[Buv,Duv]$$

及(5.11)知$[uv,0],[0,uv]\in\mathscr{J}$. 进而,从

$$u[0,q],[0,up],u[0,q],[0,up]$$

的展式及(5.11)知$[v^2,0],[u\lambda,0][0,u^2],[0,u\lambda]\in\mathscr{J}$. 由

$$u^2[p_u,q_u]=[Au^2,Cu^2],\quad u\lambda[p_u,q_u]=[Au\lambda,Cu\lambda]$$

及$A\neq0$知$[u^2,0],[u\lambda,0]\in\mathscr{J}$. 类似地,由$v^2[p_v,q_v]v\lambda[p_v,q_v]$的表式及$D\neq0$知$[0,v^2],[0,v\lambda]\in\mathscr{J}$. 最后,从$\lambda[p,0],\lambda[0,q]$的表式及$\alpha\beta\neq0$可看出$[\lambda^2,0],[0,\lambda^2]\in\mathscr{J}$. 这就验证了(5.12)式. □

注意,利用(5.24)和(5.23)式可得

$$\begin{aligned}\mathrm{T}(h,D_2)&=\mathrm{RT}(h,\mathbf{D}_2)+\mathscr{E}_\lambda\{h_\lambda\}\\&=\mathscr{M}^2\vec{\mathscr{E}}(\mathbf{D}_2)+\mathbb{R}\{[\varepsilon_1u+av+\varepsilon_2\lambda,0],\\&\quad[0,bu+\varepsilon_3v+\varepsilon_4\lambda],[\varepsilon_1u,bu],[av,\varepsilon_3v],[\varepsilon_2,\varepsilon_4]\}\end{aligned}$$

易见

$$\vec{\mathscr{E}}(\mathbf{D}_2)=\mathrm{T}(h,\mathbf{D}_2)+\mathbb{R}\{[v,0],[0,u],[0,-\varepsilon_4]\} \tag{5.25}$$

而且不难验证(5.25)是直和,因此$\mathrm{codim}_{\mathbf{D}_2}h=3$, h的$\mathbf{D}_2$等变普适开折为

$$H(x,y,\lambda,\tilde{a},\tilde{b},\alpha)=[\varepsilon_1u+\tilde{a}v+\varepsilon_2\lambda,\tilde{b}u+\varepsilon_3v+\varepsilon_4(\lambda-\alpha)]. \tag{5.26}$$

5.5.5 关于 Hopf-Hopf 模态相互作用

对于 Hopf-Hopf 模态相互作用,方程(5.1)

$$\dot{u} = f(u,\lambda), \quad f(0,\lambda) \equiv 0, \quad A = df(0,0),$$

这里

$$A = \begin{pmatrix} \omega_1 J & 0 \\ 0 & \omega_2 J \end{pmatrix}, \quad \omega_1\omega_2 \neq 0, \quad J = \begin{pmatrix} 0 & -1 \\ 1 & 0 \end{pmatrix}. \tag{5.27}$$

回忆(ω_1,ω_2)或 A 为共振是指存在非零整数 k_1,k_2使

$$k_1\omega_1 + k_2\omega_2 = 0; \tag{5.28}$$

否则为非共振,下面的命题给出 f 的 Birkhoff 正规形.

命题5.5.4 设 $f:\mathbb{R}^4\times\mathbb{R}\to\mathbb{R}^4$ 为 Birkhoff 正规形,A 如(5.27)给定.

(a) 若 A 为非共振,则 f 可表成

$$f(z_1,z_2,\lambda) = (p_1 z_1, p_2 z_2), \tag{5.29}$$

这里 $z_j=x_j+iy_j\in\mathbf{C}$,$j=1,2$, p_1和 p_2为$|z_1|^2$,$|z_2|^2$和 λ 的复值函数使 $p(0)=i\omega_1$,$q(0)=i\omega_2$.

(b) 若 A 为共振,即 ω_1,ω_2满足(5.28),其中 k_1,k_2为既约,则 f 可表成

$$f(z_1,z_2,\lambda) = (p_1 z_1 + q_1 \bar{z}_1^{k_2-1} z_1^{k_1}, p_2 z_2 + q_2 z_1^{k_2} \bar{z}_2^{k_1-1}), \tag{5.30}$$

这里 z_1,z_2同上,p_j,q_j 为$|z_1|^2$,$|z_2|^2$,$\mathrm{Re}(z_1^{k_2}\bar{z}_2^{k_1})$,$\mathrm{Im}(z_1^{k_2}\bar{z}_2^{k_1})$和 λ 的复值函数.

证明 (a) 即为例5.4.20中 $m=2$情形.(b) 作为练习. □

我们在上面指出,在非共振情形,可将正规形 f 写成振幅方程形式(见(4.41)式中).事实上,记 $z_1=xe^{i\theta_1}$,$z_2=ye^{i\theta_2}$,$p_1=p+ir_1$,$p_2=q+ir^2$.则方程 $\dot{u}=f(u,\lambda)$变成

$$\dot{x} = px,\ \dot{y} = qy, \tag{5.31}$$

$$\dot{\theta}_j = r_j,\ j = 1,2, \tag{5.32}$$

其中 p,q,θ_1,θ_2为 $u=x^2$, $v=y^2$和 λ 的实函数,满足 $r_j(0)=\omega_j$,$j=1,2$.

振幅方程(5.31)平衡解的分岔问题已在上面讨论过(见(5.20)),现来讨论其稳定性问题.对 $\mathbf{D}_2$等变映射(5.20)

$$g(x,y,\lambda) = (p(u,v,\lambda)x, q(u,v,\lambda)y),$$

$p(0,0,0)=q(0,0,0)=0$,其 Jacobi 矩阵为

$$dg = \begin{pmatrix} p + 2up_u & 2p_v xy \\ 2q_u xy & q + 2vq_v \end{pmatrix}. \tag{5.33}$$

只要弄清 dg 的本征值符号. 下面的命题可直接验证.

命题5.5.5 设(x,y,λ)为 $g=0$的解.

(a) 若(x,y,λ)为平凡解,或纯模解(即 $x=0$或 $y=0$),则 dg 为对角形,其本征值为实,符号有三种情形:

(i) 平凡解:$\operatorname{sgn} p(0,0,\lambda)$, $\operatorname{sgn} q(0,0,\lambda)$.

(ii) x 模解:$\operatorname{sgn} p_u(x,0,\lambda)$, $\operatorname{sgn} q(x,0,\lambda)$.

(iii) y 模解:$\operatorname{sgn} p(0,y,\lambda)$, $\operatorname{sgn} q_v(0,y,\lambda)$.

(b) 若(x,y,λ)为混合模解(即 $x\neq0$且 $y\neq0$),则在(x,y,λ)处

$$\operatorname{sgn} \det(dg) = \operatorname{sgn} (p_u q_v - p_v q_u),$$
$$\operatorname{sgn} \operatorname{tr}(dg) = \operatorname{sgn} (up_u + vq_v).$$
□

进一步分析,有

命题5.5.6 设 g 为 $\mathbf{D}_2$等变分岔问题,(x,y,λ)为其零点. 若(x,y,λ)满足下列条件之一,则 g 在 $\mathbf{D}_2$等价下其稳定性保持不变.

(i) (x,y,λ)为平凡解或纯模解;

(ii) (x,y,λ)为混合模解且 $\det(dg)_{x,y,\lambda}<0$;

(iii) (x,y,λ)为混合模解,$\det(dg)_{x,y,\lambda}>0$,且在原点处 $p_u q_v>0$.

证明 参见[GSc5]. □

由上面的命题可进一步得到 g 的分岔图.

现在再来介绍关于共振情形的一些结果. 设 ω_1, ω_2满足(5.28). 按命题5.5.4(b),f 可表成(5.30). 我们注意,在非共振情形,按命题5.5.3,若(5.20)中 g 的系数满足非退化条件,则 g 的三阶以上的项可以不去考虑. 因而,我们说共振(5.28)为**弱的**,若(5.30)与(5.29)在 f 展到3阶项时的形式相同,否则即为**强的**. 容易验证,仅当 $k_1+k_2\leqslant4$时出现强共振. 不妨设 $k_1\geqslant k_2$. 则强共振有以下几种

$$k_1:k_2 = 1:1,\ 2:1,\ 3:1 \text{ 和 } 4:1.$$

进一步讨论可参看[Ar2]

5.5.6 关于 $\mathbf{Z}_m$ 等变向量场

最后介绍一下平面上 $\mathbf{Z}_m$ 等变向量场的局部分岔问题. 我们知道,这种向量场的一般形式为

$$dz/dt = p(u,v)z + q(u,v)\bar{z}^{m-1} \equiv f(z), \qquad (5.34)$$

其中 $z=x+iy\in\mathbb{C}$, $u=z\bar{z}$, $v=z^m+\bar{z}^m$, p 和 q 为 u 和 v 的复值函数. 这类向量场的分岔问题的研究也是具有对称性的平面系统中的一个引人注目的课题.

我们写出 $f(z)$ 展式的前几项

$$f(z) = \mu z + \alpha uz + \beta vz + \gamma\bar{z}^{m-1} + \cdots.$$

注意到在 $m\leqslant 4$ 时 $\bar{z}^{m-1}$ 项会"影响"到前面各项. 类似于上一小节的想法,我们把 $m\leqslant 4$ 情形称为**强共振**,而 $m\geqslant 5$ 时称为**弱共振**. 下面对此稍作讨论.

$m=1$ 时为无对称,经用正规形理论方法,其非退化形式可写成

$$\begin{cases}\dot{x} = y,\\ \dot{y} = ax^2 + bxy.\end{cases}$$

$m=2$ 时可写成

$$\begin{cases}\dot{x} = y,\\ \dot{y} = ax^3 + bx^2y.\end{cases}$$

$m=3$ 时含线性项,为

$$\dot{z} = \mu z + \alpha z^2\bar{z} + \beta\bar{z}^2, \alpha,\beta\in\mathbb{C}.$$

我们指出,$\mu\neq 0$ 时可设 $|\mu|=1$. 因若不然,可通过变换 $z=w/|\mu|$, $t=\tau/|\mu|$,达此目的. 类似地,$m=4$ 时可写成

$$\dot{z} = \mu z + \alpha z^2\bar{z} + \beta z\bar{z}^3, \alpha,\beta\in\mathbb{C}, |\mu| = 1.$$

$m\geqslant 5$,即弱共振情形,$\bar{z}^{m-1}$ 项比最低的非线性项 $z^2\bar{z}$ 的次数高,对整个系统产生的影响也较为次要. 其非退化形式写出来为

$$\dot{z} = \mu z + \alpha_1 z^2\bar{z} + \alpha_2 z^3\bar{z}^2 + \cdots + \alpha_q z^{q+1}\bar{z}^q + \beta\bar{z}^{m-1},$$

其中 $q=[(m-1)/2]$, $\mathrm{Re}\,\alpha_1\neq 0$, $\beta\neq 0$.

对于上述向量场的分岔和开折问题的进一步讨论可参看

[Ar2]和[CLW]及所引的文献.

习 题 五

5.1 研究方程

$$\frac{\partial u}{\partial t}=\frac{\partial^2 u}{\partial \xi^2}-\frac{1}{4}(\lambda-1)+\lambda\xi\frac{\partial u}{\partial \xi}-u^2+4u\frac{\partial u}{\partial \xi}-4u(\frac{\partial u}{\partial \xi})^2$$

在零解处的稳定性与分岔问题,这里 u 为定义在 $t\geqslant 0, 0\leqslant x\leqslant \pi$ 上的实值函数,满足边值条件

$$u(t,0)=\frac{\partial u}{\partial \xi}(t,\pi)=0.$$

5.2 设

$$\begin{cases}\dot{u}=\lambda-\beta u+uv^2,\\ \dot{v}=\beta u-v+uv^2,\ 0<\beta<1.\end{cases}$$

证明该系统在平衡解 $u=\lambda/(\lambda^2+\beta), v=\lambda$ 附近会出现等价于 $x^3+(\lambda^2+\alpha)x=0$的 Hopf 分岔.

5.3 设 $\mathbf{O}(2)$标准作用在$\mathbb{C}\oplus\mathbb{C}$上,且

$$(df)_0=\left[\begin{array}{c|c}0 & I_2\\ \hline 0 & 0\end{array}\right],$$

求 $\mathbf{f}$ 的 $\mathbf{O}(2)$等变的正规形.

5.4 设 $\mathbf{Z}_2$ 等变分岔问题

$$g(x_1,x_2,\lambda)=(p(u,v,\lambda),q(u,v,\lambda)x_2)\equiv[p,q],$$

其中 $u=x_1, v=x_2^2$. 若 p,q 在 $x_1=x_2=\lambda=0$处满足

$$p=p_u=p_{uu}=q=0 \quad 及 \quad p_v=p_\lambda p_{uuu}=q_u\neq 0,$$

证明 g 强 $\mathbf{Z}_2$等价于

$$h=[\varepsilon_1 u^3+\varepsilon_2 v+\varepsilon_3\lambda,\quad \varepsilon_4 u],$$

其中 $\varepsilon_1=\mathrm{sgn}\ p_{uuu}(0)$, $\varepsilon_2=\mathrm{sgn}\ p_v(0)$, $\varepsilon_3=\mathrm{sgn}\ p_\lambda(0)$, $\varepsilon_4=\mathrm{sgn}\ q_u(0)$.

5.5 证明命题5.5.4(b).

第六章　对称破缺理论

对称破缺理论研究方程解的对称性变化，这也是等变动力系统的分岔理论要解决的一个基本问题．本章先在§6.1和§6.2中介绍定态分岔和Hopf分岔的对称破缺理论．为有效地运用Γ等变的Hopf分岔理论，我们在§6.3中介绍$\Gamma\times\mathbf{S}^1$的迷向子群和不变量问题，同时着重讨论$\mathbf{O}(2)$等变系统中的Hopf分岔问题．最后在§6.4中就$\mathbf{O}(2)$对称情形的模相互作用讨论其对称破缺问题．

§6.1　定态分岔的自发对称破缺

本节主要介绍作为定态分岔对称破缺理论基础的等变分支引理及关于稳定性的理论．最后讨论$\mathbf{SO}(3)$和$\mathbf{O}(3)$群的对称破缺．

6.1.1　等变分支引理

设紧Lie群Γ作用于空间$V=\mathbb{R}^n$上，$g\in\vec{\mathscr{E}}_{x,\lambda}(\Gamma)$为$\Gamma$等变分岔问题，满足$g(0,\lambda)=0$．我们考虑微分方程

$$\frac{dx}{dt}=g(x,\lambda). \tag{1.1}$$

设$x(t)$为(1.1)的一个解．则由命题5.3.8可知，$x(t)$的迷向子群

$$\Sigma_{x(t)}=\{\gamma\in\Gamma\,|\,\gamma x(t)=x(t)\} \tag{1.2}$$

与t的取法无关，因此也把$\Sigma=\Sigma_{x(t)}$称为解$x(t)$的迷向子群．今设$g(0,\lambda)\equiv0$，且方程(1.1)的解$x=0$当$\lambda<0$时稳定，当$\lambda>0$时不稳定．若在$\lambda=0$处出现的非零解$x=x(t)$使其迷向子群$\Sigma\subsetneqq\Gamma$，则称此解$x(t)$为平凡解$x=0$在$\lambda=0$处的**自发对称破缺**(参见例1.1.10)．对称破缺的一个基本问题是：是否对于Γ的每一迷向子

群 $\Sigma \subsetneqq \Gamma$,都有(非零)解与之对应. 下面的一些命题表明,具有一维不动点子空间的迷向子群会引发这种对称性破缺.

命题6.1.1 设 Γ 作用在空间 V 上,$\mathrm{Fix}(\Gamma)=\{0\}$. 设 $\Sigma \subset \Gamma$ 为迷向子群,满足 $\dim \mathrm{Fix}(\Sigma)=1$. 若 Γ 等变分岔问题 $g \in \vec{\mathscr{E}}_{x,\lambda}(\Gamma)$ 满足 $(dg_\lambda)_{0,0}(v_0) \neq 0$,其中 $v_0 \in \mathrm{Fix}(\Sigma)$,则存在 $g(x,\lambda)=0$ 的光滑解 $(tv_0, \Lambda(t))$.

证明 由于 $g(\mathrm{Fix}(\Sigma)) \subset \mathrm{Fix}(\Sigma)$,可设 $g(tv_0,\lambda)=h(t,\lambda)v_0$. 于是由命题3.4.1, $h(0,\lambda)v_0=g(0,\lambda)=0$,故可命 $h(t,\lambda)=tk(t,\lambda)$. 由于 g 是分岔问题,g 在原点处关于 x 的导数 $(dg)_{0,0}=0$,这蕴涵 $k(0,0)=0$. 而 $k_\lambda(0,0)v_0=(dg_\lambda)_{0,0}(v_0)\neq 0$. 运用隐函数定理可见存在 $\Lambda=\Lambda(t)$ 使 $k(t,\Lambda(t))\equiv 0$,即 $g(tv_0,\Lambda(t))\equiv 0$. □

注意,由推论3.4.10知命题6.1.1中的 Σ 为最大迷向子群,且 $\Sigma=\Sigma_{tv_0}$, $\forall\ t\neq 0$.

我们来分析命题6.1.1的条件. 首先,若 Γ(非平凡)不可约地作用于 V 上,则总有 $\mathrm{Fix}(\Gamma)=\{0\}$. 其次,由于 Γ 等变分岔问题 g 关于 x 的导数 $(dg)_{0,\lambda}$ 为 Γ 等变线性映射,故当 Γ 绝对不可约地作用于 V 上时,存在实函数 $c(\lambda)$ 使 $(dg)_{0,\lambda}=c(\lambda)I$,且 $c(0)=0$. 于是,条件 $(dg_\lambda)_{0,0}(v_0)\neq 0$ 等价于 $c'(0)\neq 0$. 而且,由于 $c(\lambda)$ 是 $(dg)_{0,\lambda}$ 的本征值,当 $c'(0)>0$ 时零解 $x=0$ 对于充分小的 λ 在 $\lambda<0$ 时稳定,在 $\lambda>0$ 时不稳定. 据此,我们得到下面重要的结论.

定理6.1.2(等变分支引理) 设

(i) Γ 绝对不可约地作用在 V 上,

(ii) $g \in \vec{\mathscr{E}}_{x,\lambda}(\Gamma)$ 为 Γ 等变分岔问题,满足 $(dg)_{0,\lambda}=c(\lambda)I$, $c'(0)>0$,

(iii) $\Sigma \subset \Gamma$ 为迷向子群,使 $\dim \mathrm{Fix}(\Sigma)=1$.

则 $g(x,\lambda)=0$ 有唯一的非零解支 $(tv_0,\Lambda(t))$,使其上每一点对应的迷向子群为 Σ. □

例6.1.3 $\Gamma=\mathbf{D}_m$ 绝对不可约地作用在 $\mathbb{C}$ 上,且 $\mathbf{D}_m$ 等变分岔问题 $g\in \vec{\mathscr{E}}_{x,\lambda}(\mathbf{D}_m)$ 可写成

$$g(z,\lambda) = p(u,v,\lambda)z + q(u,v,\lambda)\bar{z}^{m-1},$$

其中 $u=z\bar{z}, v=\frac{1}{2}(z^m+\bar{z}^m)$，且 $p(0,0,0)=0$. 易见 $(dg)_{0,\lambda}(z)=p(0,0,\lambda)z$，即 $c(\lambda)=p(0,0,\lambda)$. 故若满足

$$p_\lambda(0,0,0) > 0, \tag{1.3}$$

则按定理6.1.2，$\mathbf{D}_m$ 的最大迷向子群就可决定方程 $g=0$的对称破缺解支.

我们现在来求这些解支. 设 $g(z,\lambda)=0, z\neq 0$. 首先指出，为使 Σ_z 成为最大迷向子群，z 与 $\bar{z}^{m-1}$必共线，即 $\mathrm{Im}z^m=0$. 因若不然，$\mathrm{Im}z^m\neq 0$，则 $\Sigma_z=\mathbb{1}$不是最大的. 故设 $\mathrm{Im}z^m=0$. 对于 $z=re^{i\theta}$，$r>0$，由 $e^{im\theta}\in\mathbb{R}$ 知 $\theta=k\pi/m, k\in\mathbb{Z}$. 记 $z_k=re^{ik\pi/m}$. 考虑到 $\zeta=e^{i2\pi/m}$ 的作用，只需讨论 $k=0$和1情形.

当 $k=0$时 $z=r$，$g=0$等价于

$$p(r^2,r^m,\lambda) + r^{m-2}q(r^2,r^m,\lambda) = 0. \tag{1.4}$$

当 $k=1$时 $z=re^{i\pi/m}$，而 $g=0$等价于

$$p(r^2,-r^m,\lambda) - r^{m-2}q(r^2,-r^m,\lambda) = 0. \tag{1.5}$$

方程(1.4)和(1.5)的解分别是由最大迷向子群 $\mathbf{Z}_2(\kappa)$和 $\mathbf{Z}_2(\zeta\kappa)$决定的. m 为奇数时这两个子群是共轭的(见例3.4.7). 最后我们指出，由于条件(1.3)，从上述方程用隐函数定理得到的相应非零解确存在.

等变分支引理还可应用于映射，得到其不动点和周期点.

命题6.1.4 设紧 Lie 群 Γ 绝对不可约地作用于 V 上，$g\in\vec{\mathscr{E}}_{x,\lambda}(\Gamma)$，$(dg)_{0,\lambda}=c(\lambda)I$. 设迷向子群 $\Sigma\subset\Gamma$ 满足

$$\dim \mathrm{Fix}\,(\Sigma) = 1.$$

(a) 若 $c(0)=1$且 $c'(0)\neq 0$，则 g 在 $\mathrm{Fix}(\Sigma)$中有唯一的不动点支 $\{x_\lambda\}$，$g(x_\lambda)=x_\lambda, x_0=0$.

(b) 若 $c(0)=-1$且 $c'(0)\neq 0$，则 g 在 $\mathrm{Fix}(\Sigma)$中有唯一的2周期点支 $\{x_\lambda\}$，$g^2(x_\lambda)=x_\lambda, x_0=0$. 这时发生周期倍分(periodic doubling).

证明 (a) 对 $g-Id$ 应用定理6.1.2即得.

(b) 对 g^2应用(a)即得. □

这里需要指出的是,在等变分支引理中空间 V 的绝对不可约的假定是通有的. 这里所谓通有(generic)可以看成是对于一般的 Γ 等变分岔问题 $f\in \vec{\mathscr{E}}_{x,\lambda}(\Gamma)$,有 f 的小扰动 f_μ 使 Γ 在零空间 $\mathscr{N}(A_\mu)$上绝对不可约,其中 $A_\mu=df_\mu(0,0)$.

命题6.1.5 设 Γ 作用在$\mathbb{R}^N$上,$G\in \vec{\mathscr{E}}_{u,\lambda}(\Gamma)$且 $G(0,0)=0$. 记 $V=\mathscr{N}(dG)_{0,0}$. 则通有地,Γ 在 V 上的作用为绝对不可约.

证明 我们这里仅给出证明概要.

首先断言,Γ 在 V 上的作用可假定为不可约的. 事实上,记

$$V=V_1\oplus\cdots\oplus V_k,$$

其中 V_j 为不可约. 取 W 为$(dG)_{0,0}$的非零本征值所对应的广义本征子空间之和. 则$\mathbb{R}^N=V\oplus W$. 定义 $M:\mathbb{R}^N\to\mathbb{R}^N$为满足

$$M|W=0,\ M|V_1=0,\ M|V_j=Id_{V_j},j>1,$$

的(唯一的)线性映射. 设 $\varepsilon\in\mathbb{R}$. 考虑 Γ 等变扰动

$$G_\varepsilon(x,\lambda)=G(x,\lambda)+\varepsilon Mx.$$

$(dG_\varepsilon)_{0,0}$的本征值在 V_1上为0,在 W 上为非零. 对 G_ε 在(0,0)附近运用 Liapunov-Schmidt 简约得到 V_1上的分岔问题. 由 Γ 在 V_1上的作用为不可约验证了上述断言.

现在可以考虑分岔问题 $g\in \vec{\mathscr{E}}_{x,\lambda}(\Gamma)$,$x\in V$,这里 Γ 不可约地作用在 V 上. 则 $g(0,\lambda)\equiv0$. 记等变线性映射空间 $\mathscr{D}=\mathscr{L}_\Gamma(V)$. 则 $\mathscr{D}$ 同构于$\mathbb{R}$,$\mathbb{C}$ 或$\mathbb{H}$,其中 $\mathscr{D}\cong\mathbb{R}$ 情形表明 Γ 的作用为绝对不可约. 线性映射 $L_\lambda=(dg)_{0,\lambda}$为 $\mathscr{D}$ 中的曲线,且过原点,$L_0=0$. 通有地,可假定曲线 L_λ 在 $\lambda=0$处有非零切向量,即 $\rho=(d/d\lambda)L_\lambda|_{\lambda=0}\neq 0$.

我们来证明,若 Γ 在 V 上的作用不是绝对不可约,则存在 g 的小扰动 g_ε,使得它在原点附近无定态分岔. 事实上,这时由于 $\dim_{\mathbb{R}}\mathscr{D}>1$,我们可取$0\neq\delta\in\mathscr{D}$ 使 ρ 和 δ 线性无关. 命 Γ 等变扰动

$$g_\varepsilon(x,\lambda)=g(x,\lambda)+\varepsilon\delta x.$$

则曲线$(dg_\varepsilon)_{0,\lambda}=(dg)_{0,\lambda}+\varepsilon\delta=L_\lambda+\varepsilon\delta$ 对于0附近的 λ 不为零. 我

们指出，g_ε 无定态分岔．因若不然，$\alpha = L_\lambda + \varepsilon\delta$ 有零本征值，即存在 $v \neq 0$ 使 $\alpha v = 0$．由 $\alpha \in \mathscr{D}$ 非零知 α^{-1} 存在，则 $v = 1v = \alpha^{-1}\alpha v = \alpha^{-1}0 = 0$，得出矛盾． □

据上，通有地，要使 G 有定态分岔，Γ 的作用可设为绝对不可约．

6.1.2 稳定性

给定方程(1.1)，其中 g 适合定理6.1.2中的条件(i—iii)．则由定理6.1.2给出的 Λ 唯一解$(tv_0, \Lambda(t))$，$\Lambda(0) = 0$，或方程(1.1)的平衡解，当 $\Lambda'(0) = 0$时称为**退化**的；当 $\Lambda'(0) \neq 0$时称为**跨临界**的，此时，对于充分小的 $t \neq 0$，该解当 $t\Lambda'(t) < 0$时称为**亚临界**，$t\Lambda'(t) > 0$时称为**超临界**

定理6.1.6 在定理6.1.2的条件(i—iii)下，设所得的非零平衡解$(tv_0, \Lambda(t))$为跨临界，则此解为不稳定．

证明 先设为亚临界，$t\Lambda'(t) < 0$．注意，在命题6.1.1的证明中 $g(tv_0, \lambda) = h(t, \lambda)v_0 = t\, k(t, \lambda)v_0$及 $k(t, \Lambda(t)) \equiv 0$．由于

$$d_x g(tv_0, \lambda)v_0 = h_t(t, \lambda)v_0,$$

$h_t(t, \lambda)$为 $d_x g(tv_0, \lambda)$的本征值．只要证明对充分小的 t，$h_t(t, \Lambda(t)) > 0$．因

$$k_t(t, \Lambda(t)) + k_\lambda(t, \Lambda(t))\Lambda'(t) = 0,$$

故有

$$h_t(t, \Lambda(t)) = tk_t(t, \Lambda(t)) = -t\Lambda'(t)k_\lambda(t\Lambda'(t)).$$

由条件(ii)，$c'(0) > 0$，可得 $k_\lambda(0, 0) > 0$．因而 $h_t(t, \Lambda(t))$与$-t\Lambda'(t)$同号，即为正．

再设为超临界，$t\Lambda'(t) > 0$．作 Taylor 展式

$$g(x, \lambda) = c(\lambda)x + q(x, \lambda) + O(\|x\|^2),$$

其中 q 为 x 的二次项．则有

$$\begin{aligned} &\operatorname{tr}(d_x g(x, \lambda)) \\ &= n\, c(\lambda) + \operatorname{tr}(d_x q(x, \lambda)) + O(\|x\|^2), \end{aligned} \tag{1.6}$$

这里 $n = \dim V$.

断言1 $\mathrm{tr}(d_xq(x,\lambda))=0$.

证明 由等变性,$d_xq(\gamma x,\lambda)=\gamma d_xq(x,\lambda)\gamma^{-1}(\forall\ \gamma\in\Gamma)$. 故

$$\mathrm{tr}(d_xq\gamma x,\lambda) = \mathrm{tr}(d_xq(x,\lambda)).$$

这说明 $x\to\mathrm{tr}(d_xq(x,\lambda))$为 Γ 不变线性函数. 由于 $\mathrm{Fix}(\Gamma)=\{0\}$,由命题3.4.1知 $\mathrm{tr}(d_xq(x,\lambda))=0$. 断言1得证.

由(1.6)式,断言1表明

$$\begin{aligned}\mathrm{tr}(d_xg(tv_0,\Lambda(t))) &= n\,c(\Lambda(t)) + O(t^2)\\ &= n\,c'(0)\Lambda'(0)t + O(t^2) > 0\end{aligned}$$

对充分小的 t. 这说明 $d_xg(v_0,\Lambda(t))$存在具有正实部的本征值,即解不稳定. □

在退化情形,我们有:

命题6.1.7 在定理6.1.2条件(i—iii)下,设所得的非零解$(tv_0,\Lambda(t))$是退化的,即 $\Lambda(0)=0$. 又设 $g|\mathrm{Fix}(\Sigma)\times\{0\}$的 Taylor 展式有非零项,且对 g 的二次项 q,$d_xq(v_0,0)$有非纯虚本征值. 则此解$(tv_0,\Lambda(t))$不稳定.

证明 在定理6.1.6的证明中我们看到

$$d_xg(tv_0,\Lambda(t)) = c(\Lambda(t))I_n + d_xq(tv_0,\Lambda(t)) + O(t^2).$$

因 $c(0)=0$及 $\Lambda(0)=\Lambda'(0)=0$,有 $c(\Lambda(t))=O(t^2)$. 又由于$d_xq(x,\lambda)$关于 x 为线性且 $\Lambda(0)=0$,故

$$d_xq(tv_0,\Lambda(t)) = td_xq(v_0,\Lambda(t)) = td_xq(v_0,0) + O(t^2).$$

于是 $d_xg(tv_0,\Lambda(t))=t\,d_xq(v_0,0)+O(t^2)$. 由定理6.1.6证明中断言1知 $\mathrm{tr}(d_xq(v_0,0))=0$. 因为 $d_xq(v_0,0)$有非纯虚本征值,所以$d_xq(v_0,0)$有具正实部的本征值和具负实部的本征值. 因而对充分小的 $t\neq0$,$d_xg(tv_0,\Lambda(t))$总有具正实部的本征值,这说明解不稳定. □

6.1.3 关于SO(3)和O(3)群

设群 Γ 绝对不可约地作用在$\mathbb{R}^n$ 上. 从等变分支引理(定理6.1.2)中我们看到,在非退化条件下,可以把对称破缺问题的解归结为求 Γ 的满足条件 $\dim\mathrm{Fix}(\Sigma)=1$的迷向子群 Σ,这样的迷向子

群也是最大的．在例6.1.3中已描述了两面体群 $\mathbf{D}_m$ 中这样的迷向子群，现在来考虑 $\Gamma=\mathbf{SO}(3)$ 和 $\mathbf{O}(3)$ 的情形．

先来看 $\mathbf{SO}(3)$ 的子群．$\mathbf{SO}(3)$ 群可看作 $\mathbb{R}^3$ 中绕原点旋转的刚体运动，其子群作为平面群有下面几类：(i)保持 $\mathbb{R}^3$ 中过原点的某条直线 l 不变的 $\mathbf{SO}(2)$ 群；再考虑到关于直线 l 的反射，可得到：(ii)子群 $\mathbf{O}(2)$；作为 $\mathbf{O}(2)$ 的子群又有(iii) $\mathbf{D}_m$ 和(iv) $\mathbf{Z}_m$ ($m\geqslant 2$)．

除了这些(非平凡)子群外，$\mathbf{SO}(3)$ 还有三个例外的子群，它们是：(v)保持正四面体不变的四面体群 $\mathbb{T}$，(vi)保持正方体不变的八面体群 $\mathbb{O}$ 和(vii)保持正十二面体不变的二十面体群 $\mathbb{I}$．

事实上，利用多面体的顶点数 e，边数 k 和面数 f 所满足的 Euler 关系

$$e-k+f=2$$

可推出，$\mathbb{R}^3$ 中由正 p 边形，且每个顶点有 q 个面组成的正多面体 $\{p,q\}$ 共有五种，它们是：(i)四面体 $\{3,3\}$，(ii)六面体 $\{4,3\}$，(iii)八面体 $\{3,4\}$，(iv)十二面体 $\{5,3\}$，(v)二十面体 $\{3,5\}$．

不难验证，根据对偶性，$\mathbf{O}(3)$ 中保持这些正多面体不变的子群就是四面体群 $\mathbb{T}$，八面体群 $\mathbb{O}$ 和二十面体群 $\mathbb{I}$ 三种．这三种群的阶数分别为12，24和60，且它们分别同构于交错群 A_4，置换群 S_4 和交错群 A_5．

据上所述，可得到下面的结论．

命题6.1.8 $\mathbf{SO}(3)$ 中每个(非平凡)闭子群都与下述群之一共轭：$\mathbf{O}(2)$，$\mathbf{SO}(2)$，$\mathbf{D}_m$，$\mathbf{Z}_m$ ($m\geqslant 2$)，$\mathbb{T}$，$\mathbb{O}$，$\mathbb{I}$ 和 $\mathbf{1}$． □

我们已在§3.3中介绍了 $\mathbf{SO}(3)$ 和 $\mathbf{O}(3)$ 群在齐 k 次调和函数空间 V_k 上的不可约表示．下面列出它们的最大迷向子群的基本结果，其证明可在[GSS]书中找到．

命题6.1.9 设 $\mathbf{SO}(3)$ 作用于空间 V_k．则 $\mathbf{SO}(3)$ 的具有一维不动点子空间的(最大的)迷向子群为：

$\mathbf{O}(2)$：所有偶数 k．

$\mathbf{SO}(2)$：所有奇数 k．

$\mathbf{D}_m$：k 为奇数，$k/2<m\leqslant k$，$m\neq 2$．

$\mathbb{I}$:$k=6,10,12,15,16,18,20\text{-}22,24\text{-}28,31\text{-}35,37\text{-}39,41,43,44,47,49,53,59$.

$\mathbb{O}$:$k=4,6,8\text{-}10,13\text{-}15,17,19,23$.

$\mathbb{T}$:$k=3,7,11$. □

对于群$\mathbf{O}(3)$也有类似的作用. 作投射$\pi:\mathbf{O}(3)\to\mathbf{SO}(3)$,这是同态,其核为$\mathbf{Z}_2^c(=\{\pm I\})$. 我们可以把$\mathbf{O}(3)$的子群分三类:(Ⅰ)$\mathbf{SO}(3)$的子群;(Ⅱ)含$-I$的子群;(Ⅲ)不在$\mathbf{SO}(3)$中且不含$-I$的子群. (Ⅰ)类子群已在$\mathbf{SO}(3)$中讨论过. (Ⅱ)类子群可表为$\Sigma\oplus\mathbf{Z}_2^c$,其中$\Sigma$为$\mathbf{SO}(3)$的子群. 在这里$-I$的作用有两种,一是作为单位元,情况同(Ⅰ)中的一样;二是对各坐标变号,其作用只使原点不变,而含这样元的子群不是最大迷向子群,也不必考虑. 因此,我们只要考虑$\mathbf{O}(3)$中的(Ⅲ)类子群.

设$\mathrm{H}\subset\mathbf{O}(3)$为(Ⅲ)类子群,由$-I\notin\mathrm{H}$知$\pi|\mathrm{H}:\mathrm{H}\to\pi(\mathrm{H})$为同构. 对于群K的子群L,回忆L在K中的**指标**是指陪集K/L的个数.

引理6.1.10 (a) 设$\mathrm{H}\subset\mathbf{O}(3)$为(Ⅲ)类子群. 则子群$\mathrm{H}\cap\mathbf{SO}(3)$在$\pi(\mathrm{H})$中的指标为2.

(b) 设有子群$\mathrm{L}\subset\mathrm{K}\subset\mathbf{SO}(3)$使L在K中的指标为2,则有唯一的(Ⅲ)类子群$\mathrm{H}\subset\mathbf{O}(3)$使$\pi(H)=K$且$H\cap\mathbf{SO}(3)=\mathrm{L}$.

(c) 记(b)中$\mathrm{H}=(\mathrm{K},\mathrm{L})$. 则(Ⅲ)类子群(在共轭意义下)有下面五类:

$$\mathbf{O}(2)^-=(\mathbf{O}(2),\mathbf{SO}(2)),\quad \mathbb{O}^-=(\mathbb{O},\mathbb{T}),$$

$$\mathbf{D}_m^z=(\mathbf{D}_m,\mathbf{Z}_m),\quad \mathbf{D}_{2m}^d=(\mathbf{D}_{2m},\mathbf{D}_m),\quad \mathbf{Z}_{2m}^-=(\mathbf{Z}_{2m},\mathbf{Z}_m).$$

证明 (a) 记$\mathrm{L}=\mathrm{H}\cap\mathbf{SO}(3)$. 若$\gamma,\delta\in\mathrm{H}\backslash\mathrm{L}$,则$\gamma^{-1}\delta\in\mathrm{L}$,或$\delta\in\gamma\mathrm{L}$. 这说明$\delta$和$\gamma$属于L在H的同一剖集,可见L在H中的指标为2. 在同构$\pi|\mathrm{H}$下L在$\pi(\mathrm{H})$中的指标也是2.

(b) 记$\mathbf{O}(3)$中的翻转$R=-I$. 命$\mathrm{H}=\mathrm{L}\cup\tilde{\mathrm{L}}$,其中$\tilde{\mathrm{L}}=\{R\gamma|\gamma\in\mathrm{K}\backslash\mathrm{L}\}$. 利用L在K中的指标为2及$R$与$\mathbf{SO}(3)$中元交换易验证H是群,且具有性质$\pi(\mathrm{H})=\mathrm{K}$和$\mathrm{H}\cap\mathbf{SO}(3)=\mathrm{L}$. 若又有$\mathbf{O}(3)$的子群$\mathrm{H}'$满足该性质,则由$\mathrm{H}'\cap\mathbf{SO}(3)=\mathrm{L}$和$\pi(\mathrm{H}')=\mathrm{K}$知$\mathrm{L}\subset\mathrm{H}'$

且 H′\L 中元 γ 满足 $R\gamma\in \mathbf{SO}(3)\cap K$. 由 $R^2=I$ 知 $\gamma=R(R\gamma)$,可见 $\gamma\in\widetilde{L}$,这说明 $H'\subset H$. 而在同构 $\pi|H'$ 下 L 在 H′中的指标为2,故 H′=H.

(c)将(Ⅲ)类子群的关系列出即得. □

注6.1.11 引理6.1.10(b)的证明也给出了(Ⅲ)类子群的构造法.

由引理6.1.10可得:

命题6.1.12 $\mathbf{O}(3)$中每个闭子群都与下列群之一共轭:

(i) $\mathbf{SO}(3)$的子群,如命题6.1.8中.

(ii)$\Sigma\oplus\mathbf{Z}_2^c$,$\Sigma$ 为 $\mathbf{SO}(3)$的子群.

(iii) $\mathbf{O}(2)^-$, ◎$^-$, $\mathbf{D}_m^z$, $\mathbf{D}_{2m}^d$, $\mathbf{Z}_{2k}^-$, 这里 $m\geqslant 2,k\geqslant 1$. □

通过对迷向子群的不动点子空间的分析,可进一步得到(参见[GSS]):

命题6.1.13 对于作用于 V_k 的 $\mathbf{O}(3)$群,它的具有一维不动点子空间的迷向子群 k 的值为:

$\mathbf{O}(2)^-$:k 为奇数.

◎$^-$:$k=3,7,9,11,13,17$.

◎:$k=9,13,15,17,19,23$.

▯:$k=15,21,25,27,31,33,35,37,39,41,43,47,49,53,59$.

$\mathbf{D}_{2m}^d$:$k/3<m\leqslant k$, $k\geqslant 5$为奇数.

$\mathbf{D}_6^d$:$k=3$.

$\mathbf{O}(2)\oplus\mathbf{Z}_2^c$:$k$ 偶数.

◎ ⊕ $\mathbf{Z}_2^c$:$k=4,6,8,10,14$.

▯ ⊕ $\mathbf{Z}_2^c$: $k=6,10,12,16,18,20,22,24,26,28,32,34,48,44$.

□

§6.2 Hopf 分岔中的对称破缺

与定态分岔的对称破缺类似,等变系统在发生 Hopf 分岔时也会出现对称破缺现象. Hopf 分岔的对称破缺有两种类型:第一种类型只与系统的空间对称有关，我们称之为空间对称破缺；第二种类型的对称破缺不仅与空间对称有关，还与分岔出的周期解的时间对称有关，我们称之为空时对称. 运用§5.2中无对称时 Hopf 分岔的结果，前者可简单地推得，故后者是本节研究重点的. 我们将通过等变 Hopf 分岔定理来说明空时对称破缺，并利用等变的 Floquet 理论研究周期解的稳定性.

6.2.1 空间对称与空时对称

设紧 Lie 群 Γ 作用在 $V=\mathbb{R}^n$ 上，$(u,\lambda)\in\mathbb{R}^n\times\mathbb{R}$，且设 $f\in\vec{\mathscr{E}}_{u,\lambda}(\Gamma)$满足

$$f(0,\lambda)\equiv 0. \tag{2.1}$$

考虑方程

$$du/dt = f(u,\lambda) \tag{2.2}$$

的 Hopf 分岔问题. 记 $A_\lambda=(df)_{0,\lambda}$，$A=A_0$. 像§5.2中那样，我们假定：

(H_1) A 有本征值$\pm i$，而且无形如 ki($k\neq\pm1$为整数)的本征值.

因而对于原点附近的 λ，可设 A_λ 有一对本征值 $\sigma(\lambda)\pm\ \omega(\lambda)$满足 $\sigma(0)=0,\omega(0)=1$.

定义6.2.1 设 $u(t)$为方程(2.2)的一个2π 周期解. $\gamma\in\Gamma$ 为 $u(t)$的空间对称是指 $\gamma u(t)=u(t),\forall\ t$.

显然，$u(t)$的空间对称组成迷向子群 $\Sigma=\Sigma_{u(t)}$与 t 的取法无关. 下面的定理表明，满足一定条件的迷向子群会引发具有空间对称破缺的 Hopf 分岔.

定理6.2.1(空间对称破缺的 Hopf 定理) 设紧 Lie 群 Γ 作用在$\mathbb{R}^n$ 上，$f\in\vec{\mathscr{E}}_{u,\lambda}(\Gamma)$满足(2.1)，且$(df)_{0,\lambda}$有一对本征值 $\sigma(\lambda)\pm i\omega(\lambda)$满足

$$\omega(0)=1,\sigma(0)=0,\sigma'(0)\neq 0. \tag{2.3}$$

设 $\Sigma\subset\Gamma$ 是迷向子群，满足

$$\dim \operatorname{Fix}(\Sigma) = 2. \tag{2.4}$$

则方程(2.1)有唯一的一族周期为2π的小振幅周期解，其上每个点的迷向子群为Σ.

证明 因$\operatorname{Fix}(\Sigma)$是关于流不变的，故将(2.2)限制在$\operatorname{Fix}(\Sigma)$上并应用上一章中标准的Hopf定理(定理5.2.2)即可得本定理结论. □

对于实际问题，在考虑到空间对称的同时还常常要顾及时间上的移相对称. 我们来看软水管的例子.

例6.2.2 水流以速率λ通过一条悬垂的圆软管. 当λ较小时，软管保持悬垂状态，如图6.2.1(a)，这是系统的平衡态；当λ增大并超过某一特定值后，软管出现周期振动，此时常取两种振动方式，即在某个竖直平面内左右摆动和管端在一水平面内所作的圆周运动，如图6.2.1(b)和(c). 我们指出，前者属空间对称，后者属空时对称.

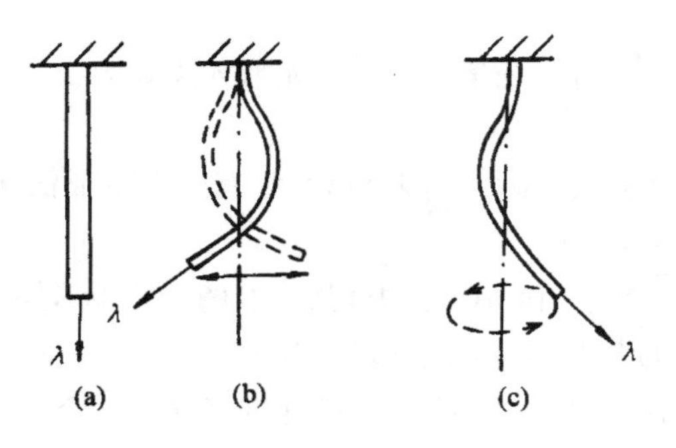

图6.2.1

事实上，软管末端的振动于它所在的平面上具有$\mathbf{O}(2)$对称性. 当λ较小时，软管处于平衡态，末端的对称性为$\mathbf{O}(2)$. 当λ增大时，对应于前一种左右摆动的振动方式，在关于末端运动直线的翻转κ的作用下不变，即出现以$\mathbf{Z}_2(\kappa)$为迷向子群的空间对称破缺；而对应于后一种作圆周运动的振动方式，考虑到$\mathbf{S}^1$群对于周期解$u(t)$的移相作用，$\theta u(t)=u(t+\theta)$，未端周期运动的对称群是$\mathbf{O}(2)\times\mathbf{S}^1$中由$(R_\pi,\pi)$生成的一个子群，

$$(R_\pi,\pi)u(t) = u(t+2\pi) = u(t),$$

出现空间对称破缺.

上面的例子告诉我们，空时对称是把空间和时间的对称结合在一起得到的.

定义6.2.2 对于群$\Gamma\times\mathbf{S}^1$对2π周期函数$u(t)$的作用：$(\gamma,\theta)u(t)=\gamma u(t+\theta)$，空时对称是指在这种作用下的迷向子群

$$\Sigma = \{(\gamma,\theta)\in\Gamma\times\mathbf{S}^1\,|\,\gamma u(t) = u(t-\theta)\} \tag{2.5}$$

中的元素.

本节的其余部分将用来讨论这种空时对称破缺问题.

6.2.2 圆周群的作用

我们已经在§5.2中看到圆周群$\mathbf{S}^1$在研究Hopf分岔问题时的重要作用. 为研究空时对称的Γ等变Hopf定理我们需要进一步讨论$\Gamma\times\mathbf{S}^1$群的作用.

我们先来看在Liapunov-Schmidt简约中可能遇到的问题. 设紧Lie群Γ作用于$\mathbb{R}^n$上. 考虑微分方程(2.2)，

$$\frac{du}{dt} = f(u,\lambda),\qquad u\in\mathbb{R}^n,\lambda\in\mathbb{R},$$

其中$f\in\vec{\mathscr{E}}_{u,\lambda}(\Gamma)$满足(2.1)，并设$A=(df)_{0,0}$有本征值$\pm i$. 像§5.2中那样，令$s=(1+\tau)t$，$y(s)=u\left(\frac{s}{1+\tau}\right)$，代入(2.2)得

$$\frac{dy}{ds} = \frac{1}{1+\tau}f(y,\lambda). \tag{2.6}$$

设Banach空间$C_{2\pi}$和$C_{2\pi}^1$如§5.2中给出. 定义算子F：$C_{2\pi}^1\times\mathbb{R}\times\mathbb{R}\to C_{2\pi}$

$$F(y,\lambda,\tau) = -(1+\tau)\frac{dy}{ds} + f(y,\lambda). \tag{2.7}$$

则方程(2.2)的周期解对应于算子F的零点. 对于$(\gamma,\theta)\in\Gamma\times\mathbf{S}^1$在$C_{2\pi}$上的作用

$$(\gamma,\theta)y(s)=\gamma y(s+\theta),\ (\gamma,\theta)\in\Gamma\times\mathbf{S}^1 \tag{2.8}$$

有

$$\begin{aligned}(\gamma,\theta)F(y,\lambda,\tau)&=-\gamma(1+\tau)\frac{d}{ds}y(s+\theta)+\gamma f(y(s+\theta),\lambda)\\&=-(1+\tau)\frac{d}{ds}[\gamma y(s+\theta)]+f(\gamma y(s+\theta),\lambda)\\&=F((\gamma,\theta)y,\lambda,\tau),\end{aligned}$$

这说明 F 是 $\Gamma\times\mathbf{S}^1$ 等变的.

像§5.2中那样,利用线性化算子

$$L=(dF)_{0,0,0}=-\frac{d}{ds}+A \tag{2.9a}$$

及其伴算子

$$L^*=\frac{d}{ds}+A^T, \tag{2.9b}$$

可得不变分解

$$\mathrm{C}_{2\pi}=\mathscr{N}(L)\oplus\mathscr{R}(L), \tag{2.10a}$$

$$\mathrm{C}_{2\pi}^1=\mathscr{N}(L)\oplus\mathscr{W}, \tag{2.10b}$$

其中 $\mathscr{W}=\mathscr{N}(L^*)^\perp\cap\mathrm{C}_{2\pi}^1$(见定理5.2.1的证明中).

命 P 为 $\mathrm{C}_{2\pi}$ 到 $\mathscr{N}(L)$ 上的投射,$Q=I-P$. 由等变形式的 Liapunov-Schmidt 简约(定理4.1.2),在 $(u,\lambda,\tau)=(0,0,0)$ 附近,$F=0$ 的解与 $\varphi=0$ 的解一一对应,这里 $\varphi:\mathscr{N}(L)\times\mathbb{R}\times\mathbb{R}\to\mathscr{N}(L)$ 由

$$\varphi(v,\lambda,\tau)=PF(v+W(v,\lambda,\tau),\lambda,\tau) \tag{2.11}$$

给出,而 W 由 $QF(v+W(v,\lambda,\tau),\lambda,\tau)=0$ 通过隐函数定理解出. 则 φ 为 $\Gamma\times\mathbf{S}^1$ 等变,且由(2.1)知 $\varphi(0,\lambda,\tau)\equiv0$.

现在的问题是如何描述群 $\mathbf{S}^1$ 对于空间 $\mathscr{N}(L)$ 的作用. 我们回忆线性代数中的一些概念.

定义6.2.3 设 $\mu\in\mathbb{C}$ 为 $n\times n$(实)矩阵 $A\in\mathscr{L}(\mathbb{R}^n)$ 的本征值. 定义 μ 的(实)**本征空间**为

$$\mathrm{E}_\mu=\begin{cases}\{x\in\mathbb{R}^n\,|\,(\mu I-A)x=0\}, & 若\ \mu\in\mathbb{R},\\ \{x\in\mathbb{R}^n\,|\,(\mu I-A)(\bar{\mu}I-A)x=0\}, & 若\ \mu\notin\mathbb{R},\end{cases} \tag{2.12a}$$

μ的广义本征空间为

$$G_\mu=\begin{cases}\{x\in\mathbb{R}^n\,|\,(\mu I-A)^n x=0\}, & 若\ \mu\in\mathbb{R},\\ \{x\in\mathbb{R}^n\,|\,(\mu I-A)^n(\bar{\mu}I-A)^n x=0\}, & 若\ \mu\notin\mathbb{R},\end{cases}\tag{2.12b}$$

下面的命题表明，空间$\mathscr{N}(L)$与A关于本征值i的本征空间E_i同构.

命题6.2.3 设$A\in\mathscr{L}(\mathbb{R}^n)$满足$(H_1)$. 则

$$\mathscr{N}(L)=\{e^{sA}v\,|\,v\in E_i\}.$$

证明 $v\in\mathscr{N}(L)$当且仅当v可表成$v(s)=e^{sA}v_0$，其中$v_0\in\mathbb{R}^n$，且$v(s+2\pi)=v(s)$. 后者表明

$$e^{2\pi A}v_0=v_0=e^{i2k\pi}v_0,\ k\in\mathbb{Z}.$$

故v_0为A由本征值ki所对应的本征向量. 按假定(H_1)，可设$k=1$. □

命题6.2.3表明通过$e^{sA}v$与v的对应可将$\mathscr{N}(L)$与空间E_i叠合. 记$J=A|E_i$. 由F为$\mathbf{S}^1$等变知$\mathscr{N}(L)$为$\mathbf{S}^1$不变，由此可诱导出群$\Gamma\times\mathbf{S}^1$在E_i上的作用. 事实上，对于$v\in E_i$及$(\gamma,\theta)\in\Gamma\times\mathbf{S}^1$，由于$\Gamma$与$J$交换，有

$$\begin{aligned}(\gamma,\theta)\cdot v&\equiv(\gamma,\theta)\cdot e^{sJ}v=\gamma\cdot e^{(s+\theta)J}v\\&=e^{sJ}e^{\theta J}(\gamma v)\equiv e^{\theta J}(\gamma v).\end{aligned}\tag{2.13}$$

另一方面，我们注意方程(2.2)的线性化系统中A有一对纯虚本征值. 据第三章的定理3.4.20，Γ所作用的空间必有一Γ单纯子空间. 回忆Γ的作用的空间V称为Γ单纯的，是指：或者Γ非绝对不可约作用于V，或者V可表为两个Γ同构的绝对不可约子空间的直和. 下面的命题指出，出现Γ单纯子空间的情形是通有的.

命题6.2.4 设$f\in\vec{\mathscr{E}}_{x,\lambda}(\Gamma)$为$\Gamma$等变，且$A=(df)_{0,0}$有纯虚本征值$\pm i\omega$. 设$G_{i\omega}$为$A$的相应的实广义本征空间. 则通有地，$G_{i\omega}$为$\Gamma$单纯.

证明 类似于命题6.1.5，我们只给出证明要点. 记$\mathbb{R}^n=G_{i\omega}$

$\oplus$V. 由命题3.4.20知 $G_{i\omega}$ 含 Γ 单纯子空间 U. 若 $U \subsetneq G_{i\omega}$,则有 Γ 不变子空间 W 使 $G_{i\omega}=U\oplus W$. 设 M 为$\mathbb{R}^n$ 到 W 上的投射. 记 $f_\varepsilon(x,\lambda)=f(x,\lambda)+\varepsilon Mx$. 则 $D_x f_\varepsilon(0,0)$在 U 上本征值为$\pm i\omega$,在 W 上为$-\varepsilon\pm i\omega$,其余本征值在 V 上. 故 $G_{i\omega}$为 Γ 单纯. □

根据命题6.2.4,我们常假定 Γ 所作用的空间是 Γ 单纯的. 下面的命题表明,此时矩阵 $A=(df)_{0,0}$具有特殊形式.

→ **命题6.2.5** 设紧 Lie 群 Γ 作用在$\mathbb{R}^n$ 上,$\mathbb{R}^n$ 为 Γ 单纯,且 $f\in\mathscr{E}_{x,\lambda}(\Gamma)$为 Γ 等变. 记 $A_\lambda=(df)_{0,\lambda}$. 设 $A=A_0$有本征值 i. 则

(a)$n=2m$,A_λ 的本征值由 m 重的复共轭对 $\sigma(\lambda)\pm i\omega(\lambda)$组成,其中 σ 和 ω 为 λ 的光滑函数,满足 $\sigma(0)=0,\omega(0)=1$.

(b)存在 Γ 等变的变换 $S\in\mathbf{GL}(n)$使 $A=SJS^{-1}$,其中

$$J=\begin{bmatrix}0 & -I_m\\ I_m & 0\end{bmatrix}. \tag{2.14}$$

证明 先设$\mathbb{R}^n=V\oplus V$,V 为绝对不可约. 将 A_λ 在 $V\oplus V$ 上的作用记成 $A_\lambda=\begin{pmatrix}A & B\\ C & D\end{pmatrix}$. 由于 A_λ 与 Γ 交换,易验证 $A_\lambda=\begin{pmatrix}aI & bI\\ cI & dI\end{pmatrix}$,且

$$\det(A_\lambda-\mu I)=[(a-\mu)(d-\mu)-bc]^m,$$

其中 a,b,c,d 均为 λ 的光滑函数. 由于 i 为 A 的本征值,在 $\lambda=0$时有 $a+d=0$和 $ad-bc=1$. 若 $a\neq0$,记

$$\widetilde{R}_\theta=\begin{pmatrix}\cos\theta I & -\sin\theta I\\ \sin\theta I & \cos\theta I\end{pmatrix},$$

其中 θ 满足 $\mathrm{ctg}2\theta=(b+c)/2a$. 则

$$\widetilde{R}_\theta A\widetilde{R}_\theta^{-1}=\begin{bmatrix}0 & hI_m\\ -h^{-1}I_m & 0\end{bmatrix},h\in\mathbb{R}. \tag{2.15}$$

复命 $S=\mathrm{diag}(I_m,-hI_m)$. 则

$$S\begin{bmatrix}0 & hI_m\\ -h^{-1}I_m & 0\end{bmatrix}S^{-1}=J_m.$$

另一方面,若 $a=0$,则 $d=0$,A 仍有(2.15)右边形式.

再设$\mathbb{R}^n$为非绝对地不可约. 由 Frobenius-Shur 定理(定理3.3.13),$\mathscr{D}=\mathscr{L}_\Gamma(\mathbb{R}^n)$同构于$\mathbb{C}$或$\mathbb{H}$. $\mathscr{D}$的作用使$\mathbb{R}^n$成为一个$\mathscr{D}$上的线性空间,故可设$\mathbb{R}^n\cong\mathscr{D}^k$(当$\mathscr{D}\cong\mathbb{C}$时$k=\frac{n}{2}$,$\mathscr{D}=\mathbb{H}$时$k=\frac{n}{4}$). $d\in\mathscr{D}$对$\mathscr{D}^k$的作用为$d(d_1,\cdots,d_k)=(dd_1,\cdots,dd_k)$,其本征值为$k$重,而$A_\lambda$等同于$d(\lambda)\in\mathscr{D}$.

设$\mathscr{D}=\mathbb{C}$. 则$n=2m$,$\mathbb{R}^n\cong\mathbb{C}^m$. 设$J\in\mathscr{L}_\Gamma(\mathrm{V})$对应于$i\in\mathbb{C}$. 则$\mathscr{L}_\Gamma(\mathrm{V})$中元素可表为$aI+bJ$,它对$z=(x_1+iy_1,\cdots,x_m+iy_m)\in\mathbb{C}^m$的作用为

$$(aI+bJ)\cdot z=(a+ib)z.$$

这说明$aI+bJ$的本征值为$a\pm ib$(m重). 因而$A_\lambda=(df)_{0,\lambda}$的本征值为$\sigma(\lambda)\pm i\rho(\lambda)$($m$重),$\sigma(0)=0$,$\rho(0)=1$. 适当选取$\mathbb{R}^n$的一组基,可使$A$形如(2.14),(b)得证.

若$\mathscr{D}=\mathbb{H}$,则$n=4k$,$\mathbb{R}^n\cong\mathbb{H}^k$. $d=\alpha+i\beta+j\gamma+k\delta$作用在$\mathbb{R}^4\cong\mathbb{H}$上:

$$\begin{pmatrix}\alpha & -\beta & -\gamma & -\delta\\ \beta & \alpha & \delta & -\gamma\\ \gamma & -\delta & \alpha & \beta\\ \delta & \gamma & -\beta & \alpha\end{pmatrix}\begin{pmatrix}x_1\\ x_2\\ x_3\\ x_4\end{pmatrix},$$

其本征值为$\alpha\pm i\sqrt{\beta^2+\gamma^2+\delta^2}$(两重),而$2k=m$. (a)得证.

(b)的证明是由于$d(0)=\beta i+\gamma j+\delta k$,$\beta^2+\gamma^2+\delta^2=1$,故存在单位四元数$q$使得$qd(0)q^{-1}=i$. 而用$i$乘$\mathbb{H}$有矩阵形式

$$\left(\begin{array}{cc|cc}0 & -1 & \multicolumn{2}{c}{\multirow{2}{*}{0}}\\ 1 & 0 & & \\ \hline \multicolumn{2}{c|}{\multirow{2}{*}{0}} & 0 & -1\\ & & 1 & 0\end{array}\right),$$

通过坐标变换可变成J. □

注6.2.6 (a) 考虑$\Gamma\times\mathbf{S}^1$在$\mathbf{V}\oplus\mathbf{V}=\mathbb{R}^n$上的作用. 由于$J$可写成(2.14)形式,经直接计算$e^{-sJ}$. 对于$(\gamma,\theta)\in\Gamma\times\mathbf{S}^1$和$(x,y)\in$

$V\oplus V$ 有

$$(\gamma,\theta)\cdot(x,y)=\gamma[x|y]R_\theta,$$

这里$[x|y]$为由 m 维列向量 x,y 组成的 $m\times 2$矩阵，而 R_θ 为普通旋转. 另一种描述方式是把 $V\oplus V$ 表成 $V\oplus iV$，J 等同于 i，而 $\theta\in \mathbf{S}^1$的作用相当于乘 $e^{-i\theta}$.

(b) 若$\mathbb{R}^n$ 为非绝对地不可约，则 $\mathscr{L}_\Gamma(n)$同构于"复"型$\mathbb{C}$ 或"四元数"型$\mathbb{H}$. 在前一情形，S^1的作用相当于乘以 $e^{i\theta}$或 $e^{-i\theta}$，两者居一；在后一情形，也可考虑单位四元数的圆周子群，比如$\{\cos\theta+i\sin\theta\}$的作用.

现在我们回到空间 $\mathscr{N}(L)$中，来考虑群 $\Gamma\times\mathbf{S}^1$在 $\mathscr{N}(L)$上的作用. 下面的命题表明，这种作用实质上是非绝对地不可约的.

命题6.2.7 设$\mathbb{R}^n$ 为 Γ 单纯，J 如(2.14)式给出，且 $\Gamma\times\mathbf{S}^1$在$\mathbb{R}^n$ 上的作用如(2.13)式给出. 则

(a) 矩阵 I 和 J 组成$\mathbb{R}^n$ 上与 $\Gamma\times\mathbf{S}^1$交换的线性映射空间$\mathscr{L}_{\Gamma\times\mathbf{S}^1}(\mathbb{R}^n)$的一组基.

(b) $\Gamma\times\mathbf{S}^1$在$\mathbb{R}^n$ 上的作用为非绝对不可约，且这种作用是"复型"的.

证明 (a) 首先设$\mathbb{R}^n=V\oplus V$，V 为 Γ 绝对不可约. 设 $B\in\mathscr{L}_{\Gamma\times\mathbf{S}^1}(\mathbb{R}^n)$. 则由 B 与 Γ 交换知 $B(v,w)=(av+bw,\ cv+dw)$. 又由 B 与 $\mathbf{S}^1$交换知 B 满足 $a=d,c=-b$. 于是 $B=aI-bJ$.

其次是$\mathbb{R}^n$ 为非绝对地不可约，$\mathscr{D}=\mathscr{L}_\Gamma(\mathbb{R}^n)$. 则 $\mathscr{D}$ 同构于$\mathbb{C}$或$\mathbb{H}$. 若 $\mathscr{D}\cong\mathbb{C}$，设 I 对应于1，J 对应于 $i\in\mathbb{C}$，则$\{I,J\}$组成基. 若$\mathscr{D}\cong\mathbb{H}$ 则 $\mathbf{S}^1$作用等同于$\mathbb{H}$ 的圆周子群，比如说，为$\{\cos\theta+i\sin\theta\}$. 而另外的线性 Γ 等变量 j 和 k 由于不与 i 交换，它们也不与 $\mathbf{S}^1$作用交换. 故变换映射由$\{1,i\}$张成，后者与 I,J 等同.

(*b*) 只要考虑$\mathbb{R}^n=V\oplus V$ 情形，这里 V 为绝对不可约. 设 V' 与 V 为 Γ 同构，不妨把 V 记成 $V'=\{(v,Bv)|v\in V\}$，其中 B 与 Γ 交换. 由(a)，$B=aI+bJ$. 则有 $J(v,Bv)=(v,BJv)$. 但一般 $Jv\neq v$. 故 $J(v,Bv)\notin V'$. 这说明 V'不是$\Gamma\times\mathbf{S}^1$不变的. 可见 $\mathbb{R}^n=V\oplus V$ 为非绝对不可约，且由(a)知 $V\oplus V$ 为"复"型的. □

6.2.3 等变的 Hopf 定理

现在我们可以来叙述并证明关于空时对称的 Hopf 定理. 设紧 Lie 群 Γ 作用于$\mathbb{R}^n$ 上. 据上,我们设$\mathbb{R}^n$ 是 Γ 单纯空间. 考虑微分方程(2.2),

$$\frac{du}{dt} = f(u,\lambda),$$

其中 $f:\mathbb{R}^n\times\mathbb{R}\to\mathbb{R}^n$ 是 Γ 等变光滑映射,满足

$$f(0,\lambda) = 0.$$

根据命题6.2.5,可设 f 满足

$$(df)_{0,0} = J \equiv \begin{bmatrix} 0 & -I_m \\ I_m & 0 \end{bmatrix}, \ m = n/2, \tag{2.16}$$

而且$(df)_{0,\lambda}$的本征值为 $\sigma(\lambda)\pm i\rho(\lambda)$($m$ 重). (2.16)式表明 $\sigma(0)=0,\rho(0)=1$. 假设

(H_2) $\sigma'(0)\neq 0$.

定理6.2.8(等变 Hopf 定理) 设微分方程(2.2)满足(2.16)和(H_2),且设迷向子群 $\Sigma\subset\Gamma\times\mathbf{S}^1$满足

$$\dim \mathrm{Fix}(\Sigma) = 2. \tag{2.17}$$

则存在(2.2)唯一的小振幅周期解族,周期近似为2π,且以 Σ 为其对称群.

证明 上面我们已经把方程(2.2)的等变 Hopf 问题通过对(2.7)作 Liapunov-Schmidt 简约化为求映射(2.11)的零点. 需要指出的是,由于$(df)_{0,0}=J$ 取(2.16)形式,因而由(2.9)给出的线性算子及伴算子分别为

$$L = -\frac{d}{ds} + J.$$

$$L^* = -\frac{d}{ds} + J^T = -L.$$

分解(2.10)则为

$$C_{2\pi} = \mathscr{N}(L) \oplus \mathscr{R}(L)$$

$$C^1_{2\pi} = \mathscr{N}(L) \oplus (\mathscr{N}(L)^\perp \cap C^1_{2\pi}).$$

定理6.2.8考虑的是具有空时对称 Σ 的周期解，这相当于求 φ 具有迷向子群 Σ 的零点．注意到 φ 为 $\Gamma\times\mathbf{S}^1$ 等变，由 $\Gamma\times\mathbf{S}^1$ 不可约性知 $\varphi(0,\lambda,\tau)\equiv 0$. 记

$$\tilde{\varphi} = \varphi|\mathrm{Fix}(\Sigma) \times \mathbb{R} \times \mathbb{R}.$$

则 $\tilde{\varphi}$ 将 $\mathrm{Fix}(\Sigma)\times\mathbb{R}\times\mathbb{R}$ 映到 $\mathrm{Fix}(\Sigma)$. 我们只需证明 $\tilde{\varphi}=0$ 有唯一的非平凡解族.

注意到 $\tilde{\varphi}$ 为 $\mathbf{S}^1$ 等变，用类似于§5.2中的分析，$\tilde{\varphi}$ 可表为

$$\tilde{\varphi}(v,\lambda,\tau) = p(|v|^2,\lambda,\tau)v + q(|v|^2,\lambda,\tau)Jv, \tag{2.18}$$

其中 $v\in\mathscr{N}(L)$，由 Liapunov-Schmidt 简约知

$$p(0,0,0) = q(0,0,0) = 0.$$

断言1

$$p_\tau(0,0,0) = 0, q_\tau(0,0,0) = -1, \tag{2.19}$$

$$p_\lambda(0,0,0) = \sigma'(0) \neq 0. \tag{2.20}$$

事实上，由于

$$f(y,\lambda) = A_\lambda y + O(\|y\|^2),$$

其中 $A_\lambda=(df)_{0,\lambda}$ 有 $n/2$ 重本征值 $\sigma(\lambda)\pm i\rho(\lambda)$ 使 $\sigma(0)=0,\rho(0)=1,\sigma'(0)\neq 0$，而 $A=A_0=J$ 如(2.16)给出．因而，对于 $v\in\mathscr{N}(L)$，由(2.7)给出的 F 可表为

$$\begin{aligned} F(v,\lambda,\tau) &= [-(1+\tau)\frac{dv}{ds} + A_\lambda v]_{0,\lambda,\tau} + O(\|v\|^2) \\ &= [-(1+\tau)J + A_\lambda v]_{0,\lambda,\tau} + O(\|v\|^2). \end{aligned}$$

于是

$$\varphi(v,\lambda,\tau) = PF(v,\lambda,\tau)[-(1+\tau)J + PA_\lambda]v + O(\|v\|^2). \tag{2.21}$$

经直接计算，可以验证 $PA_\lambda v=\overline{A}_\lambda v$，其中

$$\overline{A}_\lambda = \frac{1}{2\pi}\int_0^{2\pi} e^{tJ}A_\lambda e^{-tJ}dt.$$

易见 $\overline{A}_\lambda$ 与 $\Gamma\times\mathbf{S}^1$ 交换．由命题6.2.7(a)，有

$$\overline{A}_\lambda = \bar{a}(\lambda)I + \bar{b}(\lambda)J.$$

另一方面，有

$$\varphi(v,\lambda,\tau) = a(\lambda,\tau)v + b(\lambda,\tau)Jv + O(\|v\|^2). \quad (2.22)$$

经比较(2.21)和(2.22)的各阶系数即可得(2.19)和(2.20)式，断言1得证.

利用断言1，像§5.2中那样，由隐函数定理可知，存在唯一的C^∞映射$\lambda(r)$和$\tau(r)$使得

$$\lambda(0) = \tau(0) = 0,$$

$$p(r,\lambda(r),\tau(r)) = q(r,\lambda(r),\tau(r)) = 0,$$

从而得到定理6.2.8所要的结果. □

注6.2.9 我们在定理6.2.1和6.2.8中讨论了微分方程发生Hopf分岔时的对称破缺，对可微映射有如下类似结果(参见[CG1]).

设紧Lie群Γ作用在$\mathbb{R}^{2n}$上，$g\in \vec{\mathscr{E}}_{u,\lambda}(\Gamma)$. 设$A=(d_u g)_{0,0}$有$n$重本征值$e^{\pm 2\pi i\theta}$，$\theta\neq 0,\frac{1}{4},\frac{1}{3},\frac{1}{2},\frac{2}{3},\frac{3}{4}$，且$A$的本征值以非零速度穿过单位圆.

对应于定理6.2.1，有：若子群$\Sigma\subset\Gamma$满足$\dim \mathrm{Fix}(\Sigma)=2$，则$\mathrm{Fix}(\Sigma)$中含有唯一的$g$不变闭曲线族. 对应于定理6.2.8，我们先定义$\mathbf{S}^1$在$\mathbb{R}^{2n}$上的作用为$\theta\to e^{A\theta}u$，其中$A$有纯虚本征值，使$e^A=(dg)_{0,0}$. 由$(dg)_{0,0}$与$\Gamma$交换可得到$\Gamma\times\mathbf{S}^1$对于$\mathbb{R}^{2n}$的作用. 相应的结论为：若子群$\Sigma\subset\Gamma\times\mathbf{S}^1$满足$\dim \mathrm{Fix}(\Sigma)=2$，则从平凡解$x=0$分岔出唯一的$g$不变闭曲线族与$\mathrm{Fix}(\Sigma)\subset\mathbb{R}^{2n}\times\mathbb{R}$在$x=0$处相切.

6.2.4 周期解的稳定性

我们现在来讨论方程(2.6)的周期解$y(s)$的渐近稳定性问题，其基本工具是等变形式的Floquet理论. 设$y(s)$是(2.6)

$$\frac{dy}{ds} = \frac{1}{1+\tau}f(y,\lambda)$$

的Σ对称2π周期解. 则$u(s)$的Floquet方程为(2.6)关于$y(s)$的线性化，即

$$\frac{dz}{ds} - \frac{1}{1+\tau}(df)_{y(s),\lambda}z = 0. \tag{2.23}$$

设 $z(s)$为方程(2.23)满足 $z(0)=z_0\in\mathbb{R}^n$ 的解. 回忆 Floquet 算子 $M_y:\mathbb{R}^n\to\mathbb{R}^n$ 为将 z_0映为 $z(s)$在 $s=2\pi$ 时的值,即 $M_yz_0=z(2\pi)$. M_y 为线性算子,其本征值即为 $y(s)$的特征乘数(见定义5.3.2). 我们已从§5.3中看到与本征向量 $dy(s)/ds|_{s=0}$对应的本征值为1. 在等变情形,这样的本征值会更多.

命题6.2.10 设 y 是(2.6)的一个 Σ 对称的2π 周期解,则 y 的 Floquet 算子 M_y 至少有 d_Σ 个本征值为1,其中

$$d_\Sigma = \dim\Gamma + 1 - \dim\Sigma. \tag{2.24}$$

证明 设(γ_t,θ_t)是$\Gamma\times\mathbf{S}^1$中的一条光滑曲线,$(\gamma_0,\theta_0)=(e,0)$. 则

$$\begin{aligned}\frac{d}{ds}[(\gamma_t,\theta_t)\cdot y] &= \frac{d}{ds}[\gamma_t y(s+\theta_t)]\\ &= \gamma_t\cdot\frac{1}{1+\tau}f(y(s+\theta_t),\lambda)\\ &= \frac{1}{1+\tau}f((\gamma_t,\theta_t)\cdot y,\lambda).\end{aligned}$$

上式对 t 求导并命 $t=0$,得知$\frac{d}{dt}[(\gamma_t,\theta_t)\cdot y]|_{t=0}$满足线性方程

$$\frac{dz}{ds} = \frac{1}{1+\tau}(df)_{y(s),\lambda}z.$$

于是,对于 $y(s)$的 Floquet 算子 $M_y:\mathbb{R}^n\to\mathbb{R}^n$,有

$$\begin{aligned}M_y\left(\frac{d}{dt}[(\gamma_t,\theta_t)\cdot y]|_{t=0}\right)|_{s=0} &= \left(\frac{d}{dt}[(\gamma_t,\theta_t)\cdot y]|_{t=0}\right)|_{s=2\pi}\\ &= \left(\frac{d}{dt}[(\gamma_t,\theta_t)\cdot y]|_{t=0}\right)|_{s=0}.\end{aligned} \tag{2.25}$$

这表明,若$\frac{d}{dt}[(\gamma_t,\theta_t)y]|_{t=0}\neq0$,则它是 M_y 的一个相应于本征值1的本征向量.

令 $\alpha:\Gamma\times\mathbf{S}^1\to\mathbb{R}^n$ 使 $\alpha(\gamma,\theta)=\gamma y(\theta)$. 则 M_y 相应于1的线性无关的本征向量有

$$\dim\mathscr{R}(d\alpha)_{e,0} = \dim(\Gamma\times\mathbf{S}^1) - \dim\mathscr{N}(d\alpha)_{e,0}$$

个. 由于 $\alpha^{-1}(y(0))=\Sigma$,故 $\dim\mathscr{N}(d\alpha)_{e,0}=\dim\Sigma$,(2.24)成立. □

下面的命题是命题5.3.6的等变形式.

命题6.2.11 设 y 是(2.6)的一个 Σ 对称的 2π 周期解,M_y 是 y 的 Floquet 算子. 若 M_y 有模大于1的本征值,则 y 不稳定;若 M_y 有 $n-d_\Sigma$ 个本征值模小于1,则 y 轨道渐近稳定. □

我们指出,当 f 是 $\Gamma\times\mathbf{S}^1$ 等变时,特别是,当 f 具有 Birkhoff 正规形(见§5.4)时,Floquet 算子 M_y 由下述命题给出.

命题6.2.12 设 $\mathbb{R}^n$ 是 Γ 单纯空间,$f\in\vec{\mathscr{E}}_{y,\lambda}(\Gamma\times\mathbf{S}^1)$,其中 $s\in\mathscr{S}^1$ 的作用为 $s\cdot x=e^{-sJ}x$. 设 $(y(s),\lambda_0,\tau_0)$ 是(2.18)的一个 2π 周期解. 则

(a) 方程(2.6)的解 $u(s)$ 具有形式

$$u(s)=e^{-sJ}u(0),\ u(0)\in\mathbb{R}^n, \tag{2.26}$$

而且,$u(0)$ 满足定态方程

$$\frac{1}{1+\tau}f(u(0),\lambda)-Ju(0)=0. \tag{2.27}$$

(b) y 的 Floquet 算子为

$$M_y=\exp\left[\left(\frac{1}{1+\tau_0}(df)_{y(0),\lambda_0}-J\right)\right]. \tag{2.28}$$

证明 (a) 我们已经在§5.2的 Liapunov-Schmidt 简约中看到,对于解 $u(s)$ 的 $\mathscr{S}^1$ 作用与移相等同,因而(2.26)式成立. 将(2.26)式代入方程(2.6),即可得到(2.27)式.

(b) y 对应的 Floquet 方程为

$$\frac{dz}{ds}=\frac{1}{1+\tau_0}(df)_{y(s),\lambda_0}z. \tag{2.29}$$

令 $w(s)=e^{-sJ}z(s)$,则由 $z(0)=w(0)$ 且 $e^{2\pi J}=I_n$ 知 $z(2\pi)=w(2\pi)$. 由(2.29),

$$\frac{d}{ds}[e^{sJ}w(s)]=\frac{1}{1+\tau_0}(df)_{y(s),\lambda_0}e^{sJ}w(s).$$

上式左边为 $Je^{sJ}w(s)+e^{sJ}\frac{dw}{ds}(s)$. 故由(a),

$$\frac{dw}{ds}=e^{-sJ}\left[\frac{1}{1+\tau_0}(df)_{y(s),\lambda_0}e^{sJ}w-Je^{sJ}w\right]$$

$$= \left[\frac{1}{1+\tau_0}(df)_{y(0),\lambda_0} - J\right]w,$$

从而

$$w(s) = \exp\left[s\left(\frac{1}{1+\tau_0}(df)_{y(0),\lambda_0} - J\right)\right]w(0),$$

可见 M_y 满足(2.28). □

结合命题6.2.11和6.2.12,可得到

定理6.2.13 设$\mathbb{R}^n$是Γ单纯空间,f为$\Gamma\times\mathbf{S}^1$等变,$(y(s),\lambda_0,\tau_0)$是(2.18)的小振幅2π周期解.

(a)若$(df)_{y(0),\lambda_0}-(1+\tau_0)J$有实部大于零的本征值,则$y(s)$不稳定.

(b)若$(df)_{y(0),\lambda_0}-(1+\tau_0)J$有$n-d_\Sigma$个实部小于零的本征值,则$y(s)$轨道渐近稳定. □

§6.3 具有对称性的 Hopf 分岔问题

本节我们主要将上一节具有空时对称的 Hopf 分岔理论用于处理一些具有特殊对称性的 Hopf 分岔问题. 我们先引进关于群$\Gamma\times\mathbf{S}^1$作用的一般理论,特别是其迷向子群的结构和不变量理论. 然后着重讨论具有$\mathbf{O}(2)$对称的 Hopf 分岔问题. 最后还介绍一些其他群作用下的 Hopf 分岔的结果.

6.3.1 $\Gamma\times\mathbf{S}^1$的迷向子群

为了运用等变 Hopf 定理,我们需要更多地了解$\Gamma\times\mathbf{S}^1$中具有二维不动点子空间的迷向子群. 我们来介绍这一类群的一般结果. 仍设紧 Lie 群Γ作用在空间$\mathrm{V}=\mathbb{R}^n$上.

定义6.3.1 设$\mathrm{H}\subset\Gamma$为Γ的子群,$\eta:\mathrm{H}\to\mathbf{S}^1$为群同态. 则$\eta$的图

$$\mathrm{H}^\eta = \{(\gamma,\eta(\gamma)) \in \Gamma\times\mathbf{S}^1 | \gamma\in\mathrm{H}\} \qquad (3.1)$$

称为$\Gamma\times\mathbf{S}^1$的挠子群(twisted subgroup),η则称为挠曲(twist).

记 $\pi:\Gamma\times\mathbf{S}^1\to\Gamma$ 为投射. 下面的命题表明 $\Gamma\times\mathbf{S}^1$ 的迷向子群为挠子群.

命题6.3.1 设 $\Gamma\times\mathbf{S}^1$ 作用在 Γ 单纯空间 V 上，且 $\Sigma\subsetneq\Gamma\times\mathbf{S}^1$ 为迷向子群. 记 $\mathrm{H}=\pi(\Sigma)\subset\Gamma$. 则投射 $\tilde{\pi}=\pi|\Sigma:\Sigma\to\mathrm{H}$ 为同构，且存在同态 $\eta:\mathrm{H}\to\mathbf{S}^1$ 使 $\Sigma=\mathrm{H}^\eta$.

证明 由空间 V 的 Γ 单纯性易知(参见注6.2.6)，$\mathbf{S}^1$ 在 V 上的作用为不动点自由，即非零元 $\theta\in\mathbf{S}^1$ 的不动点子空间总为零. 故 $\Sigma\cap\mathbf{S}^1=\mathbb{1}$. 而 $\mathbf{S}^1=\mathrm{Ker}\,\pi$，可见 $\Sigma\cap\mathrm{Ker}\,\pi=\mathbb{1}$，即 $\tilde{\pi}$ 为同构. 因而，任一 $\sigma\in\Sigma$ 可唯一表成 $(h,\eta(h))$，$h\in\mathrm{H}$，$\eta:\mathrm{H}\to\Sigma$ 为映射. 由 $\Sigma\subset\Gamma\times\mathbf{S}^1$ 为子群知 $(h,\eta(h))\cdot(k,\eta(k))=(hk,\eta(h)\eta(k))$. 可见 $\eta(h)\times\eta(k)=\eta(kk)$，即 η 为同态. □

命题6.3.1中的同态 $\eta:\mathrm{H}\to\mathbf{S}^1$ 有时称为 H 的特征. 通过 $h\to e^{i\eta(h)}$，η 对应于 H 在 $\mathbb{R}^2\cong\mathbb{C}$ 上的正交表示，反之亦然. 注意，$\sigma=(h,\eta(h))\in\Gamma\times\mathbf{S}^1$ 当 $\eta(h)=0$ 时属空间对称，$\eta(h)\neq0$ 时属空时对称. 故迷向子群 $\mathrm{H}^\eta\subset\Gamma\times\mathbf{S}^1$ 的空间(对称)子群为正规子群 $\mathrm{K}=\mathrm{Ker}\,\eta$，而 H/K 同构于 $\mathbf{S}^1$ 的一个闭子群 $I_m\eta$. 由于 $\mathbf{S}^1$ 的闭子群有 $\mathbb{1}$，$\mathbf{Z}_m$ 和 $\mathbf{S}^1$ 三种，挠曲 η 也可分这三种.

下面的命题表明通过挠子群的共轭关系可描述 $\Gamma\times\mathbf{S}^1$ 的迷向子群的共轭类.

命题6.3.2 (a) 设 H^η 和 L^ζ 为 $\Gamma\times\mathbf{S}^1$ 中共轭的挠子群. 则 H 和 L 为 Γ 中的共轭子群.

(b) 设 H^η 和 H^ζ 为 $\Gamma\times\mathbf{S}^1$ 中共轭的挠子群. 则存在 $\gamma\in\mathrm{N}_\Gamma(\mathrm{H})$ 使空间子群 $\mathrm{K}_\eta=\mathrm{Ker}\,\eta$ 和 $\mathrm{K}_\zeta=\mathrm{Ker}\,\zeta$ 满足 $\mathrm{K}_\zeta=\gamma\mathrm{K}_\eta\gamma^{-1}$.

证明 (a) 因为 $(\gamma,\theta)\in\Gamma\times\mathbf{S}^1$ 使 $(\gamma,\theta)^{-1}\mathrm{H}^\eta(\gamma,\theta)=\mathrm{L}^\zeta$，命 $h\in\mathrm{H}$，则由 $\mathbf{S}^1$ 与 $\Gamma\times\mathbf{S}^1$ 中元交换知

$$(\gamma,\theta)^{-1}(h,\eta(h)(\gamma,\theta)=(\gamma^{-1}h\gamma,\eta(h))\in\mathrm{L}^\zeta. \tag{3.2}$$

故 $\gamma^{-1}h\gamma\in\mathrm{L}$，即 $\gamma^{-1}\mathrm{H}\gamma\subset\mathrm{L}$. 交换 H 与 L 的作用得 $\gamma^{-1}\mathrm{H}\gamma=\mathrm{L}$.

(b) 由于有 $(\gamma,\theta)\in\Gamma\times\mathbf{S}^1$ 使 H^η 与 H^ζ 共轭，据(a)，$\gamma^{-1}\mathrm{H}\gamma=\mathrm{H}$，故 $\gamma\in\mathrm{N}_\Gamma(\mathrm{H})$. 由(3.2)式 $(\gamma^{-1}h\gamma,\eta(h))=(h',\zeta(h'))\in\mathrm{H}^\zeta$. 故 $\eta(h)=\zeta(\gamma^{-1}h\gamma)$，而 $\mathrm{Ker}\,\eta=\gamma(\mathrm{Ker}\,\zeta)\gamma^{-1}$，这说明 $\mathrm{K}_\eta=\gamma\mathrm{K}_\zeta\gamma^{-1}$. □

6.3.2 $\Gamma\times\mathbf{S}^1$的不变量理论

现在我们来讨论$\Gamma\times\mathbf{S}^1$作用的不变函数和等变映射的计算问题. 先看一个一般情况.

引理6.3.3 设 Lie 群 $\Gamma\times\Gamma_1$作用在 V 上,$\gamma\in\Gamma$. 若 $f:V\to\mathbb{R}$ 为 Γ_1不变,则

$$(\gamma\cdot f)(x)\equiv f(\gamma^{-1}x)$$

也为 Γ_1不变. 若 $g:V\to V$ 为 Γ_1等变,则

$$(\gamma,g)(x)\equiv g(\gamma^{-1}x)$$

也为 Γ_1等变.

证明 注意到Γ_1与Γ交换,直接计算即可得. □

对于 Hopf 分岔问题,$\Gamma_1=\mathbf{S}^1$,且设$\Gamma\times\mathbf{S}^1$作用于Γ单纯空间 V $=\mathbb{R}^n$ 上. 由注6.2.6(a)可设$\theta\in\mathbf{S}^1$的作用如同$e^{-\theta J}$,这里

$$J=\begin{pmatrix}0 & -I_m\\ I_m & 0\end{pmatrix},\quad m=n/2.$$

故可将 V 等同于$\mathbb{C}^m$,使$\theta\in\mathbf{S}^1$对于$z=(z_1,\cdots z_m)\in\mathbb{C}^m$的作用为

$$\theta\cdot z=(e^{i\theta}z_1,\cdots,e^{i\theta}z_m). \tag{3.3}$$

下面的引理把($\mathbb{R}$值)不变量的计算归结为$\mathbb{C}$值的不变量问题.

引理6.3.4 设Γ作用在$\mathbb{C}^m$上. 若$N_1,\cdots,N_s$(在$\mathbb{C}$上)生成z, $\bar{z}$的$\mathbb{C}$值不变量,则$\mathrm{Re}(N_1),\cdots,\mathrm{Re}(N_s),\mathrm{Im}(N_1),\cdots,\mathrm{Im}(N_s)$(在$\mathbb{R}$上)生成$\mathbb{R}$值不变量.

证明 $\mathbb{R}$值不变函数作为$\mathbb{C}$值不变函数的特例,可由$N_1^{\alpha_1},\cdots,N_s^{\alpha_s}$的多项式的实部和虚部生成. 而对于$z,\bar{z}$在$\mathbb{C}$上的多项式$p$和$q$,有

$$\mathrm{Re}(pq)=\mathrm{Re}(p)\mathrm{Re}(q)-\mathrm{Im}(p)\mathrm{Im}(q)$$
$$\mathrm{Im}(pq)=\mathrm{Re}(p)\mathrm{Im}(q)+\mathrm{Im}(p)\mathrm{Re}(q).$$

用归纳法即可完成本引理的证明. □

下面的命题给出$\mathbf{S}^1$作用(3.3)的不变量的计算.

命题6.3.5 (a) $\mathbf{S}^1$不变函数的一个 Hilbert 基由下面m^2个二次项给出

$$u_j = z_j\bar{z}_j \qquad (1 \leqslant j \leqslant m),$$
$$\mathrm{Re}(z_j\bar{z}_j), \quad \mathrm{Im}(z_j\bar{z}_k) \qquad (1 \leqslant j < k \leqslant m).$$

(b) $\mathbf{S}^1$等变映射模的生成元为

$$z_k e_j, \quad i z_k e_j, \quad k, j = 1, \cdots, m,$$

这里 $e_j = (\delta_{ij}, \cdots, \delta_{mj})$.

证明 (a)经用 Schwarz 定理,只要考虑多项式. 设 $f(z) = \Sigma a_{\alpha\beta} z^{\alpha} \bar{z}^{\beta}, a_{\alpha} \in \mathbb{C}$. 由 $f(\theta \cdot z) = f(z)$知$|\alpha| = |\beta|$(回忆这里$|\alpha| = \alpha_1 + \cdots + \alpha_m$). 消去高阶项,可见 f 可表成 $z_j\bar{z}_j$ 和 $z_j\bar{z}_k (j \neq k)$的多项式. 利用引理6.3.4即得(a).

(b) 设 $g = (g_1, \cdots, g_m): \mathbb{C}^m \to \mathbb{C}^m$ 为 $\mathbf{S}^1$ 等变. 记 $g_j(z) = \Sigma b_{\alpha\beta} z_{\alpha} \bar{z}_{\beta}, b_{\alpha\beta} \in \mathbb{C}$. 则由 $g(\theta \cdot z) = \theta \cdot g(z)$知$|\alpha| = |\beta| + 1 > 0$. 可见在每个单项式中除去某个 z_k 后即为 $\mathbf{S}^1$不变. □

6.3.3 $\mathbf{O}(2) \times \mathbf{S}^1$作用

本节的其余部分是讨论具有 $\mathbf{O}(2)$对称的 Hopf 分岔问题. 我们已在§6.2的软水管例子中见到 $\mathbf{O}(2)$群的作用. 这里先来介绍在群 $\mathbf{O}(2) \times \mathbf{S}^1$作用下的不变理论和迷向子群. 下一部分再用它来分析相应向量场的 Taylor 展式解支,并在最后通过振幅方程的形式来讨论具有 $\mathbf{O}(2)$对称的 Hopf 分岔的稳定性问题.

群 $\mathbf{O}(2) \times \mathbf{S}^1$对于$\mathbb{C} \oplus \mathbb{C}$ 的作用通常取对角形式. 但为讨论方便,我们取它的一个等价表示(参见例3.2.6):

$$\varphi(z_1, z_2) = (e^{-i\varphi} z_1, e^{i\varphi} z_2), \ \varphi \in \mathbf{SO}(2), \tag{3.4a}$$

$$\kappa(z_1, z_2) = (z_2, z_1), \tag{3.4b}$$

$$\theta(z_1, z_2) = (e^{i\theta} z_1, e^{i\theta} z_2), \ \theta \in \mathbf{S}^1. \tag{3.4c}$$

先讨论 $\mathbf{O}(2) \times \mathbf{S}^1$的不变量.

命题6.3.6 (a) $\mathbf{O}(2) \times \mathbf{S}^1$不变函数芽 f 可表为

$$f(z_1, z_2) = P(N, \Delta), \tag{3.5a}$$

其中 $N = |z_1|^2 + |z_2|^2, \Delta = \delta^2, \delta = |z_2|^2 - |z_1|^2$.

(b) $\mathbf{O}(2) \times \mathbf{S}^1$等变映射芽 g 可表为

$$g(z_1,z_2)=(p+iq)\begin{pmatrix}z_1\\z_2\end{pmatrix}+(r+is)\begin{pmatrix}z_1\\-z_2\end{pmatrix},\qquad(3.5\text{b})$$

其中 p,q,r,s 是 $\mathbf{O}(2)\times\mathbf{S}^1$不变函数芽.

证明 (a) 由 f 的 $\mathbf{SO}(2)\times\mathbf{S}^1$不变性知

$$f(e^{i(\theta-\varphi)}z_1,e^{i(\theta+\varphi)}z_2)=f(z_1,z_2).$$

取 $\theta=\varphi=\frac{1}{2}\psi$,则 $f(z_1,e^{i\psi}z_2)=f(z_1,z_2)$. 类似有 $f(e^{i\psi}z_1,z_2)=f(z_1,z_2)$. 从而 $f(z_1,z_2)=h(u,v)$,这里 $u=|z_1|^2,v=|z_2|^2$. 由 κ 不变性知 $h(u,v)=h(v,u)$,故 h 可表为 $h(u,v)=k(u+v,uv)$. 可见 $N=u+v,\Delta=(u-v)^2=N^2-4uv$ 是 Hilbert 基,(3.5a)式成立.

(b) 设 $g(z_1,z_2)=(g_1(z_1,z_2),g_2(z_1,z_2))$为 $\mathbf{O}(2)\times\mathbf{S}^1$等变. 则类似于(a)中的分析,对任意 $\varphi,\psi\in\mathbf{S}^1$,应有

$$g_1(z_1,z_2)=e^{-i\varphi}g_1(e^{i\varphi}z_1,z_2),\qquad(3.6\text{a})$$

$$g_1(z_1,z_2)=g_1(z_1,e^{i\psi}z_2),\qquad(3.6\text{b})$$

$$g_1(z_1,z_2)=g_2(z_2,z_1).\qquad(3.6\text{c})$$

由(3.6a)和(3.6b)得

$$g_1(z_1,z_2)=h(|z_1|^2,|z_2|^2)z_1=h(u,v)z_1.$$

经变换 $(u,v)\to(u+v,u-v)$, h 可表成 $h(u,v)=k(u+v,v-u)$. 将 k 分解成第二个坐标的偶和奇函数,可得

$$\begin{aligned}h(u,v)&=k_1(u+v,(v-u)^2)+k_2(u+v,(v-u)^2)(v-u)\\&=k_1(N,\Delta)+k_2(N,\Delta)\delta.\end{aligned}$$

设 $k_1=p+iq,k_2=r+is$,并利用(3.6c),则得到(3.5b)式. □

下面的命题给出迷向子群的分类.

命题6.3.7 设 $\mathbf{O}(2)\times\mathbf{S}^1$作用于$\mathbb{C}\oplus\mathbb{C}$上如(3.4). 则 $\mathbf{O}(2)\times\mathbf{S}^1$的轨道代表元 z,(在共轭意义下的)迷向子群 Σ,不动点子空间 $\mathrm{Fix}(\Sigma)$及其维数 $\dim\mathrm{Fix}(\Sigma)$分别为:

(i)$z=(0,0)$,$\Sigma=\mathbf{O}(2)\times\mathbf{S}^1$,$\mathrm{Fix}(\Sigma)=\{0\}$,

(ii)$z=(a,0)$,$a>0$,$\Sigma=\widetilde{\mathbf{SO}}(2)=\{(\theta,\theta)\}$,$\mathrm{Fix}(\Sigma)=\{(z_1,0)\}$,2维.

(iii)$z=(a,a)$,$a>0$,$\Sigma=\mathbf{Z}_2\oplus\mathbf{Z}_2^c=\{(0,0),\kappa(\pi,\pi),\kappa(\pi,\pi)\}$,

$\mathrm{Fix}(\Sigma)=\{(z_1,z_1)\}$，2维.

(iv) (a,b)，$a>b>0$，$\Sigma=\mathbf{Z}_2^c=\{(0,0),(\pi,\pi)\}$，$\mathrm{Fix}(\Sigma)=\{(z_1,z_2)\}$，4维.

证明 对于$(z_1,z_2)\in\mathbb{C}\oplus\mathbb{C}$，$z_j=r_je^{i\theta_j}$，$r_j\geqslant 0$，$j=1,2$，令

$$\varphi=(\theta_1-\theta_2)/2,\theta=-(\theta_1+\theta_2)/2.$$

则由(3.4)知，$\varphi\cdot\theta\cdot(z_1,z_2)=(r_1,r_2)$. 因此每个$\mathbf{O}(2)\times\mathbf{S}^1$轨道与$\mathbb{R}\oplus\mathbb{R}$相交. 再由$\kappa$的作用，不妨设每条$\mathbf{O}(2)\times\mathbf{S}^1$轨道上的点$z=(a,b)$满足$a\geqslant b\geqslant 0$.

于是，通过对式子

$$(\kappa\varphi,\theta)(a,b)=(e^{i(\theta+\varphi)}b,e^{i(\theta-\varphi)}a),$$
$$(\varphi,\theta)(a,b)=(e^{i(\theta-\varphi)}a,e^{i(\theta+\varphi)}b),$$

的讨论即可得本命题的各个结论. □

6.3.4 Hopf 分岔的振幅方程

考虑$\mathbb{R}^4$上的微分方程

$$\dot{x}=f(x,\lambda), \tag{3.7}$$

其中$f\in\vec{\mathscr{E}}_{x,\lambda}(\mathbf{O}(2))$，$f(0,\lambda)\equiv 0$. 设

$$(df)_{0,0}=\begin{pmatrix}0&-I_2\\I_2&0\end{pmatrix}$$

且$(df)_{0,\lambda}$的本征值以非零速度穿过虚轴.

由§6.2中讨论知，(3.7)的小振幅周期解问题可以通过Liapunov-Schmidt 简约转化为一个$\mathbf{O}(2)\times\mathbf{S}^1$等变映射$g:\mathbb{C}^2\times\mathbb{R}\times\mathbb{R}\to\mathbb{C}^2$的零点问题. 由命题6.3.6知，

$$g=(p+iq)\begin{pmatrix}z_1\\z_2\end{pmatrix}+(r+is)\delta\begin{pmatrix}z_1\\-z_2\end{pmatrix}, \tag{3.8}$$

其中p,q,r,s是N,Δ,λ和τ的函数. 且有

$$p(0)=p_\tau(0)=q(0)=0,$$
$$q_\tau(0)=-1,p_\lambda(0)\neq 0.$$

就象命题6.3.7证明中讨论的那样，不妨考虑$g=0$的形如(z_1,z_2)

$=(a,b)(a\geqslant b\geqslant 0)$的解. 对应于命题6.3.7中得四类,方程(3.8)及其分支解分别为:

(i) 平凡解,

(ii) $p-a^2\gamma=q-a^2s=0$旋转波解,

(iii) $p=q=0$,驻波解,

(iv) $p=q=r=s=0$,环面线性流.

对于旋转波,由 $p-a^2r=q-a^2s=0$可解得分支方程

$$\lambda=\frac{-p_N(0)+r(0)}{p_\lambda(0)}a^2+\cdots.$$

对于驻波,由 $p=0$可得

$$\lambda=\frac{-2p_N(0)}{p_\lambda(0)}a+2\cdots.$$

而且,由等变的 Hopf 定理知,旋转波与驻波是周期解.

现在进一步假设(3.7)中的 f 是 $\mathbf{O}(2)\times\mathbf{S}^1$等变的. 比如,当 f 具有 Birkhoff 正规形时就属这种情形. 于是,由命题6.3.6,

$$f=(p+iq)\begin{bmatrix}z_1\\z_2\end{bmatrix}+(r+is)\delta\begin{bmatrix}z_1\\-z_2\end{bmatrix}. \tag{3.9}$$

为了讨论周期解的稳定性,我们引入振幅方程. 设 $z_j=x_je^{i\psi_j}$, $j=1,2$. 则利用 f 的表式(3.9),(3.7)化为

$$\begin{cases}\dot{x}_1=(p+r\delta)x_1,\\ \dot{x}_2=(p-r\delta)x_2,\end{cases} \tag{3.10}$$

$$\begin{cases}\dot{\psi}_1=q+s\delta,\\ \dot{\psi}_2=q-s\delta,\end{cases} \tag{3.11}$$

其中 p,q,r,s 是 $N=x_1^2+x_2^2$, $\Delta=(x_2^2-x_1^2)^2$和 λ 的函数, $\delta=x_2^2-x_1^2$. (3.10)称为**振幅方程**. 振幅方程(3.10)的非平凡平衡点对应于(3.7)的周期解和不变环面. 特别, $x_2=0$对应于具有旋转波分支的周期解; $x_1=x_2$对应于具有驻波分支的不变环面;而 $x_1>x_2>0$则对应于具有环面线性流的不变环面.

命题6.3.8 振幅方程的平衡点渐近稳定当且仅当与原方程

相应的平衡解、周期轨或不变环面是(轨道)渐近稳定的.

证明 设(x_1^0,x_2^0)为振幅方程(3.10)的零点,且设M为$\mathbf{O}(2)\times\mathbf{S}^1$轨道中含$(x_1^0,x_2^0)$的连通分支. 则零解渐近稳定相当于原方程的任一轨$(z_1(t),z_2(t))\in\mathbb{R}^4$当$(z_1,(0),z_2(0))$充分接近于M时,收敛于M,且由$\dot{\psi}_1$和$\dot{\psi}_2$在M上都是常数知该轨道收敛于M的一条轨. 故是轨道渐近稳定的. □

命题6.3.8使我们把原方程解的稳定性研究归结为相应振幅方程平衡解的稳定性问题. 下面我们指出,振幅方程又等价于平面上$\mathbf{D}_4$等变映射. 因而我们转入$\mathbf{D}_4$等变分岔问题的讨论.

6.3.5 $\mathbf{D}_4$等变分岔问题

由例4.2.7知,对于$\mathbf{D}_4$在$\mathbb{C}$上的标准作用,$\mathbf{D}_4$等变映射可表为

$$pz+q\bar{z}^3 \tag{3.12}$$

的形式,其中p,q是$u=z\bar{z},v=\mathrm{Re}(z^4)$和$\lambda$的实函数. 现在我们把它写成振幅方程的形式. 对于$z=x+iy$,命

$$N=u=x^2+y^2,\delta=y^2-x^2,\Delta=\delta^2.$$

注意到

$$\mathrm{Re}(z^4)=x^4-6x^2y^2+y^4=2\Delta-N^2,$$

$$\bar{z}^3=(x^3-3xy^2+i(y^3-3x^2y=-Nz-2\delta\bar{z},$$

可见$\mathbf{D}_4$等变映射又可表为

$$g=p(N,\Delta,\lambda)\begin{bmatrix}x\\y\end{bmatrix}+r(N,\Delta,\lambda)\delta\begin{bmatrix}x\\-y\end{bmatrix} \tag{3.13}$$

的形式. 故知,振幅方程(3.10)具有$\mathbb{R}^2$到$\mathbb{R}^2$的$\mathbf{D}_4$等变映射的形式,因而求振幅方程的平衡解的稳定性问题就归结为求$\mathbf{D}_4$等变映射零点处本征值的符号问题.

不妨设$x\geqslant y\geqslant 0$. 方程$g=0$的解有平凡解$(x=y=0)$,旋转波$(x>y=)$,驻波$(x=y>0)$和二维环面$(x>y>0)$四类. 它们的本征值记为μ_1,μ_2. 下面对μ_j的符号进行讨论.

(i) 平凡解$x=y=0$,容易看出$\mu_1,\mu_2=p(0,0,0)$.

(ii) 旋转波$x>y=0$,此时$p-x^2r=0,\mu_j$,的符号为p_N-r+

$x^2(2p_\Delta - r_N) - 2x^4 r_\Delta$ 和 r.

(iii) 驻波 $x=y>0$,此时 $p=0$,μ_j 的符号为 p_N 和 $-r$.

(iv) 二维环面,此时 $p=0$,$r=0$. $\{\mu_j\}$的符号由下式定

$$\text{sgn tr } dg = Np_N + 2\Delta p_\Delta \text{-} \Delta r_N - 2Nr_\Delta,$$

$$\text{sgn tr } dg = p_\Delta r_N - P_N r_\Delta.$$

我们指出,在 $\mathbf{D}_4$等价下(ii)和(iii)的本征值符号保持不变,这是因为相应的迷向子群:(ii)为$(x,y)\to(x,-y)$,(iii)为$(x,y)\to(y,x)$,它们都使 dg 在相应解处可对角化. 另外,det dg 的符号也在 $\mathbf{D}_4$等价下不变. 因此只要对 det $dg>0$情形作进一步讨论就可弄清其稳定性态.

§6.4 具有 O(2)对称的模态相互作用

我们已在§5.5中讨论过无对称情形的模态相互作用. 本节将介绍具有 **O**(2)对称的模态相互作用. **O**(2)对称性常出现在一些具有周期边值的偏微系统中,如 Taylor-Couette 流和 Benard 流,相应的模态相互作用问题也更引人注意. 和§5.5中的情形类似,我们将就定态-定态,定态-Hopf 和 Hopf-Hopf 这三种 **O**(2)对称的模态相互作用进行讨论,而且主要考虑通有的情形.

6.4.1 定态-定态模态相互作用

设 $f:\mathbb{R}^N\times\mathbb{R}\to\mathbb{R}^N$ 为具有 **O**(2)对称的分岔问题,满足

$$f(0,\lambda)\equiv 0. \tag{4.1}$$

记 $\mathrm{V}=\mathcal{N}(df)_{0,0}(\neq\{0\})$. 通有地,可设 **O**(2)在 V 上的作用不可约,则 dim V=1或2. 若 dim V=1,则 **O**(2)的作用可归结为第二章中介绍过的单变量情形. 故设 dim V=2. 则存在 $m\geqslant 1$使 **O**(2)在 V 上的作用由旋转 $\theta\cdot z=e^{im\theta}z$,$\theta\in\mathbf{SO}(2)$,及翻转 $\kappa\cdot z=\bar{z}$ 生成. 当 $m=1$时则为标准作用.

对于周期边值条件,V 常取下面形式

$$\mathrm{V}_m=\mathbb{R}\{\cos(mx)U_0,\sin(mx)U_0\}, \tag{4.2}$$

这里U_0为某 Banach 空间的一个给定的向量，而$\mathbf{O}(2)$在V_m上的作用则可由移相$x \mapsto x+\theta$和反相$x \mapsto -x$给出.

本小节我们讨论两个定模态的相互作用，故设

$$\mathrm{V} = \mathrm{V}_l \oplus \mathrm{V}_m, \tag{4.3}$$

这里l和m为互素的正整数. 注意，若l和m有最大公因数d，则由$\mathbf{Z}_l \cap \mathbf{Z}_m = \mathbf{Z}_d$知$\mathrm{V}_d$可从$\mathbf{O}(2)$在V上作用的核中分解出.

我们考虑经 Liapunov-Schmidt 简约后的分岔问题

$$g: \mathrm{V} \times \mathbb{R} \to \mathrm{V}. \tag{4.4}$$

并将空间V与$\mathbb{C}^2$等同. 则在坐标$z=(z_1,z_2)$下，$\mathbf{O}(2)$在$\mathbb{C}^2$上的作用为

$$\theta \cdot (z_1, z_2) = (e^{li\theta} z_1, e^{mi\theta} z_2), \tag{4.5a}$$

$$\kappa \cdot (z_1, z_2) = (\bar{z}_1, \bar{z}_2). \tag{4.5b}$$

下面给出在这种作用下的不变量的结论

命题6.4.1 设$\mathbf{O}(2)$在$\mathbb{C}^2$上的作用由(4.5)给出. 则

(a) $\mathbb{C}^2$上$\mathbf{O}(2)$不变函数的 Hilbert 基为

$$u = z_1\bar{z}_1, v = z_2\bar{z}_2, w = z_1{}^m\bar{z}_2{}^l + \bar{z}_1{}^m z_2^l.$$

(b) $\mathbb{C}^2$上$\mathbf{O}(2)$等变量的生成元为

$$\begin{pmatrix} z_1 \\ 0 \end{pmatrix}, \begin{pmatrix} \bar{z}_1^{m-1} z_2^l \\ 0 \end{pmatrix}, \begin{pmatrix} 0 \\ z_2 \end{pmatrix}, \begin{pmatrix} 0 \\ \bar{z}_1^m z_2^{l-1} \end{pmatrix}.$$

证明 见习题6.6. □

据命题6.4.1，分岔问题(4.4)可表成

$$g(z,\lambda) = (p_1 z_1 + q_1 \bar{z}_1^{m-1} z_2^l, p_2 z_2 + q_2 z_1^m \bar{z}_2^{l-1}), \tag{4.6}$$

其中p_1, p_2, q_1, q_2均为u, v, w, λ的函数. 为简单起见，我们假定l和m不同时为1，则(4.6)还需满足

$$p_1(0) = p_2(0) = 0. \tag{4.7}$$

注6.4.2 对于分岔问题(4.4)，由于$A=(dg)_{0,0}$与$\mathbf{O}(2)$交换，A可表成

$$A = \begin{pmatrix} aI & bI \\ cI & dI \end{pmatrix},$$

其中a,b,c,d均为实数；特别，当$l \neq m$时$b=c=0$. 另一方面，由

于 A 的本征值都为0，故当 $l\neq m$ 时 $A=0$，而当 $l=m$ 时有 $a=-d$ 及 $ad-bc=0$. 通有地，A 的 Jordan 标准形具有形式$\begin{pmatrix}0 & 1\\ 0 & 0\end{pmatrix}$，这种情形对应着 $\mathbf{O}(2)$对称的 Takens-Bogdanov 分岔，见[Gu].

现在考虑向量场

$$dz/dt = g(z,\lambda), \tag{4.8}$$

其中 $g:\mathbb{C}^2\times\mathbb{R}\to\mathbb{C}^2$满足(4.6)和(4.7). 用极坐标，命

$$z_1 = re^{i\varphi},\quad z_2 = se^{i\psi},$$

代入(4.8)式，比较实部和虚部，可得

$$\begin{cases}\dot{r} = rp_1 + r^{m-1}s^lq_1\cos\theta,\\ \dot{s} = sp_2 + r^ms^{l-1}q_2\cos\theta,\\ \dot{\theta} = -(mq_1s^2 + lq_2r^2 + lq_2r^2)r^{m-2}s^{l-2}\mathrm{sim}\theta,\end{cases} \tag{4.9}$$

其中

$$\theta = m\varphi - l\psi, \tag{4.10}$$

同时，$\dot{\varphi}$和 $\dot{\psi}$ 还满足

$$r^2q_2\dot{\varphi} + s^2q_1\dot{\psi} \equiv 0. \tag{4.11}$$

将(4.10)式关于 t 求导，$\dot{\theta}=m\dot{\varphi}-l\dot{\psi}$，给合(4.11)式，得

$$\begin{pmatrix}m & -l\\ r^2q_2 & s^2q_1\end{pmatrix}\begin{pmatrix}\dot{\varphi}\\ \dot{\psi}\end{pmatrix} = 0. \tag{4.12}$$

记 $D=ms^2q_1+lr^2q_2$.

下面对 D 进行讨论. 设 $D\neq 0$. 由(4.12)，$\dot{\varphi}=\dot{\psi}=0$，进而 $\dot{\theta}=0$. 由(4.9)，得两类定态解：

(i) $rs=0$，此时或者 $r=0$，或者 $s=0$，或者 $r=s=0$，对应的是(4.9)的平凡解.

(ii) $rs\neq 0$，但 $\sin\theta=0$. 此时 $\cos\theta=\pm 1$，对应的定态是(4.8)的混合模态解.

再设 $D=0$，即

(iii) $ms^2q_1+lr^2q_2=0$. 由(4.9)，$\dot{\theta}=0$，因而 $\dot{\varphi}/\dot{\psi}=l/m$. 此时对应(4.8)的定态解是周期解$(z_1(t),z_2(t))$，其中 $z_1(t)$和 $z_2(t)$分别绕原点 l 圈和 m 圈.

6.4.2 定态-Hopf 模态相互作用

设系统

$$\dot{y} = f(y,\lambda,\alpha) \tag{4.13}$$

关于 y 为 $\mathbf{O}(2)$ 等变，$(\lambda,\alpha)\in\mathbb{R}^2$ 为参数，且

$$f(0,\lambda,\alpha) \equiv 0.$$

作为定态-Hopf 模态相互作用，我们设 $(df)_{0,0,0}$ 在虚轴上有本征值 0 和 $\pm\omega i(\omega\neq 0)$.

经 Liapunov-Schmidt 约化，可考虑映射

$$g:\mathbb{R}^6\times\mathbb{R}^2\times\mathbb{R}\to\mathbb{R}^6,$$

它依赖于参数 λ,α,τ，其中 τ 为约化过程中引进的周期尺度. 将 $\mathbb{R}^6$ 与 $\mathbb{C}^3=\{(z_0,z_1,z_2)\}$ 等同，其中 $z_0=0$ 和 $z_1=z_2=0$ 分别对应于本征值 $\pm\omega i$ 和 0 的本征子空间，而 $\mathbf{O}(2)$ 群在 $\mathbb{C}^3$ 上的作用由

$$\varphi\cdot(z_0,z_1,z_2) = (e^{mi\varphi}z_0, e^{li\varphi}z_1, e^{-li\varphi}z_2), \tag{4.14a}$$

$$\kappa\cdot(z_0,z_1,z_2) = (\bar{z}_0, z_2, z_1) \tag{4.14b}$$

生成，这里 l 与 m 互素. 而 $\theta\in\mathbf{S}^1$ 的作用则为移相

$$\theta\cdot(z_0,z_1,z_2) = (z_0, e^{i\theta}z_1, e^{i\theta}z_2) \tag{4.14c}$$

(参见(3.4)式). 下面的命题给出在作用(4.14)下的不变量理论.

命题6.4.3 在作用(4.14)下设(a)中 m 为奇数. 则

(a) $\mathbf{O}(2)\times\mathbf{S}^1$ 不变量的 Hilbert 基为

$$\rho = |z_0|^2, N = |z_1|^2 + |z_2|^2, \Delta = \delta^2, \Phi = \mathrm{Re}A, \Psi = \delta\mathrm{Im}A,$$

其中 $\delta=|z_2|^2-|z_1|^2$，$A=\bar{z}_0^{2l}(z_1\bar{z}_2)^m$.

(b) $\mathbf{O}(2)\times\mathbf{S}^1$ 等变量的生成元有下面12个.

$$V^1=(z_0,0,0), i\delta V^1;$$

$$V^2=(\bar{z}_0^{2l-1}(z_1\bar{z}_2)^m,0,0), i\delta V^2.$$

$$V^3=(0,z_1,z_2), iv^3;$$

$$\delta V^4=\delta(0,z_1,-z_2), i\delta V^4.$$

$$V^5=(0, z_0^{2l}\bar{z}_1^{m-1}z_2^m, \bar{z}_0^{2l}z_1^m\bar{z}_2^{m-1}), iV^5.$$

$$\delta V^6=\delta(0, z_0^{2l}\bar{z}_1^{m-1}z_2^m, -\bar{z}_0^{2l}z_1^m\bar{z}_2^{m-1}), i\delta V^6. \qquad \square$$

我们不来证明命题6.4.3(参见[GSS]). 利用该命题可以写

出在作用(4.14)下$\mathbf{O}(2)\times\mathbf{S}^1$等变映射的一般形式.

为计算迷向子群,我们引进一个引理.

引理6.4.5 设群 Γ 作用于两个 Γ 不变子空之和 $U\oplus V$. 设 $\{u_\alpha:\alpha\in A\}$为 Γ 在 U 上作用的轨道代表元组,u_α 的迷向子群为 Σ_α. 又设$\{v_{\alpha\beta};\beta\in B\alpha\}$为 Σ_α 在 V 上作用的轨道代表元组,$v_{\alpha\beta}$的迷向子群为 $\Gamma_{\alpha\beta}$. 则

$$\{(u_\alpha,v_{\alpha\beta}):\alpha\in A,\beta\in B_\alpha\} \tag{4.15}$$

为 Γ 在 $U\oplus V$ 上作用的轨道代表元组,且 $v_{\alpha\beta}$ 的迷向子群 $\Gamma_{\alpha\beta}$ 为$(u_\alpha,v_{\alpha\beta})$在 Γ 中的迷向子群.

证明 设$(u,v)\in U\oplus V$. 则有 $\gamma\in\Gamma$ 使对某 $\alpha\in A$ 有 $\gamma u=u_\alpha$,又有 $\delta\in\Sigma_\alpha$ 使对某 $\beta\in B$ 有 $\delta\gamma v=v_{\alpha\beta}$. 于是

$$\delta\gamma(u,v)=(\delta\gamma u,\delta\gamma v)=(\delta u_\alpha,v_{\alpha\beta})=(u_\alpha,v_{\alpha\beta}).$$

故(4.15)为轨道代表元组. $\Gamma_{\alpha\beta}$为$(u_\alpha,v_{\alpha\beta})$的迷向子群可直接验证.

□

对于 $\Gamma=\mathbf{O}(2)\times\mathbf{S}^1$在$\mathbb{C}^3$上的作用(4.14),可设 $U=\mathbb{C}^2,V=\mathbb{C}$. 为简单起见,我们考虑(4.14a)中 $l=m=1$情形. u_α 和 Σ_α 已在命题6.3.7中列出. 利用引理6.4.5可得到相应的轨道代表元,迷向子群及不动点子空间.

对于$\mathbf{O}(2)\times\mathbf{S}^1$等变的分岔问题,利用命题6.4.3,可写出简约以后的相应形式. 但它的分类将会是很复杂的,我们也不在这里作细介绍了. 只是指出,如果取三次截断,则其某些形式可在 Taylor-Couette 流的研究中遇到.

6.4.3 Hopf-Hopf 模态相互作用

考虑两个参数的$\mathbf{O}(2)$等变系统

$$\dot{x}=f(x,\lambda,\alpha),\quad f(o,\lambda,\alpha)\equiv 0. \tag{4.16}$$

假定$(df)_{0,0,0}$有两对纯虚本征值$\pm\omega_0 i,\pm\omega_1 i$,其(广义)本征子空间 W_0和 W_1设为$\mathbf{O}(2)$单纯. 则这些子空间的维数为2或4,取决于单纯的类别. 我们考虑 $\dim W_0=2$和 $\dim W_1=4$情形. 经约化,可设

$$(df)_{0,0,0}=\left[\begin{array}{cc:cc} 0 & -\omega_0 & \multicolumn{2}{c}{0} \\ \omega_0 & 0 & & \\ \hdashline & & 0 & -\omega_1 I \\ \multicolumn{2}{c:}{0} & \omega_1 I & 0 \end{array}\right], \quad (4.17)$$

其中 I 为2×2单位矩阵. $\mathbf{O}(2)$对$\mathbb{C}\oplus\mathbb{C}^2$的作用可设为

$$\psi\cdot(z_0,z_1,z_2)=(z_0,e^{i\psi}z_1,\ e^{-i\psi}z_2), \quad (4.18a)$$

$$\kappa\cdot(z_0,z_1,z_2)=(z_0,z_2,z_1). \quad (4.18b)$$

我们假定(4.16)已化为(Birkhoff)正规形,而且(ω_0,ω_1)为非共振. 则由命题5.4.19知 f 与 $\mathbf{T}^2$交换. 因而可考虑 f 为$\mathbf{O}(2)\times\mathbf{T}^2$等变情形. 由(4.17),$\mathbf{T}^2$的作用为

$$(\theta_0,\theta_1)\cdot(z_0,z_1,z_2)=(e^{i\theta_0}z_0,e^{i\theta_1}z_1,e^{i\theta_1}z_2). \quad (4.19)$$

下面的命题给出在作用(4.18),(4.19)下的不变量.

命题6.4.6 $\mathbf{O}(2)\times\mathbf{T}^2$等变的正规形向量场具有形式

$$(p_0+iq_0)\begin{pmatrix}z_0\\0\\0\end{pmatrix}+(p_1+iq_1)\begin{pmatrix}0\\z_1\\z_2\end{pmatrix}+(p_2+iq_2)\begin{pmatrix}0\\z_1\\-z_2\end{pmatrix}, \quad (4.20)$$

其中 p_j,q_j 为 ρ,N,Δ 和参数的函数,而

$$\rho=|z_0|^2,N=|z_1|^2+|z_2|^2,\Delta=\delta^2,\delta=|z_2|^2-|z_1|^2.$$

证明 见[CGK]. □

由(4.17),在原点处有

$$p_0=p_1=0,q_0=\omega_0,q_1=\omega_1. \quad (4.21)$$

命 $r_j=|z_j|$,Birkhoff 正规形(4.20)的相应的振幅方程则为

$$(\dot r_0,\dot r_1,\dot r_2)=(p_0r_0,(p_1+\delta p_2)r_1,(p_1-\delta p_2)r_2)\equiv g. \quad (4.22)$$

g 的零点对应于周期轨,2维不变环面和3维不变环面取决于 r_j 中零点个数为2,1和0.

同上面的分析类似,可证振幅方程(4.22)为 $\mathbf{Z}_2\times\mathbf{D}_4$等变,其中 $\mathbf{Z}_2$的生成元 κ_0和 $\mathbf{D}_4$的生成元 $\kappa_1,\kappa_2,\kappa_3$都是2阶的,在$\mathbb{R}^3$上的作用

方式是

$$\kappa_0(r_0,r_1,r_2) = (-r_0,r_1,r_2), \tag{4.23a}$$

$$\kappa_1(r_0,r_1,r_2) = (r_0,-r_1,-r_2), \tag{4.23b}$$

$$\kappa_2(r_0,r_1,r_2) = (r_0,r_1,-r_2), \tag{4.23c}$$

$$\kappa_3(r_0,r_1,r_2) = (-r_0,r_2,r_1). \tag{4.23d}$$

由此可得到$\mathbf{Z}_2\times\mathbf{D}_4$的迷向格及不动点子空间. 并通过对相应的$\mathbf{Z}_2\times\mathbf{D}_4$等变分岔问题的稳定性问题的讨论可得到原振幅方程零解的稳定性结论.

习 题 六

6.1 设$\mathrm{H}\subset\mathbf{O}(3)$为子群,$\pi:\mathbf{O}(3)=\mathbf{SO}(3)\oplus\mathbf{Z}_2^c\to\mathbf{SO}(3)$为投射. 证明:H 不在$\mathbf{SO}(3)$中且不含$-I$的充要条件是存在子群$\mathrm{L}\subset\mathrm{K}\subset\mathbf{SO}(3)$使$\mathrm{K}=\pi(\mathrm{H})$,$\mathrm{L}=\mathrm{H}\cap\mathbf{SO}(3)$且 L 在 K 中的指标为2.

6.2 设$\mathrm{V}=\{A$为3×3对角矩阵$|\operatorname{tr} A=0\}$,$\mathbf{O}(3)$作用在 V 上为$\gamma A=\gamma^{-1}A\gamma,\gamma\in\mathbf{O}(3)$.

(a) 证明上述作用绝对不可约.

(b) 求出上述作用的轨道,迷向子群及相应的不动点子空间.

(c) 设$f:\mathrm{V}\times\mathbb{R}\to\mathrm{V}$为$\mathbf{O}(3)$等变. 证明:通有地,方程$\dot{x}=f(x,\lambda)$有一轴对称解支(这里解为轴对称的,指它的迷向子群包含$\mathbf{SO}(2)$).

6.3 (a)对于$\mathbb{R}^2$上定态的$\mathbf{D}_n$等变分岔问题,证明以$\mathbf{Z}_2$为迷向子群的分支不会出现 Hopf 分岔.

(b) 更一般,考虑 V 上的Γ等变分岔问题. 证明:若迷向子群Σ将 V 分解成不同的绝对不可约表示的直和,则与Σ相应的解支不会出现 Hopf 分岔.

6.4 设$\Gamma=\mathbf{O}(2)$标准作用在$\mathbb{R}^2$上. 设$\mathbf{O}(2)\times\mathbf{S}^1$在$\mathbb{R}^2\oplus\mathbb{R}^2$上的作用为

$$(\gamma,\theta)\cdot[x|y] = \gamma[x|y]R_\theta,$$

这里$[x|y]$是以x,y为列的2×2矩阵. 记

$$\Sigma = \{(\theta,-\theta)\in\mathbf{O}(2)\times\mathbf{S}^1\}.$$

证明 $\mathrm{Fix}(\Sigma)=\left\{\begin{pmatrix} a & -b \\ b & a \end{pmatrix}\right\}$. 因而 $\dim \mathrm{Fix}(\Sigma)=2$. 运用等变 Hopf 定理(定理6.2.8)验证存在周期解 u 支使其对称包括 $R_\theta u(s-\theta)=u(s)$,即 $u(\theta)=R_\theta u(0)$(该解通常称为**旋转波**).

6.5　设 S 为2×2非奇异矩阵,$J=\begin{pmatrix} 0 & S^{-1} \\ S & 0 \end{pmatrix}$,$I$ 为4×4单位矩阵,$\Gamma=\{J,I\}(\cong \mathbf{Z}_2)$标准作用在 $\mathbb{R}^4$上.

(a) 证明 $\dim \mathrm{Fix}(\Gamma)=2$.

(b) 设 $f:\mathbb{R}^4\times\mathbb{R}\to\mathbb{R}^4$为 Γ 等变,且

$$df(0,0)=\begin{pmatrix} J_2 & 0 \\ 0 & J_2 \end{pmatrix},\quad J_2=\begin{pmatrix} 0 & -1 \\ 1 & 0 \end{pmatrix}.$$

方程 $\dot{x}=f(x,\lambda)$什么时候有以 Γ 为(空间)迷向子群的周期解支?

6.6　证明命题6.4.1.

6.7　设 $u:\mathbf{S}^1\to\mathbb{R}^n$ 为具有迷向子群 $\Sigma\subset\Gamma\times\mathbf{S}^1$的周期解,$\pi:\Gamma\times\mathbf{S}^1\to\Gamma$ 为投射. 设 $\mathrm{T}_u=\{u(t)\mid t\in\mathbf{S}^1\}$为 u 的轨道. 证明 $\pi(\Sigma)=\{\gamma\in\Gamma\mid\gamma\mathrm{T}_u=\mathrm{T}_u\}$.

6.8　证明命题6.4.3中的量满足关系

$$\psi^2=\Delta[\rho^{2l}(\frac{1}{4}(N^2-\Delta))^m-\varphi^2].$$

进而证明 $\mathbf{O}(2)\times\mathbf{S}^1$不变量环不是多项式环.

第七章　离散系统中吸引子的对称性

本章讨论由等变映射生成的离散系统中吸引子的对称性结构. 我们先在§7.1中对一般离散系统引进拓扑动力系统的基本理论;再在§7.2中研究等变离散系统中吸引子对称性的一般理论;然后在§7.3中就有限群的对称性结构进行讨论,并在§7.4中对§7.3中的一个基本定理作出证明. 本章的许多材料取自Melbourne等人新近的工作[MDG]和[AM].

§7.1　拓扑动力系统

本节我们来讨论由一般映射生成的离散系统. 为下面研究这类系统中吸引子的对称性变化作准备,这里将围绕不变集,特别是吸引子来介绍拓扑动力系统的基本概念和方法. 我们还在本节介绍拓扑混合性和敏感依赖性等方面的问题.

7.1.1　不变集和极限集

设X是局部连通的完备度量空间,并且具有可数拓扑基,f:X→X是连续映射.

定义7.1.1　称X的子集S是f不变的,f正不变的,f逆不变的,分别指$f(S)=S$,$f(S)\subset S$,$f^{-1}(S)\subset S$. f不变集,f正不变集和f逆不变集统称为f的不变集.

例7.1.1　常见的不变集有

(a) $x\in X$在f下的轨道

$$O_f(x)=\{f^k(x)\ |k=0,1,2,\cdots\}$$

是f正不变集.

(b) f的不动点集

$$\mathrm{Fix}(f)=\{x\in X\mid f(x)=x\}$$

和 f 的周期点集

$$\mathrm{Per}(f)=\bigcup_{k=1}^{\infty}\mathrm{Fix}(f^k)$$

都是 f 不变集. 对 $x\in\mathrm{Per}(f)$,称满足 $f^k(x)=x$ 的最小正整数 k 为 x 的周期,这时称 x 为k 周期点,称 $O_f(x)$为k 周期轨.

(c) $x\in X$ 的ω 极限集

$$\omega(x)=\{y\in X\mid \text{存在 } n_i\to\infty \text{ 使 } f^{n_i}(x)\to y\}$$

是 X 的 f 正不变的闭子集,满足

$$\omega(f(x))=\omega(x). \tag{1.1}$$

(d) f 的非游荡集

$$\Omega(f)=\{x\in X\mid \text{对 } x \text{ 的任意邻城 U,存在 } k>0 \text{ 使 } U\cap f^k(U)\neq\varnothing\}$$

是 f 正不变闭集. $\Omega(f)$中的点称为非游荡点. 易见,$\mathrm{Fix}(f)$,$\mathrm{Per}(f)$和 $\omega(x)$都是 $\Omega(f)$的子集.

(e) 设 $S\subset X$. 称集合

$$\mathscr{P}_f(S)=\bigcup_{k\geqslant 0}(f^k)^{-1}(S), \tag{1.2a}$$

$$\mathscr{Q}_f(S)=\bigcap_{k\geqslant 0}(f^k)^{-1}(S) \tag{1.2b}$$

分别为 S 在 f 下的原像并和原像交. 则 $\mathscr{Q}_f(S)\subset S\subset\mathscr{P}_f(S)$. 事实上,可验证 $\mathscr{P}_f(S)$是含 S 的最小的 f 逆不变集,$\mathscr{Q}_f(S)$是含于 S 中的最大的 f 正不变集,且

$$\mathscr{P}_f(S)=X\setminus\mathscr{Q}_f(X\setminus S) \tag{1.3}$$

(习题7.1). 一般地,$S\subset X$ 是 f 正不变集的充要条件是 $X\setminus S$ 是 f 逆不变集.

称 $\mathscr{P}_f(\mathrm{Per}(f))$中的元素为 f 的终归周期点. 易见 x 是终归周期点的充要条件是 $O_f(x)$为有限集.

现在我们来讨论极限集的性质.

命题7.1.2 设 $S\subset X$ 是 f 正不变集,$x\in X$. 若 $\omega(x)$含 S 的内点,即 $\omega(x)\cap\mathrm{int}\,S\neq\varnothing$,则存在 S 的有限个连通分支 $C_0,\cdots,C_{r-1}$使得

(a) $\omega(x) \cap S \subset C_0 \cup \cdots \cup C_{r-1}$，且 $\omega(x) \cap C_j \neq \varnothing$，$0 \leqslant j < r$.

(b) $\{C_j\}$被 f 轮换，即

$$f(C_j) \subset C_{(j+1) \bmod r}, \quad 0 \leqslant j < r. \tag{1.4}$$

(c) $\omega(x) \subset \overline{C}_0 \cup \cdots \cup \overline{C}_{r-1}$.

证明 设 $y \in \omega(x) \cap \text{int } S$，$C_0$是 S 中含点 y 的连通分支. 由 X 的局部连通性知 C_0是 y 的邻域. 由 $y \in \omega(x)$知有 $r>0$使 $f^r(C_0) \cap C_0 \neq \varnothing$. 再由连通性及 S 的正不变性知 $f^r(C_0) \subset C_0$. 对$0 \leqslant j < r$，设 C_j 为 S 中含 $f^j(C_0)$的连通分支. 则由连续性，有 $f(C_j) \subset C_{(j+1) \bmod r}$，即(b)成立. 另外由于存在 $k \geqslant 0$使 $f^k(x) \in C_0$，故 $O_f(f^k(x)) \subset \bigcup_{j=0}^{r-1} C_j$. 进而由(1.1)，

$$\omega(x) = \omega(f^k(x)) \subset \overline{C_0 \cup \cdots \cup C_{r-1}} = \overline{C}_0 \cup \cdots \cup \overline{C}_{r-1},$$

即(c)成立. 最后(a)成立是因 C_j 是 S 的连通分支，从而是 S 的闭子集，于是 $C_j = \overline{C}_j \cap S$，

$$\begin{aligned}\omega(x) \cap S &\subset (\overline{C}_0 \cap S) \cup \cdots \cup (\overline{C}_{r-1} \cap S) \\ &= C_0 \cup \cdots \cup C_{r-1}.\end{aligned}$$

□

推论7.1.3 若 S 是 f 正不变集且 $\omega(x) \subset \text{int } S$，则存在 S 的连通分支 $C_0, \cdots, C_{r-1}$，满足

$$\omega(x) \cap C_j \neq \varnothing, \quad f(C_j) \subset C_{(j+1) \bmod r}, \quad \forall\, 0 \leqslant j < r,$$

且 $\omega(x) \subset C_0 \cup \cdots \cup C_{r-1}$. □

命题7.1.4 设 $f: X \to X$ 连续，$x \in X$. 若有同胚 $h: X \to X$ 使 $f \circ h = h \circ f$，则 $h(\omega(x)) = \omega(h(x))$.

证明 对任意 $y \in \omega(x)$，有 $f^{n_i}(x) \to y$. 进而 $f^{n_i}(h(x)) = h(f^{n_i}(x)) \to h(y)$，即 $h(y) \in \omega(h(x))$. 可见 $h(\omega(x)) \subset \omega(h(x))$. 另一方面，

$$\begin{aligned}\omega(h(x)) &= h \circ h^{-1}(\omega(h(x))) \\ &\subset h(\omega(h^{-1} \circ h(x))) = h(\omega(x)).\end{aligned}$$

故有 $h(\omega(x)) = \omega(h(x))$. □

命题7.1.5 设 $f: X \to X$ 连续，$x \in X$ 及 $A = \omega(x)$. 设 X 为局部紧致，且 A 为紧致. 则

(a) $\overline{O_f(x)}$是紧集.

(b) A是f不变的,即$f(A)=A$.

证明 (a) 因X局部紧且A紧,故存在A的邻域U,使$\bar{U}$是紧集. 对$y\in A$,由$f(y)\in A\subset U$知存在y的邻域$V_y\subset U$使$f(V_y)\subset U$. 令$V=\bigcup_{y\in A}V_y$. 则V是A的邻域,满足$V\subset U$且$f(V)\subset U$. 现来证$\overline{O_f(x)}$是紧集. 若不然,则$O_f(x)\backslash\bar{U}$是无限集. 因而对每个$f^k(x)\in V$,有最小的正整数l,使$f^{k+l}(x)\in\bar{U}\backslash V$,而$f^{k+l+1}(x)\notin U$. 由此可见$A\cap(\bar{U}\backslash V)\neq\varnothing$,但这与$A\subset V$矛盾. (a)得证.

(b) 由A的正不变性,只要证$A\subset f(A)$. 设$y\in A$,则存在$n_i\to\infty$使$f^{n_i}(x)\to y$. 由(a)知$\{f^{n_i-1}(x)\}$有收敛子列. 设z是$\{f^{n_i-1}(x)\}$的一个收敛子列的极限,则$z\in A$,而$y=f(z)\in f(A)$.

□

推论7.1.6 设X是有限维向量空间,f:X→X是连续映射. 则

(a) $\omega(x)$为非空紧集当且仅当$O_f(x)$有界.

(b) 若$\omega(x)$是非空紧集,则$\omega(x)$是f不变集. □

7.1.2 吸引子

定义7.1.2 设$S\subset X$是f正不变闭集. 称S稳定,指对S的任意邻域U,存在S的邻域V使$f^n(V)\subset U$对一切$n\geqslant0$成立. 称稳定的ω极限集为吸引子.

注7.1.7 由于在上述定义中不要求吸引子含稠轨道或具有渐近稳定性,因而定义7.1.2中的吸引子比通常的概念更广泛. 这里,稳定集S为渐近稳定是指上述邻域V中的每一点的ω极限集都在S中.

有时候我们会遇到比吸引子更弱的概念.

定义7.1.3 称f正不变闭集S在点$x\in S$处稳定,指对S的任一邻域U,存在x的邻域V使$f^n(V)\subset U$对一切$n\geqslant0$成立. 称ω极限集S是在一点的吸引子,指存在$x\in S$使S在x处稳定.

显然，吸引子是在一点的吸引子，但反之不真.

例7.1.8 考虑一维映射 $f(x)=\mu x(1-x)$ 的 ω 极限集. 当 $\mu=\mu_\infty\approx 3.569946$ 时的"Feigenbaum"极限集是吸引子(Cantor 集)，但不是渐近稳定的，因为在它周围布满不稳定轨道；当 $\mu=4$ 时的 ω 极限集 $[0,1]$ 是在一点的吸引子，但不是吸引子.

下面的命题告诉我们，不同的吸引子是彼此分离的.

命题7.1.9 设 A_1,A_2 是 f 的吸引子，若 $A_1\cap A_2\neq\varnothing$，则 $A_1=A_2$.

证明 假设 $A_1\neq A_2$，不妨设 $A_1\not\subset A_2$，$A_i=\omega(x_i)$，$i=1,2$. 取 $a\in A_1\backslash A_2$. 则有 A_2 的开邻域 U 使 $a\notin\overline{U}$. 由 A_2 稳定知存在 A_2 的开邻域 V 使 $f^n(V)\subset U$，$n\geqslant 0$. 由 $\omega(x_1)\cap V\supset A_1\cap A_2\neq\varnothing$ 知存在 $m\geqslant 0$ 使 $f^m(x_1)\in V$. 因此 $O_f(f^m(x_1))\subset U$，进而 $A_1\subset\overline{U}$，这与 $a\in A_1\backslash\overline{U}$ 矛盾. □

下面的命题表明，吸引子还是共轭不变的.

命题7.1.10 设 $f:X\to X$ 连续，$h:X\to X$ 为同胚使 $f\circ h=h\circ f$，且设 A 是 f 的一个吸引子，则

(a) $h(A)$ 是 f 的吸引子.

(b) 若 $A\cap h(A)\neq\varnothing$，则 $h(A)=A$.

证明 (a) 设 $A=\omega(x)$. 由命题7.1.4知 $h(A)=\omega(h(x))$. 只要证明 $h(A)$ 是稳定的. 设 U 是 $h(A)$ 的邻域，则 $h^{-1}(U)$ 是 A 的邻域. 因 A 稳定，故有 A 的邻域 V 使 $f^n(V)\subset h^{-1}(U)$，$n\geqslant 0$. 于是 $h(V)$ 是 $h(A)$ 邻域，使

$$f^n(h(V))=h(f^n(V))\subset h(h^{-1}(U))=U,\ n\geqslant 0.$$

故 $h(A)$ 稳定.

(b) 是(a)及命题7.1.9 推论. □

引理7.1.11 设 $S,A\subset X$ 是闭集，且 A 是稳定的 f 正不变集. 则下三条等价.

(i) $A\cap S=\varnothing$.

(ii) $A\subset \operatorname{int}\mathscr{Q}_f(X\backslash S)$.

(iii) $A\cap\overline{\mathscr{P}_f(S)}=\varnothing$.

证明 由$S\subset\mathscr{P}_f(S)$知(iii)⇒(i). 由(1.3)式知(ii)⇒(iii). 下面设(i)成立,即$A\cap S=\varnothing$,则$X\backslash S$是A的开邻域,由A的稳定性知存在A的开邻域V使$f^k(V)\subset X\backslash S$对一切$k\geqslant 0$成立. 从而$V\subset\mathscr{Q}_f(X\backslash S)$,$A\subset \mathrm{Int}\ \mathscr{Q}_f(X/S)$,(ii)成立. □

命题7.1.12 设$A\subset X$是吸引子,S是含A的开集. 则

(a) 存在$\mathscr{Q}_f(S)$的有限个连通分支$C_0,\cdots,C_{r-1}$覆盖A,且$f(C_j)\subset C_{(j+1)\bmod r}$, $0\leqslant j<r$.

(b) 若M是与A相交的f正不变集,则$M\cap C_j\neq\varnothing$,$0\leqslant j<r$.

证明 (a)是引理7.1.11及推论7.1.3的直接推论. (b)是由于M与A相交,M必与$\{C_j\}$中的一个相交,由不变性,M也与其中的每一个相交. □

命题7.1.13(a) 含k周期点的吸引子至多有k个连通分支,因而含周期点的吸引子不是Cantor集.

(b) 含不动点的吸引子连通.

证明 (a) 设A是含k周期点的吸引子. 若$A=A_1\cup\cdots\cup A_{k+1}$,这里$A_j$是彼此不相交的非空闭集,则可取彼此不相交的开集$V_j$使$A_j\subset V_j$,$1\leqslant j\leqslant k+1$. 记$S=\bigcup\limits_{j=1}^{k+1}V_j$. 因S是含A的开集,由命题7.1.12(a),A被$\mathscr{Q}_f(S)$的有限个连通分支$C_0,\cdots,C_{r-1}$覆盖,而$f(C_j)\subset C_{(j+1)\bmod r}$,$0\leqslant j<r$. 但由于S分离$A_j$,每个$C_j$至多与一个$A_i$相交,故$r\geqslant k+1$. 另一方面,取A中的一条$k$周期轨M,则由命题7.1.12(b),M必与连通分支族$\{C_j\}$中的每一个相交,即$k\geqslant r$,得出矛盾.

(b)是(a)的直接推论. □

7.1.3 拓扑传递性

定义7.1.4 设$S\subset X$是非空的f正不变闭集. 称S是**极小**的,指S不含f正不变的非空真闭子集;称S是**拓扑传递**的,指存在$x\in S$使$S=\overline{O_f(x)}$;称S是**开集传递**的,指对S的任意开子集U

和 V，存在正整数 N 使 $f^N(\mathrm{U})\cap \mathrm{V}\neq\varnothing$；称 S 是拓扑混合的，指对 S 的任意开子集 U 和 V，存在正整数 N，使 $f^n(\mathrm{U})\cap \mathrm{V}\neq\varnothing$ 对一切 $n\geqslant N$ 成立.

回忆 $\mathrm{S}\subset\mathrm{X}$ 可分，是指 S 含一可数的稠密子集.

关于极小性、拓扑传递性，开集传递性和拓扑混合性，有如下结论，

命题7.1.14 设 $\mathrm{S}\subset\mathrm{X}$ 是 f 正不变闭集. 则

(a) S 极小当且仅当 $\mathrm{S}=\overline{\mathrm{O}_f(x)}$，$\forall\ x\in\mathrm{S}$.

(b) 若 S 极小，则 S 拓扑传递.

(c) 设 $\mathrm{S}=\omega(x)$，则 S 为开集传递的.

(d) 若 S 可分且为开集传递，则 S 为拓扑传递.

(e) 若 S 可分且在 f 下拓扑混合，则对每个 $k\geqslant1$，S 在 f^k 下拓扑传递.

证明 (a) 若 S 极小，则对 $x\in\mathrm{S}$，由 f 的连续性，以及 S 和 $\mathrm{O}_f(x)$ 的正不变性知

$$f(\overline{\mathrm{O}_f(x)})\subset\overline{f(\mathrm{O}_f(x))}\subset\overline{\mathrm{O}_f(x)}\subset\overline{\mathrm{S}}=\mathrm{S},$$

即 $\overline{\mathrm{O}_f(x)}$ 是 S 的非空的 f 正不变闭子集，因而 $\mathrm{S}=\overline{\mathrm{O}_f(x)}$.

反之，若 S 非极小，则有 f 正不变的非空闭集 $\mathrm{S}_1\subsetneqq\mathrm{S}$. 故对 $x\in\mathrm{S}_1$，$\overline{\mathrm{O}_f(x)}\subset\mathrm{S}_1$. 因而 $\mathrm{S}\neq\overline{\mathrm{O}_f(x)}$，矛盾.

(b) 由 (a) 直接推得.

(c) 设 U 和 V 为 S 的非空开子集. 则有 $k>0$ 使 $f^k(x)\in\mathrm{U}$. 由 (1.1) 知 $\omega(f^k(x))=\mathrm{S}$. 故又有 $n>0$ 使 $f^{k+n}(x)\in\mathrm{V}$. 故 $f^{k+n}(x)\in f^n(\mathrm{U})\cap\mathrm{V}$，S 为开集传递.

(d) 设 S 为开集传递. 由 S 可分知有可数基 $\{\mathrm{U}_n\}$. 则 $\mathrm{F}_n=\mathscr{D}_{f|\mathrm{S}}(\mathrm{U}_n)$ 是 S 的非空开稠集. 因 S 是完备度量空间，故 $\bigcap\limits_{n=1}^{\infty}\mathrm{F}_n$ 非空. 设 $x_0\in\bigcap\limits_{n=1}^{\infty}\mathrm{F}_n$. 则对每个 n，存在 m_n 使 $f^{m_n}(x_0)\in\mathrm{U}_n$. 故 $\overline{\mathrm{O}_f(x_0)}=\mathrm{S}$.

(e) 由 (d) 推得. □

定理7.1.15 设 X 是可分的完备度量空间. 则 X 中拓扑混合

的吸引子是连通集.

证明 设 A 是 f 的吸引子，$A=A_1\cup A_2$，这里 A_1,A_2 是不相交的非空闭集. 取不相交的开集 V_1,V_2，使 $A_j\subset V_j(j=1,2)$，令 $S=V_1\cup V_2$. 由命题7.1.12(a)，存在 $\mathscr{Q}_f(S)$ 的连通分支 $C_0,\cdots,C_{r-1}$，使 $A\subset C_0\cup\cdots\cup C_{r-1}$，$f(C_j)\subset C_{j+1\bmod r}(0\leqslant j<r)$. 易见 $r\geqslant 2$，$A\cap C_0,\cdots,A\cap C_{r-1}$ 是彼此不相交的 f^r 正不变集，且这些集合中至少有两个是非空的. 因此 $A=\bigcup\limits_{j=0}^{r-1}(A\cap C_j)$ 在 f^r 下不是开集传递的. 由命题7.1.14(e)和(d)，A 在 f 下不是拓扑混合的. □

7.1.4 敏感依赖性

最后，我们考虑吸引子的敏感依赖性问题.

定义7.1.5 设 $f:X\to X$ 连续. 称 f 正不变集 S 具有弱依赖性，指存在 $\varepsilon>0$，使得对任意 $x\in S$ 及 $\delta>0$，存在 $y\in B_\delta(x)$ 及正整数 m 满足 $d(f^m(x),f^m(y))>\varepsilon$. 如果 X 是欧氏空间，$f$ 正不变集 S 满足：存在含 S 的具有正(Lebesque)测度的集合 Y 及正数 ε，使得对任意 $x\in Y$ 及 $\delta>0$，存在 $y\in B_\delta(x)$ 及正整数 m，满足

$$d(f^m(x),f^m(y))>\varepsilon,$$

则称 S 具有敏感依赖性.

显然，具有敏感依赖性的 S 必具有弱依赖性，而若 S 具有正测度，则敏感依赖性和弱依赖性是等价的.

命题7.1.16 设 $x\in X$，$S\subset X$ 是 f 正不变集，满足 $\omega(x)\not\subset\overline{S}$ 及 $\omega(x)\subset\overline{\mathscr{P}_f(S)}$，则 $\omega(x)$ 具有弱依赖性. 若 X 是欧氏空间，$\omega(x)$ 还具有正(Lebesque)测度，则 $\omega(x)$ 具有敏感依赖性.

证明 只要证 $\omega(x)$ 具有弱依赖性. 设 $p\in\omega(x)\setminus\overline{S}$，$d$ 为 p 到 $\overline{S}$ 的距离，取 $\varepsilon\in(0,d)$. 对 $y\in\omega(x)$ 及 $\delta>0$，存在 $z\in B_\delta(y)$ 及正整数 $m_2\geqslant m_1\geqslant k$，使得 $f^k(z)\in S$，$x_1=f^{m_1}(x)\in B_\delta(y)$，$f^{m_2}(x_1)\in B_{d-\varepsilon}(p)$. 由 S 的正不变性知 $f^{m_2}(z)\in S$，因而

$$d(f^{m_2}(x_1),f^{m_2}(z))\geqslant d(p,f^{m_2}(z))-d(p,f^{m_2}(x_1))>\varepsilon,$$

$$\max(d(f^{m_2}(x_1),f^{m_2}(y)),d(f^{m_2}(z),f^{m_2}(y))>\varepsilon/2,$$

故 $\omega(x)$ 具有弱依赖性. □

Devaney 曾在[De]中给出混沌的定义,即:f 在正不变闭集 $S\subset X$ 上是混沌的,若(i)S 是开集传递的,(ii)f 的周期点在 S 中稠密,且(iii)S 具有弱依赖性. 下面 Banks 等人的结果[BBCDS]表明这里的(iii)不是必要的.

命题7.1.17 设 f 正不变闭集 $S\subset X$ 为开集传递,且含一稠密的周期点集. 若 S 不是周期轨,则 S 具有弱依赖性.

证明 取 S 的两个(不同的)周期轨 $O_f(x_1)$ 和 $O_f(x_2)$,命 $\delta_0>0$ 表示 $O_f(x_1)$ 和 $O_f(x_2)$ 间的距离. 取 $\varepsilon=\delta_0/8$. 对任一 $x\in S$,及 $\delta\in(0,\varepsilon)$,由周期点稠密性知在 $B_\delta(x)\cap S$ 中有一周期点 z. 设 z 的周期为 n. 由 δ_0 的取法知存在 $w\in O_f(x_1)\cup O_f(x_2)$,使 $d(f^j(w),x)\geqslant\delta_0/2=4\varepsilon$,对 $j\geqslant 0$. 命

$$U=\bigcap_{j=0}^{n} f^{-j}(B_\delta(f^j(w))).$$

则 U 为 w 的(开)邻域. 由开集传递性知存在 $y\in B_\delta(x)\cap S$ 及 $k>0$ 使 $f^k(y)\in U$.

命 m 是 $\dfrac{k}{n}+1$ 的整数部分,则 $1\leqslant nm-k\leqslant n$. 于是

$$f^{nm}(y)=f^{nm-k}(f^k(y))\in f^{nm-k}(U)\subset B_\delta(f^{nm-k}(w)).$$

注意到 $f^{nm}(z)=z$,有

$$\begin{aligned}&d(f^{nm}(z),f^{nm}(y))=d(z,f^{nm}(y))\\&\geqslant d(x,f^{nm-k}(w))-d(f^{nm-k}(w),f^{nm}(y))-d(z,x)\\&>4\varepsilon-\delta-\delta>4\varepsilon-2\varepsilon=2\varepsilon.\end{aligned}$$

由于 $d(f^{nm}(x),f^{nm}(y))+d(f^{nm}(x),f^{nm}(z))\geqslant d(f^{nm}(z),f^{nm}(y))$,可见,或者 $d(f^{nm}(x),f^{nm}(y))>\varepsilon$,或者 $d(f^{nm}(x),f^{nm}(z))>\varepsilon$,这说明了 S 的弱依赖性. □

于是,据命题7.1.14(c)和7.1.13(a),有

推论7.1.18 设 $A=\omega(x)$ 不是一周期轨,且含稠密的周期点集. 则 A 具有弱依赖性. 若 A 又为吸引子,则 A 由有限个连通分支组成. □

注7.1.19 对于一维系统 $f:\mathbb{R}\to\mathbb{R}$,若 $\omega(x)$ 为拓扑传递,则

总有 $\omega(x)\subset\overline{\mathrm{Per}(f)}$（参见[MDG]）.

§7.2 吸引子的对称性

这一节我们研究由等变连续映射所确定的离散系统中对称吸引子的结构及其变化，我们先讨论集合的对称性，然后来讨论等变离散系统中吸引子的对称性的结构特征.

7.2.1 集合的对称群

设 X 是有限维向量空间，且紧 Lie 群 Γ 作用于 X 上.

定义7.2.1 设 A 是 X 的一个非空子集. 称

$$\Sigma_A=\{\gamma\in\Gamma|\gamma A=A\} \tag{2.1}$$

为 A 的**对称子群**，并称

$$T_A=\bigcap_{x\in A}\Sigma_x \tag{2.2}$$

为 A 的**瞬时对称子群**.

当 $A=\{x\}$ 时，$\Sigma_A=T_A$ 就是我们通常定义的迷向子群 Σ_x. 我们用 $\Gamma_2\lhd\Gamma_1$ 表示 Γ_2 是群 Γ_1 的正规子群. 下面的命题指出 $T_A\lhd\Sigma_A$.

命题7.2.1 设 $A\subset X$ 是非空集合，并记 $V=\mathrm{Fix}(T_A)$. 则

(a) Σ_A 是 Γ 的子群，且当 $A\subset X$ 是闭集时，Σ_A 是 Γ 的闭子群.

(b) T_A 是 Γ 的闭子群，且是 Σ_A 的正规子群.

(c) $A\subset V$，且 $V=\bigcup_{x\in V}\mathrm{Fix}(\Sigma_x)$.

证明 (*a*) 由定义知 Σ_A 是 Γ 的子群. 若 A 是闭集，$\gamma_n\in\Sigma_A$ 满足 $\gamma_n\to\gamma_o\in\Gamma(n\to\infty)$，则对每一 $a\in A$，$\gamma_n a\in A$，$\gamma_n a\to\gamma_0 a(n\to\infty)$，故 $\gamma_0 a\in A$，同理可证 $\gamma_0^{-1}a\in A$，因而 $\gamma_0\in\Sigma_A$，Σ_A 是闭子群.

(b) 因 T_A 是闭子群 Σ_x，$x\in A$，的交，因而是闭子群. 对 $\sigma\in T_A$，$\gamma\in\Sigma_A$ 及 $x\in A$，因 $\sigma\gamma x=\gamma x$，故 $\gamma^{-1}\sigma\gamma\in T_A$. 因此 $T_A\lhd\Sigma_A$.

(c) 对任意 $x\in A\cup V$，有 $T_A\subset\Sigma_x$，进而 $x\in\mathrm{Fix}(\Sigma_x)\subset\mathrm{Fix}(T_A)=V$，可见

$$V\subset A\cup V\subset\bigcup_{x\in V}\mathrm{Fix}(\Sigma_x)\subset V.$$

这证明了(c). □

定义7.2.2 称商群 $S_A=\Sigma_A/T_A$ 为集合 A 的强对称群. 当 $T_A=\mathbb{1}$时，称 A 为 Σ_A 对称.

注7.2.2(a) 由命题7.2.1(b)知，Σ_A 包含在 T_A 的正规化子 $N_\Gamma(T_A)$中，因而

$$S_A \subset N_\Gamma(T_A)/T_A. \tag{2.3}$$

(b) T_A，Σ_A 和 S_A 在应用中具有不同的含义，例如对偏微分方程的非定态解 A，T_A 是该解在每一时刻具有的对称性，而 Σ_A 是该解对时间取平均后具有的对称性，S_A 就是经过时间平均化后产生的对称性(参见[DGM]).

定义7.2.3 对 Γ 的子群 Σ，称集合 A 是Σ 不变的，指 $\Sigma\subset\Sigma_A$，即 $\gamma A=A$，$\forall\ \gamma\in\Sigma$.

引理7.2.3 设紧 Lie 群 Γ 作用于 X 上，$S\subset X$.

(a) 若 S 是 Γ 不变集，则 $X\backslash S$，int S，$\bar{S}$，均为 Γ 不变集，这里 $f:X\to X$ 为 Γ 等变.

(b) 若 $S\subset X$ 是闭集，则 $\bigcup_{\gamma\in\Gamma}\gamma S$ 是含 S 的最小的 Γ 不变闭集.

(c) 若 $S\subset X$ 是开集，则 $\bigcap_{\gamma\in\Gamma}\gamma S$ 是含于 S 中的最大的 Γ 不变开集.

证明 (a)是显然的.

(b) 设 $\gamma_n\in\Gamma$，$x_n\in S$，$\gamma_n x_n\to x_0(n\to\infty)$. 因 Γ 紧，不妨设 $\gamma_n\to\gamma_0\in\Gamma(n\to\infty)$. 记 d 为 X 上的 Γ 不变度量. 则

$$\begin{aligned} d(x_n,\gamma_0^{-1}x_0) &= d(\gamma_n x_n,\gamma_n\gamma_0^{-1}x_0) \\ &\leqslant d(\gamma_n x_n,x_0)+d(x_0,\gamma_n\gamma_0^{-1}x_0) \\ &\to 0 \quad (n\to\infty). \end{aligned}$$

故 $x_n\to\gamma_0^{-1}x_0(n\to\infty)$. 由 S 闭知，$\gamma_0^{-1}x_0\in S$，或 $x_0\in\gamma_0 S$，从而 $\bigcup_{\gamma\in\Gamma}\gamma S$ 是闭集. 其 Γ 不变性及最小性是显然的.

(c) $x\in\bigcup_{\gamma\in\Gamma}\gamma(X\backslash S)$当且仅当存在 $\gamma\in\Gamma$ 使 $\gamma^{-1}x\notin S$，后者成立当且仅当 $x\notin\bigcap_{\gamma\in\Gamma}\gamma S$. 因此$\bigcap_{\gamma\in\Gamma}\gamma S=X\backslash\bigcup_{\gamma\in\Gamma}\gamma(X\backslash S)$，由(b)，这是开集，其 Γ 不变性及最大性是显然的. □

定义7.2.4 设群 Σ 作用在集合 Y 上(即 Σ 中每个元素是 Y 上的一个变换). 这种作用是**传递的**,指对任意 $x,y\in Y$,有 $\sigma\in\Sigma$ 使 $\sigma(x)=y$;作用是**不动点自由的**,指 $\sigma\in\Sigma$, $y\in Y$ 使得 $\sigma(y)=y$,蕴涵 σ 为单位元.

比如, $A\subset X$ 的强对称群 S_A 在 A 上诱导的作用是不动点自由的.

引理7.2.4 设 Y 是由 r 个元素组成的有限集,群 Σ 不动点自由地作用于 Y 上. 若 r 阶循环群 $\mathbf{Z}_r$ 传递作用于 Y 上,且 $\mathbf{Z}_r$ 和 Σ 的作用可交换,则 Σ 同构于 $\mathbf{Z}_r$ 的一个子群,即存在整除 r 的正整数 k 使 $\Sigma\cong\mathbf{Z}_k$.

证明 固定 $y\in Y$. 对 $\sigma\in\Sigma$,由 $|Y|=r$ 和 $\mathbf{Z}_r$ 的传递性,存在唯一的 $a\in\mathbf{Z}_r$ 使 $\sigma y=ay$. 从而有映射 $\chi:\Sigma\to\mathbf{Z}_r$ 满足 $\chi(\sigma)y=\sigma y$, $\forall\ \sigma\in\Sigma$. 对 $\sigma_1,\sigma_2\in\Sigma$,因 Σ 与 $\mathbf{Z}_r$ 的作用交换, $\mathbf{Z}_r$ 是 Abel 群,故

$$\begin{aligned}\sigma_1\sigma_2 y &= \sigma_1\chi(\sigma_2)y = \chi(\sigma_2)\sigma_1 y \\ &= \chi(\sigma_2)\chi(\sigma_1)y = \chi(\sigma_1)\chi(\sigma_2)y.\end{aligned}$$

因而 $\chi(\sigma_1\sigma_2)=\chi(\sigma_1)\chi(\sigma_2)$,即 χ 是同态. 若 $\chi(\sigma)=1$,则 $\sigma y=y$. 由 Σ 的作用为不动点自由知 $\sigma=e$. 故 χ 是单同态, Σ 同构于 $\mathbf{Z}_r$ 的子群 $\chi(\Sigma)$. □

现在我们考虑等变映射情形.

推论7.2.5 Γ 等变映射的 r 周期轨的强对称群同构于 $\mathbf{Z}_r$ 的一个子群.

证明 设 $f:X\to X$ 是 Γ 等变映射, $Y=\{x,f(x),\cdots,f^{r-1}(x)\}$ 是 f 的 r 周期轨. 则 S_Y 不动点自由地作用于 Y 上,而 $\mathbf{Z}_r$ 传递作用于 Y 上:

$$a\cdot f^j(x) = f^{j+a}(x),\ \forall\ a\in\mathbf{Z}_r, 0\leqslant j<r.$$

由 f 的等变性知 $\mathbf{Z}_r$ 和 S_Y 在 Y 上的作用可交换. 由引理7.2.4, S_Y 同构于 $\mathbf{Z}_r$ 的子群. □

定义7.2.5 设 Σ 和 Δ 为 Γ 的子群. Σ 为 Δ 的**循环扩张**,若 Δ 为 Σ 的正规子群,且商群 Σ/Δ 是循环群.

推论7.2.6 设 $f:X\to X$ 是 Γ 等变映射，$x\in X$，$\Sigma=\Sigma_{\omega(x)}$. 设 $S\subset X$ 是 Σ 不变的 f 正不变集. 若 $\omega(x)$ 含 S 的内点，则存在 S 的有限个连通分支 $C_0,\cdots,C_{r-1}$，使得

(a) $\omega(x)\cap S\subset C_0\cup\cdots\cup C_{r-1}$，且 $\omega(x)\cap C_j\neq\varnothing$，$0\leqslant j<r$.

(b) $f(C_j)\subset C_{(j+1)\bmod r}$，$0\leqslant j<r$.

(c) $\omega(x)\subset\overline{C}_0\cup\cdots\cup\overline{C}_{r-1}$.

(d) $\Sigma_{C_0}=\cdots=\Sigma_{C_{r-1}}$，且 Σ 是 $\Delta=\Sigma_{C_0}$ 的循环扩张，Σ/Δ 同构于 $\mathbf{Z}_r$ 的子群.

证明 (a)、(b)、(c)即命题7.1.2.

(d) 因 S 是 Σ 不变集，$\sigma\in\Sigma$ 是同胚，故 σC_j 是 S 的连通分支，从而 Σ 作用于集合

$$Y=\{C_0,\cdots,C_{r-1}\}$$

上. 若 $\sigma C_j=C_k$，则 $\sigma f(C_j)=f(\sigma C_j)=f(C_k)$，故 $\sigma C_{(j+1)}=C_{k+1}$，从而 $\Sigma_{C_j}\subset\Sigma_{C_{(j+1)\bmod r}}$. 因此 $\Sigma_{C_0}=\cdots=\Sigma_{C_{r-1}}$. 记 $\Delta=\Sigma_{C_j}$. 则 Δ 是 Σ 在 Y 上作用的核，Δ 是 Σ 的正规子群. 易验证 Σ/Δ 不动点自由地作用于 Y 上，且与 $\mathbf{Z}_r$ 在 Y 上的传递作用

$$a\cdot C_j=C_{(j+a)\bmod r},\ \forall\ a\in\mathbf{Z}_r,0\leqslant j<r,$$

交换，因而由引理7.2.4，Σ/Δ 同构于 $\mathbf{Z}_r$ 的子群. □

7.2.2 吸引子的对称性

推论7.2.5指出了周期轨的对称性. 我们现在来讨论吸引子的对称性. 首先，作为命题7.1.10的推论，我们有

命题7.2.7 设 $f:X\to X$ 是 Γ 等变连续映射，A 是 f 的一个吸引子. 则

(a) γA 是 f 的吸引子，$\forall\ \gamma\in\Gamma$.

(b) $\Sigma_A=\{\gamma\in\Gamma\mid\gamma A\cap A\neq\varnothing\}$. □

注7.2.8 设 f 为 Γ 等变映射，我们经常要讨论 f 的 Γ 对称吸引子(见定义7.2.2). 设 A 为 f 的吸引子，且 $\Sigma=\Sigma_A$.

(a) 若 A 为 Σ 对称，即 Σ_A 与 S_A 相同，则可把 f 看成是 Σ 等

变映射.

(b) 若 A 不是 Σ 对称,由命题7.2.1(c),$A\subset \mathrm{Fix}(T_A)$. 我们可以考虑在 f 不变子空间 $\mathrm{Fix}(T_A)$上的限制映射 $g=f|\mathrm{Fix}(T_A)$. 易验证 g 是 $\Delta=N_\Gamma(T_A)$等变映射. 在 Δ 中 S_A 与 T_A 一致,因而可象(a)那样,把 A 看成是 Σ_A 等变映射 g 的 Σ_A 对称吸引子.

下面的命题描述了吸引子的每个连通分支的对称性.

命题7.2.9 设 $f:X\to X$ 是 Γ 等变连续映射,A 是 f 的一个吸引子,且 $A=A_0\cup\cdots\cup A_{r-1}$,其中 A_j 是 A 的连通分支,$0\leqslant j<r$. 则

(a) $\Sigma_{A_0}=\cdots=\Sigma_{A_{r-1}}$,且 Σ_A 是 $\Delta=\Sigma_{A_0}$的循环扩张,即 Δ 是 Σ_A 的正规子群,而 Σ_A/Δ 同构于 $\mathbf{Z}_r$ 的一个子群.

(b) 若 A 还是 f 不变集,即 $f(A)=A$,则 $T_{A_j}=T_A$,$0\leqslant j<r$,并且 $S_{A_0}=\cdots=S_{A_{r-1}}$是 S_A 的正规子群,而 S_A/S_{A_j}是循环群.

证明 取 X 的彼此不相交的开子集 V_j,$j=0,\cdots,r-1$,使 $A_j\subset V_j$. 令 $S_0=\bigcup\limits_{j=0}^{r-1}V_j$,$S=\bigcap\limits_{\gamma\in\Sigma_A}\gamma S_0$. 则由引理7.2.3(c),S 是 Σ_A 不变的开集,且 $A\subset S\subset S_0$. 由引理7.1.12及推论7.2.6(d)知,存在 $\mathscr{Q}_f(S)$的有限个连通分支 $C_0,\cdots,C_{k-1}$及 Σ_A 的正规子群 $\Delta=\Sigma_{C_0}=\cdots=\Sigma_{C_{k-1}}$,使得 $A\subset C_0\cup\cdots\cup C_{k-1}$,$\Sigma_A/\Delta$ 同构于 $\mathbf{Z}_k$ 的一个子群. 易见每个 C_j 与且只与一个 A_i 相交,故 $k=r$,且不妨设 $A_j\subset C_j$,$0\leqslant j<r$,. 可见 $\Sigma_{A_j}=\Sigma_{C_j}$,从而(a)得证.

若 $f(A)=A$,则 $f(A_j)=A_{(j+1)\bmod r}$,$0\leqslant j<r$. 因而 $T_{A_j}\subset T_{A_{(j+1)\bmod r}}$,可见 $T_{A_0}=\cdots=T_{A_{r-1}}$. 又因 $T_A=\bigcap\limits_{j=0}^{r-1}T_{A_j}$,故 $T_{A_j}=T_A$,$0\leqslant j<r$. 因 $T_A\lhd\Sigma_{A_j}\lhd\Sigma_A$,$T_A\lhd\Sigma_A$,故 $S_{A_j}=\Sigma_{A_j}/T_A$ 是 $S_A=\Sigma_A/T_A$ 的正规子群,且 S_A/S_{A_j}同构于 Σ_A/Σ_{A_j}. 而 Σ_A/Σ_{A_j}同构于 $\mathbf{Z}_r$ 的一个子群,故 S_A/S_{A_j}是循环群,(b)得证. □

注7.2.10 若 A 是紧吸引子,则由推论7.1.6,A 是 f 不变集,因而命题7.2.9(b)的结论自然满足.

命题7.2.11 设 $f:X\to X$ 是 Γ 等变连续映射,A 是 f 的吸引

子，$S_A=\Gamma$. 设 A 分成两个不相交的紧集 A_1 和 A_2 之并. 则 Γ 是 S_{A_1} 的循环扩张.

证明 取 X 的不相交的开子集 V_1, V_2，使 $A_j \subset V_j$，$j=1,2$. 令 $S=\bigcap_{\gamma\in\Gamma}\gamma(S_1\cup S_2)$. 则如命题7.2.9证明中那样，可得到 $\mathscr{D}_f(S)$ 的被 f 轮换的连通分支 $C_0,\cdots,C_{r-1}$，它们覆盖 A，使 $\Sigma_{C_0}=\cdots=\Sigma_{C_{r-1}}=\Delta$，且 Γ 为 Δ 的循环扩张. 命 $B_j=A\cap C_j$. 则 A_1 是 $\{B_j\}$ 中若干元之并. 仍如上命题证明中那样，有 $T_{B_0}=\cdots=T_{B_{r-1}}=T_A=\mathbb{1}$，进而可知 Γ 是 S_{A_1} 的循环扩张. □

命题7.2.11可用于判断一些吸引子的分支的对称性.

例7.2.12 设 $\Gamma=\mathbf{D}_m$ 作用在 $\mathbb{R}^2$ 上，$m\geqslant 3$. 对于 $\mathbf{D}_m$ 等变映射 f 的吸引子 A，设 A 为 $\mathbf{D}_m$ 对称，且可分成两个不相交的紧集 A_1 和 A_2 之并. 命题7.2.11表明，$\mathbf{D}_m$ 是 S_{A_1} 的循环扩张. $\mathbf{D}_m$ 的正规子群有 $\mathbf{Z}_k$（k 整除 m），$\mathbf{D}_{m/2}$（若 m 是偶数）和 $\mathbf{D}_m$. 我们指出，当 m 为奇数时 $S_{A_1}=\mathbf{D}_m$ 或 $\mathbf{Z}_m$；当 m 为偶数时，$S_{A_1}=\mathbf{D}_m$，$\mathbf{Z}_m$ 或 $\mathbf{D}_{m/2}$. 因为对于 $\mathbf{D}_m$ 的其它正规子群 $\mathbf{Z}_k$（k 整除 m），由 $\mathbf{D}_m/\mathbf{Z}_k\cong\mathbf{D}_{m/k}$ 知不是循环群，应予排除. 特别是，$\mathbf{D}_m$ 标准作用在 $\mathbb{R}^2$ 时，可以证明（见定理7.3.14），$S_{A_1}=\mathbf{D}_m$.

§7.3 有限群作用下吸引子的对称性

在有限群作用下吸引子的对称结构可通过容许和强容许子群来描述. 本节我们先介绍这类子群的概念，建立一些基本性质，然后通过引进基本分解来讨论平面上二面体群作用下吸引子的对称性结构，最后给出关于容许和强容许子群的基本定理，并对一些基本的容许和强容许子群作出分类. 下一节再对该基本定理作出证明.

7.3.1 容许子群和强容许子群

容许和强容许子群在描述吸引子的对称性中起到迷向子群的

作用. 设紧 Lie 群 $\Gamma\subset\mathbf{O}(n)$标准作用在空间 $X=\mathbb{R}^n$ 上.

定义7.3.1 称子群 $\Sigma\subset\Gamma$ 是容许的,指

(i) 存在 Γ 等变连续映射 $f:X\to X$, 使 f 具有 Σ 对称吸引子 $A\subset X$.

(ii) 存在 $x\in A$,使 $\Sigma_x=\mathbb{1}$.

称 $\Sigma\subset\Gamma$ 是强容许的,指 Σ 是容许的,并且相应的吸引子 A 可取为连通的.

例7.3.1 若 $\Gamma\subset\mathbf{O}(1)=\mathbf{Z}_2$,则 Γ 的所有子群都是强容许的. 事实上,对于 $\Gamma=\mathbb{1}$和 $\mathbf{Z}_2$情形,子群$\mathbb{1}$总是强容许的,这只要取映射 $f(x)=3(x-x^3)/2$,它在 $\sqrt{1/3}$处有不动点吸引子. 对于 $\Gamma=\mathbf{Z}_2$的子群 $\Sigma=\mathbf{Z}_2$,可取 $\mathbf{Z}_2$等变映射 $f(x)=4x^3-3x$ 和 $\mathbf{Z}_2$对称的不变集 $A=[-1,1]\subset\mathbb{R}$. 可以验证,$f|A$ 拓扑共轭于 S^1上的映射 $g=3\theta$(参见[De]书中§1.8的练习),由此可得 A 所要的性质.

本节均设 $\Gamma\subset\mathbf{O}(n)$为有限群. 为研究容许和强容许子群的性质,我们引进反射超平面的概念,它描述了群所作用的空间结构.

定义7.3.2 称 $\tau\in\Gamma$ 是反射(或反射元),指 $\dim \mathrm{Fix}(\tau)=n-1$,这里 $\mathrm{Fix}(\tau)$称为$\mathbb{R}^n$ 中的反射超平面.

注7.3.2 易验证, 反射 τ 的逆元仍为 τ. 对于 $\gamma\in\Gamma$, 回忆§3.4中(4.2)式

$$\gamma\mathrm{Fix}(\tau)=\mathrm{Fix}(\gamma\tau\gamma^{-1}), \tag{3.1}$$

可见,反射的共轭元仍为反射.

对子群 $\Sigma\subset\Gamma$,设 K_Σ 为 $\Gamma\backslash\Sigma$ 中的反射集,并记 L_Σ 为 K_Σ 对应的反射超平面集,

$$L_\Sigma=\bigcup_{\tau\in K_\Sigma}\mathrm{Fix}(\tau). \tag{3.2}$$

对 $\sigma\in\Sigma$ 及 $\tau\in K_\Sigma$,由(3.1)知 $\sigma\tau\sigma^{-1}\in K_\Sigma$,故 L_Σ 是 Σ 不变集. 又记 Σ_R 为 Σ 中由反射元生成的子群.

引理7.3.3 设 $\Gamma\subset\mathbf{O}(n)$是有限群,$\Sigma\subset\Gamma$ 是子群,且 $f:\mathbb{R}^n\to\mathbb{R}^n$ 是 Γ 等变连续映射. 若 Σ 是 f 的一个吸引子 A 的对称子群,则 Σ 是某个正规子群 Δ 的循环扩张,使$\mathbb{R}^n\backslash L_\Delta$ 有一个 Δ 不变的连通

分支. 特别若 A 连通, 则 $\Delta=\Sigma$.

证明 令 $L=\bigcup_{\tau\in B}\mathrm{Fix}(\tau)$, 这里

$$B=\{\tau\in\Gamma\mid\tau\text{ 是反射, 且 }\mathrm{Fix}(\tau)\cap A=\varnothing\}.$$

由 A 的 Σ 不变性及(2.3)式知 L 是 Σ 不变集. 由引理7.1.12, 7.2.3及推论7.2.6知, 存在 $\mathscr{Q}_f(\mathbb{R}^n\backslash L)$ 的有限个连通分支 $C_0,\cdots,C_{r-1}$ 及 Σ 的正规子群 Δ, 使得 $A\subset C_0\cup\cdots\cup C_{r-1}$, $\Sigma_{C_j}=0$, $0\leqslant j<r$, Σ/Δ 是循环群. 若 A 连通, 则 $r=1$, $\Sigma=\Delta$.

若 $\mathrm{Fix}(\tau)\cap A\neq\varnothing$, 则 $\tau A\cap A\neq\varnothing$, 由命题7.2.7知 $\tau\in\Sigma$. 另外存在 C_j 使 $\mathrm{Fix}(\tau)\cap C_j\neq\varnothing$, 从而 $\tau\in\Sigma_{C_j}=\Delta$. 可见 $L_\Delta\subset L$. 故 $\mathscr{Q}_f(\mathbb{R}^n\backslash L)=\mathbb{R}^n\backslash\mathscr{P}_f(L)\subset\mathbb{R}^n\backslash L\subset\mathbb{R}^n\backslash L_\Delta$, 而 $\mathscr{Q}_f(\mathbb{R}^n\backslash L)$ 有 Δ 不变的连通分支, 故 $\mathbb{R}^n\backslash L_\Delta$ 有 Δ 不变的连通分支. □

由引理7.3.3自然得出子群为容许和强容许的必要条件.

定理7.3.4 设 $\Sigma\subset\Gamma$ 是子群. 若 Σ 是容许子群, 则 Σ 是某个正规子群 Δ 的循环扩张, 使 $\mathbb{R}^n\backslash L_\Delta$ 有一个 Δ 不变的连通分支; 特别若 Σ 是强容许子群, 则 $\Delta=\Sigma$. □

定理7.3.4给出了容许和强容群子群存在的必要条件, 它是说, 群 Γ 的子群 Σ 若是容许的, 则存在子群 Δ 使 Σ 是 Δ 的循环扩张, 且 Δ 保持 $\Gamma\backslash\Delta$ 中反射的反射超平面集之补集 $\mathbb{R}^n\backslash L_\Delta$ 中的一个连通分支不变. 若 Σ 是强容许的, 则这里的 $\Delta=\Sigma$. 本节后面将指出, 当 $n\geqslant3$时, 上述条件还是充分的. 这里我们对定理7.3.4中的这个条件给出一个等价的提法.

定理7.3.5 设 $\Gamma\subset\mathbf{O}(n)$ 是有限群, $\Sigma\subset\Gamma$ 为子群. 则 Σ 保持 $\mathbb{R}^n\backslash L_\Sigma$ 的一个连通分支不变当且仅当存在迷向子群 $\Delta\subset\Gamma$ 使

$$\Delta_R\subset\Sigma\subset\Delta.$$

证明 设 $\Delta=\Sigma_x$, $x\in\mathbb{R}^n$, 满足 $\Delta_R\subset\Sigma\subset\Delta$. 则由 $\Sigma\subset\Sigma_x$ 知 $x\in\mathbb{R}^n\backslash L_\Sigma$. 记 C 为 $\mathbb{R}^n\backslash L_\Sigma$ 中含 x 的连通分支. 由于 $\mathbb{R}^n\backslash L_\Sigma$ 是 Σ 不变的, 故 C 是 Σ 不变的.

反之, 设 $\mathbb{R}^n\backslash L_\Sigma$ 有一个 Σ 不变的连通分支 C. 取 $v_0\in C$, 并令 $v=\Sigma_{\sigma\in\Sigma}\sigma v_0$. 则 $v\in\mathrm{Fix}(\Sigma)$. 且由于 C 是个锥, 故 $v\in C$. 若 $L_\Sigma=\varnothing$, 则取 $\Delta=\Sigma_v$. 于是 $\Sigma\subset\Delta$. 若 $v\in\mathrm{Fix}(\tau)$, τ 是反射, 则由 $v\notin L_\Sigma$ 知 τ

$\in\Sigma$. 从而 $\Delta_R\subset\Sigma$. □

7.3.2 基本分解

基本分解的概念对于研究吸引子的对称结构是很有用的.

定义7.3.3 设群 Γ 是作用于有限维向量空间 X 上,$\mathscr{D}$ 是由 X 的有限个闭子集 B 组成的集合族. 称 $\mathscr{D}$ 是 X 关于 Γ 作用的一个基本分解,指

(i) $X=\bigcup_{B\in\mathscr{D}}B$.

(ii) $\overline{\text{int }B}=B,\forall\ B\in\mathscr{D}$.

(iii) int B 彼此不相交.

(iv) 群 Γ 作用于 $\mathscr{D}$ 上,即对 $B\in\mathscr{D}$ 及 $\gamma\in\Gamma,\gamma B\in\mathscr{D}$.

(v) 对每个 $B\in\mathscr{D}$,若 $\gamma\in\Gamma\backslash\{e\}$使得 $\gamma B=B$,则存在 $\sigma\in\Gamma$,使 $\gamma\sigma B\neq\sigma B$.

注7.3.6 上述条件(v)说明 Γ 对 $\mathscr{D}$ 的作用是不动点自由的,并且还说明若存在(v)中那样的 B,则 Γ 不是交换群.

例7.3.7 (a) 设 Γ 是作用于$\mathbb{R}^n$ 上的有限群,取$\mathbb{R}^n$ 中过原点的一个超平面,并设 S_0是它的一个半平面. 命 $S=\bigcup_{\gamma\in\Gamma}\gamma S_0$,且设 $\mathscr{D}$ 为由$\mathbb{R}^n\backslash S$ 的连通分支的闭包组成的集族. 则 $\mathscr{D}$ 满足定义7.3.3中的(i)—(iv).

(b) 特别,对于作用于$\mathbb{R}^2\cong\mathbb{C}$ 的 $\mathbf{D}_m,m\geqslant 3$,可以验证(习题7.3),(a)中相应的 $\mathscr{D}$ 还满足(v),因而是基本分解.

关于基本分解,我们有

定理7.3.8 设 Γ 是作用于空间 X 上的有限群,$\mathscr{D}$ 是 X 关于该作用的一个基本分解,且 $S=\bigcup_{B\in\mathscr{D}}\partial B$. 设 A 是 Γ 等变映射 f:X→X 的 ω 极限集,使 $S_A=\Gamma$. 则

(a)$A\subset\overline{\mathscr{P}_f(S)}$.

(b)若 A 是吸引子,则 $A\cap S\neq\varnothing$.

(c)若 A 是吸引子,且基本分解 $\mathscr{D}$ 由例7.3.7(a)给定,则 $A\cap\gamma S_0\neq\varnothing,\forall\ \gamma\in\Gamma$.

证明 (a) 若 $A \not\subset \overline{\mathscr{P}_f(S)}$,则由(1.2)式知 $A \cap \mathrm{int}\mathscr{Q}_f(X \backslash S) \neq \varnothing$. 由推论7.2.6,存在 $\mathscr{Q}_f(X \backslash S)$ 的有限个连通分支 $C_0, \cdots, C_{r-1}$ 及 Γ 的正规子群 Δ,使得

$$A \cap \mathscr{Q}_f(X \backslash S) \subset C_0 \cup \cdots \cup C_{r-1}, \Sigma_{C_j} = \Delta,\ 0 \leqslant j < r,$$

且 Γ/Δ 是循环群. 不妨设 $B_j \in \mathscr{D}$ 满足 $C_j \subset B_j, 0 \leqslant j < r$. 若 $\Delta = \mathbb{1}$,则对 $\gamma \in \Delta \backslash \mathbb{1}, \gamma C_j = C_j$,从而 $\gamma B_j = B_j$. 于是 Γ 为非交换群(见注7.3.6),且存在 $\sigma \in \Gamma$ 使 $\gamma\sigma B_j \neq \sigma B_j$. 但 $\sigma C_j = C_k$,故 $\sigma B_j = B_j, \gamma B_j = B_k$,这与 $\gamma\sigma B_j = \sigma B_j$ 矛盾,因此 $\Delta = \mathbb{1}$. 但已证得 $\Gamma/\Delta \cong \Gamma$ 是循环群,这与 Γ 非交换性矛盾,故 $A \subset \overline{\mathscr{P}_f(S)}$.

(b) 由(a)及引理7.1.11得证.

(c) 由(b)知存在 $\gamma_0 \in \Gamma$ 使 $A \cap \gamma_0 S_0 \neq \varnothing$,从而对任意 $\gamma \in \Gamma$, $A \cap \gamma S_0 = A \cap \gamma\gamma_0^{-1}\gamma_0 S_0 = \gamma\gamma_0^{-1}(A \cap \gamma_0 S_0) \neq \varnothing$. □

7.3.3 二面体群及其等变映射

二面体群 $\mathbf{D}_m$ 是一类最重要的有限群，其吸引子有一些特殊的对称性质. 通过对这些性质的研究,我们可以得到二面体群的容许和强容许子群的结构. 回忆 $\mathbf{D}_m$ 作用于$\mathbb{C} \cong \mathbb{R}^2$上通常为

$$\zeta \cdot z = e^{2l\pi i/m} z, \qquad \kappa \cdot z = \bar{z},$$

其中 l, m 互素,但在下面的讨论中我们总取标准作用,即 $l = 1$. $\mathbf{D}_m$ 中的反射元为 $\zeta^k \kappa, k = 0, 1, \cdots, m-1$,其中每个都生成 $\mathbf{D}_m$ 的子群

$$\mathbf{Z}_2(\zeta^k \kappa) = \{\zeta^k \kappa, 1\} \cong \mathbf{D}_1, \quad 0 \leqslant k \leqslant m.$$

它们的不动点子空间组成 $\mathbf{D}_m$ 的对称轴.

$\mathbb{R}^2 \cong \mathbb{C}$ 上的 $\mathbf{D}_m$ 等变映射的一般形式为

$$f(z) = p(u, v)z + q(u, v)\bar{z}^{m-1},$$

其中 $u = \bar{z}z, v = (z^m + \bar{z}^m)/2$,且 p 和 q 为 u 和 v 的实函数.

引理7.3.9 设子群 $\Delta \subset \mathbf{D}_m$ 使得$\mathbb{R}^2 \backslash L_\Delta$ 有 Δ 不变的连通分支. 则 $\Delta = \mathbf{D}_m, \mathbf{D}_1$ 或$\mathbb{1}$.

证明 设 $\Delta \neq \mathbf{D}_m$,则 $\mathbf{D}_m \backslash \Delta$ 中含反射元,因而 L_Δ 非空. 但$\mathbb{R}^2 \backslash L_\Delta$ 没有关于旋转不变的连通分支,而$\mathbb{R}^2 \backslash L_\Delta$ 有 Δ 不变的连通分

支，因此 Δ 中无旋转元. 可见 $\Delta=\mathbf{D}_1$ 或 $\mathbb{1}$. □

推论7.3.10 若 A 是 $\mathbf{D}_m$ 等变映射 f 的连通的吸引子，则 $\Sigma_A=\mathbf{D}_m$, $\mathbf{D}_1$ 或 $\mathbb{1}$.

证明 由引理7.3.2和7.3.9得证. □

定理7.3.11 设 $m\geqslant 2$, A 是 $\mathbf{D}_m$ 等变映射 $f:\mathbb{R}^2\to\mathbb{R}^2$ 的吸引子，$\Sigma_A=\mathbf{D}_k$. 则

(a) 当 m 是奇数时，$k=1$ 或 m.

(b) 当 m 是偶数时，$k=1,2$ 或 m.

证明 注意到 $m<6$ 时 $\mathbf{D}_k$ 型的子群只能是 $k=1,2$ 或 m 情形，我们设 $3\leqslant k<m$，来推出矛盾. 由定理7.3.3知存在 $\Sigma_A=\mathbf{D}_k$ 的正规子群 Δ，使 Σ_A/Δ 是循环群，$\mathbb{R}^2\backslash L_\Delta$ 有 Δ 不变的连通分支. 由引理7.3.9可知 $\Delta=\mathbb{1}$，但这时 $\mathbf{D}_k/\Delta\cong\mathbf{D}_k$ 不是循环群，矛盾. 因此 $k=1,2$ 或 m. □

引理7.3.12 设 A 是 $\mathbf{D}_m$ 等变映射 f 的吸引子，$\Sigma_A=\mathbf{D}_m$. 若 $m\geqslant 3$，则 A 与始于原点的每条射线相交；若 $m=2$ 且 A 有有限个连通分支，则 A 至少与一条对称轴相交.

证明 $m\geqslant 3$ 时，取 S_0 为任一条始于原点的射线，令 $S=\bigcup_{\gamma\in\mathbf{D}_m}\gamma S_0$. 则 $\mathbb{R}^2\backslash S$ 的连通分支的闭包组成一个基本分解 $\mathscr{D}$（参见例7.3.7(b)）. 由定理7.3.8，$A\cap S_0\neq\varnothing$.

$m=2$ 时，取 S 为两条 $\mathbf{D}_2$ 对称轴之并. 若 $A\cap S=\varnothing$，则 A 的每个连通分支 A_j 含于一个象限中. 因而 Σ_{A_j} 作为 $\mathbf{D}_2$ 的子群必有 $\Sigma_{A_j}=\mathbb{1}$. 但由命题7.2.9，Σ_A/Σ_{A_j} 是循环群，这与 $\Sigma_A/\Sigma_{A_j}\cong\mathbf{D}_2$ 矛盾. 故 $A\cap S=\varnothing$. □

定理7.3.13 设 A 是 $\mathbf{D}_m$ 等变映射 f 的吸引子，$m\geqslant 3$.

(a) 若 $\Sigma_A=\mathbf{D}_m$，则 $A\subset\overline{\mathscr{P}_f(S)}$，这里 S 是过原点的任意两条直线之并. 若 A 还具有正测度，则 A 是敏感依赖的.

(b) 若 m 为偶数，$\Sigma_A=\mathbf{D}_2$，且 A 有有限个连通分支，则 A 恰与一条对称轴 L 相交.

证明 (a) 若 $A\not\subset\overline{\mathscr{P}_f(S)}$，则 $A\subset\overline{C}_0\cup\cdots\cup\overline{C}_{r-1}$, $C_j\subset\mathscr{Q}_f(\mathbb{R}^2\backslash$

S)是被 f 轮换的连通分支. 设 M 是对称轴且 $M\not\subset S$, 由引理7.3.12, $A\cap M\neq\varnothing$, 而 M 是 f 正不变集. 故 $M\cap\overline{C}_j\neq\varnothing$, $0\leqslant j<r$. 因而 A 只与 $\mathbb{R}^2\backslash S$ 中与 M 相交的两个连通分支相交. 但 $\Sigma_A=\mathbf{D}_m(m\geqslant 3)$ 说明 A 与 $\mathbb{R}^2\backslash S$ 的四个连通分支相交, 矛盾. 因此 $A\subset\overline{\mathscr{D}_f(S)}$.

若 A 具有正测度, 取 S 为两条 $\mathbf{D}_m$ 对称轴之并, 则 S 是 f 正不变闭集, 且 $A\subset\overline{\mathscr{D}_f(S)}$, $A\not\subset S$. 由命题7.1.16, A 是敏感依赖的.

(b) 设 L、M 是 $\mathbf{D}_m$ 对称轴, 由引理7.3.11, 不妨设 $A\cap L\neq\varnothing$. 设 S 为毗邻 L 的两条 $\mathbf{D}_m$ 对称轴之并, 由命题7.2.7, $A\cap S=\varnothing$, 因而 L 含于 $\mathbb{R}^2\backslash S$ 的两个连通分支中, 这样的连通分支与 A 相交但不与 M 相交, 而 M 是 f 正不变集, 故 $A\cap M=\varnothing$. □

定理7.3.14 设 A 是 $\mathbf{D}_m$ 等变映射的吸引子, $\Sigma_A=\mathbf{D}_m$, $m\geqslant 3$. 若 $A=A_1\cup A_2$, 这里 A_1 和 A_2 是不相交的紧集, 则 A_1 和 A_2 是 $\mathbf{D}_m$ 不变集.

证明 取不相交的开集 V_1, V_2, 使 $A_j\subset V_j$, $j=1,2$. 令 $S_0=V_1\cup V_2$, $S=\bigcap\limits_{\gamma\in\mathbf{D}_m}\gamma S_0$, 则 S 是含的 A 的 $\mathbf{D}_m$ 不变开集, 因而存在 $\mathscr{Q}_f(S)$ 的有限个连通分支 $C_0,\cdots,C_{r-1}$, 使

$$A\subset C_0\cup\cdots\cup C_{r-1}.$$

设 $\sigma\in\mathbf{D}_m$ 是任一反射, L 是 σ 的对称轴. 由引理7.3.11, $A\cap L\neq\varnothing$. 不妨设 $C_0\cap L\neq\varnothing$. 由连通性知 $\sigma C_0=C_0$, 再由

$$\Sigma_{C_0}=\cdots=\Sigma_{C_{\gamma-1}}$$

知 $\sigma C_j=C_j$, $0\leqslant j<r$. 因 $\mathbf{D}_m$ 可由其中的反射集生成, 故 $\Sigma_{C_j}=\mathbf{D}_m$, $0\leqslant j<r$. 对 $\gamma\in\mathbf{D}_m$, $\gamma(A\cap C_j)=A\cap C_j$, 而每个 C_j 与且只与 A_1, A_2 之一相交, 因而 $\Sigma_{A_1}=\Sigma_{A_2}=\mathbf{D}_m$. □

7.3.4 容许和强容许子群的基本性质

定理7.3.4给出了容许和强容许子群存在的必要条件. 下面的定理表明, 对于标准作用于 $\mathbb{R}^n$ 上的有限群 $\Gamma\subset\mathbf{O}(n)$, 当 $n\geqslant 3$ 时, 这个条件还是充分的.

定理7.3.15 设有限群 $\Gamma\subset\mathbf{O}(n)$ 作用在 $\mathbb{R}^n$ 上, $n\geqslant 3$, $\Sigma\subset\Gamma$ 是

子群. 则

(a) Σ 是强容许的当且仅当 Σ 保持 L_Σ 的一个连通分支不变.

(b) Σ 是容许的当且仅当 Σ 是某个强容许子群 Δ 的循环扩张,即 Δ 是 Σ 的正规子群,且商群 Σ/Δ 是循环群.

本定理的证明要用到图上的动力系统理论,我们将在下一节给出. 这里指出,由定理7.3.15,并结合定理7.3.5,可得到下面关于强容许子群的一个重要的判断准则.

定理7.3.16 设 $\Gamma\subset\mathbf{O}(n)$ 是有限群,$\Sigma\subset\Gamma$ 是子群 $n\geqslant 3$. 则 Σ 是强容许的当且仅当存在迷向子群 $\mathrm{I}\subset\Gamma$ 使

$$\mathrm{I}_R \subset \Sigma \subset \mathrm{I}, \tag{3.3}$$

这里 I_R 为 I 中反射元生成的群.

证明 由定理7.3.15和7.3.5得. □

推论7.3.17 设有限群 $\Gamma\subset\mathbf{O}(\mathrm{n})$ 作用在 $\mathbb{R}^n$ 上,$n\geqslant 3$.

(a) 若 Γ 不含反射元,则 Γ 的任何子群都是强容许的.

(b) 若子群 $\Sigma\subset\Gamma$ 含 Γ 中所有的反射元,则 Σ 是强容许的.

(c) 若 $\Sigma\subset\Gamma$ 是迷向子群,则 Σ 是强容许的.

(d) 若 $\Sigma\subset\Gamma$ 是循环子群,则 Σ 是容许的.

7.3.5 容许子群和强容许子群的分类

设有限群 $\Gamma\subset\mathbf{O}(n)$ 作用在 $\mathbb{R}^n$ 上,$\Sigma\subset\Gamma$ 是子群. 例7.3.1已给出了 $n=1$ 时强容许子群的分类. 对于 $n\geqslant 3$ 情形(实际 $n=1$ 也属这类情形),其分类可由定理7.3.15和7.3.16求得. $n=2$ 时 $\mathbf{O}(2)$ 的有限群类轭于

$$\mathbf{Z}_m, \mathbf{D}_m, m \geqslant 1.$$

下面的定理给出 $n=2$ 时的分类.

定理7.3.18 (a) 对于 $\mathbf{Z}_m\subset\mathbf{O}(2)$,$m\geqslant 1$,其强容许子群为 $\mathbf{Z}_m$ 和 $\mathbb{1}$,剩下的子群 $\mathbf{Z}_k$($1<k<m$,k 整除 m)是容许的.

(b) 对于 $\mathbf{D}_m\subset\mathbf{O}(2)$,$m\geqslant 1$,其强容许子群为 $\mathbf{D}_m$,$\mathbf{D}_1$ 和 $\mathbb{1}$;子群 $\mathbf{Z}_k$($k>1$ 整除 m)及 m 偶数时的子群 $\mathbf{D}_2$ 是容许的. 剩下的子群 $\mathbf{D}_k$($2<k<m$,k 整除 m)是不容许的.

本定理(b)中的主要部分实际上已在本节关于二面体群对称吸引子的讨论中给出. 在下一节我们将利用图论工具对定理7.3.18给出最后的证明.

下面,我们来讨论 $n=3$时(强)容许子群的分类问题.

首先,从命题6.1.12,我们可以把 $\mathbf{O}(3)$中有限子群的共轭类分成以下三组($m\geqslant 1$).

Ⅰ: $\mathbb{I}$, $\mathbb{O}$, $\mathbb{T}$, $\mathbf{D}_m$, $\mathbf{Z}_m$.

Ⅱ: $\mathbb{I}\oplus\mathbf{Z}_2^c$, $\mathbb{O}\oplus\mathbf{Z}_2^c$, $\mathbb{T}\oplus\mathbf{Z}_2^c$, $\mathbf{D}_m\oplus\mathbf{Z}_2^c$, $\mathbf{Z}_m\oplus\mathbf{Z}_2^c$.

Ⅲ: $\mathbb{O}^-$, $\mathbf{D}_{2m}^d$, $\mathbf{D}_m^z$, $\mathbf{Z}_{2m}^-$.

其次,可以计算上述子群的不动点子空间的维数,并找出由反射生成的子群. 这里,在$\mathbb{O}$的子群中有两个是不共轭的,它们是含三个面旋转 $\mathbf{D}_2(f)$和含一个面旋转与两个边旋转 $\mathbf{D}_2(e)$.

最后,利用定理7.3.16并分析上述子群间的包含关系,即可得到 $\mathbf{O}(3)$中强容许,非强容许(即容许但不是强容许)和非容许子群的分类:

定理7.3.19 $\mathbf{O}(3)$中例外群 Γ 的容许和强容许有限子群 Σ 由表7.3.1给出;$\mathbf{O}(3)$中平面群 Γ 的容许和强容许有限子群 Σ 由表7.3.2给出.

证明　参见[AM].

表7.3.1　O(3)中例外群的容许子群

Γ	名称	Σ
$\mathbb{O}^-$	强容许	$\mathbb{O}^-, \mathbf{D}_3^z, \mathbf{D}_2^z, \mathbf{D}_1^z, \mathbb{1}$
	非强容许	$\mathbf{D}_4^d, \mathbf{Z}_4^-, \mathbf{Z}_3, \mathbf{Z}_2$
	非容许	$\mathbb{T}, \mathbf{D}_2$
$\mathbb{I} \oplus \mathbf{Z}_2^c$	强容许	$\mathbb{I} \oplus \mathbf{Z}_2^c, \mathbf{D}_5^z, \mathbf{D}_3^z, \mathbf{D}_2^z, \mathbf{Z}_2^-, \mathbb{1}$
	非强容许	$\mathbf{D}_5 \oplus \mathbf{Z}_2^c, \mathbf{D}_3 \oplus \mathbf{Z}_2^c, \mathbf{D}_2 \oplus \mathbf{Z}_2^c,$
		$\mathbf{Z}_5 \oplus \mathbf{Z}_2^c, \mathbf{Z}_3 \oplus \mathbf{Z}_2^c, \mathbf{Z}_2 \oplus \mathbf{Z}_2^c, \mathbf{Z}_2^c,$
		$\mathbf{Z}_5, \mathbf{Z}_3, \mathbf{Z}_2$
	非容许	$\mathbb{T} \oplus \mathbf{Z}_2^c, \mathbb{I}, \mathbb{T}, \mathbf{D}_5, \mathbf{D}_3, \mathbf{D}_2$
$\mathbb{O} \oplus \mathbf{Z}_2^c$	强容许	$\mathbb{O} \oplus \mathbf{Z}_2^c, \mathbf{D}_4^z, \mathbf{D}_3^z, \mathbf{D}_2^z(e), \mathbf{Z}_2^-(e),$
		$\mathbf{Z}_2^-(f), \mathbb{1}$
	非强容许	$\mathbf{D}_2^d, \mathbf{D}_2^z(f), \mathbf{Z}_4^-, \mathbf{Z}_2(f) \oplus \mathbf{Z}_2^c,$
		$\mathbf{D}_4 \oplus \mathbf{Z}_2^c, \mathbf{D}_3 \oplus \mathbf{Z}_2^c, \mathbf{D}_2(e) \oplus \mathbf{Z}_2^c,$
		$\mathbf{Z}_4 \oplus \mathbf{Z}_2^c$, $\mathbf{Z}_3 \oplus \mathbf{Z}_2^c, \mathbf{Z}_2(e) \oplus \mathbf{Z}_2^c$
		$\mathbf{Z}_2^c, \mathbf{Z}_4, \mathbf{Z}_3, \mathbf{Z}_2(e), \mathbf{Z}_2(f)$
	非容许	$\mathbb{O}^-, \mathbb{T} \oplus \mathbf{Z}_2^c, \mathbb{O}, \mathbb{T}, \mathbf{D}_4^d, \mathbf{D}_2(f),$
		$\mathbf{D}_2(f) \oplus \mathbf{Z}_2^c, \mathbf{D}_4, \mathbf{D}_3, \mathbf{D}_2(e)$
$\mathbb{T} \oplus \mathbf{Z}_2^c$	强容许	$\mathbb{T} \oplus \mathbf{Z}_2^c, \mathbf{D}_2^z, \mathbf{Z}_2^-, \mathbf{D}_2 \oplus \mathbf{Z}_2^c, \mathbf{Z}_3, \mathbb{1}$
	非强容许	$\mathbf{Z}_3 \oplus \mathbf{Z}_2^c, \mathbf{Z}_2 \oplus \mathbf{Z}_2^c, \mathbf{Z}_2^c, \mathbf{Z}_2$
	非容许	$\mathbb{T}, \mathbf{D}_2$
$\mathbb{I}$	强容许	$\mathbb{I}, \mathbb{T}, \mathbf{D}_5, \mathbf{D}_3, \mathbf{D}_2, \mathbf{Z}_5, \mathbf{Z}_3, \mathbf{Z}_2, \mathbb{1}$
$\mathbb{O}$	强容许	$\mathbb{O}, \mathbb{T}, \mathbf{D}_4, \mathbf{D}_3, \mathbf{D}_2(e), \mathbf{D}_2(f),$
		$\mathbf{Z}_4, \mathbf{Z}_3, \mathbf{Z}_2(e), Z_2(f), \mathbb{1}$
$\mathbb{T}$	强容许	$\mathbb{T}, \mathbf{D}_2, \mathbf{Z}_3, \mathbf{Z}_2, \mathbb{1}$

表7.3.2 O(3)中平面群的容许子群($k>1$除尽 m)

Γ	名称	Σ
$\mathbf{D}_{2m}^{d}$	强容许	$\mathbf{D}_{2m}^{d},\mathbf{D}_{m}^{z},\mathbf{D}_{2}^{d},\overset{\Sigma}{\mathbf{D}}_{1},\mathbf{D}_{1}^{z},\mathbf{Z}_{2}^{-},\mathbb{1}$
m 是奇数	非强容许	$\mathbf{Z}_{2k}^{-},\mathbf{Z}_{k}$
	非容许	$\mathbf{D}_{2k}^{d},\mathbf{D}_{k}^{z},k<m,\mathbf{D}_{k}$
$\mathbf{D}_{2m}^{d}$	强容许	$\mathbf{D}_{2m}^{d},\mathbf{D}_{m}^{z},\mathbf{D}_{1},\mathbf{D}_{1}^{z},\mathbb{1}$
m 是偶数	非强容许	$\mathbf{D}_{2}^{z},\mathbf{D}_{2},\mathbf{Z}_{2k}^{-},\mathbf{Z}_{k}$
	非容许	$\mathbf{D}_{2k}^{d},k<m,\mathbf{D}_{k}^{z},2<k<m,$
		$\mathbf{D}_{k},k>2$
$\mathbf{D}_{m}^{z}$	强容许	$\mathbf{D}_{m}^{z},\mathbf{Z}_{2}^{-},\mathbb{1}$
	非强容许	$\mathbf{D}_{2}^{z},\mathbf{Z}_{k}$
	非容许	$\mathbf{D}_{k}^{z},2<k<m$
$\mathbf{Z}_{2m}^{-}$	强容许	$\mathbf{Z}_{2k}^{-},\mathbf{Z}_{k}$
$\mathbf{D}_{m}\oplus\mathbf{Z}_{2}^{c}$	强容许	$\mathbf{D}_{m}^{z}\oplus\mathbf{Z}_{2}^{c},\mathbf{D}_{m}^{z},\mathbf{D}_{1}^{z},\mathbf{D}_{1},\mathbb{1}$
m 是奇数	非强容许	$\mathbf{D}_{m}\oplus\mathbf{Z}_{2}^{c},\mathbf{D}_{1}\oplus\mathbf{Z}_{2}^{c},\mathbf{D}_{m}^{z},\mathbf{D}_{1},$
		$\mathbf{Z}_{k}\oplus\mathbf{Z}_{2}^{c},\mathbf{Z}_{k}$
	非容许	$\mathbf{D}_{k}\oplus\mathbf{Z}_{2}^{c},\mathbf{D}_{k}^{z},k<m,\mathbf{D}_{k}$
$\mathbf{D}_{m}\oplus\mathbf{Z}_{2}^{c}$	强容许	$\mathbf{D}_{m}\oplus\mathbf{Z}_{2}^{c},\mathbf{D}_{m}^{z},\mathbf{D}_{1}^{z},\mathbf{D}_{2}^{d},\mathbf{Z}_{2}^{-},\mathbb{1}$
m 是偶数	非强容许	$\mathbf{D}_{2}\oplus\mathbf{Z}_{2}^{c},\mathbf{D}_{1}\oplus\mathbf{Z}_{2}^{c},\mathbf{D}_{2}^{z},\mathbf{D}_{1},\mathbf{Z}_{2k}^{-},$
		$\mathbf{Z}_{k}\oplus\mathbf{Z}_{2}^{c}$
	非容许	$\mathbf{D}_{k}\oplus\mathbf{Z}_{2}^{c},\mathbf{D}_{k}^{z},2<k<m,\mathbf{D}_{2k}^{d},\mathbf{D}_{k}$
$\mathbf{Z}_{m}\oplus\mathbf{Z}_{2}^{c}$	强容许	$\mathbf{Z}_{k}\oplus\mathbf{Z}_{2}^{c},\mathbf{Z}_{k}$
m 是奇数		
$\mathbf{Z}_{m}\oplus\mathbf{Z}_{2}^{c}$	强容许	$\mathbf{Z}_{2k}^{-}$,k 是奇数,
m 是偶数		$\mathbf{Z}_{k}\oplus\mathbf{Z}_{2}^{c}$,$k$ 是偶数,$\mathbf{Z}_{k}$
	非强容许	$\mathbf{Z}_{2k}^{-}$,k 是偶数,
		$\mathbf{Z}_{k}\oplus\mathbf{Z}_{2}^{c}$,$k$ 是奇数
$\mathbf{D}_{m}$	强容许	$\mathbf{D}_{k},\mathbf{Z}_{k}$
$\mathbf{Z}_{m}$	强容许	$\mathbf{Z}_{k}$

§ 7.4 关于容许子群基本定理的证明

本节我们将对上一节关于有限群$\Gamma \subset \mathbf{O}(n)$的容许和强容许子群的基本定理,即定理7.3.15和7.3.18给出证明,其中大量篇幅是对前一个定理的证明.我们证明的基本工具是图论.本节先介绍图上的动力系统和等变系统,再利用图的嵌入和扩张性质对上述定理给出证明.

7.4.1 图上的动力系统

首先,我们介绍图论方面的一些基本知识.

定义7.4.1 一个有限图 G 是由有限顶点集和有限条连结顶点对的边构成的图形.称图 G 的子集 J 是 G 的一个子图,指 J 自身是一个图.G 中两顶点间的路径是一个有向边序列,前一个边的终点是后一个边的起点.称一个图是连通的,指其任意两顶点间存在路径.称一个图是完全连通的,指其任意两顶点间有一条边.完全连通有向图的每对顶点间由定向相反的两条边连结.图中一个顶点的次数是指连结该顶点的边的个数.

为简单起见,我们这里的图都是指有限图.同时不存在具有相同端点的边.

定义7.4.2 Euler 图是每个顶点次数为偶数的连通图.

命题7.4.1 图 G 是 Euler 图当且仅当 G 存在一条经每条边恰好一次的闭路径.

证明 见习题7.5. □

图 G 的每条边等距同胚于单位区间,因而可定义 G 中每条边上的线段的长度及 G 中每条路经的长度.定义 G 中在同一连通分支中两点的距离为两点间最短路径长度;定义 G 中分属于两个不同连通分支中两点的距离为1,这样,G 成为一个紧致度量空间.

下面关于图上动力系统的基本结论可参看,比如[AF].

命题7.4.2 设图 G 的边集为$\{I_1,\cdots,I_m\}$.设连续映射 f:G→

G 满足

(i) 对每个 j, $f(\mathrm{I}_j)$是一些边的并,

(ii) $f|\mathrm{I}_{ij}$是C^2可微的,而且可逆,这里 $\mathrm{I}_{ij}=\mathrm{I}_i\cap f^{-1}(\mathrm{I}_j)$, 对$\forall\ i$, j,

(iii) 存在一个迭代 f^q 使得在有定义处$|(f^q)'|\geqslant\theta>1$,

(iv) $\bigcup\limits_{p\geqslant 1}f^p(\mathrm{I}_j)=\mathrm{G}$, $\forall\ j$.

则(a) G 是拓扑传递的.

(b) 周期点在 G 中稠,且 G 敏感依赖于初值.

若 f 还满足

(iv′) 存在 p 使 $f^p(\mathrm{I}_j)=\mathrm{G}$, $\forall\ j$,

则 G 是拓扑混合的. □

7.4.2 图上的等变系统

定义7.4.3 设 Σ 是一个有限群. 称图 G 是一个 Σ 图,若

(i) Σ 等距作用于 G 上.

(ii) G 的边集(或等价地,顶点集)在 Σ 作用下不变.

(iii) 若 E 是 G 的边,且 $\sigma\mathrm{E}=\mathrm{E}$,$\sigma\in\Sigma$,则 $\sigma=e$.

定义7.4.4 对于 Σ 图 G,称子图 $\mathrm{J}\subset\mathrm{G}$ 是 G 的一个基本子图,指

(i) $\mathrm{G}=\bigcup\limits_{\sigma\in\Sigma}\sigma\mathrm{J}$,

(ii) Σ 对边集的作用是不动点自由的,即若对于边 E 和某个 $\sigma\in\Sigma$, $\sigma\mathrm{E}$ 是 J 的边,则 $\sigma=e$.

注7.4.3 Σ 图的定义7.4.3中(iii)可用存在基本子图来代替. 事实上,从 G 的边集的每条 Γ 作用轨道中取一边生成的子图 J 即为 G 的基本子图.

例7.4.4 对于有限群 Σ,记 $\mathrm{G}(\Sigma)$为以 Σ 为顶点集的完全连通有向图. 这显然是个 Euler 图. 定义 Σ 在 $\mathrm{G}(\Sigma)$的顶点集上的作用为左乘,则可诱导 Σ 在 $\mathrm{G}(\Sigma)$的边集上的作用:设 $\mathrm{E}_{\tau,\tau'}$ 为连顶点 τ 到 τ'的边,则 $\sigma\in\Sigma$ 的作用为

$$\sigma E_{\tau,\tau'} = E_{\sigma\tau,\sigma\tau'}. \tag{4.1}$$

易验证在此作用下 $G(\Sigma)$ 是个 Σ 图. 称 $G(\Sigma)$ 为完全 Σ 图. 记 $J_\sigma = E_{e,\sigma}$, 则

$$J = \bigcup_{\sigma \in \Sigma} J_\sigma$$

是一个基本子图. 事实上, 对于边 $E_{\tau,\tau'}$, 由 $\tau J_{\tau^{-1}\tau'} = E_{\tau,\tau'}$ 知 J 满足定义7.4.4(a). 而(b)成立是因若 $\sigma J_\tau = J_{\tau'}$, 则由 $E_{\sigma,\sigma\tau} = E_{e,\tau'}$ 知 $\sigma = e$.

例7.4.5 对于 Σ 的正规化子 $N_\Gamma(\Sigma)$, 设 $\rho \in N_\Gamma(\Sigma) \backslash \Sigma$, 并记

$$\sigma_\rho = \rho^{-1}\sigma\rho, \quad \forall \sigma \in \Sigma. \tag{4.2}$$

若 G 是一个 Σ 图, 则 ρG 可按下述方式成为一个 Σ 图:

(a) ρG 的边形如 ρE, 其中 E 是 G 的边,

(b) σ 作用在 ρG 上为 $\sigma(\rho E) = \rho\sigma_\rho E$.

下面的引理可用于构造适当的等变映射.

引理7.4.6 设有限群 Γ 作用于拓扑空间 Y 和 Z 上. 设闭集 $X \subset Y$ 满足 $Y = \bigcup_{\gamma \in \Gamma} \gamma X$. 设 $f: X \to Z$ 是连续映射, 满足当 $x, \gamma x \in X, \gamma \in \Gamma$, 时 $f(\gamma x) = \gamma f(x)$. 则 f 可唯一延拓为 Γ 等变连续映射 $g: Y \to Z$.

证明 设 $y \in Y$. 记 $y = \gamma x, \gamma \in \Gamma, x \in X$, 及 $g(y) = \gamma f(x)$. 则 $g(y)$ 由 y 唯一确定. 因若又有 $y = \gamma_1 x_1, \gamma_1 \in \Gamma, x_1 \in X$, 则 $x = \gamma^{-1}\gamma_1 x_1 \in X$. 于是

$$\gamma_1 f(x_1) = \gamma\gamma^{-1}\gamma_1 f(x_1) = \gamma f(\gamma^{-1}\gamma_1 x_1) = \gamma f(x).$$

这也证明了 g 的唯一性.

g 是 Γ 等变的可直接验证. 最后, 由于对每个 $\gamma \in \Gamma, g|\gamma X = \gamma f \gamma^{-1}|\gamma X$ 是连续的, 且 Γ 有限. 可见 g 在 $Y = \bigcup \gamma X$ 上是连续的.

□

对于 Σ 图 G, 我们可以自然定义 G 到自身的 Σ 等变映射.

定理7.4.7 设 Σ 是有限群, G 是一个 Euler Σ 图. 则存在 Σ 等变连续映射 $f: G \to G$ 使

(a) G 是拓扑混合的,

(b) 周期点在 G 中稠密, 且 G 具有敏感依赖性.

证明 记 m 为 G 的边数. 不妨设 $m\geqslant 3$, 否则可添加各边中点得到图 G′. 设 J 是 G 的一个基本子图, E 是 J 的一条边, 端点为 v 和 w. 由命题7.4.1知, 存在连续映射 $f_E: E\to G$, 使 $f_E(v)=v$, $f_E(w)=w$, 且 f_E 经过 G\E 的每条边恰好一次. 定义

$$f_J: J\to G, \quad f_J(x)=f_E(x), \quad x\in E.$$

容易验证 f_J 有意义且连续.

设 $x,\sigma x\in J,\sigma\in\Sigma$. 若 x 不是顶点, 则存在 J 的边 E 使 $x\in E$ 且 σE 为 J 的边. 由基本图定义 $\sigma=e$, 即有 $\sigma f_J(x)=f_J(x)=f_J(\sigma x)$. 若 x 是顶点, 则 σx 也是顶点, 而 $f_J(\sigma x)=\sigma x=\sigma f_J(x)$. 因此由引理7.4.6, f_J 可唯一扩张为 G 上的 Σ 等变连续映射 $f: G\to G$, 使得

$$f(y)=\sigma f_J(x), \quad 对\ y=\sigma x, x\in J, \sigma\in\Sigma.$$

将路径 f_E 取为适当的逐段线性函数可使 f 满足命题7.4.2中的(i—iii)(例如, 可取 $q=1$, $\theta=m-1>1$). 由 $f(I_j)=G\backslash I_j$ 知

$$f(G\backslash I_j)=f(\bigcup_{i\neq j}I_i)=\bigcup_{i\neq j}f(I_i)=\bigcup_{i\neq j}(G\backslash I_i)=G.$$

故 $f^2(I_j)=G$, $\forall\ j$, 从而条件(iv′)成立. 于是由命题7.4.2, 本定理得证. □

7.4.3 图的嵌入和扩张

本小节我们定义图的嵌入和扩张概念, 并证明存在着到空间 $\mathbb{R}^n$ 中可嵌入和可扩张的 Euler 图, 从而可得到定理7.3.15的证明.

定义7.4.5 设 $\Sigma\subset\Gamma$ 是子群. Σ 图 G 到空间 $\mathbb{R}^n$ 中的**嵌入**是一个连续单射 $\iota: G\to\mathbb{R}^n$, 满足

(a) ι 是 Σ 等变的,

(b) $\gamma\iota(G)\cap\iota(G)=\varnothing$, $\forall\ \gamma\in\Gamma\backslash\Sigma$.

因 G 紧, 故 $\iota: G\to\iota(G)$ 是同胚. 称一个 Σ 图 G 是**可嵌入**的, 指存在嵌入 $\iota: G\to\mathbb{R}^n$.

易见, 若 $\iota: G\to\mathbb{R}^n$ 是嵌入, 则 $\iota(G)$ 是 Σ 对称的.

定义7.4.6 对 $\rho\in N(\Sigma)\backslash\Sigma$, Σ 图 G 称为 ρ **可扩张**的, 指存在

Σ 等变的等距同胚 $h: G \to \rho G$. 这里的同胚 h 称为扩张，而 Σ 图 ρG 的定义如例7.4.5. Σ 图 G 称为可扩张的，若对每个 $\rho \in N(\Sigma) \setminus \Sigma$, G 为 ρ 可扩张.

注7.4.7 设 ρ 在 Σ 的中心化子中，即 ρ 与 Σ 的所有元交换. 则 Σ 图 G 总为 ρ 可扩张的. 因由(4.2)给出的 $\sigma_\rho = \sigma$, 对 $\forall\ \sigma \in \Sigma$. 这表明由 $h(x) = \rho x$ 给出的 $h: G \to \rho G$ 就是 Σ 等变的等距同胚.

定理7.4.8 设 Γ 是 $\mathbf{O}(n)$ 的有限子群, $\Sigma \subset \Gamma$ 是子群. 则完全 Σ 图 $G(\Sigma)$ 是可扩张的.

证明 定义 $h: G(\Sigma) \to \rho G(\Sigma)$ 为

$$h(E_{\tau, \tau'}) = \rho E_{\tau_\rho, \tau'_\rho},$$

这里 τ_ρ 的意义见(4.2)式. h 显然是等距的，只要证 h 是 Σ 等变的. 事实上，

$$\begin{aligned} h(\sigma E_{\tau, \tau'}) &= h(E_{\sigma\tau, \sigma\tau'}) = \rho E_{(\sigma\tau)_\rho, (\sigma\tau')_\rho} \\ &= \rho E_{\sigma_\rho \tau_\rho, \sigma_\rho \tau'_\rho} = \rho \sigma_\rho E_{\tau_\rho, \tau'_\rho} \\ &= \sigma(\rho E_{\tau_\rho, \tau'_\rho}) = \sigma h(E_{\tau, \tau'}). \end{aligned}$$

□

对于作用于$\mathbb{R}^n$ 的子群 $\Sigma \subset T$, 回忆 L_Σ 是 $\Gamma \setminus \Sigma$ 中反射的反射超平面集.

定理7.4.9 设 Γ 是 $\mathbf{O}(n)$ 的有限子群, $\Sigma \subset \Gamma$ 是子群. 设 Σ 保持$\mathbb{R}^n \setminus L_\Sigma$ 的一个连通分支不变，且 $n \geq 3$. 则 $G(\Sigma)$ 可嵌入当且仅当 Σ 不含反射元.

证明 先证明 $G(\Sigma)$ 可嵌入蕴涵 Σ 不含反射. 设 $\iota: G(\Sigma) \to \mathbb{R}^n$ 是嵌入. 若有反射 $\tau \in \Sigma$, 则 $\iota(E_{e,\tau}) \cap \mathrm{Fix}(\tau) \neq \varnothing$, 这与 $G(\Sigma)$(从而 $\iota(G(\Sigma))$)中的点都具有平凡迷向子群矛盾.

现在设 Σ 不含反射元，来证明 $G(\Sigma)$ 可嵌入.

设 C 是$\mathbb{R}^n \setminus L_\Sigma$ 的 Σ 不变连通分支. 记 $C' = \{x \in C \mid \Sigma_x = \mathbb{1}\}$. 因 Γ 是有限群，故 C' 是 C 中的开稠集. 因 Σ 不含反射元, C' 是连通的. 我们来将 $G(\Sigma)$ 嵌入到 C' 中.

对于 $x \in C'$, 有 $\sigma x \in C'$ 对 $\sigma \in \Sigma$. 回忆例7.4.4, $J = \bigcup_{\sigma \in \Sigma} J_\sigma$ 是 $G(\Sigma)$ 的基本子图. 对于 $\sigma \neq e$, 利用 Γ 有限及 $n \geq 3$, 不难构造出连

续单射 $\iota_\sigma: \mathrm{J}_\sigma \to \mathrm{C}'$ 使 $\iota_\sigma(e)=x, \iota_\sigma(\sigma)=\sigma x$. 进而存在连续单射 $\tilde{\iota}: \mathrm{J} \to \mathrm{C}'$ 使 $\tilde{\iota}|\mathrm{J}_\sigma = l_\sigma$. 于是，由引理7.4.6，存在唯一的 Σ 等变连续映射 $\iota: \mathrm{G}(\Sigma) \to \mathbb{R}^n$ 使 $\iota|\mathrm{J}_\sigma = \iota_\sigma$.

我们来证明 ι 就是嵌入.

先证 ι 是单射，即对 $x, y \in \mathrm{G}(\Sigma)$，设 $\iota(x)=\iota(y)$，要证 $x=y$. 记 $x=\sigma_1 x_1, y=\sigma_2 x_2$，这里 $\sigma_j \in \Sigma, x_j \in \mathrm{J}_{\iota_j}, j=1,2$. 则

$$\sigma_1 \iota(x_1) = \sigma_2 \iota(x_2). \tag{4.3}$$

命 $\sigma = \sigma_2^{-1}\sigma_1$. 则由(4.3)不难验证

$$\sigma\tilde{\iota}(x_1) = \tilde{\iota}(x_2). \tag{4.4}$$

这说明(4.4)是边 $\sigma\tilde{\iota}(J_{\tau_1})$ 和 $\tilde{\iota}(J_{\tau_2})$ 的交点，因而必为顶点. $\tilde{\iota}(J_{\tau_2})$ 的顶点为 z 和 $\tau_2 z$. 若(4.4)式两边为 z，则 $\sigma=e, x_1=x_2$. 由(4.3)及 ι 的唯一性知 $\sigma_1=\sigma_2$，因而 $x=y$；若(4.4)式为 $\tau_2 z$，即 $\sigma\tilde{\iota}(x_1)=\tau_2 z=\tilde{\iota}(x_2)$. 则

$$x_1 = \sigma^{-1}\tau_2 = \sigma^{-1}x.$$

仍有 $x_2\sigma_1 x_1 = \sigma_2 x_2 = y$.

再证 ι 满足嵌入定义7.4.5中的(b)，即对 $\gamma \in \Gamma \backslash \Sigma$，要证

$$\gamma\iota(\mathrm{G}(\Sigma)) \cap \iota(\mathrm{G}(\Sigma)) = \varphi. \tag{4.5}$$

若不然，必有一顶点在(4.5)的左边集中，即有顶点 $x, y \in \mathrm{G}(\Sigma)$ 使 $\gamma\iota x = \iota y$，或 $\iota\gamma x = \iota y$. 由唯一性，$\gamma x = y$. 设 $x=\sigma_1 y, y=\sigma_2 z, \sigma_1, \sigma_2 \in \Sigma$. 则 $\gamma\sigma_1 z = \gamma_2 z$，或 $\sigma_2^{-1}\gamma\sigma_1 z = z$. 可见 $\sigma_2^{-1}\gamma\sigma_1 = e$，进而 $\gamma = \sigma_2\sigma_1^{-1} \in \Sigma$，矛盾. □

7.4.4 定理7.3.15的证明

现在我们来证明关于(强)容许子群的定理7.3.15. 由定理7.3.4，只要证明其充分性. 下面的定理把它归结为图的可嵌入和可扩张问题.

定理7.4.10 设 G 是可嵌入，可扩张的 Euler Σ 图. 则

(a) Σ 是强容许的.

(b) Σ 的任意循环扩张是容许的.

证明 由于 G 是 Euler Σ 图，按定理7.4.7，存在满足该定理

(a)和(b)的 Σ 等变连续映射 $f:G\to G$. 记 $\iota:G\to\mathbb{R}^n$ 是嵌入，$A=\iota(G)\subset\mathbb{R}^n$. 则 $f_1=\iota\cdot f\cdot\iota^{-1}:A\to A$ 拓扑共轭于 f. 故由定理7.1.14(e)和命题7.1.4知 A 是 f_1的 ω 极限集. 我们断言 f_1可等变连续地扩张到 A 的一个 Σ 不变邻域 U 上，得到扩张映射 f_2，使 A 为 f_2 的吸引子. 于是将 U 取为 Σ 对称的，记 $V=\bigcup_{\gamma\in\Gamma}\gamma U$. 由引理7.4.6可将 f_2扩张为 V 上的 Γ 等变连续映射. 进而利用 Tietze 扩张定理(参见[Ke])再将 $f_2:V\to V$ 扩张为 $f_3:\mathbb{R}^n\to\mathbb{R}^n$，并取 Haar 积分

$$\mathcal{F}(x)=\int_{\gamma\in\Gamma}\gamma^{-1}f_3(\gamma x)\sigma\gamma$$

(实际上是有限和). 则易验证 $\mathcal{F}$ 为$\mathbb{R}^n$ 上的 Γ 等变连续映射，

$$\mathcal{F}(\xi x)=\xi\mathcal{F}(x),\quad \forall\,\xi\in\Gamma.$$

现在来证明上述断言，即 $f_1:A\to A$ 可扩张为 A 的 Σ 不变邻域 U 上的等变连续映射 f_2，使 A 为其吸引子.

首先，若 A 同胚于圆周，则 A 有一个 Σ 不变的管状邻域 U，使 U 同胚于 $A\times D$，其中 D 是 $n-1$维圆盘. 于是，将 U 与 $A\times D$ 迭合，并定义 $f_2:U\to U$ 为 $f_2(u,v)=(f_1(u),0)$. 则 f_2连续，Σ 等变，且以 A 为吸引子.

若 A 不同胚于圆周，则在 A 的顶点集 A^0处出现退化. 但我们仍可找到 A 的 Σ 不变邻域 $U=U_1\cup U_2$，使 $U_1=(A\backslash A^0)\times D$，$U_2=\bigcup_{v\in A^0}D_v$，这里 D_v 是一族半圆盘之并. 于是，定义 $f_2:U\to U$，

$$f_2(u,v)=\begin{cases}(f(u),0), & (u,v)\in U_1;\\ f_2(u,v)=(u,0), & (u,v)\in U_2.\end{cases}$$

上述断言得证. 这也证明了(a).

下设 Δ 是 Σ 的一个循环扩张. 取 $\rho\in\Delta\backslash\Sigma$，使陪集 $\rho\Sigma$ 是 Δ/Σ 的生成元. 记 $k=|\Delta/\Sigma|$，并定义

$$G'=G\cup\rho G\cup\cdots\cup\rho^{k-1}G.$$

则 G'是一个 Δ 图(一般而言，G'不连通). 设 $h:G\to\rho G$ 是一个扩张，令 $g=h\circ f:G\to G'$. 则由引理7.4.6，g 可唯一扩张为 Δ 等变连续映射 $g:G'\to G'$. 下证 $g:G'\to G'$是拓扑传递的，而嵌入 $\iota:G\to\mathbb{R}^n$ 可扩张为嵌入 $\iota:G'\to\mathbb{R}^n$. 从而类似于上述关于 Σ 的强容许性的

证明，Δ 是容许的.

为证 g 的拓扑传递性，只要验证它满足命题7.4.2中的条件(i—iv). 设 I_j 是 G' 的边，则存在 G 的边 I'_j 及 i 使 $I_j=\rho^i I'_j$. 于是

$$g(I_j) = g(\rho^i I'_j) = \rho^i h(f I'_j).$$

由 h 是等距知 g 满足命题7.4.2中(i—iii). 就象定理7.4.7的证明中那样，不妨设 G 至少有三边. 则

$$g^2(I_j) = g(h(f(I_j))) = g(\rho G \backslash \rho I_j) = \rho h f(G \backslash I_j) = \rho^2 G,$$

对 G 的所有边 I_j 成立. 因而

$$\bigcup_{i=2}^{k+1} g^i(I_j) = G', \ \forall\ I_j \subset G'.$$

故命题7.4.2中(iv)成立. □

定理7.4.9给出 Σ 不含反射元时的可嵌入性结论. 为了考虑 Σ 群含反射元的情形，我们引进基本区域的概念(参见[GB]).

定义7.4.7 设有限群 Γ 作用在(有限维)空间 X 上，$V\subset X$ 为子集. $D\subset V$ 称为 V **中的基本区域**，若

(a) D 为 V 中的(相对)开子集；

(b) $D\cap\gamma D=\varnothing, \forall\ \gamma\in\Gamma\backslash\{e\}$；

(c) $V=\bigcup_{\gamma\in\Gamma}\{V\cap\overline{\gamma(D)}\}$.

当 $V=X$ 时，X 中的基本区域简称**基本区域**.

注7.4.11 (a)易见，对于基本区域 D，$\{\overline{\gamma(D)}\mid e\neq\gamma\in\Gamma\}$ 为 X 的一个基本分解.

(b) 设 $V\subset X$ 为 Γ 不变，$x_0\in V$ 具有平凡的迷向子群. 则可以证明(习题7.5)，集

$$D = \{x\in X \mid d(x,x_0) < d(x,\gamma x_0), e\neq\gamma\in\Gamma\}$$

为 V 中的基本区域.

引理7.4.12 设$\mathbb{R}^n\backslash L_\Sigma$ 有 Σ 不变的连通分支，$n\geqslant 3$. 若 Σ 含反射元，则存在一可嵌入，可扩张的 Σ 图 G.

证明 分 Σ 由反射元和不由反射元生成的两种情形来讨论. 先设 Σ 由反射元生成.

设 C 为$\mathbb{R}^n\backslash L_\Sigma$ 的 Σ 不变连通分支. 取 C 中基本区域 D 可使其

边界 ∂D 由 Σ 中一组反射 $\Delta=\{\tau_j\}$ 的超平面 $\{\mathrm{Fix}(\tau_j)\}$ 围成. 由于 Γ 有限,对每个 τ_j,可取 ∂D$\cap$ Fix τ_j 中具有平凡迷向子群的点 x_j,且 $\{x_j\}$ 中没有两点位于同一条 Γ 轨道上. 设 J 为由顶点 $\{x_j\}$ 张成的完全(不定向)图,并记 $G=\bigcup_{\sigma\in\Sigma}\sigma J$. 则易验证 G 是以 J 为基本子图的 Euler 图. 由于 $n\geqslant 3$,可象定理7.4.9证明中那样证得 G 是可嵌入的.

再来证明 G 是可扩张的. 由于 C 为 Σ 不变,对每个反射 $\tau\in\Sigma$ 有 $\mathrm{Fix}(\tau)\cap C\neq\varnothing$. 若 $\rho\in N_\Gamma(\Sigma)\backslash\Sigma$,则 ρC 为 Σ 不变. 特别,所有拼成 ∂D 的反射超平面都与 ρC 相交. 这表明存在基本区域 $D'\subset\rho C$,其边界由构成 D 边界相同的超平面拼成. 记 $A=i(G)$ 为嵌入图,并命 $y_i=\rho A\cap\mathrm{Fix}(\tau_j)$. 若 E 为 J 中连 x_i 到 x_j 的边,则命 $h(E)$ 为 ρG 的连 y_i 到 y_j 的边. 这样,我们得到满足引理7.4.6条件的等距同胚 $h:J\to\rho G$,进而得到所要的扩张 $h:G\to\rho G$.

现在假定 Σ 不由反射生成. 记 Σ_R 为由反射生成的 Σ 的子群. 我们可以象上面那样构造出一个具有基本子图 J_R 的,可嵌入,可扩张的 Euler Σ_R 图 G_R. Σ 中元置换 Σ_R 作用下的基本区域. 令 Σ_0 表示保持 D 不变的 Σ 的子群. 设 $\sigma\in\Sigma_0$. 则 J_R 和 σJ_R 为 $\overline{D}$ 中不相交的图. 因 Σ_0 中元置换子空间 $\mathrm{Fix}(\tau_i)$,σJ_R 有顶点 $x_{\sigma(i)}\in\mathrm{Fix}(\tau_i)$. 在 D 中引进顶点在 $x_i\in J_R$ 和 $x_{\sigma(i)}\in\sigma J_R$ 处的边. 设 J 为由 J_R 及这些边构成的图,并命 $G=\bigcup_{\sigma\in\Sigma}\sigma J$. 则 G 为可嵌入的 Euler Σ 图,其嵌入可取得使 J 嵌入到 $\overline{D}$ 中.

剩下验证 G 是可扩张的,这只要定义满足定理7.4.6条件的等距同胚 $h:J\to\rho G$. 取 $h|J_R$ 如上. 注意到 $\rho\Sigma_R\cdot J_R$ 与 ρC 的每个反射超平面交于一点,对于每个 $\sigma\in\Sigma_0$,$\rho\Sigma_R\sigma\cdot J_R$ 也如此. 命 $y_{\sigma(i)}$ 为 $\rho\Sigma_R\sigma\cdot J_R$ 在 $\mathrm{Fix}(\tau_i)$ 中的顶点. 若 E 为 J 中连 x_i 到 $x_{\sigma(i)}$ 的边,我们定义 $h(E)$ 为 J'_σ 中连 y_i 到 $y_{\sigma(i)}$ 的边. 所得到的等距同胚 $h:J\to\rho G$ 即为所求的扩张. □

定理7.3.15的证明 按定理7.3.4,只要证明定理7.3.15的充分性部分,而按定理7.4.10只要证明 G 是可嵌入,可扩张的 EulerΣ 图. 这可由定理7.4.8,7.4.9和引理7.4.12推得. □

7.4.5 定理7.3.18的证明

先证定理7.3.18(b). 由推论7.3.10知 $\mathbf{D}_m$ 的强容许子群只可能是 $\mathbf{D}_m$,$\mathbf{D}_1$和$\mathbb{1}$. $\mathbb{1}$的强容许性的验证是平凡的. 关于 $\mathbf{D}_m$ 和 $\mathbf{D}_1$的强容许性结论,利用定理7.4.10(a),只要观察图7.4.1中 Euler $\mathbf{D}_1$ 和 $\mathbf{D}_m$ 图在$\mathbb{R}^2$中的嵌入就可得到. 其余情形,利用定理7.3.11,只要考虑 $\mathbf{D}_m$ 的循环子群和 m 为偶数时 $\mathbf{D}_2$的容许性,而这可利用注7.4.7和定理7.4.10(b)并结合上述$\mathbb{1}$与 $\mathbf{D}_1$的强容许性来验证.

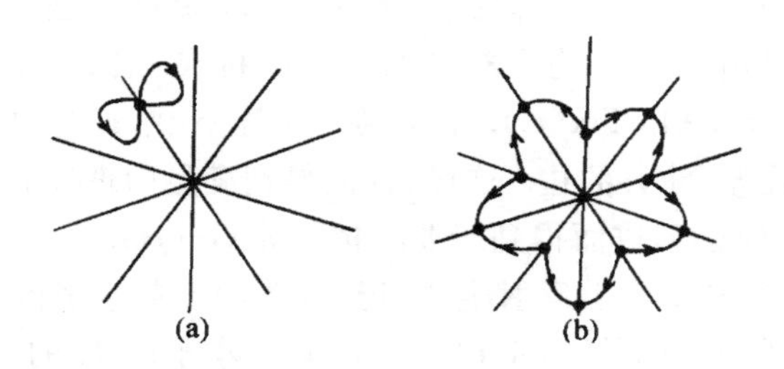

图7.4.1 在$\mathbb{R}^2$中嵌入的 Euler $\mathbf{D}_1$和 $\mathbf{D}_m$ 图

再来证明(a). $\mathbb{1}$的强容许性是平凡的,而 $\mathbf{Z}_m$ 的强容许性可以象(b)中那样来证. 由定理7.4.10(b),只要验证 $\mathbf{Z}_k$ 子群,$1<k<m$,不是强容许的. 若不然,有 $\mathbf{Z}_k$ 对称的连通吸引子 A. 设 $x\in$ A, U 为 A 的吸引域中含 x 的连通分支. 则 U$\supset$A 为开. U 中有一条含群轨 $\sigma x,\sigma\in\mathbf{Z}_k$,的简单闭曲线 S. 设 $\rho\in\mathbf{Z}_m\setminus\mathbf{Z}_k$.

断言 S$\cap\rho$S$\neq\varnothing$. 事实上,考虑$\mathbb{R}^2\setminus$S 的两个连通分支 C_1, C_2,其中 C_1含原点. 由紧性,S 上有一点 x_0到原点的距离为最小. 则 $\rho x_0\in\bar{C}$,这说明 $\rho S\not\subset\rho_2$. 类似可证 $\rho S\not\subset C_1$. 故 S$\cap\rho$S$\neq\varnothing$,断言得证.

由这个断言可得 A$\cap\rho$A$\neq\varnothing$. 由命题7.1.10(b)知 A$=\rho$A,这说明 A 的对称子群$\supsetneq\mathbf{Z}_k$,得出矛盾. □

习　题　七

7.1(a) 证明由(1.2)给出的集 $\mathscr{P}_f$(S)和 $\mathscr{Q}_f$(S)分别是含 S

的最小的 f 逆不变集和含于 S 中的最大的 f 正不变集，且满足(1.3)式.

(b) 证明 $\mathscr{S}_f(\mathrm{S})=\bigcup_{k\geqslant 0}(f^k)(\mathrm{S})$是包含 S 的最小的 f 正不变集.

7.2 设 f 是有限维向量空间 X 到自身的连续映射，$x\in \mathrm{X}$ 使 $\mathscr{Q}_f(\{x\})$有界. 证明 $\omega(x)$不能分解成两个不相交的非空的闭 f 不变集之并.

7.3 设 $\mathbf{D}_m$ 作用于$\mathbb{R}^2\cong\mathbb{C}$，$m\geqslant 3$，$\mathrm{S}_0$为$\mathbb{R}^2$中过原点的一射线，$\mathrm{S}=\bigcup_{\gamma\in\mathbf{D}_m}\gamma\mathrm{S}_0$. 设 $\mathscr{D}$ 为$\mathbb{R}^2\backslash\mathrm{S}$ 的连通分支的闭包组成的集族. 证明 $\mathscr{D}$ 为 $\mathbf{D}_m$ 作用的一个基本分解.

7.4 设 X 是有限维向量空间，f:X→X 连续. 证明：若存在 $M>0$使当$\|x\|\geqslant M$ 时，有$\|f(x)\|>\|x\|$，则

(a) 当$\|x\|\geqslant M$ 时，序列$\{\|f^k(x)\|\}_{k=0}^{\infty}$单调趋于无穷.

(b) $\mathscr{Q}_f(\mathrm{B}_M(0))=\{x\in\mathrm{X}\mid\omega(x)$非空$\}$为与 M 取法无关的紧集.

(c) f 的每个非空 ω 极限集是 f 不变的.

7.5 证明注7.4.11(b).

7.6 证明：图 G 是 Euler 图当且仅当 G 存在一条经每条边恰好一次的闭路径.

参考文献

[Ar] Arnold, V. I.

1. Local normal forms of functions, *Invent. Math.*, 35(1976), 87—109.

2. Geometrical Methods in the Theory of Ordinal Differential Equations, Grun250, Springer-Verlag, New York, 1983.

[AF] Adler, R. and Flatto, L., Geodesic flows, interval maps and symbolic dynamics, *Bull. Amer. Math. Soc.* 25(1991), 229—234.

[AM] Ashwin, P. and Melbourne, I., Symmetry groups of attractors, *Arch. Rational Mech. Anal*. 126(1994), 59—78.

[AMR] Abraham, R., Marsden, J. E. and Ratiu, T., Manifolds, Tensor Analysis and Applications, Addison-Wesley, Reading, Mass., 1983.

[BBCDS] Banks, J., Brooks, J., Cairns, G., Davis, G. and Stacey, P., On Devaney's definition of chaos, *Amer. Math. Monthly*, 99(1992), 332—334.

[BDG] Barany, E. Dellnitz, M. and Golubitsky, M., Detecting the symmetry of attractors, *Physica* D 67(1993), 66—87.

[BDL] Burchard, A., Deng, B. and Lu, K., Smooth conjugacy of centre manifolds, *Proc. Royal Soc. Edinburg*, Sect. A 120(1992), 61—77.

[Bre] Bredon, G. E., Introduction to Compact Transformation Groups. Pure & Appl. Math. 46, Academic Press, New York, 1972.

[BtD] Brocker, Th. and tom Dieck, T. Representations of Compact Lie Groups, GTM 98, Springer-Verlag, New York, 1985.

[BdPW] Bruce, J. W., du Plessis, A. A. and Wall, C. T. C., Determinacy and unipotency, *Invent. Math.* 88(1984), 521—554.

[CG] Chossat, P. and Golubitsky, M.

1. Iterates of maps with symmetry, *SIAM J. Math. Anal.*, 19(1988), 1259—1270.

2. Symmetry-increasing bifurcation of chaotic attractors, *Physica* D, 32(1988), 423—436.

[CGK] Chossat, P., Golubitsky, M. and Keyfitz, B. L., Hopf-Hopf mode interactions with **O**(2) Symmetry. *Dyn. Stab. Sys.* 1(1987), 255—292.

[CL]　Coddington, E. and Levinson, N., Theory of Ordinary Differential Equations, McGraw-Hill, New York, 1955.

[CLW]　Chow, S.-N., Li, C. and Wang, D., Normal Forms and Bifurcation of Planar Vector Fields, Cambridge Univ. Press, Cambridge, 1994.

[CT]　陈予恕、唐云等,非线性动力学中的现代分析方法,科学出版社,1992.

[De]　Devaney, R. L., An Introduction to Chaotic Dynamical Systems, Addison-Wesley, 1989.

[Di]　Dieudonne, J., Foundations of Modern Analysis, Academic Press, New York, 1960.

[DGM]　Dellnitz, M., Golubitsky, M, and Melbourne, I., Mechanisms of symmetry creation, In *Bifurcation and Symmetry* (eds. E. Allgower, et al.), ISNM 104, Birkhausser, Basel, 1992, 99—109.

[FLLL]　Farr, W. W., Li Chengzhi, Labourian, I. and Langford, W. F., Degenerate Hopf bifurcation formulas and Hilbert 16th problem. *SIAM J. Math.*, 20(1989), 13—30.

[Fe]　冯克勤,交换代数基础,高等教育出版社,1985.

[FG]　Field, M. and Golubitsky, M., Symmetric chaos, *Computers in Physics*. Sept/Oct. 1990, 470—479. See also: Symmetry in Chaos, Oxford Univ. Press, Oxford, 1992.

[FGe]　Fortier, C. and Gervais, J. J., Persistence of bifurcation diagrams in the presence of symmetry, *Dynamics and stability of Systems*, 6(1991)123—148.

[Ga]　Gaffney, T., Some new results in the classification theory of bifurcation problems, In Multiparameter Bifurcation, (M. Golubitsky and J. Guckenheimer Eds.) Comtemporary Math. 56, A. M. S., Providence, 1986, 97—116.

[GT]　Gilbarg, D. and Trudinger, N., Elliptic Partial Differential Equations of Second Order, Springer-Verlag, Berlin, 1977.

[Gol]　Golubitsky, M., The Benard problem, symmetry and the lattice of isotropy subgroups, in Bifurcation Theory, Mechanics and Physics (C. P. Bruter. al., Eds.) Reidel, Dordrecht, 225—256.

[GGuc]　Golubitsky, m. and Guckenheimer, J. Muitiparameter Bifurcation Theory, Comtenporary Mathematics 56, Amer. Math. Soc. Providence, 1986.

[GGui]　Golubitsky, M. and Guillemin, V., Stable Mappings and Their Singularities, GTM 14, Springer-Verlag, New York, 1973.

[GL] Golubitsky, M. and Langford, W. F. Classification and unfoldings of degenerate Hopf bifurcations, *J. Diff. Eqns.*, 41(1981), 375—415.

[GSc] Golubitsky, M. and Schaeffer, D.

1. A theory for imperfect bifurcation theory via singularity theory, *Commun. Pure Appl. Math.*, 32(1979), 21—98.

2. Imperfect bifurcation in presence of symmetry, *Comm. Math. Phys.*, 67 (1979), 205—232.

3. Bifurcation with O(3) symmetry including appplications to the Benard problem, *Commun. Pure Appl. Math.*, 35(1982), 81—111.

4. A discussion of symmetry and symmetry breaking, *Proc. Symp. Pure Math.*, 40, Part I(1983), 499—515.

5. Singularities and Groups in Bifurcation Theory, Vol. 1, Appl. Math. Sci., 51, Springer-Verlag, New York, 1985.

[GSt] Golubitsky, M. and Stewart, I.

1. Hopf bifurcation in the presence of symmetry, *Arch. Rational Mech. Anal.*, 87(1985), 107—165.

2. Symmetry and stability in Taylor-Couette flows, *SIAM J. Math. Anal.*, 17(1986), 249—288.

[GSS] Golubitsky, M., Stewart, I. and Schaeffer, D., Singularities and Groups in Bifurcation Theory, Vol. 2, Appl. Math. Sci., 69, Springer-Verlag, New York, 1988.

[GB] Grove, L. C. and Benson, C. T., Finite Reflection Groups, Springer-Verlag, New York, 1985.

[Gu] Guckenheimer, J., A codimension two bifurcation with circular symmetry, In [GGuc], 175—184.

[GH] Guckenheimer, J. and Holmes, P., Nonlinear Oscillations, Dynamical Systems, and Bifurcations of Vector Fields. Appl. Math. Sci., 42, Springer-Verlag, New York, 1986.

[Ha] Hartman, P., Ordinary Differential Equations, Weiley, New York, 1964.

[HSm] Hirsch, M., and Smale, S., Differential Equations, Dynamical Systems, and Linear Algebra, Academic Press, New York, 1974.

[HSt] Hill, A. and Stewart, I., Hopf-steady-state mode interactions with **O**(2) symmetry, *Dynamical and Stability of Systems*, 6(1991)149—171.

[Ke] Kelley, J., General Topology, GTM27, Springer-Verlag, New York, 1975.

[Lo] Loker, J., Functional Analysis and Two-point Differential Operators, Longman Sci. Tech., England, 1986.

[Lu] 陆启韶

1. 常微分方程的定性方法和分岔，北京航空航天大学出版社，1989.

2. 分岔与奇异性，上海科技教育出版社，1995.

[MH] Marsden, J. and Hughes, T., Mathematical Foundations of Elasticity, Prentice-Hall, 1983.

[Mar] Martinet, J., Singularities of Smooth Functions and Maps. London Math. Soc. LN series, 58, Cambridge Univ. Press, Cambridge, 1982.

[Mat] Mather, J. N.

1. Stability of C^∞ mappings, III. Finitely determined map germs, *Publ. Math. I. H. E. S.*, 35(1968), 127－156.

2. Right Equivalence, Lecture Notes, University Warwick, 1969.

3. Stability of C^∞ mappings, VI, The nice dimensions, in Proceedings of Liverpool Singularities Symposium, Vol. I (ed. C. T. C. Wall), Lecture Notes in Math., 192, Springer-Verlag, Berlin, 1971, 207－253.

4. Differential invariants, *Topology* 16(1977), 145－155.

[Me] Melbourne, I., The recognition problem for equivariant singularities, *Nonlinearity*, 1(1988), 215－240.

[MDG] Melbourne, I., Dellnitz, M. and Golubitsky, M., The structure of symmetry attractors, *Arch. Rational Mech. Anal.*, 123(1993), 75－98.

[Po] Понтрягин, Л. С., Непрерывные Группы, Том I, Москва, 1954.（中译本：曹锡华译，连续群，上册，科学出版社，1957.）

[Ru] Rudin, W. Functional Analysis, McGraw-Hill, New York, 1973.

[Sa] Sattinger, D. H.

1. Group representation theory and branch points of nonlinear functional equations, *SIAM J. Math. Anal.*, 8(1977), 179－201.

2. Groups Theoretic Methods in Bifurcation Theory, Lecture Notes in Math., 762, Springer-Verlag, 1977.

3. Bifurcation and symmetry breaking in applied mathematics, *Bull. Amer. Math. Soc.*, 3(1980), 779－819.

[Sc] Schwarz, G., Smooth function invariant under the action of a compact Lie group, *Topology*, 14(1975), 63－68.

[ST] 时红庭、唐云，$\mathbf{Z}_2$分叉的识别问题与反应扩散方程的退化 Hopf 分叉，稳定，振动，分叉与混沌的研究，中国科学技术出版社，1992，433－444.

[Ta] 唐云

1. Bifurcation solutions of reaction-diffusion equations, Proc. of Intern. Conf. on BTNA, Xi-an Jiaotong Univ. Press, 1989, 425—429.

2. 分叉理论方法及在化学反应器研究中的应用, 数学的实践与认识, (3)(1992), 71—81.

[Va] Vanderbauwhede, A.

1. Local bifurcation and symmetry, In Res. Notes in Math., Vol. 75, Pitman, London, 1982.

2. Center manifolds, normal forms and elementary bifurcations, In Dynamics Reported, Vol. 2, (U. Kirchgraber and O. Walther Eds), Wiley, New York, 1989, 89—169.

[WTW] Wang Xiaofeng, Tang Yun and Wang Duo, Recognition and classification for $\mathbf{O}(n)$ — eguivariant bifurcations with $\mathbf{O}(n)$ — codimension less than 5, preprint, 1996.

[WWT] Wang Xiaofeng, Wang Duo and Tang Yun, Isomorphism between systems of equivariant singularity, preprint, 1996.

[ZL] 张恭庆、林源渠, 泛函分析讲义, 上册, 北京大学出版社, 1987.

《现代数学基础丛书》已出版书目

1 数理逻辑基础(上册) 1981.1 胡世华 陆钟万 著
2 数理逻辑基础(下册) 1982.8 胡世华 陆钟万 著
3 紧黎曼曲面引论 1981.3 伍鸿熙 吕以辇 陈志华 著
4 组合论(上册) 1981.10 柯 召 魏万迪 著
5 组合论(下册) 1987.12 魏万迪 著
6 数理统计引论 1981.11 陈希孺 著
7 多元统计分析引论 1982.6 张尧庭 方开泰 著
8 有限群构造(上册) 1982.11 张远达 著
9 有限群构造(下册) 1982.12 张远达 著
10 测度论基础 1983.9 朱成熹 著
11 分析概率论 1984.4 胡迪鹤 著
12 微分方程定性理论 1985.5 张芷芬 丁同仁 黄文灶 董镇喜 著
13 傅里叶积分算子理论及其应用 1985.9 仇庆久 陈恕行 是嘉鸿 刘景麟 蒋鲁敏 编
14 辛几何引论 1986.3 J.柯歇尔 邹异明 著
15 概率论基础和随机过程 1986.6 王寿仁 编著
16 算子代数 1986.6 李炳仁 著
17 线性偏微分算子引论(上册) 1986.8 齐民友 编著
18 线性偏微分算子引论(下册) 1992.1 齐民友 徐超江 编著
19 实用微分几何引论 1986.11 苏步青 华宣积 忻元龙 著
20 微分动力系统原理 1987.2 张筑生 著
21 线性代数群表示导论(上册) 1987.2 曹锡华 王建磐 著
22 模型论基础 1987.8 王世强 著
23 递归论 1987.11 莫绍揆 著
24 拟共形映射及其在黎曼曲面论中的应用 1988.1 李 忠 著
25 代数体函数与常微分方程 1988.2 何育赞 萧修治 著
26 同调代数 1988.2 周伯壎 著
27 近代调和分析方法及其应用 1988.6 韩永生 著
28 带有时滞的动力系统的稳定性 1989.10 秦元勋 刘永清 王 联 郑祖庥 著
29 代数拓扑与示性类 1989.11 [丹麦] I. 马德森 著
30 非线性发展方程 1989.12 李大潜 陈韵梅 著

31　仿微分算子引论　1990.2　陈恕行　仇庆久　李成章　编
32　公理集合论导引　1991.1　张锦文　著
33　解析数论基础　1991.2　潘承洞　潘承彪　著
34　二阶椭圆型方程与椭圆型方程组　1991.4　陈亚浙　吴兰成　著
35　黎曼曲面　1991.4　吕以辇　张学莲　著
36　复变函数逼近论　1992.3　沈燮昌　著
37　Banach 代数　1992.11　李炳仁　著
38　随机点过程及其应用　1992.12　邓永录　梁之舜　著
39　丢番图逼近引论　1993.4　朱尧辰　王连祥　著
40　线性整数规划的数学基础　1995.2　马仲蕃　著
41　单复变函数论中的几个论题　1995.8　庄圻泰　杨重骏　何育赞　闻国椿　著
42　复解析动力系统　1995.10　吕以辇　著
43　组合矩阵论(第二版)　2005.1　柳柏濂　著
44　Banach 空间中的非线性逼近理论　1997.5　徐士英　李　冲　杨文善　著
45　实分析导论　1998.2　丁传松　李秉彝　布　伦　著
46　对称性分岔理论基础　1998.3　唐　云　著
47　Gel'fond-Baker 方法在丢番图方程中的应用　1998.10　乐茂华　著
48　随机模型的密度演化方法　1999.6　史定华　著
49　非线性偏微分复方程　1999.6　闻国椿　著
50　复合算子理论　1999.8　徐宪民　著
51　离散鞅及其应用　1999.9　史及民　编著
52　惯性流形与近似惯性流形　2000.1　戴正德　郭柏灵　著
53　数学规划导论　2000.6　徐增堃　著
54　拓扑空间中的反例　2000.6　汪　林　杨富春　编著
55　序半群引论　2001.1　谢祥云　著
56　动力系统的定性与分支理论　2001.2　罗定军　张　祥　董梅芳　著
57　随机分析学基础(第二版)　2001.3　黄志远　著
58　非线性动力系统分析引论　2001.9　盛昭瀚　马军海　著
59　高斯过程的样本轨道性质　2001.11　林正炎　陆传荣　张立新　著
60　光滑映射的奇点理论　2002.1　李养成　著
61　动力系统的周期解与分支理论　2002.4　韩茂安　著
62　神经动力学模型方法和应用　2002.4　阮　炯　顾凡及　蔡志杰　编著
63　同调论——代数拓扑之一　2002.7　沈信耀　著
64　金兹堡-朗道方程　2002.8　郭柏灵　黄海洋　蒋慕容　著

65　排队论基础　2002.10　孙荣恒　李建平　著
66　算子代数上线性映射引论　2002.12　侯晋川　崔建莲　著
67　微分方法中的变分方法　2003.2　陆文端　著
68　周期小波及其应用　2003.3　彭思龙　李登峰　谌秋辉　著
69　集值分析　2003.8　李　雷　吴从炘　著
70　强偏差定理与分析方法　2003.8　刘　文　著
71　椭圆与抛物型方程引论　2003.9　伍卓群　尹景学　王春朋　著
72　有限典型群子空间轨道生成的格(第二版)　2003.10　万哲先　霍元极　著
73　调和分析及其在偏微分方程中的应用(第二版)　2004.3　苗长兴　著
74　稳定性和单纯性理论　2004.6　史念东　著
75　发展方程数值计算方法　2004.6　黄明游　编著
76　传染病动力学的数学建模与研究　2004.8　马知恩　周义仓　王稳地　靳　祯　著
77　模李超代数　2004.9　张永正　刘文德　著
78　巴拿赫空间中算子广义逆理论及其应用　2005.1　王玉文　著
79　巴拿赫空间结构和算子理想　2005.3　钟怀杰　著
80　脉冲微分系统引论　2005.3　傅希林　闫宝强　刘衍胜　著
81　代数学中的 Frobenius 结构　2005.7　汪明义　著
82　生存数据统计分析　2005.12　王启华　著
83　数理逻辑引论与归结原理(第二版)　2006.3　王国俊　著
84　数据包络分析　2006.3　魏权龄　著
85　代数群引论　2006.9　黎景辉　陈志杰　赵春来　著
86　矩阵结合方案　2006.9　王仰贤　霍元极　麻常利　著
87　椭圆曲线公钥密码导引　2006.10　祝跃飞　张亚娟　著
88　椭圆与超椭圆曲线公钥密码的理论与实现　2006.12　王学理　裴定一　著
89　散乱数据拟合的模型、方法和理论　2007.1　吴宗敏　著
90　非线性演化方程的稳定性与分歧　2007.4　马　天　汪宁宏　著
91　正规族理论及其应用　2007.4　顾永兴　庞学诚　方明亮　著
92　组合网络理论　2007.5　徐俊明　著
93　矩阵的半张量积:理论与应用　2007.5　程代展　齐洪胜　著
94　鞅与 Banach 空间几何学　2007.5　刘培德　著
95　非线性常微分方程边值问题　2007.6　葛渭高　著
96　戴维-斯特瓦尔松方程　2007.5　戴正德　蒋慕蓉　李栋龙　著
97　广义哈密顿系统理论及其应用　2007.7　李继彬　赵晓华　刘正荣　著
98　Adams 谱序列和球面稳定同伦群　2007.7　林金坤　著

99　矩阵理论及其应用　2007.8　陈公宁　编著
100　集值随机过程引论　2007.8　张文修　李寿梅　汪振鹏　高　勇　著
101　偏微分方程的调和分析方法　2008.1　苗长兴　张　波　著
102　拓扑动力系统概论　2008.1　叶向东　黄　文　邵　松　著
103　线性微分方程的非线性扰动(第二版)　2008.3　徐登洲　马如云　著
104　数组合地图论(第二版)　2008.3　刘彦佩　著
105　半群的 S-系理论(第二版)　2008.3　刘仲奎　乔虎生　著
106　巴拿赫空间引论(第二版)　2008.4　定光桂　著
107　拓扑空间论(第二版)　2008.4　高国士　著
108　非经典数理逻辑与近似推理(第二版)　2008.5　王国俊　著
109　非参数蒙特卡罗检验及其应用　2008.8　朱力行　许王莉　著
110　Camassa-Holm 方程　2008.8　郭柏灵　田立新　杨灵娥　殷朝阳　著
111　环与代数(第二版)　2009.1　刘绍学　郭晋云　朱　彬　韩　阳　著
112　泛函微分方程的相空间理论及应用　2009.4　王　克　范　猛　著
113　概率论基础(第二版)　2009.8　严士健　王隽骧　刘秀芳　著
114　自相似集的结构　2010.1　周作领　瞿成勤　朱智伟　著
115　现代统计研究基础　2010.3　王启华　史宁中　耿　直　主编
116　图的可嵌入性理论(第二版)　2010.3　刘彦佩　著
117　非线性波动方程的现代方法(第二版)　2010.4　苗长兴　著
118　算子代数与非交换 L_p 空间引论　2010.5　许全华　吐尔德别克　陈泽乾　著
119　非线性椭圆型方程　2010.7　王明新　著
120　流形拓扑学　2010.8　马　天　著
121　局部域上的调和分析与分形分析及其应用　2011.4　苏维宜　著
122　Zakharov 方程及其孤立波解　2011.6　郭柏灵　甘在会　张景军　著
123　反应扩散方程引论(第二版)　2011.9　叶其孝　李正元　王明新　吴雅萍　著
124　代数模型论引论　2011.10　史念东　著
125　拓扑动力系统——从拓扑方法到遍历理论方法　2011.12　周作领　尹建东　许绍元　著
126　Littlewood-Paley 理论及其在流体动力学方程中的应用　2012.3　苗长兴　吴家宏　章志飞　著
127　有约束条件的统计推断及其应用　2012.3　王金德　著
128　混沌、Mel'nikov 方法及新发展　2012.6　李继彬　陈凤娟　著
129　现代统计模型　2012.6　薛留根　著
130　金融数学引论　2012.7　严加安　著
131　零过多数据的统计分析及其应用　2013.1　解锋昌　韦博成　林金官　著

132　分形分析引论　2013.6　胡家信　著
133　索伯列夫空间导论　2013.8　陈国旺　编著
134　广义估计方程估计方程　2013.8　周　勇　著
135　统计质量控制图理论与方法　2013.8　王兆军　邹长亮　李忠华　著
136　有限群初步　2014.1　徐明曜　著
137　拓扑群引论(第二版)　2014.3　黎景辉　冯绪宁　著
138　现代非参数统计　2015.1　薛留根　著